国家出版基金项目
NATIONAL PUBLICATION FOUNDATION

中国林业
国家级自然保护区

第 2 卷

◎ 国家林业局 编

中国林业出版社

图书在版编目（CIP）数据

中国林业国家级自然保护区：全3册／国家林业局编．
－北京：中国林业出版社，2016.12（2017.5重印）
"十一五"国家重点图书出版规划项目
ISBN 978-7-5038-8867-0

Ⅰ. ①中⋯　Ⅱ. ①国⋯　Ⅲ. ①林业－自然保护区－
中国　Ⅳ. ① S759.992

中国版本图书馆 CIP 数据核字（2016）第 326701 号

出 版 人　金 旻
策划编辑　徐小英
责任编辑　徐小英　杨长峰　赵 芳
责任校对　梁翔云
美术编辑　赵 芳

出　　版　中国林业出版社
　　　　　（100009 北京西城区刘海胡同 7 号）
　　　　　http://lycb.forestry.gov.cn
　　　　　E-mail:forestbook@163.com
　　　　　电话：(010)83143515
发　　行　中国林业出版社
设计制作　北京捷艺轩彩印制版技术有限公司
印　　刷　北京中科印刷有限公司
版　　次　2016 年 12 月第 1 版
印　　次　2016 年 12 月第 1 次
　　　　　2017 年 5 月第 2 次
开　　本　215mm×280mm
印　　张　86.5
字　　数　2790 千字（插图 4160 幅）
定　　价　1780.00 元（共 3 卷）

《中国林业国家级自然保护区》

编审委员会

主　任：陈凤学

副主任：张希武

编　委：（按姓氏笔画排序）

于志浩　万　勇　王　伟　王才旺　王学会　王章明　韦纯良　木日扎别克·木哈什
尹福建　卢兆庆　田凤奇　邢小方　刘　兵　刘凤庭　刘建武　刘艳玲　江贻东
李俊柱　吴剑波　张　平　张　洪　陈　杰　林少霖　郑怀玉　宗　嘎　孟　帆
孟　沙　段　华　顾晓君　徐庆林　唐周怀　黄德华　董　杰　詹春森　黎　平
戴明超

编写组

主　编：张希武

副主编：孟　沙

编　者：（按姓氏笔画排序）

刁训禄　于长春　王自新　王俊波　王恩光　王鸿加　王喜武　扎西多吉
方　林　石会平　申俊林　吕连宽　朱云贵　刘文敬　刘润泽　安丽丹　孙可思
孙吉慧　孙伟滨　杜　华　李　忠　李承胜　吾中良　何克军　张　宏　张　林
张　毅　张改丽　张树森　张秩通　张燕良　陈红长　卓卫华　赵性运　胡兴焕
贾　恒　徐子平　徐惠强　郭红燕　黄传兵　蒋迎红　蔡武华　管耀义

◎ 序

　　从党的十六大报告中第一次提出"生态文明"这个重大命题并确立"生态文明建设"重大举措以来，历次党的代表大会和国务院政府工作报告中都把加强生态保护、实施可持续发展战略作为重要内容。2015年，十八届五中全会审议通过了《中共中央关于制定国民经济和社会发展第十三个五年规划的建议》，将绿色发展作为五大发展理念之一，对生态文明建设作出重大战略部署。自然保护区作为保护生物多样性的有效途径、保护自然资源以及自然生态系统的重要手段，在推进生态文明建设和绿色发展中具有不可替代的重要作用。

　　自1956年开始，在中国科学院和林业部门的推动下启动了我国自然保护区事业，今年正值我国自然保护区事业60周年，六十年来栉风沐雨，六十年来春华秋实，正是党中央和国务院的高度重视，地方政府部门和林业行政主管部门的不断努力，我国自然保护区事业取得了辉煌的成就。截至2014年年末，全国自然保护区数量为2729个，总面积147万平方公里，占陆地国土面积14.84%，其中，国家级自然保护区数量为428个，总面积96.52万平方公里。截至2015年年末，林业部门管理的各级各类自然保护区2228处，总面积达1.24亿公顷，国家级自然保护区达345处，林业自然保护区是我国自然保护区建设主体，占全国自然保护区面积和数量80%以上，形成了布局合理、类型齐全、层次丰富的自然保护区体系，为全球生物多样性保护作出了举世瞩目的贡献。

　　党的十八大对生态文明建设所做的系统论述和部署，为今后自然保护区保护工作提出了更高的要求，也给我国自然保护区事业的发展带来新的机遇。2015年4月，《中共中央 国务院关于加快推进生态文明建设的意见》强调："加强自然保护区建设与管理，对重要生态系统和物种资源实施强制性保护，切实保护珍稀濒危野生动植物、古树名木及自然生境。"面对我国以全球4%的森林、14%的草地和3%的湿地生态系统提供全球22%人口的各项社会福祉而同时承担着保护全球10%以上生物多样性的重任，我们必须树立尊重自然、顺应自然、保护自然的生态文明理念，

把生态文明建设放在突出地位，充分发挥自然保护区关键作用，努力建设美丽中国。

在自然保护区事业 60 周年之际，自然保护区正迈入一个全新管理变革的时代。一直以来，我有个想法，就是提供一个窗口，用于展示我国自然保护区建设所取得的成就，为社会各界了解我们祖国生态保护提供一个平台。这次我们选择的截至 2015 年年末林业部门管理的 345 个国家级自然保护区，承载着我国最优美的自然景观、最集中的自然资源、最珍贵的自然遗产和最突出的生态效益，是我国自然保护区事业最典型和最杰出的代表，是美丽中国的靓丽标杆与美好示范。

我们希望通过这本书，让社会各界体会到我们祖国的美丽和富饶，体会到自然资源与自然环境的丰富和多样，更体会到我国自然保护工作的艰辛和不易。我们更希望大家在看完这本书后，能够增加为我国自然保护事业和建设美丽中国添砖加瓦的意愿。相信在国家和社会各界共同关注和积极支持下，经过全体自然保护工作者，特别是广大自然保护区一线工作者的继续努力与奋斗，我国自然保护区事业的明天一定会更美好！我们的美丽中国梦一定会实现！

国家林业局副局长

2016 年 3 月

◎ 前　言

　　今年是中国自然保护区建立60周年。1956年9月，秉志等5位科学家在全国人大第一届第三次会议上提出"请政府在全国各省（区）划定天然森林禁伐区保存自然植被以代科学研究需要案"的92号提案，国务院请林业部会同中国科学院和森林工业部研究办理。林业部于当年10月提交了《天然森林禁伐区（自然保护区）划定草案》，提出自然保护区的划定对象、划定办法和划定地区。根据这个草案的要求，全国各地开始划定自然保护区，成立专门管理机构，广东省鼎湖山、福建省万木林、云南省西双版纳等我国第一批自然保护区陆续建立起来。1973年，作为自然保护区主管部门的农林部起草了中国《自然保护区暂行条例》（草案），在同年8月召开的全国环境保护工作会议上讨论并得到通过。以此为标志，我国自然保护区建设开始起步。

　　60年来，林业部门管理的自然保护区从无到有、从小到大，保护事业不断发展壮大，截至2015年年底，全国林业已建立各级各类自然保护区2228处，总面积1.24亿公顷，约占国土面积的12.99%，其中国家级自然保护区345处，林业自然保护区数量和面积占我国自然保护区的80%以上，基本形成了布局较为合理、类型较为齐全、功能较为完备的自然保护区网络，在保护生物多样性，维护生态平衡等方面发挥了巨大的作用，有效保护了国土生态安全，维护了中华民族永续发展的长远利益，为建设山青水秀天蓝的美丽中国作出了重要贡献！

　　我国自然保护区事业取得的巨大成就，离不开国家和社会各界的高度关注和大力支持，为向社会各界展示我国自然保护区建设的形象与成就，国家林业局启动了《中国林业国家级自然保护区》一书的编写工作，国家林业局自然保护区研究中心负责稿件的收集、整理、编审等工作，并邀请相关学科专家组成编审小组，对全国各省、自治区、直辖市林业厅（局）和自然保护区管理局提供的稿件和照片进行了多轮细致的审查、校对、修改和补充，共计345处林业管理的国家级自然保护区在本书中收录。

　　本书的编写与出版具有重要的意义，不仅是对林业自然保护区建设成果的总结与展示，也是自然保护区相关学科重要的工具书，更是外界了解自然保护区的窗口。本书在编辑出版过程中，得到了全国各省、自治区、直辖市林业厅（局）、自然保护区管理局和众多审稿专家的支持，在此一并表示衷心的感谢！

　　由于编者水平有限，疏漏之处在所难免，望读者谅解，并敬请各界批评指正。

本书编写组

2016 年 3 月

◎ 目 录

第1卷 ▶ 华北篇

东北篇

● 辽宁省

● 吉林省

● 黑龙江省

第2卷

▶ 华南篇

西北篇

● 陕西省

● 甘肃省

● 青海省

● 宁夏回族自治区

● 新疆维吾尔自治区

● 上海市

上海崇明东滩鸟类国家级自然保护区

● 江苏省

江苏大丰麋鹿国家级自然保护区

● 浙江省

浙江天目山国家级自然保护区
浙江清凉峰国家级自然保护区
浙江乌岩岭国家级自然保护区
浙江古田山国家级自然保护区
浙江凤阳山—百山祖国家级自然保护区
浙江九龙山国家级自然保护区
浙江大盘山国家级自然保护区

● 安徽省

安徽牯牛降国家级自然保护区
安徽扬子鳄国家级自然保护区
安徽升金湖国家级自然保护区
安徽天马国家级自然保护区
安徽清凉峰国家级自然保护区

● 福建省

福建武夷山国家级自然保护区
福建梅花山国家级自然保护区
福建龙栖山国家级自然保护区
福建虎伯寮国家级自然保护区
福建天宝岩国家级自然保护区
福建梁野山国家级自然保护区
福建漳江口红树林国家级自然保护区
福建戴云山国家级自然保护区
福建闽江源国家级自然保护区
福建君子峰国家级自然保护区
福建雄江黄楮林国家级自然保护区
福建茫荡山国家级自然保护区
福建闽江河口湿地国家级自然保护区
福建汀江源国家级自然保护区

● 江西省

江西鄱阳湖南矶湿地国家级自然保护区
江西鄱阳湖国家级自然保护区
江西桃红岭梅花鹿国家级自然保护区
江西庐山国家级自然保护区
江西阳际峰国家级自然保护区
江西九连山国家级自然保护区
江西齐云山国家级自然保护区
江西赣江源国家级自然保护区
江西官山国家级自然保护区
江西九岭山国家级自然保护区
江西武夷山国家级自然保护区
江西铜钹山国家级自然保护区
江西井冈山国家级自然保护区
江西马头山国家级自然保护区

● 山东省

山东黄河三角洲国家级自然保护区
山东长岛国家级自然保护区
山东昆嵛山国家级自然保护区
山东荣成大天鹅国家级自然保护区

上海 崇明东滩鸟类
国家级自然保护区

上海崇明东滩鸟类国家级自然保护区位于世界上最大的河口冲积岛——崇明岛的东部，处在长江与黄海、东海的"一江两海"交汇处，背靠繁华的上海中心城区。地理坐标为东经121°50′～122°05′，北纬31°25′～31°38′。保护区主要由团结沙外滩、东旺沙外滩和北八滧外滩等三大部分组成，区域总面积24155hm²，主要保护迁徙水鸟及其栖息环境，属野生动物类型自然保护区。崇明东滩于1998年11月经上海市人民政府批准建立自然保护区，1999年7月，崇明东滩鸟类自然保护区被湿地国际亚太组织接纳为东亚—澳大利亚涉禽保护区网络成员单位；2002年1月，经中国政府同意，湿地公约秘书处指定崇明东滩鸟类自然保护区为国际重要湿地；2005年7月，国务院正式批准建立崇明东滩鸟类国家级自然保护区。

七十年未见的珍稀鸟类——黑鹳重现上海崇明东滩鸟类国家级自然保护区（袁晓摄）

迁徙过境的反嘴鹬（辛克家摄）

◎ 自然概况

长江水挟带的大量泥沙随江水流入大海。一部分泥沙受潮水的顶托,在河口区域淤积,使得长江口区域的海岸线不断向东延伸。在河口区域形成了一系列的岛屿和沙洲。崇明岛就是长江挟带泥沙在河口不断淤积而形成的沙洲。崇明岛的面积约有1200 km²,是我国的第三大岛,也是世界最大的河口冲积岛。她东临浩淼的东海,西接滚滚的长江,北与江苏的启东、海门相临,南与长江口的另外两个岛屿长兴岛和横沙岛隔水相望。崇明岛的地势平坦,大部分地区的高程在4m左右。崇明岛卧于长江口,将长江水一分为二。崇明岛北部的水道称为长江北支,南部的水道称为长江南支。南支又被中央沙、长兴岛和横沙岛分为南港和北港,而南港又被江亚南沙、九段沙分为南槽和北槽,从而在河口区域形成了长江水四条汊道分流入海的水文特征。崇明东滩位于崇明岛的东部,包括北八滧、东旺沙和团结沙三部分。崇明东滩由长江挟带的泥沙在河口区域淤积而成,泥沙淤积的厚度可达300m。在泥沙下面,基底岩石为紫红色石类砂岩、灰黑色粉沙质泥岩和中酸性火山熔岩和火山碎屑岩所组成。崇明东滩的土壤类型可分为潮滩盐土、水稻土、灰潮土3类。堤坝外滩涂上的土壤主要为潮滩盐土,堤坝内农田中的土壤则以水稻土为主。崇明东滩地处北亚热带的北缘,且濒临海洋,属北亚热带海洋气候,气候温和湿润,四季分明,季风气候明显。夏季盛行东南风,冬季多为西北风。由于岛屿四面环水,对岛内的气温起到了很好的调节作用。崇明岛冬暖夏凉,气温适宜。该区域年平均气温15.3℃,极端最高气温37.3℃,极端最低气温−10.5℃。年平均日照时数

壮美的崇明东滩国际重要湿地

2137.9h,无霜期长达229天。降水充沛,年降水量1022mm,主要集中在4～9月,这期间的降水量占全年的71%。

崇明东滩及其所处的长江口为中等潮汐强度的河口,潮汐为非正规半日潮型,每日有两次涨潮和落潮过程,每月则有两次最大潮汐和最小潮汐。崇明东滩在涨大潮的时候最高水位可至5m以上,整个滩涂都可被潮水所淹没。频繁的潮涨潮落为湿地生态系统输送了大量的有机质和无机矿物质,为生活在滩涂湿地上的动植物提供了丰富的营养来源。崇明东滩调查记录到浮游植物和浮游动物分别为59种和19种,大型底栖动物70种,昆虫100多种,鱼类94种,两栖爬行动物16种,鸟类288种,哺乳动物9种。

根据崇明东滩的地貌特征、土地利用类型和植被特征,崇明东滩的主要景观资源有:

(1) 人工湿地:该区域位于海堤内的围垦区域,其中以1992年修建的围堤和1998年修建的围堤之间的水产养殖区面积最大。另外,沟渠、河道、水稻田等都属人工湿地的范畴。水产

冬季,在潮沟边缘停歇、觅食的水鸟(汤臣栋摄)

养殖区以养殖远近闻名的大闸蟹——中华绒螯蟹及淡水鱼类为主,水产养殖为当地重要的经济来源。近年来的调查表明,水产养殖区为越冬鸟类的重要栖息地,其中游禽的种类和数量都非常丰富。大部分游禽在崇明东滩为冬候鸟,少数种类为旅鸟、留鸟或夏候鸟。水产养殖塘常见的游禽以雁鸭类为主。夏季,一些鸟类也在塘中茂密的芦苇丛中筑巢繁殖。

(2) 芦苇带:芦苇带主要分布于海堤外的潮上滩和高潮滩,滩涂高程在3.5m以上。该区域受潮汐作用的影响较小,仅在大潮的高潮时期被潮水淹没。另外,在围堤内的部分水产养殖区也有芦苇生长。芦苇生长茂盛,常形成单物种的优势群落。芦苇带中

的鸟类以鸣禽为主，一年四季均有分布。在芦苇带中活动的鸣禽主要包括伯劳科、鹟科、攀雀科、绣眼鸟科、雀科的鸟类。芦苇带同时是甲壳类动物的主要分布区域，该区域的滩上甲壳类的洞穴四处可见，退潮后，它们从洞穴中爬出来觅食，每平方米的数量可达到数十只。另外，芦苇带中昆虫的种类也非常丰富。它们是鸟类的重要食物来源。

（3）草滩：草滩主要分布于海堤外的中潮滩区域，该区域的滩涂高程一般为 2.7～3.5m。植物以海三棱藨草为主，另外还分布有藨草、糙叶薹草等。其中海三棱藨草的分布面积最大。草滩是涉禽的重要栖息地。草滩上的涉禽以鹭类、鹤类以及鸻鹬类为主。草滩不仅为众多的鸟类提供了栖息场所，海三棱藨草的球茎、种子也是鹤类、小天鹅以及其他植食性的雁鸭类的主要食物来源。草滩上底栖动物种类和数量都非常丰富，以腹足类和双壳类等软体动物为主，部分区域底栖动物的密度在每平方米 5000 个以上。丰富的底栖动物为鸻鹬类提供了

全球珍稀濒危物种黑脸琵鹭在崇明东滩停歇，停留时间在 1 个月左右，保护区单次记录到最高数量为 61 只（张词祖摄）

在崇明东滩越冬的白琵鹭（袁晓摄）

小天鹅

小青脚鹬（袁晓摄）

充足的食物来源。

（4）光滩：光滩主要分布于低潮滩区域，滩涂高程一般在 2.7m 以下。涨潮的时候，光滩被淹没在水面之下，退潮时暴露出来。粉砂质的光滩滩面较硬，退潮后滩面可见水流形成的波纹，人可在上面轻松行走；泥质光滩的滩面松软，人在上面行走非常困难。由于长时间被潮水淹没，高等植物无法生长，藻类的种类和数量丰富。光滩为鸻鹬类等涉禽的重要栖息地。在春季，常可形成数千只的大群，共同在光滩上觅食。该区域的底栖动物以双壳类为主，是鸻鹬类的重要食物来源。

（5）潮下滩水域：该区域包括从吴淞零米线到其向外延伸 3km 的区域，终年被水淹没。该区域为游禽的栖息场所，在 20 世纪 90 年代初期，曾有 3000 多只小天鹅每年冬季在该区域栖息。但由于受到捕鳗活动的干扰，小天鹅的数量急剧下降，近年来崇明东滩小天鹅的数量已不足百只。潮下滩

水域是鸥类的重要栖息地。另外，在春季和秋季，在该区域常可见到黑脸琵鹭的活动。潮下滩水域是鱼类等水生生物的重要栖息地。该区域为日本鳗鲡的鱼苗洄游时的重要通道。大量鳗鱼苗在冬季从长江口迎着江流而上，进行溯河洄游，到内陆湖泊发育长大。每年夏季，中华鲟的幼鱼也在该区域索饵肥育。另外，白鱀豚、江豚等珍稀濒危水生哺乳动物也在该水域出没。

崇明东滩是新生的河口型湿地。泥沙的淤积导致了滩涂高程的不断增加，滩涂水文环境的改变导致了滩涂植物发生有规律的演替。潮下滩在携带泥沙的潮水作用下，逐渐淤涨，最后露出水面，形成低潮滩。低潮滩的高程位于小潮的高潮位和大潮的低潮位之间，由于潮水淹没的时间较长，盐度较高，一般高等植物无法在此区域生长，滩涂表面完全暴露出来，光秃秃一片，因此又称为光滩，这是崇明东滩滩涂植物演替的早期阶段。随着泥沙的继续淤积，低潮滩逐渐抬高，淹水时间逐渐缩短，被潮水带来的海三棱藨草种子或球茎能够在滩涂上定居下来，萌发为新的植株，形成海三棱藨草群落。随着滩涂高程进一步增加，在高潮滩以上区域，每次潮汐的水淹时间缩短，滩涂底质逐渐干燥，海三棱藨草群落生长受到影响，生活力下降，此时芦苇、结缕草、糙叶薹草等植物开始侵入海三棱藨草群落。在该区域，常形成一个宽度为数百米的植被过渡带，但最终是芦苇群落取代海三棱藨草群落而成为该区域的优势植物群落。

崇明东滩及长江口地区位于亚洲太平洋鸟类迁徙路线东线的中部，涉及东北亚鹤类迁徙路线、东亚雁鸭类迁徙路线、东亚—澳大利西亚鸻鹬类迁徙路线，为过境水鸟（主要是鸻鹬类）停歇、补充能量提供了重要的中转驿

站，崇明东滩是很多在东亚—澳大利西亚之间迁徙的鸟类在东亚地区最南端的迁徙停歇地，是和大洋洲大陆越冬地直接相连的迁徙驿站。崇明东滩同时也为部分水鸟提供了重要的越冬地。根据多年的调查，崇明东滩记录到的鸟类有 17 目 50 科 288 种，其中近年来记录到的国家一级保护野生鸟类有 3 种：东方白鹳、白头鹤和黑鹳，国家二级保护野生鸟类有 35 种，如黄嘴白鹭、黑脸琵鹭、白琵鹭、小天鹅、鸳鸯、灰鹤、白枕鹤、小杓鹬、小青脚鹬等，20 种鸟类被列入《中国濒危动物红皮书》；在《中日保护候鸟及其栖息环境的协定》中，列出共同保护鸟类有 227 种，来往于崇明东滩鸟类有 160 种，占《中日保护候鸟及其栖息环境的协定》鸟类种类的 71%；在《中澳保护候鸟及其栖息环境的协定》中，列出共同保护的候鸟有 81 种，来往于崇明东滩的鸟类有 52 种，占《中澳保护候鸟及其栖息环境的协定》鸟类种类的 64%；至少已有 6 种鸻鹬类的数量超过东亚－澳大利西亚鸟类迁徙路线上全部种群数量的 1% 标准。因此，崇明东滩湿地的鸟类保护具有重要的国际意义。

◎ 功能区划

崇明东滩鸟类自然保护区总面积 241.55km²，约占上海全市湿地总面积的 7.8%。保护区核心区面积为 165.92km²，其中包括潮间带滩涂湿地 74.8km²，水域面积 91.12km²。缓冲区面积为 10.7km²。核心区和缓冲区以外的区域为实验区，面积为 64.93km²。

建区八年以来，保护区管理处与复旦大学、华东师范大学合作分别建立了全球碳通量东滩野外观测站、长江河口湿地生态系统研究野外站、禽流感生态安全实验室，其中以研究滩涂湿地生态系统碳、水循环过程的全球碳通量。东滩野外观测站还是中美碳循环研究联盟（USCCC）成员台站。据不完全统计，上海及长江三角洲地区的高校在保护区开展的科学研究项目达 20 多项，涉及国家重点基础研究（973 项目）、国家自然科学基金、上海市重点科技攻关项目以及国际合作项目等，发表的论文或著作 100 多篇（部）。

东方白鹳（章克家摄）

在崇明东滩栖息的小白鹭群（王志伟摄）

在崇明东滩越冬的白头鹤、白枕鹤和灰鹤（张词祖摄）

◎ 管理状况

2003 年以来，保护区管理处在国家林业局、上海市林业局、世界自然基金会等单位的大力支持下，先后举办了上海市中小学生"走进湿地"科普教育活动、"湿地·水鸟"影像展、崇明东滩鸟类国家级自然保护区徽标征集等大型活动。推进了东滩湿地专题网站（www.dongtan.cn）的建设和维护工作。建区八年以来，保护区共接待市内外新闻媒体采访报道 100 多批次，中央电视台还专门制作了《超级捕手》专题片，受到了社会各界的高度关注和好评。

（汤臣栋、张铁通供稿）

草滩和光泥滩交错地带，也是众多水鸟喜欢栖息的地方（章克家摄）

江苏 **大丰麋鹿**
国家级自然保护区

五朵金花

中国麋鹿之乡——江苏大丰麋鹿国家级自然保护区，位于江苏省东部大丰市境内的黄海之滨，东南与东台市滩涂蹲门口接壤，南部与江苏省新曹农场毗邻，西部和大丰林场及上海市川东农场相连，北部（东北）是浩瀚的大海。地理坐标为东经 120°47′~120°53′，北纬 32°59′~33°03′。保护区总面积 78000hm²，属湿地野生动物保护类型自然保护区。保护区由原林业部与江苏省人民政府于 1986 年联合创建，1997 年经国务院批准晋升为国家级自然保护区。

◎ **自然概况**

大丰麋鹿自然保护区地层属华北古陆，形成于古生代（距今约 3 亿~5 亿年）。该区在震旦纪结晶基底的基础上，发育了一整套各时代地层系统基本齐全、以海相碳酸盐和浅海相碎屑为主的地台形地层。

大丰自西向东流的大河有川东港、竹港、疆界河、王港河、一卯西河、二卯西河、三卯西河、四卯西河、五卯西河、老斗龙河、斗龙港等 10 余条，主要承受上游里下河和灌溉总渠的客水。年均地面径流量为 5.1 亿 m³，客水过境量 25 亿 m³。由于地势东高西低，通常排水不畅。大丰麋鹿自然保护区在川东港与东台河（属东台市）之间。海堤内还有大中小条沟形成的网格状

沐浴（麋鹿群）

排灌系统。海堤外是潮上带滩地，有自然形成的港汊入海。保护区地下水比较丰富，但矿化度高，含盐量在3‰以上。150m以下的深层地下水，含盐量小于1‰，可供饮用。

大丰地处北亚热带向暖温带的过渡地带，其气候特点具有明显的过渡性、海洋性和季风性。过渡性表现为气候多样，光、热、水条件优越。海洋性表现在春暖回升慢，秋温稳定而下降缓慢，初霜迟，无霜期长。季风性表现在冬季受大陆季风影响，多西北风，干旱少雨，常出现低温和霜冻；夏季受海洋季风影响，多东南风，雨量充沛，雨热同季；春秋两季处于交替时期，形成干、湿、暖、冷多变气候。常年平均气温14.1℃。1月份最冷，月平均气温0.8℃；7月份最热，月平均气温27℃。无霜期217天。常年平均日照时数2267.4h，日照率51%。常年平均风速3.5m/s。常年降水量1068mm，63%降水集中在6～9月份。全年雨日116.4天。沿海潮汐属半日潮，每日涨潮落潮各两次。春、夏夜汐较大，秋冬日潮较大。涨潮时如遇东北大风，潮汐就绵延增大。最高潮位达9.6m，最低3.22m。

大丰麋鹿自然保护区属北亚热带，但没有天然的地带性土壤。分布在淤泥质海岸的滨海盐土为保护区的隐域性土壤。沿海滩涂经人们围垦，自然植被已被农作物或树木取代，土壤由草甸盐土演变为潮盐土、盐潮土，再进一步脱盐成为黄潮土或灰潮土。

大丰麋鹿自然保护区是亚洲东方最大的滩涂湿地之一，2001年被联合国列入国际重要湿地名录，作为永久性保护地。保护区内生物多样性十分丰富。随着麋鹿自然保护区生物圈的扩大，其他生物也得到了有效保护和健康发展。保护区内有12种兽类、27种两栖爬行动物、315种鸟类、599种

昆虫和499种植物等。其中丹顶鹤、白尾海雕、黑嘴鸥、天鹅、河麂等30多种国家一、二级保护动物，其中丹顶鹤、白尾海雕为国家一级保护动物，数量亦逐年增加。鸟的种类和数量的增长尤为突出，保护区的自然环境不断得到提升，黄海湿地效能充分显现。随着麋鹿保护区的兴建和发展，新的人文景观（封神台、门楼、麋鹿群雕、太公亭、麋鹿展览馆、生物大观园、羑城兹圃、听嗷坡）应运而生。在这片原始、古朴、辽阔的土地上，生存着1800多种野生动植物，构成了一个五彩纷呈、奇异斑斓的湿地景况，在海内外享有较高的知名度，成为地区生态教育的窗口和平台。

日出而作

◎ 保护价值

1998年11月5日和2006年10月29日，大丰麋鹿自然保护区先后四次成功地将53头麋鹿放归大自然，进行恢复野生种群试验。并分别于1999年、2000年、2001年、2003年在野外各产下一仔，野生麋鹿在野外的第三代已经形成。2003年10月26日，保护区又精心挑选了18头麋鹿，进行了世界首次麋鹿大规模野生放养，2006年10月29日，又挑选了21头麋鹿放归大自然。为逐步扩大麋鹿在野外的"基础群"奠定了良好的基础。目前野放麋鹿群生活良好，"基础群"已繁衍扩大到101头，开创了100多年以来世界上没有野生麋鹿群的历史先河，标志着我国野生动物保护事业进入了一个新的领域。

晨曦中的问候

◎ 功能区划

大丰麋鹿自然保护区功能区划分为第一核心区、第二核心区和第三核心区。老海堤内（老区）1000hm² 为第一核心区，分为东区、西区、东北区、西北区四大片。东区和西区为原麋鹿放养区，面积为 266.7hm²，东北区为牧草基地，面积为 80hm²，西北区为生态旅游区，面积 84hm²；老海堤与新海堤之间（新区）666.7hm² 为第二核心区，分为东、西两片。东片为一西南、东北向的斜带状地块（右上侧还附有三角状凸起），东连金丰农场，西接川东农场，面积约 636hm²；西片为一西南、东北向窄条状地块，东连建东农场，西接建川河，面积约 30.7hm²；新海堤外 1000hm² 为第三核心区，位于东川新海堤以北，川东港入海口中心线以东。北（东北）濒临黄海，南（东南）与东台市交界，属潮间带滩涂，作为麋鹿野生放养区。

殊死之战

◎ 管理状况

由于致力有效保护，以江苏大丰麋鹿自然保护区为中心的江苏海涂生态与环境得到了较大改善，黄海湿地的生态效能亦充分显现，生物圈的扩大和生物量的上升更加展示了有效保护的效果。1995 年，保护区加入"人与生物圈保护网络"；1996 年建立了苏北珍稀动物救护中心；1998 年被中国科学院定为"保护生物学博士研究生实验基地"；1999 年被中国科学技术协会定为"全国科普教育基地"；2000 年被共青团中央定为"全国青少年爱国主义教育基地"；2001 年被联合国列入"国际重要湿地"，并作为

永久性保护地；2002 年被国家林业局授予"全国自然保护区先进集体"称号；2003 年被湿地国际列入"东亚—澳大利西亚鸟类保护网络成员"，2004 年被中国生物多样性保护基金会命名为"中国生物多样性保护示范基地"；2005～2006 年被国家林业局选定为"全国自然保护区示范单位"，还被中国野生动物保护协会定为"野生动物科普教育基地""全国未成年人生态道德教育先进集体"和"中国麋鹿之乡"，2007 年初为盐城唯独一家被国家旅游局评定为 AAAA 级旅游景区。

大丰麋鹿自然保护区坚持"以科研促保护、以旅游促发展"的治区方针，并打造"以园促区、以区兴园、园区共同发展"的新理念，不断探索"将资源变资产，资产变资金，资金变资本，资本促发展"的新路子，合理发展生态旅游，为提高综合效益，振兴地方经济，加快保护区发展起到了积极作用。在地方政府的支持下，麋鹿公路于 1997 年开通，使沿海高速、宁靖盐高速、204国道、海堤公路、新长铁路、盐城民航

群英聚会（麋鹿竞赛）

站距离保护区缩短为1～1.5h的车程，给保护区的生态旅游创造了很好的条件。

加强内部管理，充分发挥自身造血功能，是麋鹿自然保护区快速发展的有力后劲。近年来，保护区确立了"以人为本、以鹿为先、求实创新、科学发展"的工作思路，强化内部管理，向管理要效益。在不断发展自身造血功能的基础上，提出二次创业的新战略，并从实际出发，突出重点，打造特色品牌。实行生态效益、社会效益、经济效益一起抓的新举措，为保护区增加了发展的后劲。

社会各界人士和公众对自然保护事业的热心参与，以及实施社区共管，是麋鹿自然保护区快速发展的坚实基础。"众人拾柴火焰高"，麋鹿自然保护区在发展过程中得到社会各界人士和公众的大力支持和帮助，通过他们的积极参与，广泛宣传，使得广大公众更加了解自然保护区的深刻内涵，从而带动广大公众主动参与到自然保护事业中，使保护区不断发挥着有效保护的作用。

自然保护事业离不开社区公众的关心和支持。为了自然保护事业更加朝气蓬勃和兴旺发达，保护区与社区公众携起手来，共同打造自然保护事业的绿色营垒。因此，保护区多次走进社区，开展了一系列的社会公益活动。2003年在盐城开展了以"保护麋鹿、保护海洋、保护湿地"为主题的万人签名活动，近2万名中学和大学生参加这一活动，取得了良好的社区共管的社会效果。2004年在保护区成功地举办了亚洲湿地周庆祝活动，来自中国、日本、韩国、澳大利亚等国家和地区的100多名专家、学者和当地1000多名中、小学生参加了这次活动。他们对保护区所做的社区共管工作给予了充分肯定。为了做好社区共管的工作，我们还专门建立了湿地学校，向青少年传授自然保护的知识，为社区共管打下牢固的基础。

大丰麋鹿自然保护区致力于珍稀物种和湿地生态保护工作，代表中国政府兑现了若干的国际承诺，在国际上产生了较大的影响，并在麋鹿科学研究上占有一席之地。为充分发挥湿地生态效益，保护区争取到了联合国历时五年的湿地保护项目（GEF），实施了大范围的禁止围海造田、禁止乱捕乱猎、禁止食用野生动物的"三禁"工程。同时还编写了《黄海湿地保护行动计划》，进行湿地植树、种草，使湿地生态系统日趋改善和完整。

大丰麋鹿自然保护区在今后工作中将继续合理开发，有效利用。指导思想是：拯救濒危物种，保护珍稀动物，开展科学研究，优化生态环境，实施推介宣传，促进旅游发展。遵循以科研促保护，以旅游促发展的治区方针；按照"加强保护是根本，开展旅游是动力，提高效益是基础，加快发展是目的"的发展原则；认真调整在保护中开发，在开发中保护，走出一条人与自然和谐发展之路的新战略。不遗余力地朝着建设全省知名、全国闻名、全球有名的自然保护区这一目标迈进。

◎ 科研协作

麋鹿的研究成果填补了世界空白。在麋鹿引种还乡，恢复其野生种群工作中，保护区不畏艰难，探索出了麋鹿繁衍生息的规律。在国内外专业刊物上发表研究论文62篇，其中一篇被美国国家科学院收录。撰写世界第三部麋鹿研究专著《中国麋鹿研究》一书，已获得科研成果60多项，参加并主持科研课题21个，其中5个课题分别获部、江苏省、盐城市科技进步奖。"麋鹿对光周期适应""麋鹿活体取茸"等4项成果，填补了世界麋鹿研究史上的空白。目前保护区正在确立《麋鹿的遗传变异，基因工程在种群发展中的应用与研究》《野生放养麋鹿行为习性及生理节律的研究》和《淘汰麋鹿综合利用的研究》等8个方面新的科研课题。

（大丰麋鹿自然保护区供稿）

怡然自得（麋鹿与白鹭和谐共处）

天目山
国家级自然保护区

浙江天目山国家级自然保护区地处浙江省西北部临安市境内，东部、南部与临安市西天目乡毗邻，西部与临安市千洪乡和安徽省宁国市接壤，北部与浙江省安吉龙王山省级自然保护区交界。地理坐标为东经119°23′~119°28′，北纬30°18′~30°24′。保护区总面积4284hm²，其中国有山林面积1018hm²，集体山林面积3266hm²，南北跨度约12km，东西跨度7.8km。保护区属森林生态系统类型自然保护区，主要保护亚热带森林生态系统及其生物多样性。保护区建于1956年，1986年经国务院批准晋升为国家级自然保护区。

◎ **自然概况**

天目山自然保护区在区域地质上位于扬子准地台南缘钱塘凹陷褶皱带，3.5亿年前该地区为一广阔的海域。下古生界连续接受巨厚（11000m）硅质－碳酸质－砂泥质复理式建造，奥陶纪末，褶皱断裂隆起成陆状态。在距今1.5亿年的燕山期，火山活动强烈，喷发了大量酸性和中酸性岩浆，形成了现今天目山的主体。主要断裂有两条，一条自后山门至大觉寺断裂，另一条自朱陀岭东麓仙人亭向南西延伸经禅源寺、乌子岭断裂。

天目山自然保护区内地层主要是侏罗系中统黄尖组，为一套灰—深灰—紫灰色的陆相火山岩。地层厚度达2830~2910m。地层划分属西天目山—

天目秋色（庞春梅提供）

黄天坪火山活动亚带。

天目山自然保护区地貌，在禅源寺后海拔450m以上，全为侏罗系黄尖组的流纹斑岩、晶屑熔结凝灰岩分布区，并以流纹斑岩及其二组垂直节理形成悬崖陡壁、深沟峡谷。后山门海拔450m以下为寒武系华严寺组灰岩、白云岩和西阳山组薄层条带状灰岩、泥质灰岩等，此段发育岩溶地貌，形成华严溶洞，构成低山地形。禅源寺盆地内的松散堆积物都是山上的流纹斑岩、熔结凝灰岩类，巨块最大直径可达10m以上。区内的西天目山（主峰仙人顶，海拔1506m）与区外的东天目山（主峰大仙顶，海拔1479m）两山相对，两峰巅各有一池，都称"天池"，池水长年不枯，宛若巨目仰望苍天，天目山由此得名。

天目山自然保护区受海洋暖湿气候的影响较深，森林植被茂盛，季风强盛、四季分明、气候温和、雨水充沛、光照适宜。根据多年观测资料分析，保护区自山麓（禅源寺）至山顶（仙人顶），年平均气温14.8～8.8℃；无霜期235～209天；年降水量1390～1870mm；相对湿度76%～81%。保护区是浙江省最大的积雪地区，年降雪日数84～151.7天。区内森林覆盖率高，枯枝落叶层厚，森林土壤的水文生态效应良好。

天目山自然保护区内有红壤、黄壤、棕黄壤和石灰土4个土类。红壤分布在海拔600～800m以下山坡，占保护区面积的三分之一左右，有黄红壤、乌红壤及幼红壤3个亚类，其中以黄红壤居多，其石砾较多，pH<6.0。黄壤垂直分布下限在600～800m，上限在1100～1200m，其面积约占保护区面积的一半左右，有黄壤、乌黄壤、幼黄壤3个亚类。棕黄壤主要分布在海拔1200m以上的地带。石灰土主要分布在青龙山等局部地带，

有黑色、红色、幼年石灰土3个亚类。保护区森林土壤具有同中亚热带水热条件相适应的中等母质风化有机质积累速率，脱硅富铝作用普遍但不强烈。土壤有机质富集厚度约20～25cm，枯落物层一般小于5cm。

天目山自然保护区地带性植被为常绿阔叶林。由于区内地势较为陡峭，海拔上升快，气候差异大，植被的分布有着明显的垂直界限，在不同海拔地带上有其特殊的植物群落和物种。自山麓到山顶垂直带谱为：海拔870m以下为常绿阔叶林区；870～1110m为常绿、落叶阔叶混交林；1100～1380m为落叶阔叶林；1380～1506m为落叶矮林。区内植物资源丰富，区系复杂，组成的植被类型比较多，依据植物群落的种类组成、外貌结构和生态地理分布，森林植被可分为8个植被类型和30个群系组。

天目山自然保护区内共有高等植物246科974属2160种。其中苔藓植物291种，隶属于60科142属；蕨类植物151种（含2个变种），隶属于

冰凌（庞春梅摄）

柳杉群落（庞春梅摄）

柳杉冬景（庞春梅摄）

金钱松（庞春梅提供）

35科68属；种子植物1718种，隶属于151科764属。属国家一级保护的植物有：银杏、南方红豆杉、天目铁木等3种，属国家二级保护的植物15种，还有许多其他珍稀濒危植物。保护区植物区系种子植物中我国特有属25个，特有种24种，采自保护区的植物模式标本85种。

天目山自然保护区境内共有各种动物65目465科4716种，其中兽类74种，隶属于8目21科；鸟类148种，隶属于12目36科；两栖类20种，隶属于2目7科；爬行类44种，隶属于3目9科；鱼类55种，隶属于6目13科；昆虫类4209种，隶属于33目351科；蜘蛛类166种，隶属于1目28科。被列为国家和省重点保护的野生动物共有84种，其中国家一级保护动物6种：

云豹、金钱豹、梅花鹿、黑麂、白颈长尾雉、华南虎；国家二级保护动物33种；省重点保护动物45种。采自本保护区的昆虫模式标本达700种之多。

天目山自然保护区内森林覆盖率达88.2%，林木以"古、大、高、稀、多、美"称绝。古：自古以来，无数文人学士为之赞叹，留下了不可胜数的文艺佳作。北魏郦道元所著《水经注》有天目山"山上有霜木，皆数百年树，谓之翔凤林"的记载；唐代李白诗曰："伊昔升绝顶，俯窥天目松"；明朝阮子孝吟诗赞西天目："天开西目万山中，直上高峰更有峰。空洞云流飞瀑布，断崖雨过湿虬松。僧随岩月披残卷，梦逐秋风度晚钟。漫说嵩高当日事，东南佳气郁葱茏。"古杉、古松、古枫、古栎、古银杏众多。其中被称为"活化石"的野生银杏在天目山随处可见。大：拥有世界上少有的大柳杉群落，其中胸径1m以上的有664株，最大的达2.26m，单株立木蓄积达81m³，有一株被清乾隆皇帝封为"大树王"。高：我国特有植物金钱松在这里到处自然生长，平均树高45m，最高达58m，有"冲天树"之称。稀：珍稀植物众多。区内有天目铁木等18种国家重点保护

植物，还有天目蝎子草等多种天目山特有植物。多：植物种类多。区内有高等植物2160种，以天目命名的植物有37种，国内外学者采自保护区的模式标本植物有85种之多。美：区内森林结构复杂，层次分明，林相独特，季相、叶相变化无穷，构成一幅优美的天然画卷。据《西天目祖山志》记载，西天目山有4溪、5潭、6洞、7涧、8台、9池、27石、28峰、48座寺院庵堂、16个亭阁、8座桥梁等名胜古迹。

天目山古为宗教圣地，道教、儒家、佛教等先后择地建址于此。历代名人辈出，中国的"禅宗"一半出自天目山。据记载，西汉时即有道教大宗天师张道陵出生于此，并在西天目山修炼，建有万寿宫、紫阳宫、至道宫等；东汉的道教名师魏伯阳、左慈及东晋的道教理论家、医药家葛洪也在天目山留有丹井、丹池；梁朝儒家萧统（昭明太子）在此分《金刚经》32节，建有太子庵、昭明寺、昭明院。传太子分经双目失明，用池水洗眼复明。佛教活动始于晋代（公元356～361年），中兴于唐宋，日本、韩国等东亚国家视天目山为佛教祖山，都曾慕名前来拜师求法，日本国的10个佛教派系中的5个与天目山息息相

五世同堂（银杏）（庞春梅提供）

关。佛教主要寺院有狮子正宗禅寺（公元1279年建成）、禅源寺（公元1665年建）、大觉正等禅寺（公元1291年建）等，寺院规模较大，最盛时僧众达1500余人。名人学士遗迹诸多，有禅源寺、开山老殿、太子庵、张公洞、宝剑石、留椿屋（天然居）、周恩来演讲旧址碑亭等。

抗日战争期间，西天目山曾为浙西抗日救亡运动中心。1939年1月，浙江省政府在禅源寺设浙西行署，中共浙江省委浙西特委派遣共产党员、爱国人士进入西天目山推动抗日救亡运动。当时禅源寺主持印西也号召当地僧侣积极支持抗日，"誓与天目共存亡"，抗日救亡的爱国热情十分高涨。同年2月，时任中共中央革命军事委员会副主席、南方局书记的周恩来同志，以国民政府军事委员会政治部副部长的身份莅临东南前线视察，在西天目山与浙江省政府主席黄绍竑会晤，并在禅源寺百子堂发表演说，激励军民的抗日斗志。1941年4月15日，禅源寺遭日本侵略军飞机炸毁。1989年在原禅源寺百子堂建碑亭以作纪念。

天目山钟灵毓秀，赢得无数文人墨客登山赋诗，自梁代萧统始，有庾信、李白、白居易、苏轼、张羽、刘基、袁宏道、徐渭、黄汝亨等100多位文人学士登山作赋近300篇；徐悲鸿画有"天目秋色"；叶浅予故地三游；明代李时珍曾到此采药，《本草纲目》中记载保护区药物800余种；日本水上勉远渡重洋访天目祖山。天目山独特的自然景观和人文景观，吸引多家影视制作单位到此拍摄。

◎ **保护价值**

天目山自然保护区自然资源丰富，东亚区系成分特征显著，且多珍稀物种，被誉为"植物基因库"和"世界级的昆虫模式标本产地"，保护区的保护目标为：重点保护好保护区所有的珍稀、濒危、特有、孑遗植物物种，包括其他珍稀的真菌、地衣等低等植物群落；保护好亚热带森林生态系统和生物多样性，特别是最具天目山特色，为国内外所罕见的古柳杉、野生银杏、金钱松为代表的古树名木群落等天然针叶林；保护好自然生态环境和自然资源；保护好自然、人文景观，重点保护好禅源寺、开山老殿、忠烈祠、太子庵、留椿屋、"大树王"、冰川遗迹以及其他人文景观、自然景观和历史遗迹等。

◎ **功能区划**

天目山自然保护区核心区面积617.4hm²，缓冲区面积263.5hm²，实验区面积3403.1hm²。

◎ **科研协作**

长期以来天目山自然保护区除独立完成一些科研课题外，主要与其他科研机构、大专院校合作开展有关保护区的科学研究。先后完成"天目山自然资源综合考察报告"等多项课题；主编、参编科技、科普专著8部。其中获得中国科学院自然科学二等奖1项；省、级部科技进步三等奖各1项；省科技进步优秀奖1项。接待国内外参观者10万多人。　　（庞春梅供稿）

柳杉冬景（庞春梅提供）

清凉峰
国家级自然保护区

浙江清凉峰国家级自然保护区位于浙江省西北部，临安市境内。地理坐标为东经118°50′～119°12′，北纬30°01′～30°18′，保护区总面积11252hm²，属森林生态和野生动物类型自然保护区，主要保护中亚热带森林生态系统及梅花鹿、黑麂等珍稀动物。保护区于1988年经国务院批准成立，1999年经国务院批准为国家级自然保护区。

◎ 自然概况

清凉峰地区在5.7亿～8.0亿年期间为一广阔的海域；在侏罗系约3.5亿年前，隆起成陆地，并受以后的地壳运动影响，特别是在距今约1.5亿年，火山活动强烈，地层被强烈切割、褶皱、断裂，变形甚为明显，形成了现今的清凉峰山系。保护区以上侏罗系火山岩为主，沉积岩局部分布；在沉积岩中石灰岩质纯、层厚，富含蜓科昆虫化石，喀斯特地貌明显；清凉峰处在钱塘江水系上游，主峰是钱塘江流域最高峰；浙江清凉峰自然保护区，气候是典型的副热带季风气候区，雨量充沛且集中，4～7月的降水量占全年降水量的60%以上，是浙江省主要暴雨中心之一，年平均降水量1800mm。

清凉峰自然保护区土壤分布以棕黄壤为主，还有黄红壤、乌红壤、幼红壤、黄壤、幼黄壤、生草棕黄壤、山地草甸土、红色石灰土、幼年石灰土、泥炭质沼泽土。

清凉峰自然保护区由于地形地貌复杂，气候温暖湿润，垂直分布明显，小气候和土壤类型多样，植被保存完好，珍稀植物群落十分丰富，是大自然赐予的宝贵财富，是浙西一颗"璀

清凉峰顶

清凉峰景观

璀明珠"。清凉峰下龙塘山有大片石林，石质极似西湖灵隐寺石林，在石林中有着众多的奇洞怪石，千姿百态、奇幻无穷、令人叫绝。古诗赞曰："天风吹我登龙塘，大山小山石玲珑。"天门雄伟壮阔，石人、石象、石猴、石鲤、石和尚形象逼真，显得原始、自然、雄伟、粗犷，绝非人造可拟。清凉峰似乎是倒生的，在山下峰回路转，壁立万仞，绝料不到山顶是"十里草甸""万亩冰山"的北国风光。清凉峰顶天苍苍、地茫茫、草萋萋，为江南少见。炎热的夏季，此地却是春花烂漫，蓝盈盈的玉蝉花、水蔓青、朝鲜婆婆纳，粉红的云锦杜鹃、安徽杜鹃、灯笼花。在一望无际的绿油油的草甸衬托下，把妩媚和壮阔自然糅合。

人间瑶池

◎ 保护价值

清凉峰自然保护区位于东海之滨的浙皖丘陵中山区，地史古老，地貌类型复杂，地处"江南古陆"的东端。地形从东南向西北逐渐升高，形成北亚热带至温暖带的气候垂直带谱系列和多变的小地形和小气候。由于其独特的地理位置和自然条件，生物资源

银缕梅

灯笼花

和区系成分具有古老性、过渡性、多样性、联系广泛及珍稀物种多、密度大等特点，尤其是保存着世界珍稀、濒危的野生动物——梅花鹿的最大野生种群，具有很高的保护价值。是我国经济发达的长江三角洲地区难得的保存完好的物种基因库。

清凉峰自然保护区主要保护对象有梅花鹿、黑麂等多种野生动物，中亚热带北部亚地带山地复杂多样的森林生态系统、较完整的植被垂直带谱、多种珍稀濒危植物、特有属种、模式标本植物；现已查明2000多种高等植物，隶属于242个科。其中国家一级保护野生植物有银杏、南方红豆杉、银缕梅共3种，国家二级保护野生植物有和金钱松、夏蜡梅、七子花、连香树、杜仲、鹅掌楸等31种。模式标本采自清凉峰自然保护区的有昌化铁

梅花鹿

线蕨、长叶蹄盖蕨、华中峨眉蕨、临安鳞毛蕨、山核桃、夏蜡梅等近30种。

夏蜡梅在清凉峰的种群数量之大、群落类型之多，全世界绝无仅有，是国家重点保护植物夏蜡梅的一个重要的物种基因库；在海拔1200～1500m的东凹头和风景秀丽的十八龙潭有两片南方铁杉群落。东凹头南方铁杉群落下层有小花木兰群落；在它的附近

扇脉叶杓兰——珍奇兰花

毛柄小勾儿茶（叶、花）——绝迹近百年的珍稀植物

毛柄小勾儿茶（干）——绝迹近百年的珍稀植物

还有领春木群落。百步岭的台湾水青冈群落，林子纯度高、结构完整、稳定性高，为我国大陆东部地区罕见。清凉峰顶的小叶黄杨群落、睡菜群落、玉蝉花群落为我国东部其他地区所未见。还有珍稀的锈毛羽叶参群落、七子花群落、岩茴香群落、山核桃群落、平枝栒子群落、鹅掌楸群落、黄山花楸群落、玉山竹群落、扇脉叶杓兰群落、草芍药群落、白穗花群落、琼花荚蒾群落、北重楼群落等。保护区还有五种特有植物，它们是昌化铁线蕨、五裂锐角槭、长尾秀丽槭、光杆石竹、龙塘山谷精草。

清凉峰丰富的植物资源，为野生动物的生息创造了条件，据调查区内国家一级保护野生动物有梅花鹿、云豹、豹、黑麂、白颈长尾雉、中华秋

冰冻马醉木

大花旋蒴苣苔

沙鸭共6种，国家二级保护动物有猕猴、穿山甲、豺、水獭、大灵猫、小灵猫、金猫、眼镜蛇、五步蛇、黑眉锦蛇、平胸龟、脆蛇蜥、滑鼠蛇、大树蛙、黑紫蛱蝶、金裳凤蝶、宽尾凤蝶等74种。特别是200多头野生梅花鹿在山林中出没，更是一个生态奇迹；它们是我国分布最东端的野生梅花鹿，极具科研和保护价值。清凉峰保护区还是国际一级保护动物，中国特有鹿科动物黑麂的分布中心。

上亿年前的大规模火山活动造就了清凉峰山脊线附近的开阔台地及火山口凹地，再加上充沛的雨量，清凉峰就有了星罗棋布的沼泽和沼泽化草甸湿地、库塘湿地，形成了清凉峰湿地生态系统，丰富了清凉峰的生物多样性。

清凉峰自然保护区是我国经济较发达地区自然环境保存良好的一片绿洲，是钱塘江水系和长江水系的分水岭，也是浙江省的暴雨中心之一。随着封山保护、森林防火等措施的实施，区内的森林植被持续发展，林分结构更趋复杂、合理。这样一方面能为各种野生动植物提供良好的生存栖息环境，另一方面也将进一步发挥森林涵

天目地黄

清凉峰山腰

养水源、保持水土的生态功能，特别是对下游钱塘江沿岸的桐庐、富阳扩杭嘉湖地区的防洪抗旱，抗灾减灾起着极其重要的作用。

◎ 功能区划

清凉峰自然保护区由龙塘山森林生态系统保护区域、千顷塘野生梅花鹿保护区域和顺溪坞珍稀濒危植物保护区域三大独立的区块组成。每个区域都有核心区、缓冲区、实验区，合计面积依次为2836hm²、1997hm²、6419hm²。

◎ 科研协作

2002年，清凉峰自然保护区成功救护，人工饲养一头梅花鹿幼仔，攻克了野生梅花鹿人工饲养的难关，成为全国首例。保护区利用自身优势，协同各大专院校、科研所进行了野生梅花鹿种群数量、分布情况等综合性考察；并对珍稀濒危及药用、观赏植物，地被植物，夏蜡梅生态习性，竹类抗寒性，生态林造林树种筛选等开展科学调查研究。 （翁东明、张宏伟供稿）

大花斑叶兰

浙江 乌岩岭 国家级自然保护区

黄腹角雉

浙江乌岩岭国家级自然保护区位于浙江省泰顺县境内西北部，属洞宫山脉，西与福建省的寿宁县、福安市接壤，北与浙江省的文成、景宁两县毗邻。地理坐标为东经 119°37′~119°50′，北纬 27°20′~27°48′。保护区总面积 18861.5hm²，以我国特有的世界珍稀濒危物种黄腹角雉和典型的中亚热带森林生态系统为主要保护对象，是我国濒临东海最近的野生动物类型的国家级自然保护区。1975 年建立省级自然保护区，1994 年经国务院批准晋升为国家级自然保护区。

乌岩岭自然保护区地处东亚大陆新华夏系第二隆起带的南段，浙江永嘉—泰顺基底坳陷带的山门—泰顺断陷区内，山峦起伏、切割剧烈、多断层峡谷、地形复杂。主峰白云尖海拔 1611.1m，区内千米以上山峰众多，相对高差为 300~1000m 不等。地貌类型属山岳地貌，以侵蚀地貌为主。保护区内植物赖以生长的土壤母岩形成时代为中生代侏罗纪，多为熔结凝灰岩、流纹岩及部分凝灰质砂页岩等。

乌岩岭自然保护区地处浙南沿海山地，属"南岭闽瓯中亚热带"气候区，温暖湿润、四季分明、雨水充沛，具中亚热带海洋性季风气候特征。年平均气温 15.2℃，1 月平均气温 5.0℃，7 月平均气温 24.1℃，极端最低气温 -11.0℃，无霜期 230 天，相对湿度平均在 82% 以上，年降水量 2195mm。

乌岩岭自然保护区内山地土壤类型隶属红壤和黄壤两个土类，海拔 600m 以下为红壤类的乌黄泥土、乌黄砾泥土，海拔 600m 以上为黄壤类的山地砾石黄泥土、山地黄泥土、山地砾石香灰土和山地香灰土。森林土壤厚

顶峰白云尖

度一般为 70cm 左右，枯枝落叶层 2~7cm，pH 值 4~6，有机质含量高，土壤质地良好。

乌岩岭自然保护区森林植被属中亚热带常绿阔叶林南部亚地带。由于独特的自然地理条件，加上地处群山僻壤，人烟稀少，50 年代前，人迹罕至，保存有大面积原生性常绿阔叶林，植被保存比较完整，具有中亚热带常

绿阔叶林的代表性。该区植物种类占浙江省植物种类的 50%，是重要的天然"生物基因库"。已查明的有种子植物 1863 种，隶属 158 科 775 属，占浙江省种子植物的 55%，是保护区整个自然生态系统的主要组成部分；蕨类植物 45 科 94 属 287 种；苔藓植物 58 科 155 属 358 种；真菌 61 科 129 属 212 种。其中属国家一级保护的有南方

雾（乌岩岭景观）

红豆杉、莼菜、中华水韭、伯乐树共4种，属国家二级保护的有金毛狗、福建柏、金钱松、华东黄杉等20种。

乌岩岭自然保护区内动物资源丰富，动物地理分布和区系组成上有华南区特色。已查明的有脊椎动物4纲27目81科218属342种，其种类占浙江省的53%，脊椎动物中以鸟类最多；有昆虫15目131科1041种，其中蝶类有22科54属85种。属国家一级保护的有黄腹角雉、云豹、华南虎、金雕、黑麂、白颈长尾雉、金钱豹、鼋金斑喙凤蝶共9种，属国家二级保护的有穿山甲、豺、白鹇、斑羚等43种。保护区是我国特产珍禽黄腹角雉的唯一保种基地和原产地人工繁殖基地，其野外种群数量已经发展到400多只。

乌岩岭自然保护区地形地貌复杂，形成了各种独特的自然景观，具很高的观赏价值；保护区内一年四季气象万千，变幻无穷；由于切割剧烈、多断层峡谷的侵蚀地貌所产生的瀑、潭等景点，如白云瀑、白云尖、龙井潭等，有的气贯长虹，有的似天宫花园，野马奔，雄浑壮观，妙不可言；而且区内还有珊溪、三插溪两大水库，司前、竹里两个民族乡镇，旅游资源丰富，整个环境仍保持着天然本色。

◎ 保护价值

黄腹角雉被国际列为濒危物种，其保护价值等同于国宝大熊猫，在乌岩岭主要分布在海拔800～1400m的常绿—落叶阔叶混交林内。由于自然条件优越，保护措施得当，目前黄腹角雉的野外种群数量之多，分布密度之广闻名于海内外。自20世纪80年代浙江大学诸葛阳教授首次发现黄腹

龙井潭的原始阔叶林

413

角雉以来，以北京师范大学郑光美教授为首的一大批学者对其活动区和活动性、繁殖、食性以及主要致危因素、栖息地片段化的生态适应机制、基因多样性、种群生存力、驯养繁殖和再引入等方面进行了系统研究，在我国首次将无线电遥测技术应用于黄腹角雉的研究，开创了我国鸟类学研究应用无线电遥测技术的先河，学术成果填补了国内外空白，在鸟类学研究尤其是在雉类的研究上具有重要地位。2001年黄腹角雉被列入国家15类濒危物种拯救和繁育工程。近二十年来，北京师范大学以乌岩岭为教学实习基地培养了近20名研究生。

乌岩岭自然保护区内有大量珍稀、濒危、特有、孑遗植物物种分布，除属国家一级保护的野生植物外，区内还分布有我国特有属中的五加属、八角莲属、油杉属、半枫荷属、拟单性木兰属、银鹊树属、伯乐树属、青钱柳属、香果树属等20属，占我国特有属的10.2%，占全省的42.55%。孑遗植物种类也很多，如蕨类植物中，属古生代的有松叶蕨属、莲座蕨属；中生代前期已生存的紫萁属、金毛狗属等5属；在种子植物中，出现于中生代白垩纪的有裸子植物的铁杉属等11属；被子植物的壳斗科、木兰科、金缕梅科等25科；第三、四纪的有铁青树科、珙桐科等38科。

乌岩岭自然保护区由于地处全球有夏雨的热带与暖温带的生物群落交错区，森林植被类型多样，植物资源相当丰富，其植物区系成分具有古老性、复杂性、典型性和过渡性。其中，大面积的典型中亚热带常绿阔叶林又具有一定的原生性，在浙江省属罕见。同时，大面积的常绿阔叶林为各种野生动植物提供了良好的生存、栖息环境，更是飞云江和珊溪、三插溪两大水库的水源涵养林及珊溪水利枢纽工程的生态屏障。

乌岩岭自然保护区环境质量良好，风景旅游资源丰富，区内山清水秀、盛夏无暑、气象变幻、莽林壁松、飞瀑流泉、深潭积碧、春花秋叶，是一个天然大公园，而且区内有珊溪、三插溪两大水库，司前、竹里两个畲族乡镇，是开发生态旅游，开展环境保护教育和夏令营等活动的最佳场所。

溪流（毛竹林）

◎ 功能区划

乌岩岭自然保护区根据黄腹角雉的活动栖息范围，将保存较完整、动植物种类丰富、集中，并且有典型地带性森林群落的常绿阔叶林和常绿、落叶阔叶林混交集中连片分布的地域划分为核心区。核心区共分为三大块（即Ⅰ区、Ⅱ区、Ⅲ区），总面积4469hm²。Ⅰ区位于双坑口、高坪山保护站范围，面积2806hm²，主要保护黄腹角雉、地带性森林群落的常绿阔叶林和常绿、落叶阔叶混交林及区内其他珍稀濒危动植物。Ⅱ区位于黄桥保护站范围，面积1241hm²，主要保护原生典型地带性常绿阔叶林和短尾猴。Ⅲ区位于洋溪保护站范围，面积422hm²，保护区植物种类异常丰富，主要保护动物为白鹇。为更好地保护核心区不受外界的冲击，在以上核心区周围划出300～1000m作为缓冲区，缓冲区面积为2053hm²，占保护区总面积的10.9%。除核心区和缓冲区外，其他地域均为实验区，面积为12339.5hm²，占保护区总面积的65.4%。

◎ 科研协作

1981年，乌岩岭自然保护区邀请了华东师范大学、杭州大学、浙江林学院等17个单位的专家、教授组成的综合考察队，分成植物区系、植被、动物、昆虫、环保、土壤、地质、气象等十个考察小组，对乌岩岭进行全面系统的考察，基本查清了区内的各种自然条件和自然资源，出版了综合考察报告。对主要保护对象黄腹角雉的野外动态观察、生活习性和人工繁殖的研究取得了一定成果，建立了黄腹角雉人工种群。2005年，浙江省林业厅立项启动了昆虫生物多样性调查。此外，还与浙江大学、温州大学、中国科学院等二十余所科研院校建立了良好的科研合作伙伴关系。

（乌岩岭自然保护区供稿）

乌岩岭保护站局部

浙江 古田山
国家级自然保护区

　　浙江古田山国家级自然保护区地处浙江省与江西省交界，位于浙江省西部开化县境内。地理坐标为东经118°03′～118°11′，北纬29°10′～29°17′。保护区总面积8107.1hm²，属森林生态系统类型自然保护区，主要保护典型的中亚热带低海拔地区以常绿阔叶林为主的森林生态系统。保护区于1975年被省人民政府列为省级自然保护区，2001年经国务院批准晋升为国家级自然保护区。

◎ 自然概况

古田山自然保护区地处新构造运动强烈抬升区，地史古老，地质构造复杂。具有典型的江南古陆强烈上升山地的特征。以花岗岩为主组成的古田山主体岩性坚硬，富垂直节理，经风化形成许多悬崖峭壁。山脉呈东北-西南走向，形成北、东、西三面群峰环抱，主峰青尖海拔1258m。古田山由三条主岗和两条大沟组成，地形复杂，溪流源短流急，比降大。

古田山自然保护区属中亚热带湿润季风区，受夏季风影响较大，一年中气候有明显的季节性变化，四季分明，雨水丰沛，光照适宜。年平均降水天数142.5天，年降水量1963.7mm，相对湿度92.4%。平均气温15.3℃，极端最高气温38.1℃，极端最低气温−6.8℃，无霜期约250天。

古田山自然保护区内分布有红壤、黄壤、水稻土、沼泽土四个土类：海拔500～700m以下为红壤，土层较浅，红色较淡，黏性较弱，石砾较多，pH值较小，有效养分较多，硅铝率偏高，成土时间较短，肥力较好。海拔600m以上山地多为黄壤，是保护区主要土壤类型，黄壤有二种类型：在常绿落叶阔叶林下呈乌色红黄壤，土层深厚，养分含量最为丰富，理化性状良好，肥力水平最高；在常绿针叶林下为淋溶红黄壤，亚表层受到酸性淋溶较强，pH值、盐基饱和度、矿养分在此层有偏低的趋势，颜色变淡；在高海拔的脊北或峰顶一带的草混生矮林植被下为草红黄壤，其A层厚而黑，层次过渡明显，无淋溶层出现。水稻土分布于附近周围的农田中，为长期耕作形成，数量很少。在海拔850m左右的古田庙一带局部低洼处有沼泽土分布，土壤呈酸性，pH值在5.5～6.5之间，表层土呈褐色，地下水位较高。

常绿阔叶老林

古田山自然保护区水系属长江水系乐安江支流。区内东、西两条苏庄溪水流在苏庄镇汇合经江西德兴市的乐安江注入鄱阳湖。由于山体主要由花岗岩构成，地下水储量比较小，地下水源以裂隙水为主，水体富含多种对人体有益的矿物质，符合国家一级饮用水标准。

古田山地处中亚热带北缘，为典型常绿阔叶林分布区。常绿阔叶林是其分布面积最广的植被类型，主要分布在海拔350～800m的山坡和山麓。在海拔450m以上沟谷地带和800～950m的山脊处和山坡上方，随着落叶成分比例增加，形成常绿阔叶混交林。在海拔720～1100m的地段，分布着大片黄山松针阔叶混交林，海拔1100m以上至山顶为黄山松林。在古田山海拔850m处，有一片大约2hm²的高山沼泽地。

据统计，古田山自然保护区内共有高等植物244科897属1991种，其中苔类22科39属89种、藓类33科103属236种、蕨类34科66属166种、种子植物155科689属1500种（占全国种子植物科、属、种总数的44.2%、20.2%、5.16%，占浙江省种子植物科、属、种总数的81.9%、51.7%、41.6%）。

根据国家林业局、农业部1999年颁布的名录，保护区植物资源中，有国家一级保护野生植物南方红豆杉1种，有国家二级保护野生植物长序榆、凹叶厚朴、花榈木、毛红椿等14种；有省级珍稀植物竹柏、乳源木莲、野含笑等12种。特别是香果树、野含笑、紫茎这3种珍稀植物其群落之大，分布之集中，为国内罕见。保护区植物包含有我国特有属14个：如金钱松属、青钱柳属、杜仲属、鸡仔木属等；在浙江植物区系中仅见分布于古田山的种类有栓翅爬山虎、福建石楠、婺源安息香等10种。据统计，保护区还是古田山鳞毛蕨、开化鳞毛蕨、重齿石灰花楸、浙江红山茶、短茎箬脊兰等5种植物的模式标本产地。

古田山自然保护区内有脊椎动物26目67科239种，其中兽类8目21科58种，鸟类13目30科104种，两栖类2目7科26种，爬行类3目9科51种。脊椎动物中，有国家一级保护动物白颈长尾雉、黑麂、豹、云豹共4种，国家二级保护野生动物有白鹇、黑熊、小灵猫等30种，省级重点保护野生动物32种。经过二十多年的保护和建设，保护区白颈长尾雉和黑麂种群数量分别达到了500～600只和300～400只。节肢动物门种类繁多，仅昆虫纲就有22目191科759属1156种。保护区也是我国古田山澳汉虫乍、古田山耳蝉、古田山细蚊等一大批昆虫（目前已定名的有164种）模式标本的产地。

古田山自然保护区景区旅游资源丰富，闻名四方的凌云寺，曾是明朝开国皇帝朱元璋当年的驻军之地；久具传奇色彩的唐柏、宋樟、明银杏等古树名木，都是探险寻源、观光旅游、休闲度假的好去处，对游客有很强的吸引力。

◎ 保护价值

古田山自然保护区是我国中亚热带低海拔地区以常绿阔叶林为主的森林生态系统的典型代表，植被类型复杂，珍稀物种丰富，特别是濒危物种国家一级保护动物白颈长尾雉与黑麂为全国集中分布中心之一，具有极为重要的保护价值。多年来与浙江大学进行科研合作，最近又成为中国科学院生物多样性委员会常绿阔叶林及珍稀物种的监测点，并将进入国际生物多样性监测网络，极大地推动了保护区的科研建设与发展。

古田山自然保护区的保护价值主要体现在保护区森林植被属典型的中亚热带常绿阔叶林，但因小地形环境、小气候条件以及海拔高度的变化，形成了丰富多样的森林植被类型，区内分布着大量珍稀濒危野生动植物，生物多样性十分突出。由于其森林群落、野生

常绿阔叶林

植物、野生动物的丰富多样性，已成为我国东部地区科学工作者进行动植物种群、森林群落研究和大专院校学生实习、开展科普教育的重要场所。保护区位于长江水系下游支流乐安江的源头，其生态保护功能相当重要，对区域经济的可持续发展和环境质量的提高具有重大的支撑作用。保护区珍稀特有的生物资源，幽深的沟谷，生机盎然的天然植被，形态各异的地貌景观，独具特色的天然景象，具备发展生态旅游业的良好自然条件。

◎ 功能区划

古田山自然保护区划分为3大功能区，即核心区、缓冲区、实验区。核心区面积2156hm²，占总面积的

勺鸡

26.6%；缓冲区面积1732hm²，占总面积的21.4%；实验区面积4219.1hm²，占总面积的52.0%。

◎ 科研协作

古田山自然保护区自建立以来，通过开展与浙江大学、浙江林学院等单位合作，先后组织多学科综合考察3次、单学科考察19次，接待日本等国有关专家考察4次，完成了保护区的综合考察及以白颈长尾雉为主要研究对象的一系列相关专项研究。2002年保护区与中国科学院植物研究所、浙江大学等三家单位联合建立了5hm²常绿阔叶林长期监测样地。2005年又与该三家单位联合建立了24hm²常绿阔叶林长期监测样地，此监测样地是中

红嘴相思鸟

白颈长尾雉

国科学院生物多样性委员会在全国范围内建立的中国森林生物多样性动态监测网络的五个永久监测样地之一，该网络的建成必将使该保护区成为我国森林生态系统生物多样性领域研究的重要基地和国际科研合作对外交流的重要平台。

中国科学院生物多样性委员会于7月中旬举办了"中国森林生物多样性监测网络2006年北京研讨会"，会后有加拿大皇家学会会员、蒙特利尔大学Pierre Legendre教授、挪威皇家学会会员、加拿大阿尔伯塔大学可再生资源系主任John Spence教授、国际CTFS网络第一个生物多样性长期监测样地－巴拿马BCI样地负责人、Smithsonian研究所Richard Condit教授、国际知名生态学杂志Ecological Monographs和Ecology等杂志编委、加拿大阿尔伯塔大学Fangliang He教授、中国科学院植物研究所所长马克平研究员、中国科学院沈阳应用生态研究所所长助理郝占庆研究员、浙江大学博士生导师于明坚教授、华东师范大学博士生导师王希华教授、中国科学院西双版纳植物园生态专家胡跃华博士等14人应邀到古田山考察。国内外专家充分肯定了保护区在生态保护工作中所做的巨大贡献，对古田山样地的建设给予了高度的评价和赞扬。

（古田山自然保护区供稿）

浙江 凤阳山—百山祖
国家级自然保护区

浙江凤阳山—百山祖国家级自然保护区原为两个保护区，由北部龙泉县的凤阳山自然保护区与南部庆元县的百山祖自然保护区连为一体，后经国务院批准合并为一个保护区，称之浙江凤阳山—百山祖国家级自然保护区，属森林生态系统类型自然保护区，总面积26051.5hm²。

——凤阳山国家级自然保护区

凤阳山自然保护区位于浙江省西南部龙泉市境内，与屏南、龙南、兰巨3乡（镇）和庆元县百山祖乡毗邻。地理坐标为东经119°06′～119°15′，北纬27°46′～27°58′。保护区面积为15171.4hm²（其中国有山林4245.2hm²，集体山林10926.2hm²），属典型的东南沿海季风区中山丘陵森林生态系统类型自然保护区。保护区成立于1975年5月，1992年经国务院批准晋升为国家级自然保护区。

将军岩（叶立新摄）

◎ 自然概况

凤阳山自然保护区地处我国东南沿海的闽浙丘陵区，由华夏古陆华南台地闽浙地盾演变而成，地史古老。山体属洞宫山系，由福建武夷山脉向东伸展而成。基岩为侏罗纪火成岩，由流纹岩、凝灰岩及少量石灰岩组成。区内地形复杂，群峰峥嵘，峡谷峻峭，沟壑交错。矗立在保护区核心地段的黄茅尖，海拔1929m，是浙江第一高峰。

凤阳山自然保护区地处东南沿海地带，受海洋性气候和季风的影响大，属亚热带湿润季风气候。年平均气温12.3℃，最热月为7月，极端最高气温30.2℃；最冷月为1月，极端最低气温−12.5℃，年温差20℃左右。年降水量2438.2mm，平均相对湿度80%。气候特点是温和湿润，雨量充沛，蒸发量少。

凤阳山分布的土壤可划分为4个土类、4个亚类、4个土属。红壤土类分布在海拔800m以下山坡，属地带性土壤；黄壤土类是凤阳山的主要土壤类型，分布于800m以上的广大高海拔山坡地；山地草甸土类，本土类分布于凤阳山高海拔的平坦洼地，海拔高度一般在1200～1400m；粗骨土土类，这是个非地带性土，也可以看成是缺失了心土层的红壤或黄壤，广泛分布于坡度陡峭处。

凤阳山自然保护区森林覆盖率高，涵养水源丰富，沟壑纵横，地表水系发达。区域内大小河流呈树枝状分布，无外来水流，其河流均属瓯江水系。主要河流有瓯江干流梅溪，汇入瓯江干流龙泉溪的豫章溪和汇入瓯江的小溪。

据调查统计，凤阳山自然保护区有维管束植物167科609属1273种（包括变种），其中木本植物91科272属663种（包括变种及少量栽培、引进种）。

凤阳山自然保护区地处我国东南

凤阳湖（叶立新摄）

沿海地带，具有中亚热带季风气候特点。优越的自然条件，十分有利于动、植物的生长和繁衍，这里林木葱郁，古树苍天，四周群山环抱，峰峦叠嶂。登山峰，赏绝壁奇松；入峡谷，观飞瀑叠泉；迈石径，闻鸟语花香；攀洞天，阅人间仙境；本自然保护区集山地景观、水域景观、生物景观及其他景观于一体，是避暑度假、游览观光的首选佳境。

◎ 保护价值

凤阳山自然保护区共有珍稀濒危植物81种，包括苔藓和蕨类植物各3

乌龟岩（叶立新摄）

云海（叶立新摄）

科3属3种，裸子植物4科10属12种，被子植物29科53属63种。其中木本植物占优势，有48种，草本植物31种，藤本植物2种，列入《第一批国家重点保护野生植物名录》一级保护植物有红豆杉、南方红豆杉、伯乐树共3种；国家二级保护植物香果树、福建柏、鹅掌楸、蛛网萼、白豆杉、华东黄杉、厚朴等18种。凤阳山拥有国家级重点保护动物36种，其中昆虫1种、两栖类1种、鸟类19种、兽类15种；国家一级保护动物有华南虎、豹、云豹、黄腹角雉、黑麂5种；国家二级保护动物有阳彩臂金龟、虎纹蛙、黑冠鹃隼、黑鸢、蛇雕、赤腹鹰、松雀鹰、雀鹰、苍鹰、林雕、乌雕、鹰雕、白腿小隼、燕隼、勺鸡、白鹇、褐林鸮、领鸺鹠、斑头鸺鹠、鹰鸮、猕猴、藏酋猴、穿山甲、豺、黑熊、青鼬、水獭、大灵猫、小灵猫、原猫和鬣羚等31种。

凤阳山自然保护区经济植物共5大类290种，其中油料植物90种，芳香油植物42种，鞣料植物46种，淀粉植物66种，纤维植物46种。凤阳山不仅是浙江省药用植物主要基因库，也是药用植物引种栽培试验基地。保护区内共有药用植物96科211属310种。在这些药用植物中有珍贵的天麻、党参、鸡爪黄连、广木香等。

凤阳山自然保护区真菌资源极为丰富。根据样线调查，有真菌种类256种，隶属11目73属。其中药用和食用大型真菌如银耳类、木耳类、豹皮菇、香菇、牛肝菌等就有160余种。为引种、驯化野生药用和食用菌提供丰富的原始菌源。

凤阳山自然保护区植被类型有常绿阔叶林、常绿落叶混交林、落叶阔叶林、针阔混交林、针叶林、竹林、山顶矮曲林、灌丛、稀灌草甸和草坡、还有大面积的原始森林。属于有夏雨的热带—暖温带（海洋性）群落交错的特殊地带。

◎ **功能区划**

凤阳山自然保护区划分为3大功能区，即核心区、缓冲区、实验区。将保护区内具备典型代表性并保存有完好的自然生态系统和珍稀濒危动植物集中分布地划为核心区，核心区面积3496.8hm²，占保护区面积的23.0%；缓冲区面积2810.7hm²，占总面积的18.5%；实验区面积8863.9hm²，占总面积58.5%。

◎ **科研协作**

凤阳山自然保护区早在20世纪30年代就有学者前来考察，50年代中至70年代末，中国科学院等10多家科研教学单位曾对保护区植物区系和植物资源作过多次调查研究；1992～1996年，华东师范大学的朱瑞良教授等人先后5次对凤阳山的苔藓植物进行了调查；台湾东海大学的赖明州教授、上海自然博物馆的刘仲苓研究员在凤阳山采集了数百号苔藓植物标本；保护区先后发现凤阳山耳叶苔、尼川原鳞苔、凹瓣细鳞苔、苏氏冠鳞苔等新种；模式标本采自凤阳山的苔藓植物有3种。2003～2005年，与浙江大学、浙江林学院、浙江自然博物馆、浙江师范大学、浙江中医学院等单位合作，分别进行了植物、昆虫的补充调查和对保护区的兽类资源、鸟类资源、两栖爬行类资源进行了补充调查。

凤阳山两栖调查

——百山祖国家级自然保护区

百山祖国家级自然保护区位于浙西南与闽北交界的"全国生态环境第一县"庆元县境内。保护区由两大块组成：一是县境东北部以百山祖为中心的一块，地理坐标为东经119°3′～119°6′，北纬27°40′～27°50′，面积为10440.7hm²，属百山祖乡行政辖区内；二是庆元县南部安南乡境内五岭坑的一块，面积439.4m²。两块合计面积为10880.1hm²。

保护区植被

◎ 自然概况

百山祖自然保护区地处我国东南沿海的闽浙丘陵区，由华夏古陆华南台地闽浙地盾演变而成，地史古老。山体属洞宫山系，由福建武夷山脉向东伸展而成。基岩为侏罗纪火成岩，最高峰百山祖海拔1856.7m，被誉为"百山之祖"，是浙江第二高峰。最低海拔550m，为五岭坑保护站所在地。其地貌类型为深切割中山，以侵蚀地貌为主。区域内奇峰林立，地势险要，山地坡度大多在30°以上。

百山祖自然保护区为亚热带湿润季风气候，属"南岭闽瓯中亚热带"气候区。年平均气温12.8℃，年降水量2341.8mm，年相对平均湿度84.0%，极端最低气温−13.2℃，极端最高气温30.1℃，无霜期187天。

百山祖自然保护区森林土壤共有3个土类、5个亚类、7个土属。海拔800m以下为红壤，800m以上以黄壤为主，棕黄壤土类仅集中分布于海拔1700m左右的百山祖南坡。土壤质地为中壤，土层中至厚，pH值4.0～5.3，有机质含量高、酸性强、土体疏松、腐殖质层厚、有较好的保肥持水功能等特点。

百山祖自然保护区溪流呈放射状，分属瓯江水系、闽江水系和福安江水系。百山祖西南坡为闽江支流松源溪的源头，东北坡为瓯江主流的发源地，东南坡为福安江的发源地，素有"三江之源"之称。

百山祖自然保护区森林植被在全

云海

冷杉球果

祖冷杉

国植被分区中属中亚热带常绿阔叶林南部亚地带。地带性植被为亚热带常绿阔叶林，又因海拔高度的变化，在相应的气候垂直分布带上形成森林植被的垂直带谱系列。由低海拔至山顶出现排列有序的森林植被类型有：常绿阔叶林、常绿落叶阔叶混交林、针阔叶混交林、黄山松林、山顶矮曲林、灌草丛。

百山祖自然保护区内植物资源丰富，区系成分复杂，是南北植物汇流

之地，为极其重要的天然植物物种及其遗传基因库。据初步调查，区内高等植物271科1059属2567种，其中裸子植物9科32属63种，被子植物164科796属1942种，蕨类植物36科82属236种，苔藓植物62科149属326种。另有真菌资源12目37科97属256种。

百山祖自然保护区地形地貌复杂，森林植被保存良好，各种食物充裕，从而为各种野生动物生存、繁衍、栖息、活动提供了良好的自然环境。据调查，保护区有脊椎动物类26目74科254种，其中两栖类2目8科22种，爬行类3目9科43种，鸟类13目34科132种，哺乳类8目23科57种。区内有昆虫22目247科1346属2192种；有蜘蛛22科75种。

置身其中，返璞归真的感觉油然而生。保护区内重峦叠嶂，地形复杂，千米以上山峰星罗棋布，有着丰富的生态旅游景观资源和良好的生态环境，对开展生态旅游具有得天独厚的有利条件和广阔的前景。其神奇的原始风貌，优美的自然景观与浓郁的香菇文化融合成一幅幅意趣横生的画卷，具有"幽、秀、雄、奇、古"的特点。

◎ 保护价值

百山祖自然保护区地处北纬28°附近的敏感区，根据德国生态学家H·沃尔特陆地生物圈的地带生物群落划分，属于有夏雨的热带—暖温带（海洋性）群落交错的特殊地带。该区域为亚洲的一个特殊区域，具有

很高的保护价值和科研价值。

百山祖自然保护区生物资源不仅具有典型性、多样性，而且还具有十分明显的过渡性，动植物区系非常复杂但具有明显的华南区特色。根据中国著名植物学家吴征镒教授的划分系统，植物区系属中国—日本森林植物亚区的华东区与华南区的连接地带，很多华南区植物以此为北界，华东区植物以此为南界。据已知种子植物所属的区系成分分析，热带成分与温带成分几乎相等；动物区系以东洋界种群为主，同时掺有古北界种群，如脊椎动物东洋界种群占78.85%，古北界种群占21.15%。

百山祖自然保护区由于所处地带特殊，动植物分化变异也很明显。如乐东拟单性木兰，出现花器官多态分化现象，有多心皮两性花株、雄花株、心皮两面性花（或无心皮）与雄花共存的杂性花株等。还有大叶三七、半枫荷、毛花松下兰等植物的分化变异现象。

百山祖自然保护区地史古老，保存了大批原始古老的生物种群。在人迹罕至的偏僻处保存了大片原生或半原生状态的森林植被。1987年被列为世界最濒危的12种植物之一的百山祖冷杉，就残遗在百山祖主峰南坡下一片亮叶水青冈林中。冷杉属植物在我国南方低纬度低海拔山地遗存，被认为是第四纪冰川时期，冷杉从高纬度的北方向南迁移的结果。这为研究地球生物圈的气候变迁与生物区系的演变，提供了新的证据和启示。

在百山祖诸多的物种中，属国家级重点保护动物55种，国家重点保护植物31种，建议列入国家或省级保护植物16种，采自百山祖模式植物36种，省级保护动物39种。其中1976年定名发表的百山祖冷杉为百山祖自然保护区特有植物，1987年被国际物

种保护委员会（SSC）列为全球最濒危的12种植物之一。目前这种冷杉自然生长仅存3株。1998年10月在百山祖自然保护区内重现的华南虎是分布在我国的稀有虎亚种，是世界上现存的5个亚种中最濒危的一个亚种，为国家一级保护动物，属世界最濒危的十大物种之一，世界上野生华南虎现存数量约为20只，目前在百山祖自然保护区发现3只。由此可见，百山祖自然保护区在生物多样性保护方面具有特殊的保护和研究价值。

百山祖自然保护区列为国家、省级保护的动物有94种。其中属国家一级保护的有云豹、豹、华南虎、黑麂、白鹳、金雕、黄腹角雉、白颈长尾雉共8种；属国家二级保护的有短尾猴、猕猴、穿山甲、豺、黑熊等39种。此外，还有具华南区特色的鸟类11种和许多属中国或浙江地理分布新记录的动物。

◎ 功能区划

百山祖自然保护区划分为3大功能区，即核心区、缓冲区、实验区。核心区分两部分，其主要部分与凤阳山的核心区相连，构成凤阳山—百山祖国家级自然保护区核心区的主体，面积3499.9hm²，另一部分处于五岭坑保护站，面积439.4hm²，核心区合计面积3939.3hm²，占保护区总面积的36.2%；缓冲区面积1341.8hm²，占总面积的12.3%；实验区面积5599.0hm²，占保护区总面积51.5%。

◎ 科研协作

百山祖自然保护区自建立以来，在生物多样性科学研究方面已经开展了一系列基础性的科研工作，取得了一定的成果，主要有：1985～1986年进行了生物资源综合调查；1991～1999年开展了浙南珍稀树种繁殖试验，初步建立珍稀树种繁育基地，对

森林浴（沈亮摄）

百山祖冷杉的繁育取得了一定的成绩；1985～1999年开展了竹类研究，建立竹种园；与浙江林学院合作，开展了昆虫资源调查，出版了《华东百山祖昆虫》一书；与浙江大学合作，开展了百山祖蕨类资源研究；开展了百山祖冷杉生态学研究；与浙江大学合作，开展了华南虎踪迹鉴定研究；采集、制作了2500余份动植物和昆虫标本；1995年出版了《百山祖自然保护区论文集》。

（凤阳山—百山祖自然保护区供稿）

云豹

伯乐树

浙江 九龙山 国家级自然保护区

浙江九龙山国家级自然保护区位于浙江省遂昌县西南部的浙江、福建、江西三省毗邻地带，东西宽 8.8km，南北长 10.5km。地理坐标为东经 118°49′38″～118°55′03″、北纬 28°19′10″～28°24′43″。保护区总面积 5525hm²，属森林生态系统类型自然保护区，主要保护中亚热带常绿阔叶林生态系统，同时也是我国黑麂、黄腹角雉最重要的栖息地和集中分布区。保护区始建于 1983 年，2003 年经国务院批准晋升为国家级自然保护区。

◎ 自然概况

九龙山自然保护区地处绍兴—江山深断裂带以东区域，地层分区上处于华南地层区（一级）四明山—武夷山地层分区（二级）龙泉地层小区（三级），地质构造上处于华南地槽褶皱系（一级）浙东华夏褶皱带（二级）陈蔡—遂昌隆起（三级），区内地史古老，孕育于中生代侏罗纪，距今约有 2 亿年的历史。九龙山区域受几个 NNE 向构造（如龙游—遂昌、上虞—庆元断裂）以及 NW 向构造（如遂昌—松阳—平阳大断裂）的控制，保护区内的小断裂以 NE—SW 向为主。全区地层以侏罗纪火山岩最为发育，基岩以中生代鹅湖岭组火山熔岩和火山碎屑岩的熔凝灰岩、流纹斑岩、花岗斑岩、蚀变酸性火山岩等组成。熔凝灰岩出露最广，从海拔 400～1724m 均广泛分布，九龙山顶峰、内九龙、外九龙、内阴坑、黄基坪尖等都是熔凝灰岩；流纹斑岩出露在海拔 700m 左右的上寮坑、岩坪一带及海拔 1320m 的黄基坪等地。这些火山岩组成了九龙山的主体，成为该区地貌发育的地质基础。

九龙山自然保护区内气候属中亚热带湿润季风气候，四季分明，雨水充沛，光照适宜，相对湿度较高。区内山峦起伏，沟壑纵横，云海茫茫。复杂的地形，构成了丰富多样的气候环境。概括九龙山保护区的气候条件，具有垂直地带性、雨季和干季明显、山顶部风大气候变化复杂、南北坡有较大差异等特征。

九龙山土壤有红壤、黄壤、水稻土 3 个土类，红壤土类中分布有老红壤、红壤、乌红壤、黄红壤 4 个亚类，黄壤土类中分布有黄壤、乌黄壤、生草黄壤 3 个亚类，水稻土面积极少，仅为潴育型水稻土 1 个亚类。

据环保部门监测，九龙山水体质量符合国家一级水标准。pH 值 6～7，水质好，无污染，有利于动植物的生存繁衍。国家二级保护动物大鲵的存在，除了生态环境保持较好外，与九龙山的优良水质也有密切关系。九龙山的山体由火山岩构成，无含水层。山谷间又无大的坡积、洪积及缓坡地，不具备储存大量地下水的条件。因此，九龙山保护区地下水储量小，地下水源以裂隙水为主，水位相对稳定。

九龙山自然保护区地带性植被是中亚热带常绿阔叶林，九龙山保护区是华东地区植被保存最好的地区之一。尤其是 600hm² 原生状态自然植被在我国东部高密度人口及经济发达地区十分罕见。由于海拔高差大，垂直气候变异明显，九龙山保护区植被显示常绿阔叶林典型特征的同时，还存在着较为完整的垂直带谱系列。保护区植被可划分为针叶林、针阔混交林、阔叶林、竹林和灌丛 5 个植被型组、11 个植被型、32 个群系组、39 个群系和 44 个群丛组。

九龙山自然保护区不但植物种类丰富，森林资源也很丰富，据最新的森林资源二类调查显示：保护区林业用地 5458.0hm²，森林覆盖率 98.8%，

云豹蛱蝶

蔡相岩

乔木树种活立木总蓄积 31.84 万 m³，区内有毛竹株数 5.05 万株，毛竹林单位面积立竹 1822 株 /hm²。

中亚热带的地理位置，温暖湿润的气候条件和复杂的地形环境，使得九龙山保护区成为南北植物的汇流之区，也是许多古老孑遗植物的避难场所，植物的种类十分丰富。据考察调查，保护区有已知的非维管束植物 384 属 804 种、维管束植物（蕨类、种子植物）684 属 1569 种。在非维管束植物中，有苔藓植物 65 科 185 属 436 种，地衣 58 属 159 种，大型真菌 38 科 101 属 209 种；在维管束植物中，有蕨类植物 35 科 73 属 227 种，种子植物 144 科 611 属 1342 种（其中裸子植物 18 种，被子植物 1324 种）。

九龙山自然保护区内有药用植物近千种，包括菌类、蕨类、种子植物等，其中疗效好、开发利用价值大的有 320 种，有些还是抗癌、治老年痴呆症等的药物原料。

九龙山自然保护区有国家一级保护植物伯乐树、南方红豆杉共 2 种，有国家二级保护植物白豆杉、长叶榧、连香树、鹅掌楸等 16 种，另有白豆杉属、

香果树属、伯乐树属等 15 个中国特有属和银鹊树、南方铁杉等 9 种珍稀濒危植物。九龙山区域又是遂昌冬青、九龙山景天等 40 种植物模式标本的原产地。

九龙山自然保护区优良的森林环境，为野生动物的栖息、繁衍提供了良好的条件。据考察调查，保护区有已知的无脊椎动物 114 科 491 属 681 种，脊椎动物 90 科 202 属 311 种。在无脊椎动物中，有昆虫 93 科 443 属 587 种，有蜘蛛 21 科 48 属 94 种。有水生脊椎动物，即鱼类 8 科 20 属 25 种。有陆生脊椎动物 74 科 183 属 289 种，其中两栖类 8 科 13 属 34 种，爬行类 9 科 30 属 49 种，鸟类 35 科 93 属 145 种，兽类 22 科 47 属 61 种。两栖类、爬行类、鸟类和兽类种数分别占浙江省总数的 77.3%、59.8%、30.2% 和 60.6%。

九龙山自然保护区内奇峰、飞瀑、断崖、怪石与斑斓多姿的奇花、异草、古木融为一体，山清水秀，鸟语花香，夏无酷暑，气象万千，旅游资源独特而丰富。保护区景点主要有：九龙仰天、十八罗汉、猴子聚会、神仙脚印、泗洲岚、大小钟鼓、棒槌石、金交椅、

大岩壁等。区内还有许多由于剧烈切割的山岳侵蚀型地貌结构所产生的瀑、潭等景点，如九龙瀑布、九龙涧、龙门瀑等。

森林是整个生态旅游的基础，苍翠茫茫的九龙林海，长达上千米的猴头杜鹃长廊随岗蜿蜒，古老而神奇的"野人"之谜，悬崖峭壁上出没无常的猴群以及参天古木，满岗的山花，晚秋的红叶等构成了一幅极富生机的生物画卷。春天，木兰报春、杜鹃烂漫；夏日，绿荫铺盖，凉风送爽；秋天，烟凝山紫，青柯红叶；冬季，玉树琼花，蜡梅吐艳。区内广袤的森林也为野生动物栖息繁衍提供了良好的环境，漫步林中，或见松鼠攀枝，或遇猴群成趣，或闻鸟雀对鸣，为宁静的山野增添不少生机。

九龙山自然保护区一年四季不断展示它的风姿，给游人以美的享受。变化莫测的流云飞雾起时，似蛟龙出海，万马奔腾，气势磅礴；山顶雨后斜阳，九龙佛光时隐时现，神秘莫测，如入仙境。更奇妙的是雪后的山野，到处银装素裹，白净如绵，一片静谧和谐；而有时则只见山顶阴坡白雪皑

黑麂

皑，山下阳面仍然绿树红花，景致十分诱人。

◎ 保护价值

九龙山自然保护区是我国黑麂最重要的分布中心和最大种群的集中分布区，同时，也是黄腹角雉最重要的栖息地和最集中的分布地之一。这两个物种均为我国东洋界华东区东部丘陵平原亚区的典型代表种类。在保护区境内还分布有豹、云豹、白颈长尾雉共3种国家一级保护动物及黑熊、藏酋猴、猕猴、白鹇、大鲵等40种国家二级保护动物，另有一大批省级保护动物；九龙山区域又是九龙棘蛙等5种动物模式标本的原产地。

九龙山自然保护区生物资源丰富，区系成分复杂，垂直带谱明显，具有多样性、复杂性、古老性、过渡性等特征，是一个天然的生物基因库。境内保存着原生状态的青冈群系组，由多脉青冈等6种青冈组成的群丛组，

从山麓到顶部替代序列非常清晰，表现出山地青冈林群落连续体，是迄今所知我国东部最完整的典型植被。在中海拔的山顶、山脊或近山脊的山坡上，分布着以猴头杜鹃为建群种的常绿矮曲林，在山冈上形成蔚为壮观的猴头杜鹃长廊，极具研究和观赏价值。黑山山矾过去仅见散生，在九龙山组成群落则属首次发现，在林型学和生态学方面有重大意义。此外，成片分布的长序榆林、银鹊树林、鹅掌楸林、福建柏林等也属罕见。

九龙山是钱塘江水系的最南端源头集水区，整个保护区范围的溪流从东西两个方向注入毛阳溪、碧龙源和周公源，然后汇合于湖南镇水库，流入钱塘江上游的乌溪江。保护区的森林植被担负着涵养水源、保持水土、调节气候、防治污染等多种生态功能，其生态地位极端重要，是国家级生态公益林重点建设区域。

◎ 功能区划

九龙山自然保护区分核心区、缓冲区和实验区。核心区以九龙山主峰为中心，是黑麂、黄腹角雉、黑熊等保护动物的主要分布区。核心区内的森林植被长期得到很好的保护，常绿阔叶林原生植被、我国东部最典型的青冈林群落连续体、杜鹃长廊、黑山山矾林等均分布于此。保护区核心区面积1531hm²、缓冲区面积1630hm²、实验区面积2364hm²。

◎ 科研协作

九龙山自然保护区科研监测主要是通过对保护区重点保护的野生动植物物种的种群数量、分布、生长繁殖状况进行调查和监测，以期定量掌握资源的最新发展动态，为开展针对性的保护工作提供依据，同时逐步建立和完善保护区的野生动植物资源调查和监测体系。二是从生物学生态学习

黄腹角雉

性研究入手，研究野生动植物的现地保护技术、迁地保护技术和人工促进种群恢复与发展技术。在原省级保护区驻地东侧山岙缓坡建立野生动物救护中心，北面山麓平缓坡建立珍稀植物繁育基地，分别用于重点保护野生动植物的救护、迁地保护和人工繁育技术研究。三是通过林分改造试验等促进措施，探索建立黑麂、黄腹角雉为重点保护物种适栖的生存环境的改造模式，为重点保护物种造就更多类型更大范围的生存、繁衍环境。四是以九龙山保护区典型的、特有的、有重要学术研究价值的森林植物群落为研究重点，通过对生态系统的生产过程、演替规律及稳定性等方面的观测

研究，运用计算机技术模拟森林生态系统的演替和发展规律，预测森林生态系统的发展趋向和人类应采取的调控措施。 　　（九龙山自然保护区供稿）

大盘山
国家级自然保护区

浙江大盘山国家级自然保护区位于山祖水源之县、绿色生态之城、特产丰富之乡、休闲养生之地和后发崛起之区的磐安县县城安文镇东南10km处，是天台山、会稽山、仙霞岭和括苍山的承接处，包括大盘山主峰及周边地区，范围集中连片，东至西坑口、牛郎岗，南至金竹头、大田背林场，西至仰曹尖、长坞尖，北至樟成山、双岗尖。大盘山自然保护区涉及大盘、安文、盘峰、深泽、双峰等5个乡镇22个村。地理坐标为东经120°28′05″～120°33′40″，北纬28°57′05″～29°01′58″。保护区总面积4558hm²，其中核心区1196hm²，缓冲区1114hm²，实验区2248hm²，是以亚热带季风气候森林生态系统、珍稀濒危野生动植物、野生药用植物种质资源及其生境为主要保护对象的野生动植物资源自然保护区，是我国东部药用植物野生种或近缘种的种质资源库。大盘山主峰海拔1245m，素有"群山之祖，诸水之源"之称以及"浙中绿肺""江南药谷"和首批"中国森林氧吧"的美誉，是天台山、括苍山、仙霞岭、四明山等大盘山脉的中心地段，形成了"四山同祖、四水同源"的奇观，是浙江省钱塘江、瓯江、灵江三大水系主要支流的发源地，是重要的饮用水源保护区。2014年12月经国务院批准晋升为国家级自然保护区。

华顶杜鹃（陈子林摄）

南方红豆杉（倪佩群摄）

◎ 自然概况

大盘山自然保护区处于华南褶皱系（Ⅰ级）浙东南褶皱带（Ⅱ级）北北东向丽水—宁波深断裂带之中部。保护区以南面的大盘山为最高，主峰海拔1245m，其他海拔1000m以上的山峰有多个，其地貌属中山山地，山地地貌特征明显，山脉呈北东—南西方向，地势东高西低，地形切割剧烈。其地貌类型可分为山地地貌、河流地貌、堆积地貌、崩塌地貌、火山地貌等。

大盘山位于浙江省中部，属典型的亚热带季风气候区。受东亚季风影响，冬夏盛行风向有显著变化，降水有明显的季节变化。气候总的特点是：季风显著，四季分明，年气温适中，光照较多，雨量丰沛，空气湿润，雨热季节变化同步，气候资源配置多样，

气象灾害繁多。年平均气温15.0℃，极端最高气温36.9℃，极端最低气温−9.5℃；年降水量1427.8mm，年平均蒸发量为1320.7mm，年平均日照时数1827.6h，年平均无霜期192天，结冰日为47天。

大盘山自然保护区的土壤主要有红壤、黄壤、水稻土3个土类；黄红壤、黄壤、侵蚀型黄壤、渗育型水稻土、潴育型水稻土5个亚类。黄红壤是保护区内重要的土壤资源，不仅能种粮食作物和经济作物，而且是亚热带经济林木、果树的重要产地。

大盘山自然保护区是钱塘江、瓯江、灵江三大水系发源地之一。保护区内河流水系发育比较健全，长年流水的河道有花溪、始丰溪、牛路溪等6条主要溪流，由山区中部呈放射状扩展分布。水资源丰富、水能蕴藏量大、

河流比降大、河水含沙量小、水质优良、径流年际变化大等特征，年降水量约1427.8mm，年平均陆面蒸发量650mm。最大径流量与最小径流量之比为3.97倍。通过对保护内水系源头水和主要溪流水质的监测，大盘山自然保护区地表水总体水质较好，水质清澈，达到国家地表水环境质量标准Ⅰ类水源标准，整个水域受人为污染程度低。地下水只需消毒处理，地表水经简易净化处理（如过滤）、消毒后即可供生活饮用者。

大盘山自然保护区拥有大量国家保护的野生药材和名贵药用植物，丰富的药用植物资源是保护区的最大亮点。大盘山拥有药用植物1092种，占全省药用植物的61.05%，分属202科，643属；其中藻菌地衣类植物34种，分属22科29属；药用苔藓植物28种，

峰峦叠嶂（徐金平摄）

双瀑争潭（陈子林摄）

火山湖之秋（蒋秋凉摄）

分属16科23属；药用蕨类植物59种，分属29科42属；药用裸子植物15种，分属6科12属；药用被子植物956种，分属129科537属。区内分布较多的古老属种及子遗植物，现保存有国家一级保护植物2种，二级保护植物12种，更有像七子花、华顶杜鹃等保存完好、较大规模为国内极其罕见的群落。大盘山自然保护区共有脊椎动物281种，隶属4纲26目72科，包括两栖动物2目7科22种，爬行动物3目9科46种，鸟类13目36科146种，兽类8目20科67种。其中国家一级保护动物4种，包括白颈长尾雉、豹、云豹和黑麂；国家二级保护动物36种，包括两栖类1种，鸟类24种，兽类11种；浙江省重点保护动物35种，包括两栖类1种，爬行类6种，鸟类20种，兽类8种。

大盘山自然景观资源丰富多样，山清水秀、鸟语花香、夏无酷暑、气象万千、旅游资源丰富。区内相对高差较大，气象景观丰富；因地形切割剧烈，区内多断层峡谷、飞瀑碧潭，侵蚀地貌所产生的瀑、潭、嶂等景点，罕见"亿年火山湖""千米平板溪"等古老地质遗迹，奇特的山峰和象形岩石、雄壮的瀑布、秀丽的碧潭、茂盛的森林古树等山水风光与人文景观融为一体，有的气贯长虹，有的野马

狂奔，雄浑壮观。保护区现有旅游资源单体103个，其中优良级单体39个，占38%，普通级单体64个，占62%。其中有6个单体的质量很高：七子花、平板溪、大盘山顶、斤丝潭、双瀑争潭、百丈瀑布等。旅游资源特色主要体现在以下五个方面：一是珍贵药材资源宝库，民间医药文化源头；二是群峰之祖山高峡深，广袤林野清幽怡人；三是诸水之源瀑雄潭碧，平板长溪妙趣横生；四是火山遗迹奇特罕见，奇岩怪石形象惟妙；五是巍巍盘山中央矗立，古老村落环倚山麓。

◎ **保护价值**

大盘山自然保护区是以亚热带季风气候森林生态系统、珍稀濒危野生动植物、野生药用植物种质资源及其生境为主要保护对象的野生动植物资源自然保护区，是我国东部药用植物野生种或近缘种的种质资源库。

大盘山自然保护区是植物南北交

七子花（倪正奎摄）

白芨（张方钢摄）

汇之处，复杂的地形环境、丰富的植被类型、温暖湿润的气候条件，造就丰富多彩的生境，使其生物多样性突出，生物资源极其丰富。植物区系是热带、东亚、北温带成分的交汇处，从而也构成了大盘山许多珍稀濒危植物的多样、复杂的特点。大盘山自然保护区是以珍稀濒危药用植物与中药材种质资源、野生动植物资源及其栖息地、水系源头水源涵养植被和火山地质遗迹为主要保护内容，集生物多样性保护、科研、宣教和可持续利用

等功能为一体的自然保护区。区内野生动植物种类丰富，珍稀濒危物种多，保护区丰富的物种资源为遗传多样性和物种多样性的研究提供了重要的物质条件，是开展药用植物保护、栽培、教学和科研的大型基地，在中医药界占有重要地位。与此同时，大盘山区地处浙江台、处、婺、绍四州之交接地带，素有"群峰之祖，诸水之源"之称，是浙江中部地区的绿源、水源和氧仓，直接关系到周边和下游地区3000多万人民的生态安全，作为本区域生态建设的龙头单位，在维护区域生态安全方面承担着极大的保障功能。大盘山自然保护区内的火山湖是由中心式火山喷发而形成的，这在我国东南一带极为罕见；千米平板溪则是奇特的地质景观，它们对研究一定历史时期地壳运动和一定区域岩层地质结

构、构造、成因等具有重要的意义，是不可再生的地质遗产，保存这些自然遗产具有较高的科学研究价值。

◎ 科研协作

大盘山自然保护区从设立管理机构以来一直十分重视科研工作，科研工作从无到有、逐步规范，目前已建立了一套比较完整的科研与管理体系。保护区联合各相关大专院校、科研院所开展了一系列科研活动，先后承担或参与了国家、省、市（厅）、县级科研项目多项，以及大专院校、科研院所之间的横向课题和保护区自选课题多个。例如先后完成了金华市一般科技项目"大盘山自然保护区生物多样性基础调查与研究"、金华市重点科技项目"香果树适生环境和资源保护技术研究"、浙江省重大科技专项重点农业项目"浙江大盘山野生中药材资源保护和可持续利用研究"、国家科技基础性工作专项重点项目"珍稀濒危和大宗常用药用植物资源调查子项目"等12项国家、省、市、县重点科研项目，多项科研成果荣获省、市（厅）、县级奖，多篇科研论文荣

金兰（张方钢摄）

细茎石斛（陈子林摄）

羽叶蛇葡萄（张方钢摄）

钩距虾脊兰（张方钢摄）

猕猴（范忠勇摄）

白颈长尾雉（陈子林提供）

白鹇（陈子林提供）

斑头鸺鹠（范忠勇摄）

黑冠鹃隼（范忠勇摄）

大盘山冬色（郭丽泉摄）

获县优秀自然科学论文奖。出版了《浙江大盘山药材志》《浙江大盘山国家级自然保护区资源考察与研究》和《大盘山志》等3部专著。保护区与浙江省中医药研究院联合组建了"浙江省特色中药材资源合理利用及人工繁育技术平台"，建有"浙江大盘山国家级自然保护区药用植物研究中心""金华市大盘山药用植物科技研究开发中心"，2012年与中国科学院昆明植物研究所组建了"浙江省金华市大盘山院士专家工作站"。目前正在承担实施的有国家环保部重点基础项目"全国生物多样性观测示范基地建设大盘山项目"、浙江省极小种群保护项目"华顶杜鹃与天目瑞香资源保护关键技术研究"等3个科研项目，并收集八角莲、六角莲、金钱豹、独角莲、羊乳等20余个珍稀药用植物的种质资源，初步开展了保存与人工繁育技术的研究。

保护区建立了较为完善的科研监测体系，现建有5条植物资源监测线路和3个 1hm² 的固定动态监测样地，安置30台红外相机监测动物资源，并在不同季节定期到各特殊生境区域开展资源监测工作，发现了大盘山薹草、磐安樱等2个植物新种，大盘山蔷薇1

个植物变种及天台鹅耳枥、华顶杜鹃等国内新分布植物类群2个，浙江省新记录植物属2个、种67个。在国内外公开发表科研论文30余篇，2015年完成了智能化资源监测系统的开发工作，该系统的建成，将对保护区的自然资源、生物多样性、重点保护对象等进行实时监测、查询、编辑、分析等智能化管理，并进行构建生物本底、监测调查两个数据库，实现动态变化的数据分析与管理。 　（周彩云供稿）

大花无柱兰（张方钢摄）

野荞麦（韦福民摄）

香果树（陈子林摄）

安徽 牯牛降国家级自然保护区

安徽牯牛降国家级自然保护区位于安徽省南部，横亘于石台、祁门两县交界处，是黄山山脉向西延伸的主体。地理坐标为东经117°15′～117°34′，北纬29°09′～30°06′。保护区总面积6713hm²，属森林生态系统类型自然保护区，主要保护中亚热带常绿阔叶林生态系统和野生动植物资源。1982年经安徽省人民政府批准为省级自然保护区，1988年经国务院批准晋升为国家级自然保护区。

◎ 自然概况

牯牛降自然保护区在地质构造上属扬子凹陷与江南台隆的过渡地带，经多旋回构造运动的影响，已发育成为安徽省内典型的褶皱断块山。岩石成分复杂，有花岗岩、千枚岩、石灰岩等。因受断裂切割和后期差异升降运动等影响，在地形上构成高峰峻岭、峡谷万丈的地貌景观。主峰一带明显突出，外围呈中低山峦，总体上南坡山势陡峻，北坡地势平缓。地貌类型可分为：中山（海拔1000～3000 m）、低山（海拔500～1000m）、丘陵（海拔200～500m）、山间盆地（海拔<200m，相对高度<20m）。其主峰牯牛岗海拔1727.6m。

牯牛降自然保护区土壤类型多样，并呈现出明显的垂直分布规律，从上至下依次为山地草甸土（海拔1650m以上），山地黄棕壤（1100～1650m），山地黄壤带（海拔700～1100m），黄红壤带（600～700m以下）。

牯牛降自然保护区属中亚热带温暖湿润的季风气候区，春、夏季节受季风影响较大，水、热资源丰富。牯牛降年平均降水量1600～1700mm

以上。保护区四季分明，冬、夏时间长，无霜期240天左右。区内年平均气温为9.2～16.0℃，≥10℃年积温3800℃，年平均相对湿度79%～81%。区域气候具有气温低、降水量大、湿度高、垂直变化显著等的特点。

牯牛降自然保护区是阊江、秋浦诸水的分水岭，属长江流域。水资源丰富，地表水资源模数约为97万 m³/km²，地下水资源为17万 m³/km²，河流终年水流不断。地表水基本上属中性水、软水，天然水质良好。水样分析表明，

牯牛降天然水中重金属和有机氯含量均远远低于我国地表水水质卫生标准。非洪水期，河水清澈见底，含沙量为零。

牯牛降自然保护区地处中亚热带与北亚热带过渡的湿润地带，这里人迹罕至，自然条件优越，生物物种丰富，天然植被保存较为完好，是华东亚热带常绿阔叶林带重要的典型区域之一。植被垂直分布规律明显，自下而上依次为常绿阔叶林、常绿落叶阔叶林混交林、落叶阔叶林、山地灌丛和山地草甸。保护区有苔藓植物50科97属138种，维管束植物180科627属1210种，其中包括蕨类26科54属104种，裸子植物5科7属10种，被子植物149科566属1096种。其中，属国家一级保护的有银杏、红豆杉、南方红豆杉共3种；国家二级保护的有香榧、永瓣藤、连香树、台湾水青冈、浙江楠、花榈木、鹅掌楸、凹叶厚朴、毛红椿、香果树、黄山梅、长序榆等14种；属省级保护的有黄山木兰、黄山花楸、天目木姜子、天女花、短穗竹、三尖杉、天竺桂、领春木、青檀、青钱柳、粗榧、安徽杜鹃等15种。同时，一些群落类型，如米槠林、乌楣栲林、薯豆－拟赤杨林、南酸枣林、三叶赤杨林等

432

属省内首次发现，具有很高的科研价值。

牯牛降自然保护区已知脊椎动物有31目82科272种，包括兽类49种，鸟类148种，爬行类33种，两栖类17种，鱼类25种。其中，属国家一级保护的有金钱豹、梅花鹿、黑麂、白颈长尾雉、云豹、黑鹳等6种；国家二级保护的有猕猴、短尾猴、大灵猫、白鹇、鸳鸯、红隼等24种；还有一些经济价值较高的兽类和名贵观赏鸟类，如黄麂、野猪、环颈雉、棘胸蛙和红嘴相思鸟、画眉等。另有昆虫25目14科550余种。

牯牛降主峰因峰顶一黑色巨石酷似静卧的大牯牛而得名。牯牛降有三十六大峰，七十二小峰，三十六大岔，七十二小岔，峰连着峰，岔套着岔。这里群山雄峙，沟壑纵横，峰险石奇。奇松、怪石、云海、瀑布、佛光，并称"五绝"，让人惊叹不已。常年云雾缭绕，空气中富含负氧离子，置身其中，令人心旷神怡。牯牛降已成为华东地区森林生态旅游的一颗璀璨明珠。

◎ 保护价值

牯牛降自然保护区主要保护对象是中亚热带常绿阔叶林生态系统和野生动植物资源。

牯牛降自然保护区是安徽省第一个森林生态系统类型国家级自然保护区，其森林生态系统原始并且保存完好，突出反映了我国华东地区中亚热带森林生态系统的天然本底，具有植被类型的典型性和区域上的代表性，是我国东部地区动植物物种"天然基因库"和"绿色自然博物馆"，被《中国生物多样性保护行动计划》列为"中国优先保护生态系统"，属我国"森林生态系统优先保护区"。这也正是牯牛降充满神奇的魅力所在，现已成为探险、科考、教学实习、返璞归真的理想处所。

这里山高林密，谷深水清，地势险峻，当地经济较为落后，历史上该处未曾遭到过大面积森林采伐和严重的森林灾害。传说在20世纪50年代曾有野人出没，现在虽无从考证，但这也是牯牛降森林原始性的又一佐证。至今保护区内植被总盖度达95%以上，森林覆盖率近90%，5000hm² 森林仍为无人区。

◎ 功能区划

牯牛降自然保护区于2003年编制了《安徽牯牛降国家级自然保护区总体规划》，该规划将保护区划分为核心区、缓冲区、实验区。核心区面积2054hm²，区内保存着原生性森林植被，森林生态系统完整，是野生动植物物种主要分布区和重点栖息地，也是保护区的典型代表地区，实行绝对保护；缓冲区面积1472hm²，缓冲区是本次新规划的功能区，原生性森林植被保存较为完好，对核心区起着缓冲保护作用；实验区面积3187hm²，实验区是天然次生林植被保存相对完好、人为活动和破坏较少区域。

◎ 管理状况

牯牛降自然保护区自建立以来，始终坚持"全面规划，积极保护，科学管理，永续利用"的十六字建设方针，卓有成效地开展各项工作，20多年来，保护区内未发生森林火警、火灾和乱捕滥猎、乱砍滥伐案件，区内的野生动植物资源、自然资源得到了有效保护，森林蓄积、森林覆盖率、动植物种类和数量逐年增加，确保了牯牛降森林生态系统的完整性和"华东物种基因库"的安全。

为摸清家底，掌握自然资源的消长动态，保护区已先后完成三次森林资源清查，进行了牯牛降野生动物资源调查和珍稀野生植物资源调查，设

立了7条动物调查样线、20个植物调查样方，这为制定保护区的保护管理对策提供了理论依据。

牯牛降自然保护区内黄山松林资源丰富，总面积达1400hm²以上，且多为纯林，其中有许多造型奇特的黄山松已成为牯牛降独特的旅游景观资源。为此，保护区设立13个监测点，安排7名监测员常年开展松材线虫病等病虫害监测工作，尽量杜绝或减少病虫害威胁，确保森林资源的安全。

◎ 科研协作

牯牛降自然保护区的科研处于起步阶段，现已完成国家林业局和中国野生动物保护协会下达的"牯牛降开展生态旅游促进社区发展的研究"和"棘胸蛙人工繁殖及保护利用"等课题的研究工作，取得了一定的成效。并与中国科技大学、安徽大学、安徽师范大学、安徽农业大学等高校达成合作意向，建立牯牛降保护自然生态教育基地和科研考察实习基地。到目前为止累计接待前来考察、研究、教学实习的专家、学者、大中小学生近10万人（次），已成为保护区对外宣传、交流和外界了解牯牛降的重要"窗口"。

（牯牛降自然保护区供稿）

安徽 扬子鳄 国家级自然保护区

安徽扬子鳄国家级自然保护区位于皖南山区与长江下游平原的结合部，地跨宣城市的宣州区、郎溪县、广德县、泾县以及芜湖市的南陵县等五县（区）。地理坐标为东经118°30′～119°35′，北纬30°18′～31°18′。保护区总面积43300hm²，属野生动物类型自然保护区，主要保护我国特有濒危物种——扬子鳄。保护区于1982年成立，1986年经国务院批准晋升为国家级自然保护区。

◎ 自然概况

扬子鳄自然保护区在大地构造单元上属于"扬子江中下游准地槽"的中部南偏东地区，其构造轴向近于北东东、南西西。构造总特点是褶曲程度由中等到复杂，以弩状盘为特点，断裂构造异常发育，火成岩活动较强烈。其区域性构造主要有四个体系：巨型纬向构造体系、淮阳山字型构造体系、华夏系构造体系及新华夏系构造体系。保护区地貌是由黄山余脉及天目山余脉延伸而成的低山、丘陵和岗地，西部为圩地，为第四纪以来多次抬升而形成的波状起伏、岗丘绵延的红色丘陵。

扬子鳄自然保护区境内水资源十分丰富，水阳江、青弋江两大河流及其多个支流与水库、沼泽、沟塘相连，为扬子鳄提供了重要的栖息环境。

扬子鳄自然保护区属中亚热带北缘气候类型。由于地理位置、季风环流及地形差别的相互影响，其气候特点是四季分明、气候温和、年温差大、雨量适中、日照充足、无霜期长、偏东风多。光、温度、水等气候条件优越，但季风带来的灾害性气候仍不可避免。

扬子鳄人工养殖区

434

土壤类型主要有红壤、黄褐土、石灰（岩）土、潮土和水稻土，土壤质地以重壤为主，黏重板结，易旱易渍，肥力较低，土壤呈酸性。

扬子鳄自然保护区为亚热带常绿阔叶植被带，丘陵地区植被主要为灌木、草本，还有人工营造的马尾松、国外松、杉木以及毛竹、茶树、油桐等经济林。珍稀濒危植物有：国家一级保护植物水杉、银杏共 2 种，国家

二级保护植物香樟等 4 种。

扬子鳄自然保护区内已知野生脊椎动物有 5 纲 34 目 86 科 340 种，其中鱼类有 5 目 14 科 54 种；两栖类有 2 目 7 科 24 种；爬行类有 4 目 10 科 50 种；鸟类有 16 目 41 科 176 种；兽类有 7 目 14 科 36 种。在脊椎动物中，有国家重点保护野生动物 30 种，其中国家一级保护动物有扬子鳄、云豹、黑麂和梅花鹿共 4 种；国家二级保护

动物有虎纹蛙、鸳鸯、白鹇、勺鸡、长耳鸮、穿山甲、小灵猫等 26 种；安徽省级重点保护动物有 57 种；被列入国家保护的、有益的或者有重要经济、科学研究价值的陆生野生动物名录的物种有 184 种。列入 CITES 公约附录的物种有 40 种，列入 IUCN 名录的物种有 40 种。

扬子鳄自然保护区北临长江，南依黄山，西与九华山相邻。保护区所在县（区）内有着丰富的自然旅游资源，名胜古迹不胜枚举，有江南诗山——敬亭山、泾县的桃花潭、被誉为"天下四绝"之一的太极洞、风景秀丽的南漪湖等。

扬子鳄自然保护区内还有独特的景观资源——中国鳄鱼湖，即安徽省扬子鳄繁殖研究中心，位于宣城市区南郊，占地 100hm²。境内冈峦起伏，植被良好，沟壑、池塘、山洼、水库贯穿其中，水网连接，适宜扬子鳄的繁衍生长。安徽省扬子鳄繁殖研究中心内现有人工养殖扬子鳄超万条。中国鳄鱼湖不仅是保护区的科研基地，而且也是一处风光优美的旅游胜地。

◎ 保护价值

扬子鳄自然保护区主要保护对象是野生扬子鳄及其栖息地。扬子鳄古称鼍，起源于中生代，属中小型鳄类，形似大型蜥蜴。最大的体长约 2.2m，体重约 50kg，寿命 50 ～ 60 年。扬子鳄

扬子鳄人工养殖区

喜静，常一动不动地趴在地上。在活动高峰季节，每天活动时间占1/4～1/3，其余大部分时间在洞穴内。扬子鳄平时活动范围不大，一般离开洞穴数十米，觅食时离开100～200m，但最多不超过500m。繁殖期雄鳄可离开洞穴数千米。若扬子鳄的栖息地受到破坏，或食物条件恶化，或不能正常繁殖后代，扬子鳄的活动范围较大。

扬子鳄是变温动物，其体温和代谢率随环境温度而改变，因而对环境温度的依赖甚为明显，一般对高温适应性较强，对低温适应性较差。影响扬子鳄季节和昼夜周期性活动的最主要因素是温度。

扬子鳄在3月中下旬外界气温达到16～18℃时开始出洞活动，这时的活动时间主要集中在有阳光的白天，而阴雨天和夜间气温下降时仍趴在洞内；大约从5月下旬开始，雌雄成年鳄开始发情。在野外，雌雄个体间主要通过叫声来传递求偶信息。交配结束后，雄鳄离开，雌鳄独自选择巢址筑巢，鳄巢最迟在产卵前两天完成；6月下旬至7月上旬，雌鳄开始产卵，孵化期间，雌鳄承担护巢"职责"，同时在巢区附近肥育，以恢复前期体能的消耗；9月中旬前后幼鳄孵出，然后幼鳄随母鳄生活；10月中旬气温逐渐下降，鳄进食量减少，活动频率降低，多伏于洞穴，逐渐进入冬眠状态。

20世纪中叶以来，随着人口的增加、围湖造田等，野生扬子鳄的栖息地破坏严重，加上人为捕杀，特别是农药、化肥的广泛使用，使野生扬子鳄的数量每况愈下，到了20世纪80年代初，扬子鳄的分布仅限于安徽省长江以南、皖南山区以北呈孤岛状的点状区域，数量不足500条。保护区成立以来，开展了一些卓有成效的工作，如宣传教育、巡护监测、设立重点保护区域等，虽然较成功地遏制了野生扬子鳄

幼鳄出壳

数量迅速下降的趋势，但仍不容乐观。据2005年安徽师范大学和保护区联合进行的调查显示，野生扬子鳄数量已不足120条，且分布在19个相互隔离的栖息生境中，生存形势非常严峻。

目前，在扬子鳄自然保护区内，野生扬子鳄的栖息地主要有三种类型：

第一类为残留湿地型。此类型栖息地一般是沿着主河道的低洼、宽阔、肥沃的山谷农耕区。栖息地海拔低，包括多种湿地，如沼泽，水塘和溪流的冲积平原。主河道的支流被筑起堤坝分隔，众多的水塘分布在农田和村庄间，约有一半的野生扬子鳄就生活在这里。

第二类为中间地带型。此类型栖息地较为多样，可以是稻田耕作区的小池塘，也可是绵延山间、无水田环绕的中等水塘。该类栖息地水塘总面积几乎占到保护水塘的一半，但扬子鳄的数量只有总数的1/4左右。

第三类为山谷地带型。其栖息地下部区多为稻田，上部区多为树丛（以松树为主）。相比之下，第三类栖息地多为山间的小池塘，受人类耕作的影响较小，几乎没有水生植物的生长，

供扬子鳄的食用资源很有限。

扬子鳄自然保护区的保护价值可从其自然属性和保护属性两方面来体现：在自然属性方面，一是体现在保护区物种的珍稀濒危性。区内珍稀濒危物种多。保护区的主要保护对象——扬子鳄，是我国特有珍稀濒危物种，被列为国家一级保护野生动物，CITES公约附录I物种，IUCN极危种（CR），"全国野生动植物保护及自然保护区建设工程"15个（类）优先保护拯救物种之一。它也是世界上现存23种鳄类中最濒危的物种之一，受到了国际社会的广泛关注。扬子鳄是一种非常古老的爬行动物，与国宝大熊猫一样，有"活化石"之称。二是体现在保护区生境的重要性。安徽扬子鳄自然保护区是目前野生扬子鳄的主要分布地，野生扬子鳄种群数量占到了全国野生扬子鳄总数的98%以上，是扬子鳄的最后庇护所和唯一的集中分布区，对保护、恢复扬子鳄野生种群具有无可替代的作用和地位。一旦这片生境再遭到破坏，野生扬子鳄种群灭绝的险情会进一步加剧。

在保护属性方面，保护区具有很

高的科学价值，体现在：首先，保护区位于我国华东人口稠密地区，人为活动频繁，扬子鳄分布区呈现严重的片断化和孤岛化，由于扬子鳄的生态习性十分特殊，因此保护区的保护管理形式、功能区划等将很难照搬其他保护区的模式。开展扬子鳄野生种群的研究是一项新的研究课题，将具有重要的种学价值。其次，扬子鳄是一种非常古老的爬行动物，它与恐龙有共同的祖先，至今已有 2 亿多年。而恐龙早已在地球上灭绝，残存的鳄类也仅有 23 种，这 23 种鳄之间存在何种关系，鳄类在物种起源、进化当中居于何种地位等等，都是目前系统学和进化论研究的热点问题之一。第三，扬子鳄处于食物链的顶级，生态习性特殊，数量稀少，栖息地破碎化严重，是开展种群生态学、繁殖生物学、恢复生态学等的重要研究对象。第四，扬子鳄在遗传学研究方面也具有重要意义。由于野生扬子鳄分布在相互隔离的生境中，数量较少，彼此间难以进行基因交流，因而存在着较大的小种群遗传多样性保护问题。

◎ 管理状况

在保护管理上，扬子鳄自然保护区实施"全面管理、重点保护"的保护策略。由于保护区的面积较大，并且扬子鳄生活在乡村的水塘、沟坝、水库中，管理上难度大，功能区划难以实施。针对这种具体情况，保护区在全面管理的基础上，选择环境相对较好、扬子鳄数量相对较多的地方设立重点保护区域加强管理。在保护区域内共设立了 13 个核心保护点，并在保护点上聘请了护鳄员，保护的效果明显。

◎ 科研协作

扬子鳄自然保护区成立以来，与相关高等院校和科研机构联合开展了一系列野生扬子鳄种群数量及其栖息地的调查和研究工作。特别是在扬子鳄人工繁殖方面，保护区在 20 世纪 80 年代初、中期已取得了重大突破，实现了扬子鳄的规模化养殖，技术水平居国际前列。(扬子鳄自然保护区供稿)

扬子鳄栖息

扬子鳄野外栖息

升金湖
国家级自然保护区

安徽升金湖国家级自然保护区位于安徽省池州市境内，北衔长江，与安庆市隔江相望；东南傍山地丘陵，距池州市60km。地理坐标为东经116°55′~117°15′，北纬30°15′~30°30′。保护区总面积33340hm²，属湿地生态系统类型自然保护区。1986年建立省级自然保护区，1997年经国务院批准晋升为国家级自然保护区。

◎ 自然概况

升金湖自然保护区为永久性淡水湖泊湿地，经黄湓闸与长江贯通。每年10月下旬至翌年4月上旬，湖水消退形成草甸、沼泽和浅水区，给不同种类的水禽提供了生存环境。升金湖四周没有一处工业污染源，湖水清澈晶莹，水草茂密，是数以万计水禽赖以生存的天然场所，是东亚地区极为重要的湿地。升金湖保护区是中国主要的鹤类越冬地之一。世界上有15种鹤，中国有9种，升金湖就有4种，分别是白头鹤、白鹤、白枕鹤和灰鹤。升金湖也是世界上种群数量最多的白头鹤天然越冬地，每年在升金湖越冬白头鹤数量达350~500只，占世界总数的1/20。因此，升金湖亦有"中

白头鹤

国鹤湖"之称。

升金湖自然保护区1995年加入中国人与生物圈自然保护区网络，2002年加入东北亚鹤类网络保护区，2005年加入东亚－澳大利西亚鸻鹬类网络保护区。

历史上升金湖与长江连为一体，水天一色，湖汊较多，江河湖汊均有河道相通，是水运竹木山货和商贾往返要道。湖周地形多样，湖岸曲折，东南低山丘陵，为中生代三叠纪与古生代二叠纪地质构造，属九华山山脉的一部分，以灰岩、页岩为主；西北属沿江冲积平原，为平原圩畈，为第四纪地层构造，以亚黏土、砂砾为主。湖床自南向北逐渐倾斜，形成现代冲积层，泥沙淤积，土壤为黄色亚黏土和粉砂、砂砾。境内土壤种类较单一，地带性土壤为红壤类黄红壤亚类，非地带性土壤主要有潮土和水稻土。湖床平均海拔11m，湖周平均海拔25m。

升金湖水源主要来自张溪河、唐田河两条河流和地表径流，集水面积达1548.1km^2。丰水期最高水位为17.03m，丰水面积14000hm^2，蓄水量8.3亿m^3。枯水季节12月至翌年2月，随着水位降低，水域面积减小。平均水位10.88m，集水面积7600hm^2。

升金湖区域气候属亚热带季风气候，夏季炎热潮湿，冬季寒冷干燥。平均无霜期240天，年平均降水量1600mm，年均蒸发量757.5mm，最高年降水量2022mm（1983年），最低年降水量759mm（1978年）。平均气温16.1℃，历史极端最高气温40.2℃（1953年8月1日），极端最低气温－12.5℃，1月份平均气温4.0℃。

升金湖地区雨量充沛，地表径流丰富，湖区四周无工业污染源，水质优良。优良的湿地生态环境孕育着丰

赤麻鸭

升金湖水草景观

富的野生动植物资源。

升金湖自然保护区记录到浮游植物27种、水生维管束植物38科84种。水面群落的优势种为马来眼子菜、苦草、菹草、聚草、野菱。沼泽及滩涂群落以阿齐苔、白郎苔等苔属植物为优势种，总盖度达85%以上。

升金湖自然保护区记录到浮游动物13种、底栖动物23种、鱼类62种、两栖爬行动物21种、兽类52种。其中包括国家一级保护兽类黑麂1种，国家二级保护动物胭脂鱼、虎纹蛙、鬣羚、穿山甲、水獭、小灵猫等。

鸟类是升金湖动物中的最大群体。保护区已记录到的鸟类有230种，占安徽鸟类种类的46.8%。包括国家一级保护鸟类6种，即白头鹤、白鹤、白鹳、黑鹳、白肩雕、大鸨；国家二级保护的18种，分别是白枕鹤、灰鹤、白琵鹭、黄嘴白鹭、小天鹅、白额雁、小白额雁、鸳鸯、花脸鸭、白鹇、乌雕、白头鹞、草鸮、小鸦鹃、鸢、白尾鹞、普通鵟、红隼。

◎ 保护价值

升金湖自然保护区的主要保护对

象为湿地生态环境及越冬水禽。

近年来，随着经济的快速发展，长江中下游的众多湖泊都因经济开发造成的污染或围垦而不再适合水禽的栖息，升金湖却得以幸运地保存下来，成为难得的保存完好的重要湿地。升金湖水质良好，有机质丰富，浮游生物种类结构合理，软体动物种类多、含量高，水生维管束植物分布广，生物量大，生态系统具有很好的完整性和典型性。每年10月，升金湖随长江水位下降，露出大片浅水、泥滩、沼泽，成为水禽的良好栖息地，吸引大批雁鸭类、鹤类、鹳类、鸻鹬类、鸥类水禽前来越冬、停歇。每年在保护区内越冬水鸟84种，越冬水鸟数量超过10万只。其中，冬候鸟有61种，夏候鸟13种，留鸟4种，旅鸟6种。属中日候鸟保护协定的水鸟有54种，占该协定种类的45%；属中澳候鸟保护协定的水鸟有24种，占该协定鸟类的34.2%。越冬候鸟中，以鸻形目鸟

须浮鸥卵

类最多，达25种，占该区冬候鸟的40.9%；雁形目23种，占37.7%；鹳形目13种，占21.3%；鸥形目6种，占9.8%。从动物区系组成上看，古北界水鸟53种，东洋界11种，广布种20种。

每年10月下旬，白头鹤迁至升金湖越冬，次年3月下旬飞离，居留期约145天。主要越冬地点在升金湖上湖区域的大洲、烂稻陈、联合、杨娥头等处。越冬期喜在软泥地及草滩觅食，以苦草、肉根毛茛的地下茎为食，有时也取食蚌类及软体动物，具原始性和自然性，不同于在日本、韩国等国家的白头鹤在稻

鸿雁

白头鹤

小天鹅

田越冬，主要以稻谷为食。

每年 11 月下旬，东方白鹳迁至升金湖越冬，次年 3 月飞离，居留期 130 天左右，数量约 250 只，占世界总数的 1/8。东方白鹳以水生动物小鱼虾等为主要食物，是典型的肉食性水鸟。越冬期主要分布在升金湖上湖的大洲、联合及下湖的 30hm² 区域。

在升金湖越冬的小天鹅，数量 5000～8000 只，以水生植物的地下根茎为食。主要分布在上湖的联合、小西湖、赤岸、小路嘴等水位较深的水域。

在升金湖越冬的白琵鹭，越冬期为 140 天左右，数量在 300～1000 只，主要分布于大洲、联合、小西湖及 30hm² 等浅水水域，以小鱼为主食。觅食地水深 5～20cm，休憩地水深小于 70cm 或在水边陆地。白琵鹭喜群体活动，个体间越冬行为表现出很强的一致性。

在升金湖越冬的雁类有鸿雁、豆雁、白额雁、小白额雁、灰雁等 5 种，其中以鸿雁、豆雁数量最多、最为常见。鸿雁越冬总数达到 4 万只以上。

雁类主要分布于上、下湖区域的浅水、草滩及软泥地地带，以植物的地下根茎和地面茎叶为主食。升金湖是珍稀水鸟大鸨、黑鹳的良好栖息场所，也是 鹳类的主要越冬地之一。

2004 年 1～2 月，国家林业局与世界自然基金会联合开展的长江中下游水鸟调查显示：升金湖有 6 种物种的数量达到了国际重要意义的标准，包括全球受胁种白头鹤和鸿雁。在升金湖越冬的国际重要物种有白头鹤、东方白鹳、鸿雁、豆雁、黑鹳、白琵鹭和小天鹅等。在此越冬的鸿雁占全球种群数量 20% 以上，在此越冬白头鹤、黑鹳、白琵鹭分别占迁徙路线上种群数量的 20%、10%、5% 以上。由于升金湖湿地是长江中下游（五省一市）平原 3 个具有特别重要价值的地区之一，所以，有关组织和专业人士建议将升金湖自然保护区提名为国际重要湿地。

◎ 功能区划

为科学合理保护管理升金湖湿地生态和水禽鸟类资源，升金湖自然保护区编制了《安徽升金湖国家级自然保护区总体规划》，于 2000 年经国家林业局批准实施。根据各区域功能将保护区划分为核心区、缓冲区、实验区 3 个部分。其中，核心区 10150hm²，位于保护区中心部位，主要由水面组成，是珍稀水鸟集中分布的区域。缓冲区 10300hm²，位于核心区外围，由湿地、退耕还湖人工圩、滩涂组成，有一定数量的珍稀水鸟分布。实验区 12890hm²，主要由保护区内沿湖四周的陆地部分组成，有一定数量的鸟类分布，是开展参观考察、教学实习、科普教育的区域。

◎ 科研协作

随着保护区建设水平的整体提升，升金湖自然保护区正以一个全新的姿态面向社会、走向世界。如今，保护区已成为安徽大学的教学科研基地，并与国际鹤类基金会、东北亚鹤类网络、东亚－澳大利西亚涉禽网络组织保持沟通与接触，越来越多的专家学者来升金湖进行科研考察，越来越多的海内外游客慕名到升金湖旅游观光。迷人的升金湖不愧是鹤的世界，鸟的天堂。

（升金湖自然保护区供稿）

天 马
国家级自然保护区

安徽天马国家级自然保护区位于安徽省金寨县西南大别山腹地湖北、河南、安徽三省交界处。地理坐标为东经115°20′~115°50′，北纬31°10′~31°20′。保护区在原马宗岭、天堂寨2个省级自然保护区的基础上，新增窝川、鲍家窝、康王寨、九峰尖4个国有林区和天堂寨镇集体林区，合并成为天马保护区。保护区总面积28913.7hm²，属森林生态系统类型自然保护区，主要保护对象为北亚热带常绿落叶阔叶林及珍稀动植物。1982年安徽省政府批准建立金寨天马省级自然保护区，1998年经国务院批准晋升为国家级自然保护区。

◎ 自然概况

天马自然保护区内最高峰天堂寨海拔1729.1m，最低海拔610m，具有中山、低山、丘陵、盆地和河谷平原等多种地貌类型。地形特点是山高、坡陡、谷深，并有众多的山间盆地。大别山进入金寨后形成四条支系，其中三省脑、天堂寨、棋盘石三条山脉穿越自然保护区。区内成土母岩主要有花岗岩、花岗片麻岩，海拔800m以上为山地棕壤，800m以下为山地黄棕壤，山顶偶尔可见草甸土。土壤质地以重壤为主，间有砂粒和石砾，有机质含量丰富，pH值为5.2~5.7，呈弱酸性。

天马自然保护区为北亚热带湿润季风气候区，水热条件良好，气候主要特征为四季分明，气候温和，雨量充沛，日照充足，无霜期较长。年平均气温13.3℃，极端最高气温38.1℃，极端最低气温-23.0℃。年平均降水量1480mm，年日照时数2225.5h。金寨县境内史河、西淠河两大水系均发源于保护区，其下游建有梅山、响洪甸两大水库，均汇入淮河。

天马自然保护区有维管束植物178科753属1881种（包括种以下等级及部分常见栽培种），其中蕨类植物29科59属105种，裸子植物6科14属26种，被子植物143科680属1750种。有陆栖脊椎动物22目61科185种，其中两栖类2目8科17种；爬行类2目7科24种；鸟类11目29科108种；兽类7目17科36种。

大别山这块红色的热土，在中国现代革命史上留下了许多可歌可泣的壮丽篇章，金寨为全国著名的将军县，令世人景仰，是红色旅游的热点。天马自然保护区自然风光极美，具有极大的旅游、美学价值，其特点可用18个字概括：森林植被珍稀，瀑布景观独特，山石盆景奇妙。

在天马自然保护区浩瀚的林海中，既有珍稀植物连香树、香果树等，又有天堂寨特有的草本植物白马鼠尾草、白马薹草等；苍劲挺拔的黄山松，造型奇特，千姿百态；杜鹃花、红枫树、针阔叶混交林、天然次生林，衬托着天堂寨的色彩绚丽多姿；这里有安徽省面积最大的山地草甸，它再现了森林生态系统的演化进程，可谓名副其实的植物天堂。天堂寨的瀑布闻名遐迩，独特的小气候条件和茂密的森林，

442

孕育了天堂寨溪流长年不断和清流见底。天堂寨的山峰、岩石千姿百态，妙趣横生，宛如人工造就的硕大盆景园。"龙剑峰"山峰横列，峰如卧龙，龙脊处奇松怪石秀丽多姿；"五龙朝天堂"一山五峰，曲曲蜿蜒，如五龙朝天堂，情态动人；"白马峰"千米绝壁，由南向北，横空出世，雄浑奇险。

◎ 保护价值

天马自然保护区地处大别山腹地，是中国东部亚热带北缘向暖温带过渡地区，中国南北和东西生物物种交集荟萃，生物资源丰富，区系成分复杂，珍稀、特有种类多，森林生态系统具有较强的典型性、代表性、稀有性和自然原始性，为宝贵的生物基因库，在华东地区乃至国内均属罕见，是科学研究、教学实习的重要基地。

天马自然保护区是梅山、响洪甸水库和淮河主要支流（淠河、史河）水系的发源地，它直接关系到这两大水库的生态安全和下游数万亩农田的生产用水，并影响到淮河的长治久安。

天马自然保护区主要保护对象为北亚热带常绿落叶阔叶林及珍稀动植物。有国家级保护植物15种，其中一级保护植物1种，即银杏，二级保护植物14种。保护区由于地质历史古老，南北交汇，襟东带西，植物区系成分复杂而独特。许多南方植物或亚热带植被类型都以保护区为它们的北界，是青钱柳、庐山小檗、紫楠、柱果铁线莲等植物天然分布的最北端，也是鹅耳枥、杞柳、窄叶蓝盆花、黄瓢子等植物天然分布的最南端。近年来调查发现区内有5种特有种，即金寨铁线莲、金寨山葡萄、金寨瑞香、白马薹草、白马鼠尾草。

领春木为东亚孑遗植物，珍贵稀有，偶见散生，但在马宗岭千坪及天堂寨西边洼海拔950～1250m沟谷处有较大面积的领春木天然林分布，这在我国极为罕见。大别山五针松为大别山区特有种，据有关资料记载该种仅分布于岳西县茅山乡和美丽乡，共约282株，但近年来在天马保护区的马宗岭也发现有野生大别山五针松零星分布于黄山松、栓皮栎林中，约60余株，且大多为大树，极少为幼树。

天马自然保护区有国家级保护动物18种，其中国家一级保护动物有金钱豹、原麝共2种，国家二级保护动物有大鲵、鸢、赤腹鹰等16种。保护区地处东洋界北缘，是一些古北界型动物的分布南界，同时又是不少东洋界型动物分布的北界。

◎ 功能区划

天马自然保护区根据功能区划分为核心区、缓冲区和实验区，其中核心区面积5553.7 hm²，缓冲区面积3925.3hm²，实验区面积19434.7hm²。

◎ 管理状况

抓好保护区的建设，加强保护区资源管理，是实现金寨社会经济可持续发展战略的重要举措。1999年6月，县政府印发了《天马国家级自然保护区野生动植物资源管理办法》。《管理办法》共5章32条，对野生动植物的保护、管理、奖惩与处罚做出了具体规定。同时，保护区充分利用广播、电视、报刊等新闻媒体和群众喜闻乐见的形式，大力宣传国家和省有关自然保护的法律法规，宣传天马自然保护区野生动植物资源保护的范围、内容、管理办法和重要意义，进一步提高保护区广大干群和周边群众对野生动植物资源管理重要性的认识，增强全社会野生动植物资源保护的自觉性和主动性，积极营造有利于野生动植物资源管理的良性社会环境，使资源管理工作深入到千家万户，变成全民参与的自觉行动。天堂寨管理站通过张贴通告、书写标语、制作宣传栏（牌）、召开群众大会、走村串户等多种形式加强对群众的宣传，把建立保护区的意义以及有关自然保护区的法律法规，送村入户，做到家喻户晓，妇孺皆知，增强了群众自然保护、环境保护的意识。

自天马自然保护区建立以来，县政府、县林业局与保护区以高度责任感抓好资源管理，一是加强组织领导。建立保护区资源管理岗位目标责任制，把资源管理工作纳入保护区领导干部岗位责任考评重要内容。二是狠抓贯彻落实，首先建立了马宗岭、天堂寨两个林业公安派出所，有效地维护了林区秩序；其次是在资源管理上，保护区各单位均制定了一系列的管理制度，如对山场地块实行划片包干，主要内容有林政管理、护林防火、野生动植物保护等，管理站定期对管护地块进行检查。由于措施得力，自建区以来尚未发生乱砍滥伐、乱捕乱猎现象，未发生一次森林火警火灾。

（天马自然保护区供稿）

安徽 清凉峰
国家级自然保护区

安徽清凉峰国家级自然保护区位于安徽省东南部绩溪县和歙县交界处，东与浙江清凉峰国家级自然保护区接壤。地理坐标为东经118°45′～118°53′，北纬30°03′～30°09′。保护区总面积7811.2hm²，在绩溪县境内面积5050hm²，歙县境内2761.2hm²。整个保护区中国有山场面积2371hm²，集体山场面积5440.2hm²。保护区属森林生态类型的自然保护区，主要保护对象是中亚热带常绿阔叶林及其珍稀动植物。2011年4月经国务院批准晋升为国家级自然保护区。

银缕梅开花（方国富 摄）

◎ 自然概况

清凉峰，旧称郭山，1954年改为今名，海拔1787.4m，为天目山系的最高峰。

清凉峰自然保护区位于扬子准地台的江南台隆与下扬子台坳之间转折部位。境内层峦叠嶂，海拔1000m的山峰达40余座，奇峰突兀，怪石嶙峋，涧溪网布，峡谷幽幽。其地势大体上呈现东南向西北倾斜，东南至西南坡地势险峻，多悬崖峭壁，沟谷深幽，地形极其复杂；东北至西北坡地势较为平缓，并出现像野猪塘等处的中山"小平原"。

清凉峰地区地层古老，属扬子地层区江南地层分区。区内出露的地层有中元古界、青白口系、震旦系、寒武系、侏罗系、第四系等。

清凉峰自然保护区内的地貌类型由中山、低山、丘陵、山间盆地组成。其中以中、低山地貌类型为主，约占保护区面积的70%以上，其次是丘陵地貌，约占保护区总面积的25%以上，

野猪塘湿地（方国富摄）

连香树（方国富摄）

天目木姜子（方国富摄）

红豆杉（方国富摄）

再次是山间盆地，约占保护区总面积的5%左右。

清凉峰自然保护区位于北纬30°附近，距东海160km，境内崇山峻岭，地形复杂，森林茂密，受这些自然地理因子的影响，气候资源丰富。属亚热带季风气候区，海拔1480m的野猪塘年平均气温为8.7℃，年降水量为2637mm，保护区由下往上有山地北亚热带、山地暖温带、山地中温带三种气候类型。

清凉峰山地气温、积温的垂直分布是随着海拔高度的增加而减少，海拔200m地带与海拔1480m相比，年平均气温由15.8℃降低到9.7℃，减少6.1℃，即海拔每升高100m，气温递减0.477℃；≥10℃的积温由4980℃降低到3620℃，减少1360℃。处于海拔1400～1787m之间山峰的气温更低、积温更少，递减率更高，故有夏天不热之感，这也是1954年障山易名为清凉峰之来由。

清凉峰自然保护区属新安江流域。境内河系发育，溪涧众多，呈树枝状分布。主要水系有逍遥河、大障河、沧浪水、昌源。逍遥河发源于长坪尖，西经黄茅培于虹溪桥接登源河汇入练江，流入新安江－钱塘江，流经保护区12.0km。大障河，源出清凉峰下之雪堂岭，流经班肩坞、蛇墓坑、黄泥口塔、岭脚，于百丈岩接昌溪水至深渡流入新安江－钱塘江，流经保护区8.0km。沧浪水，源自清凉峰北野猪塘，北流至永来（岭脚下）折向东流，经阴山至银龙坞纳南来的清凉溪水（源出清凉峰顶），至栈岭纳南来的栈岭水注天目溪，流入新安江－钱塘江，流经保护区11.0km。昌源，发源于清凉峰与搁船尖之间的山峰，流经竹铺、三阳、杞梓里、苏村、唐里等乡，至石潭汇入华源，后入新安江，从清凉峰到石潭全长50.0km。

清凉峰地区水热条件较好，森林茂密，山高坡陡，地势起伏，成土条件复杂，发育多种类型土壤，自山麓至山顶相对高差达1400m左右，山麓温热，山上凉爽，山地上下部的生物和气候迥异，土壤垂直分布规律明显。据考察统计，共有5个土纲、6个土类、10个亚类。

对清凉峰地区植被及动植物资源的调查研究始于20世纪70年代初。30多年来，国内不少科研院所和大专院校的学者专家，先后对清凉峰地区进行了多次不同专业学科的科学考察，取得了一大批有关植被、植物区系、植物资源方面的成果。经过多次综合考察发现，保护区内分布有6种植被类型、9种植被亚型、29种植被群系：甜槠林、青冈、甜槠林、天竺桂、细叶香桂林、青冈林、小叶青冈林、木荷、小叶青冈林；小叶青冈、檫木林、小叶青冈、鹅掌楸、青钱柳林、褐叶青冈、短柄枹、茅栗林、交让木、香果树、青钱柳林、小叶青冈、缺萼枫香林、青钱柳林、华东椴林、缺萼枫香林、米心水青冈林、短柄枹、茅栗林、毛竹林、马尾松林、杉木林、黄山松林、杉木、枫香林、马尾松、枫香林、安徽杜鹃矮林、湖北海棠矮林、小叶黄杨灌丛、水马桑矮林、鄂西玉山竹丛、沼原草、野古草群落、泥炭藓沼泽。

清凉峰自然保护区有各类野生植物 1570 种，隶属于 245 科 750 属，其中地衣类植物 3 科 32 种，苔藓类植物 61 科 310 种，维管束植物 181 科 1228 种；脊椎动物 34 目 100 科 377 种，其中两栖类 8 科 28 种，爬行类 9 科 50 种，鸟类 51 科 201 种，兽类 20 科 56 种，鱼类 12 科 42 种。此外还有昆虫类 161 科 1020 种，大型真菌 58 科 148 种。

海拔 700m 以下为常绿阔叶林，700 ~ 1200m 为常绿、落叶阔叶混交林，1200 ~ 1500m 为落叶阔叶林，1500m 以上为山地矮林、山地灌丛、山地草甸；珍稀植物群落有：野生银杏群落，银缕梅群落，金钱松群落，华东黄杉—小叶青冈群落，连香树—青钱柳群落，南方铁杉—安徽杜鹃群落，领春木—鹅掌楸群落，银鹊树群落，天目木姜子—鹅掌楸群落，小叶黄杨灌丛、安徽杜鹃矮林、鄂西玉山竹灌丛、湖北海棠群落，华西枫杨群落，台楠—浙江楠群落，安徽槭群落。其中野生银杏、银缕梅群落在全国极为罕见，值得进

行重点保护和开展深度研究。

清凉峰自然保护区具有生态及景观多样性；区内有复杂的地质、古老的地层，丰富的气候、土壤类型，独特的中山"台地"和峰顶"小平原"，拥有奇松怪石、云海佛光、天池瀑布等生态景观，周边还有龙川胡氏宗祠、昌溪古村落、小九华、昱岭关等一些极具地域特色的徽文化人文景观。清凉峰地区素以"奇松、怪石、云海、

天池"四胜著称，享有"郭山叠翠"之美誉。

◎ 保护价值

清凉峰自然保护区境内层峦叠嶂，沟壑纵横，气候温暖，雨水丰沛，立地条件优越，生物资源丰富，属我国皖南—浙西丘陵、山地生物多样性优先保护区域。不仅是皖浙两省农业、林业生产的生态屏障，而且有效地涵

清凉峰卷耳（方国富摄）

银鹊树种子（方国富摄）

安徽杜鹃（方国富摄）

鹅掌楸（方国富摄）

银缕梅果实（高娴慧摄）

天目铁木（杨淑贞摄）

龙池植被（方国富摄）

养水源、保持水土、净化大气和水体，保障了新安江水系的水源和水利工程的安全，为保护区周边和新安江流域的广大居民创造了一个良好的生活环境。

清凉峰自然保护区具有丰富的野生动植物种群，特别是保存有一大批国家重点保护的动植物；其中国家一级保护植物有银杏、红豆杉、南方红豆杉、银缕梅、天目铁木等5种，国家二级保护植物华东黄杉、鹅掌楸、连香树、天目木姜子等20种；国家一级保护动物有梅花鹿、黑麂、云豹、金钱豹、白颈长尾雉等5种，国家二级保护动物大鲵、大灵猫、猕猴、短尾猴等41种，安徽清凉峰自然保护区的森林生态系统在华东地区具有典型的代表性和稀有性，是华东地区的"天然动、植物园"和"物种基因库"，是开展生物多样性研究的最佳场所之一，在安徽乃至在全国均占有比较重要地位。

◎ **功能区划**

清凉峰自然保护区划分为核心区、缓冲区、实验区3个功能区。其中核心区 2543.0hm²，占保护区面积的 32.6%；缓冲区 2085hm²，占保护区面积的 26.7%；实验区 3183.2hm²，占保护区面积的 40.7%。

◎ **科研协作**

清凉峰自然保护区与中国科学院植物所、南京林业大学、中山植物园、武汉植物园、安徽省林业科学研究院、安徽农业大学、安徽师范大学等有关科研院所都合作开展过一些科研活动，发现了清凉峰卷耳、清凉峰薹草等两个新种，发现安徽新分布物种有小勾儿茶、银缕梅、天目铁木、羊角槭、华西枫杨、白花杜鹃、小扁豆等，发现全国最大的银缕梅群落，成功进行了银缕梅、银鹊树、青钱柳、小勾儿茶、天目木姜子、领春木等珍稀物种的繁殖育苗试验，在国家和省级有关学术刊物上发表科技论文40余篇。

（方国富供稿）

小勾儿茶（方国富摄）

领春木（方国富摄）

安吉小鲵（方国富摄）

黑麂（顾长明摄）

核心区植被（方国富摄）

短尾猴（张建基摄）

福建　**武夷山**
国家级自然保护区

福建武夷山国家级自然保护区位于武夷山脉北端，福建省武夷山、建阳、邵武、光泽4县（市）的结合部，北部与江西省铅山县毗连。地理坐标为东经117°27′～117°51′，北纬27°33′～27°54′。保护区全境南北长52km，东西相距最宽处22km，总面积56527.3hm²，属森林生态系统类型的自然保护区，主要保护对象为我国中亚热带最典型、面积最大、保存最完好的森林生态系统及其珍稀动植物。福建武夷山自然保护区建立于1979年4月。同年7月，被国务院批准为福建省第一个国家级重点自然保护区。1992年被《中国生物多样性保护现状评估》确认为具有全球保护意义的A级保护区。1997年，在国家14部委联合编撰的《中国生物多样性国情研究报告》中被列为我国陆地生物多样性保护的11个关键地区之一。1999年12月，与武夷山风景区联合申报世界遗产获得成功，保护区成为我国既是世界生物圈保护区，又是世界双遗产保留地的保护区。

藏酋猴（余泽岚提供）

◎ 自然概况

武夷山自然保护区内平均海拔1200m，最高处达2158m，最低处仅300m，高差极为悬殊。河流侵蚀切割深度达500～1000m，沟谷相间，山势雄伟，断裂地貌壮观，桐木关—大竹岚断裂，黄溪洲—皮坑口断裂，美罗湾断裂等延伸十几公里。保护区属于典型的亚热带季风气候，具有气温低、降水量多、湿度大、雾日长、垂直变化显著等特点。境内以黄岗山为主峰的海拔1800m以上的山峰有34座，在西北部构成一道天然屏障；冬季阻拦、削弱了北方冷空气的入侵，夏季抬升、截留了东南海洋季风，形成了保护区中亚热带温暖湿润的季风气候。区内年平均气温8.5～18.0℃，年平均降水量为1486～2150mm，年平均相对湿度78%～84%，年平均雾日达120天。最高峰黄岗山山顶自上而下，随着海拔高度的下降，生物、气候递变，

土壤垂直分布明显，分别为山地草甸土带、黄壤带、黄红壤带、红壤带；海拔从高到低，土壤有机质、全氮含量逐渐减少，土壤黏粒含量逐渐增加，砂粒含量相对减少。武夷山脉的自然保护区地段是福建闽江水系与江西赣江水系的天然分水岭。保护区内沟壑纵横，溪流交错，各类溪流多达150余条，著名的武夷山国家级风景区的精髓和灵魂——九曲溪，就发源于保护区内的桐木关，她长流不息的溪水正是得益于这片保护完好的茂密森林。

武夷山保护区自然地理条件优越，森林植被保护良好，特别是拥有弥足珍贵的2.9万hm²原生性中亚热带森林植被，是中国东南大陆生物多样性最丰富的地区，蕴藏着丰富的动植物资源，是我国小区域单位面积上野生动植物资源较丰富的区域。区内已定名的高等植物种类有2466种，低等植物840种，脊椎动物有475种，昆虫有4635种，其中，国家明令保护的珍

武夷山景观——黄岗山（山顶草甸景观）

稀濒危野生动植物就达 77 种。早在 19 世纪中叶，位于保护区腹地的挂墩、大竹岚便是备受全球生物界瞩目的"生物模式标本产地"，据科学资料记载，一百多年来中外生物学家在此发现了模式标本达 1000 多种。

武夷山自然保护区内的景观资源极为丰富，有多彩多姿的生态景观、绮丽迷人的曲溪瀑泉、奇趣怪异的森林植物、野趣盎然的鸟鸣猴跃、雄峻奇特的峰石和断裂带景观、变化万千的气象景观，古树名木和珍奇花卉，教堂庙宇、摩崖石刻、自然博物馆、观鸟台、小种红茶原产地等人文景观成为环境教育和生态旅游的胜地。

◎ 保护价值

号称"华东屋脊"的黄岗山，海拔 2158m，为东南大陆最高峰。从山脚到山顶依次排列着常绿阔叶林、针阔叶混交林、针叶林、矮曲林、中山草甸等 5 个群落外貌特征不同的植被带谱，其分界线清晰可见。这样明显的垂直分布带在世界同纬度地区也是十分罕见的。

武夷山自然保护区的主要保护对象：一是我国中亚热带最具典型、保存面积最大，保存最完好的森林生态系统；二是国家重点保护的珍稀野生植物 20 种，其中国家一级保护的野生植物有银杏、南方红豆杉、水松、伯乐树等 4 种，国家二级保护的野生植物有金毛狗、白豆杉等 16 种；三是国家重点保护的珍稀野生动物 57 种，其中国家一级保护的野生动物有华南虎、云豹、黑麂、黑鹳、中华秋沙鸭、黄腹角雉、白颈长尾雉、金斑喙凤蝶、金钱豹等 9 种，国家二级保护的野生动物有藏酋猴、猕猴、穿山甲等 48 种；四是福建最长的地质断裂带及丰富多样的地质地貌等自然景观；以及福建闽江和江西赣江水源地等。

武夷山自然保护区所保持的自然原始状态，可作为研究生态变化的参照与基准，以便更加准确地评价生态系统在天然条件和人工条件下的演化方向、演化速率，以及演化终极，这对人类研究合理的生态结构、积极保持生态平衡有着重大意义。武夷山自然保护区是世界著名的生物模式标本

金斑喙凤蝶（金昌善提供）

的产地，尤其以种类众多的动物模式标本而闻名于世。无论是从物种多样性、遗传多样性，还是从生态系统多样性来说，武夷山在中国生物多样性保护中都具有特殊意义。

◎ 功能区划

武夷山自然保护区划为核心区、缓冲区、实验区 3 个部分。核心区区划为东西两片，面积 29272hm²，占保护区总面积的 51.8%。缓冲区面积 12395hm²，占保护区总面积的 21.9%。实验区面积 14860hm²，占保护区总面积的 26.3%。

◎ 管理状况

武夷山自然保护区大力开展以科普宣传、环境教育为主的生态旅游活动，充分利用"双世遗"和"世界生物圈保护区"的品牌和旅游资源优势，着力开发旅游精品。近年来，保护区新开发了桃源峪负氧离子吸氧区和天籁氧吧等景点，并着力开发世界红茶鼻祖——桐木正山小种红茶旅游文化，改善了住宿和餐饮环境，提高了接待水准和服务水平。1999 年年底，保护区相继被命名为"全国青少年科技教育基地""全国科普教育基地""福建省青少年科技教育基地""福建省科普教育基地"。 （周冬良供稿）

矮曲林

福建 梅花山 国家级自然保护区

福建梅花山国家级自然保护区位于福建省西南部龙岩市所辖的上杭、连城、新罗等三县（区）的交界地带，地处武夷山脉南段东南坡与戴云山之间的玳瑁山主体部分，有"梅花十八洞"之称。地理坐标为东经116°45′～116°57′，北纬25°15′～25°35′。保护区总面积22168.5hm²，属森林生态系统类型自然保护区，主要保护对象是中亚热带常绿阔叶林森林生态系统、以华南虎为代表的国家重点保护的珍稀动植物物种的栖息地、福建省三条大江的水源涵养地。保护区始建于1985年，1988年经国务院批准晋升为国家级自然保护区。

散养的华南虎

◎ 自然概况

梅花山自然保护区具有地带性特征的自然条件：保护区在大地构造上属闽西南凹陷带（永梅凹陷带）中的胡坊—永定隆起内，经第三纪以后的喜马拉雅构造旋回和新构造运动而形成现在的地质地貌特征。保护区以山地地貌景观为主体，最高峰石门山狗子脑峰海拔1811m，海拔1000m以上的山峰有70余座；中部高、周围低；西部高、东部低；坡地面积大，25°以上的陡坡地占总面积的78.8%；岩层以侵入岩、花岗岩为主，占保护区总面积的91.5%，沉积岩占8.5%。保护区地处中亚热带的南缘，为中亚热带与南亚热带的过渡地带，因而兼有中亚热带和南亚热带的气候特征。年平均气温13～18℃，最冷月（1月）平均气温为8℃，极端最低气温为5.5℃，最热月（7月）为21～25℃，极端最高气温为35℃。年日照时数1920h，无霜期290天，年降水量2000mm。保护区土壤具有明显的垂直地带性，从山麓到山顶依次为红壤、黄红壤和黄壤。红

保护完好的森林植被

壤面积约占保护区总面积的32.8%，黄红壤占总面积的27.5%，黄壤占总面积的35.5%。保护区内山峦叠翠、溪涧纵横，形成以最高峰石门山和黄胜将军山为中心、呈放射状流向四周的水系分布，是福建省汀江、九龙江、闽江等三大江的主要发源地，有"水流三江地"之美誉。降水量大、强度大、蒸发量低、地形坡度陡、地面不易透

水等，使大部分降水形成地表径流，径流系数多在0.60～0.65，年径流深度多在1200mm以上。

梅花山自然保护区所处的地理位置和独特的地貌特征决定了其具有丰富的生物多样性和自然景观。据统计，保护区内有维管束植物184科814属1628种（含变种和亚种），其中蕨类植物30科62属107种，被子植物147

科 734 属 1499 种，裸子植物 7 科 18 属 22 种。区内有陆栖脊椎动物 362 种，约占全国总种数的 1/7，其中哺乳类 20 科 66 种，鸟类 40 科 198 种，爬行类 10 科 69 种，两栖类 8 科 29 种。此外，还有淡水鱼类 14 科 65 种，已鉴定昆虫 140 科 2000 余种。保护区有 8 个植被型、63 个群系，还有众多的溪流、

野化华南虎

中国虎园全貌

瀑布、涌泉和水库等秀美的水体。保护区独特的地貌类型、丰富的野生动植物类型、多姿多彩的森林植被类型和秀美的水体类型，本身就是一道亮丽的自然风景。随气象条件的变化而产生的各种天象景观、随季节变化而产生的林相及水体大小、形状的变化，更增添了自然景观的多样性。

◎ 保护价值

梅花山自然保护区主要保护对象是中亚热带常绿阔叶林森林生态系统、以华南虎为代表的国家重点保护的珍稀动植物物种的栖息地、福建省三条大江的水源涵养地。

梅花山自然保护区不但有丰富的物种资源，还分布有许多古老孑遗植物、中国特有种和具有重要科研、经济、文化价值的珍稀、濒危野生动植物种

世界自然基金会专家科勒在梅花山进行华南虎野外调查

类。据统计，有国家重点保护植物 18 种，其中国家一级保护植物有伯乐树、南方红豆杉和莼菜共 3 种，国家二级保护植物有杜仲、伞花木、鹅掌楸等 15 种，还有兰科植物 6 属 20 余种以及福建省级保护和珍稀、濒危植物 53 种；有国家重点保护动物 45 种，其中国家一级保护动物有华南虎、豹、梅花鹿、云豹、黄腹角雉、白颈长尾雉、蟒蛇、金斑喙凤蝶共 8 种；国家二级保护动物有黑熊、猕猴、金猫等 37 种；另外还有中国新发现种 24 种。

在国家重点保护动物中，有被国际自然与自然资源保护联盟（IUCN）列为最濒危物种的我国特有虎种——华南虎。世界自然基金会（WWF）专家在与我国有关专家一起在福建、广东、湖南、江西四省联合进行的华南虎野外调查后认为，梅花山自然保护区曾经是野生华南虎分布数量最多、

古老的细柄阿丁枫

栖息地较原始的地区。同时，保护区森林植被覆盖率达 94%，有丰富的野生动植物种类，被中外专家、学者誉之为"植物资源基因库""华南虎的故乡"。

◎ 功能区划

梅花山自然保护区，按功能区划分为核心区、缓冲区和实验区。其中核心区面积 7041.7hm²，缓冲区 2443.1hm²，实验区 12683.7hm²。

◎ 科研协作

自 1998 年率先在全国启动华南虎拯救工程以来，积极开展繁育及野化研究，实现所有种母虎都能繁殖，已成功繁育虎仔 14 只。基本实现了人工散养环境条件下华南虎的繁育，为华南虎的野化提供了技术支撑，这些科学考察与研究工作，为保护区的进一步发展，提供了良好的技术贮备，使占地面积 300hm² 的华南虎繁育研究基地——中国虎园，成为福建省生态保护及教育的重要基地。（周冬良供稿）

龟背竹

福建 龙栖山
国家级自然保护区

福建龙栖山国家级自然保护区位于福建省西北部，三明市将乐县西南部，东南接白莲镇，北靠黄潭镇，西连万全乡，西南与明溪县交界。地理坐标为东经117°13′～117°21′，北纬26°28′～26°37′。保护区南北长18km，东西宽14km，总面积15693hm²，属森林生态系统类型自然保护区。保护区始建于1984年10月，1989年晋升为省级自然保护区，1998年经国务院批准晋升为国家级自然保护区。

龙栖山植被景观——秋季的龙栖山

◎ 自然概况

龙栖山脉呈北东走向，属武夷山脉东南延伸的支脉，基本与西邻的武夷山脉和东邻的戴云山脉平行。区内群峰林立，最高主峰海拔1620.4m，1000m以上的山峰有40余座。保护区位于上扬子古陆东南滨浅海与浙闽古陆的边缘，区内地层发育较全，计有前震旦系、寒武系、奥陶系、志留系、泥盆系、石炭系、二叠系、三叠系、侏罗系、白垩系、第三系等11个系的地层出露。分布面积以侏罗系上统的兜岭群地层最广，在保护区西南部，为上第三系的佛昙群。按岩性分，地层中包括沉积岩、变质岩和火山岩，以紫、红、灰、黄色厚层砂砾岩和熔岩为主；下段以深灰色玄武岩为主，新鲜致密、坚硬、强烈球形风化；上段以黄褐色砂砾岩为主，砾石多为玄武岩，宜风化而疏松。矿产主要有煤、铁、云母、银等。区内水系发育，溪流众多，多呈树枝状分布，主要有余家溪、里山溪尾溪二条溪流，均系闽江水系。一条源于主峰，经上地、余家坪、石排场，在黄潭镇将溪村汇入闽江上游金溪河，全长25km，流域面

龙栖山地质地貌

积115km²，总落差约1000m。另一条源于十字坳、杨梅凹，流经岭干、溪尾，在万全乡常口村附近汇入金溪河，全长30km，流域面积近100km²，总落差约800m。各溪流上游地区大都处于深山峡谷之中，流速较快，水源充足。

龙栖山自然保护区具有大陆气候特征，又兼有海洋性气候特色，属亚热带季风气候区。由于境内多山，海拔较高，因此云雾多，湿度大，风力小，季节明显。夏日凉爽无酷暑，冬有霜雪

无严寒。年平均气温在16℃，1月平均气温6.2℃，7月平均气温25.3℃，绝对最低气温−8.3℃，绝对最高气温32℃，年平均降水量1797mm，雨季主要在春夏，秋冬降水量较少。年平均相对湿度84%，年日照时数1701.5h。无霜期长297天，霜期约68天。主导风向为东北风，其次为西南风。保护区内主要以黄壤为主，在高海拔区域土壤呈现出土层较薄的特点。土壤母质主要由花岗岩、变质岩、砂砾岩、石

英岩、云母片岩等组成。山地土壤分布具有垂直地带性，表现为，从丘陵到中山（从低到高）土壤类型分布依次是：红壤—黄红壤—黄壤—山地草甸土。

龙栖山自然保护区的主要保护对象是：中亚热带森林植被生态系统和自然景观；国家重点保护野生动植物，及其他具有重要经济价值的野生动物及其栖息地；保护区内的生物多样性。

龙栖山自然保护区按世界动物地理分布位于东洋区北部，动物区系属于东洋界中印亚界的华中区东部丘陵亚区。现已初步查明，野生动物共计13纲58目289科1452属2129种，有1新属、73新种。其中兽纲46种，鸟纲82种，爬行纲22种，两栖纲11种，鱼纲31种，昆虫纲1821种，其他无脊椎动物116种。国家重点保护动物有22种，其中国家一级保护动物有华南虎、金钱豹、云豹、黄腹角雉、白颈长尾雉、黑麂、蟒等7种，国家二级保护动物有猕猴、藏酋猴、穿山甲、黑熊、小灵猫、苏门羚、凤头鹃隼、

福建龙栖山灰胸竹鸡（周冬良摄）

福建龙栖山斑腿树蛙（雌）（周冬良摄）

白鹇（周冬良摄）

福建龙栖山白鹇（周冬良摄）

赤腹鹰、林雕、白鹇、领鸺鹠、褐林鸮、拉步甲、虎纹蛙、大鲵等15种，昆虫种类约占福建省昆虫种类数的1/3，国家保护的有益的或者有重要经济、科学研究价值的陆生野生动物107种。保护区被誉为"珍稀濒危野生动物的基因库"。

龙栖山植物资源丰富。现已初步查明高等植物有253科868属1763种（含亚种、变种和变型）。其中苔藓植物68科143属248种；蕨类植物37科77属157种；种子植物148科648属1358种。国家重点保护的野生植物有9种，其中国家一级保护的有南方红豆杉1种；国家二级保护的有齿叶黑桫椤、金毛狗、金钱松、香榧、樟树、

南方红豆杉果实

美人蕉花

龙栖山之秋叶

闽楠、浙江楠、野大豆等8种；此外，兰科植物有21种。经济资源植物1821种，其中主要有材用植物120种，纤维植物104种，芳香植物43种，食用植物98种，蜜源植物176种，药用植物750种。区内名木古树繁多，有目前已知胸径为世界之最的檵木王（胸径63cm）、福建省之最的南方红豆杉王（胸径223cm）、深山含笑（胸径140cm）、青钱柳（胸径104cm）、香榧（胸径180cm），还有柳杉王（胸径230cm）、红楠（胸径68cm）等；特殊保护群落有大胸径南方红豆杉群落、柳杉群落、面积达200hm^{2}的黄山松纯林、成片的闽楠林等。

◎ 保护价值

龙栖山自然保护区是我国东部亚热带森林植被保存比较完好、植物种类较为复杂的地区之一，被誉为"天然植物园"。植物区系成分属于北极植物区、中国—日本森林植物亚区、亚热带植物区系。区系组成复杂，植被类型较多，地带性植被较为典型的常绿阔叶林。依据植物群落的种类组成、外貌结构和生态生理分布，按照《中国植被》的分类系统，将龙栖山森林植被类型分成6个植被类型，21个群系。植被类型主要有：常绿针叶林（暖性针叶林）、落叶阔叶林、常绿阔叶林、竹林、灌丛以及草丛与草坡。据初步调查，龙栖山有大型真菌资源60多种，但估计有200多种，其中有珍稀的莩

克莱虫草、灰树花、蚂蚁草等，还有较大经济价值的大型真菌资源如红菇、泥菇、竹荪等。

龙栖山属亚热带森林生态系统类型，其自然生态系统主要有如下特点：

（1）生物区系古老。龙栖山生物区系起源古老，由于保护区成陆历史悠久，地形复杂，环境条件优越，加上第四纪冰川未直接袭击本区，使得第四纪前植物能得以繁衍延续，但冰川进退引起的冷暖交替对第四纪前植物区系组成及其稳定有一定的影响，使得保护区的现代植物区系成分较为复杂。

（2）典型性。保护区地处中亚热带和南亚热带的交汇处，森林繁茂，在局部地段还保存了一定面积的原始性较强森林和次生林，中国特有属、种占有一定的比例，这在同一纬度中低海拔地区是罕见的，在一定程度上反映出我国东部中亚热带南缘地区森林的原貌，具有重要的生物地理学意义。

（3）自然性。区内具有各种代表

龙栖山秋色

檵木王

龙栖山古厝桥

保护区河流

性的天然生态系统和自然景观；并且保存了较好的原始南方红豆杉、柳杉等大胸径群落。对进一步研究我国的植物区系的起源、发展和植被的演替均具有重大意义。

（4）生物多样性。区内生境复杂多样，适宜不同习性的生物生长和繁衍，生物物种达3892种，包含着物种和遗传基因多样，其中含有大量的珍稀濒危物种和当地特有种。

（5）脆弱性。保护区石牛栏一带的草丛（华南虎的重要栖息地）、十字坳附近的黄山松纯林都生长在高海拔区域，这些区域土壤较薄，地势陡峭、峡谷深切，水流落差大，植被一旦遭到破坏，就极难恢复，这在一定程度上说明龙栖山保护区内的生态系统本身就极其脆弱。

（6）面积适宜性。保护区总面积15693hm²，保存较完整的区域有近

9000hm²。其面积能维持该区森林生态系统的稳定性，为南方红豆杉、闽楠和黄腹角雉、白颈长尾雉等珍稀物种提供良好的生存环境。

龙栖山自然保护区与将乐县境内的国家重点风景名胜区玉华洞，与毗邻的武夷山风景区和金湖风景区形成闽西北旅游"金三角"。区内群峰列屏，山峦叠翠，林木葳蕤，秀丽峻美，孤峰陡壁，深潭瀑布。区内主要景点有：仙人堂、植物园、十字坳、石牛栏、龙潭飞瀑、山前云海、手工造纸作坊等8处。同时还有古厝桥、百龙壁等，这些都成为当地重要的人文景观，是开发生态旅游的重要资源之一。

◎ 功能区划

根据龙栖山自然保护区的实际情况，为了便于自然资源与生态环境的保护和管理，充分发挥各功能区的

作用，将保护区分成三个区域，包括核心区面积5829hm²，占总面积的37.1%；缓冲区面积4642hm²，占总面积的29.6%；实验区面积5222hm²，占总面积的33.3%。
（周冬良供稿）

虎伯寮
国家级自然保护区

福建虎伯寮国家级自然保护区地处于福建省东南部，博平岭山脉的东南坡，九龙江西溪上游，漳州市南靖县境内南部（原虎伯寮自然保护区）和北部（原乐土自然保护区），东与漳州市、西与永定县、南与平和县接壤，北与漳平市毗邻。保护区由虎伯寮、乐土、鹅仙洞、紫荆山四个保护片组成，范围涉及南靖县4个镇，13个行政村的土地。地理坐标为东经117°12′~117°22′，北纬24°30′~24°56′。保护区总面积3001hm²，属南亚热带雨林森林生态系统类型自然保护区。2001年6月经国务院批准成立国家级自然保护区。

桫椤

◎ 自然概况

虎伯寮自然保护区境内受燕山晚期新华夏系构造的影响，形成以北、北东向压性及压扭性断裂皱褶带，东部受福安上坪褶断带所控制，东北部受漳平梅林断裂带所制约，构成复杂的地貌轮廓。地势由西北向东南呈明显倾斜，海拔最高处达874.5m，最低处仅137m，相对高差达737.5m，高差较悬殊，地形变化复杂。根据地貌成因类型和形态特征，地貌依次可划分为中低山、丘陵、台地和河谷平原等四个类型。保护区属于南亚热带海洋性季风气候区，气候温暖湿润，光、热、水条件优越。根据南靖县气象资料记录，年平均气温21.1℃，≥10℃年积温5323.1~7512.7℃，持续天数273~341天；年日照时数1973.9h。年均无霜期322天。年降水量1587.5~1879.6mm，年平均相对湿度79%~87%。成土母岩按岩性分，有酸性岩、中性岩、砂质岩、泥质岩、基性岩、石灰岩、变质岩等。酸性岩分布面积最大，以花岗岩、黑云母花岗岩为主。土壤以红壤为主，部分为砖红壤性红壤。土壤土体结构为ABC型，土层深厚，有机质含量较高为2.5%~2.8%，土壤呈酸性，pH值4.3~4.8，盐基不饱和，缺P、K元素，但枯枝落叶层厚，弥补了此项不足。保护区属于九龙江流域，区内水系发达，溪流较多，一般呈树枝状分布。主要河流有船场溪、龙山溪、永丰溪。各溪流上游地区大多处于深山峡谷之中，森林茂密，湿度较高。

虎伯寮自然保护区是福建东南部唯一保存完整的具雨林特征的原始森林群落，是一座天然的绿色基因库，也是各种生物繁衍栖息的理想场所。其在东南沿海低纬度、低海拔、人口密集、经济发达地区更显得弥足珍贵，独特的光、热、水、土条件，孕育了这里自然环境的多样性，保护区内有丰富的野生动植物资源，森林植被繁茂，种类组成及群落结构复杂，物种繁多，主要植被类型有6个，群系25个，群丛34个；维管束植物1759种，其中蕨类植物170种，裸子植物12种，

金山鹅仙洞

南亚热带雨林植被

植物寄生现象

被子植物1577种，包括双子叶植物1261种，单子叶植物316种。兰花资源丰富，有建兰、寒兰、春兰、墨兰等47种，许多兰花种类和变种、变型已被引种到世界各地。保护区内的野生动物达725种。其中兽类55种，鸟类155种，爬行动物67种，两栖动物25种，鱼类61种，昆虫（含蛛形纲）362种。大型真菌187种，土壤微生物54种。

虎伯寮自然保护区内自然景观和人文景观荟萃，在科研、教学及生态旅游等方面具备巨大潜力。虎伯寮保护片既有南亚热带雨林特色的老茎生花、巨型草本、发达的层间植物，又有雷打石、卧狮、乐水溪、天水瀑布、九曲渠等景点构成的独特自然景观。紫荆山自然风景区，奇岩怪石层拱错叠，形成无数洞穴泉井，有九洞十八景之称。有登云岩寺、七星拱月、龙井、天门、斗泉、一线天、龙门、猴探井、停云峡、遇雨亭、雨仙洞、磨剑石、龙鳞崖、承雨台、源湖寨、倒树径岩、紫荆夕照诸景点。乐土雨林面积虽只有0.22 km²，但它是我国东南沿海唯一的原始植物

群落，为我国现存最小的森林生态自然保护区，区内植物结构层次复杂、藤本植物繁多、板状根奇特、绞杀植物神奇、老茎生花和滴水叶尖异彩纷呈，构成一座美丽的空中花园。

据种子植物属的区系地理成分统计，区内各类热带成分计有495属，占保护区总属数71.6%；各类温带成分计有196属，占保护区总属数28.4%；与武夷山自然保护区、西双版纳自然保护区种子植物成分进行比较表明，虎伯寮自然保护区与西双版纳植物成分较为接近，热带、亚热带的科属种类非常多，热带性成分偏多。含属种较多的科如：壳斗科（常绿种类）、樟科、茜草科、蝶形花科、山茶科、大戟科、紫金牛科、桑科、桃金娘科、野牡丹科都是热带、亚热带性科。在南亚热带雨林中含有一些热带性较强的属种，如：厚壳桂属、买麻藤属、橄榄属、蒲桃属、谷木属、省藤属等，并且占明显优势。保护区植物区系成分很复杂，在15个分布区类型及其变型中，仅中亚分布类型及其变型未见，其他各种区系成分都有。以泛热带分

布类型及其变型为最多，如：厚壳桂属、榕属、树参属、鹅掌柴属、嘉赐树属、乌桕属常为热带亚热带森林中上层的优势或亚优势植物。冬青属、榕属、算盘子属、紫金牛属、密花树属、山矾属、卫矛属植物在灌木层中最为常见，买麻藤属、油麻藤属植物是林内或林缘常见的藤本植物。特别是榕属植物，绝大多数都是常绿的，有些种是我国热带雨林或山地雨林的上层植物，具有突出的支柱根或气生根，及老茎生花现象，代表着热带树种的典型特征。热带亚洲分布及其变型在保护区南亚热带雨林中有119属，仅次于泛热带成分；黄杞属、润楠属、交让木属、山茶属、黄桐属、草珊瑚属植物都是保护区南亚热带雨林中很常见的成分。东亚和北美洲间断分布的栲属植物，在保护区南亚热带雨林组成中占有重要地位，其中高大乔木如红栲、乌来栲是该保护区南亚热带雨林的建群种，闽粤栲、罗浮栲、甜槠、米槠则成为次生南亚热带雨林的建群种。此外，旧世界热带分布类型及其变型的山姜属常成为亚热带雨林的草

457

本层优势种。其他分布类型的瓜馥木属、杜英属、野牡丹属、狗骨柴属也较为常见。

虎伯寮自然保护区的动物资源具有典型的亚热带特性。在陆生脊椎动物地理分区中，东洋界210种，古北界29种，广布种58种。典型的亚热带动物种类，尤其是树栖和林栖动物种类丰富，因此，是保护和研究南亚热带雨林生态系统类型的典型场所。除丰富的野生动植物资源外，微生物繁衍条件也很优越，大型真菌种类达3纲16目43科187种，其中食用真菌

所占比例较大，天然分布着淡黄长裙竹荪、灵芝等；土壤微生物9目15科28属54种。

◎ 保护价值

虎伯寮自然保护区内有珍稀植物130种，其中国家一级保护植物有南方红豆杉、伯乐树、银杏共3种，国家二级保护植物有福建柏、刺桫椤、香果树等18种，福建省级保护植物有穗花杉等34种，地方保护植物75种。珍稀动物有264种，其中国家一级保护动物有华南虎、云豹、黑麂、黄腹角雉、鼋、蟒共6种，国家二级保护动物有黑熊、大灵猫、小灵猫、穿山甲、水獭、水鹿、鬣羚、斑羚、大鲵、虎纹蛙等31种；福建省重点保护动物有毛冠鹿等31种；福建省一般保护动物有196种。陆生脊椎动物属于中国的特有种有9种；属于双边国际性协定保护候鸟46种，其中中国与日本两国政府协定保护候鸟38

种，中国与澳大利亚两国政府协定保护候鸟8种。从1948～1980年，群众在虎伯寮雨林区抓获过数只华南虎，保护区仍保存有少量的虎皮、虎爪、虎牙。1997年4月22日，全国野生动物资源调查技术培训班的专家，在虎伯寮自然保护区邻近林区意外发现一处华南虎活动足迹。

◎ 功能区划

虎伯寮自然保护区土地总面积（包括村庄、农地等非林地）为3001.0hm²，其中虎伯寮片2053.1hm²，乐土片27.2hm²，紫荆山片446.3hm²，鹅仙洞片474.4hm²。保护区分为3个区，即核心区、缓冲区、实验区。核心区面积1410.6hm²，占总面积的47.0%；缓冲区面积819.2hm²，占总面积的27.3%；实验区面积771.2hm²，占总面积的25.7%。

紫荆山

◎ 科研协作

虎伯寮自然保护区的科研监测以"福建虎伯寮南亚热带雨林森林生态系统定位研究"为重点，依托定位监测站的建设，重点进行森林生态系统的研究，并结合保护区保护与管理的中心工作，开展生物多样性保护研究与监测、保护区社区可持续发展模式研究等。努力把保护区建设成为南亚热带雨林生态系统、生物多样性、自然保护区可持续发展等研究、监测的基地。

（周冬良供稿）

蜜花豆藤（扁担藤）

福建 天宝岩 国家级自然保护区

福建天宝岩国家级自然保护区位于福建省中部的永安市境内。地理坐标为东经117°28′～117°35′，北纬25°50′～26°01′。保护区总面积11015.38hm²，属森林生态系统类型自然保护区，主要保护原始长苞铁杉林、猴头杜鹃林及丰富的珍稀野生动植物。早在清乾隆四十七年（1782年），当地百姓就把天宝岩一带的山水视为风水宝地，多次立下禁伐碑，自发采取措施严格保护森林，形成了自然保护区的雏形，这在我国自然资源保护史上极为罕见。2003年6月经国务院批准晋升为国家级自然保护区。

◎ 自然概况

天宝岩自然保护区为戴云山余脉，属于中、低山地貌。海拔1000m以上的山峰有22座。保护区露出地层的有泥盆纪和侏罗纪的沉积岩，以及深层侵入的花岗岩。区内南溪谷底为细粒石英砂岩，石英含量较高，表面为铁质染成紫红色，新鲜面则为灰白色。天宝岩顶由砾岩组成，淡肉红色，坚硬，抗风化。保护区内沉积岩地层基本上都向西或向西南方向倾斜。整个保护区的地势呈北高南低的簸箕形，保护区的最高峰天宝岩海拔1604.8m，东面界山为十八耙、英峰岭、连天岩、石罗山、三百寮后山，均为1000m以上山峰，西线多为海拔1400m以上悬崖组成，西南端的松林坑为最低点，海拔580m，谷地大部分地区在海拔1200m以下。闽江干流沙溪的支流苏坑溪、桂溪、薯沙溪的源头均在保护区内。保护区地势起伏较大，山高谷深，切割深度可达500～600m，河谷皆呈"V"字形峡谷，有多级瀑布跌水现象，说明了保护区的新构造运动抬升强烈，保护区的地形剖面上显示出3级阶梯，第

天宝岩冬季猴头杜鹃林

一级高1450m左右；第二级高1200m左右；第三级高1050m左右。保护区在海拔1200m以上地段地形陡峭，平均坡度在30°～40°之间。闽江干流沙溪的支流苏坑溪、桂溪、薯沙溪三条溪流的源头均在福建天宝岩自然保护区内，均呈树枝状水系。桂溪集水

区面积4328hm²，薯沙溪集水区面积约1311.38hm²，苏坑溪集水区面积5376hm²。河流面窄，河床中多砾石，是典型的山地性河流，其特点是坡降大，水流急，雨量充沛，水力资源丰富。

天宝岩自然保护区属中亚热带海洋性季风气候区，四季分明，气候温

暖湿润，光、热、水条件优越。根据永安市气象台的资料记录，自然保护区年平均气温15℃，最冷月（1月）平均气温5℃，最热月（7月）平均气温23℃，极端最高气温40℃，极端最低气温-11℃，≥10℃年积温4500～5800℃，无霜期290天，年降水量2039mm，多集中于5月，年平均相对湿度80%。地带性土壤为花岗岩和砂岩风化发育成的红壤，分布于海拔800m以下，随着海拔的上升，表现出一定的垂直变化，800～1350m为山地黄红壤，1350m以上为山地黄壤，局部山间盆地发育了泥炭土。大部分地区土层较薄，但长苞铁杉林与猴头杜鹃林分布的局部地段土层较厚，其腐殖质层厚约20cm，表土质地为壤土，土壤呈酸性反应。

◎ **保护价值**

天宝岩自然保护区内有常绿针叶林、落叶阔叶林、常绿针阔混交林、常绿阔叶林、山顶苔藓矮曲林、竹林、灌草丛、湿地沼泽等8个植被型、39个群系组、52个群丛。

天宝岩自然保护区主要保护对象有以下几个方面：

（1）原始的长苞铁杉林。长苞铁杉林是我国亚热带地区典型的扁平叶型的常绿针叶林之一，在我国以南岭山地和戴云山为主要分布区，为中国特有的渐危种，也是第四纪冰川期遗留下来的古老树种，在分类上受到胡先骕等许多分类学家所关注。长苞铁杉在天宝岩保护区内分布面积达186.7hm²，纯林20hm²，为全国第一。长苞铁杉起源古老、树形挺拔、材质优良，在裸子植物系统发育、古生态和古气候研究、群落生物多样性研究、林业生产实践等多方面均有重要的意义。长苞铁杉经济价值高，可选作长江流域以南、中亚热带中山以上的造林树种。

黑斑肥螈

（2）原始的猴头杜鹃林。猴头杜鹃林是亚热带山地苔藓矮曲林中分布最广、面积最大、最为典型的植被类型，分布于冷湿、多风的孤立山顶与山脊，容易遭到破坏而不容易恢复，是亚热带东部常绿阔叶林亚区域的最具代表性的山地苔藓矮曲林和地形顶极群落。在区内陡峭的山体上分布面积达106.7hm²，纯林40hm²，保护区内所保存的是大面积的原始森林，为全国所罕见。

瀑布

猴头杜鹃林

461

天宝岩云海

（3）山间盆地泥炭藓沼泽。泥炭藓沼泽主要分布在东北，华中、云贵高原有小面积分布。在东南地区山间盆地系第一次发现，区内有两处，总面积达 30.7 hm²。在其周边栖息着 40 余种鸟类，它对研究动植物区系组成、植被类型、地质变化等，有着十分重要的意义。

（4）丰富的珍稀野生动植物。有维管束植物 185 科 688 属 1512 种，野生动物 31 目 86 科 405 种，淡水鱼类有 5 目 14 科 68 种，昆虫 32 目 230 科 1154 种（含蜱螨亚纲 4 目 17 科 38 种），大型真菌 27 科 103 种，微生物有 7 目 13 科 23 属。其中，国家一级保护植物

长苞铁杉林

有：银杏、苏铁、南方红豆杉、伯乐树、四川苏铁等 5 种。特别是南方红豆杉在区内广为分布，胸径达 100cm 以上的就有 10 多株，钟萼木分布范围也较广。国家二级保护植物有：黑桫椤、金钱松、香榧、半枫荷、闽楠、浙江楠、红豆树等 16 种，省重点保护植物有 38 种。现已查明区内兰科植物有花叶开唇兰、独蒜兰、斑唇卷瓣兰、细茎石斛等 18 种，兰花名品"永安素"最早就来源于该保护区。区内有陆生脊椎动物 86 科 405 种。其中国家一级保护动物有：云豹、华南虎、金钱豹、黑麂、黄腹角雉、白颈长尾雉、金斑喙凤蝶共 7 种。国家二级保护动物有：穿山甲、黑熊、苏门羚、鹊鹞、阳彩臂金龟、虎纹蛙等 41 种，省重点保护动物有 33 种。被列入《国家保护的有益的或者有重要经济、科学研究价值的陆生野生动物名录》有 11 种。区内有大型真菌 26 科 103 种，微生物有 7 目 13 科 23 属。正红菇、梨红菇、鸡枞等具有较高的经济价值和研究价值。

◎ 科研协作

多年来，天宝岩自然保护区一直积极创造条件与复旦大学、厦门大学、南京林业大学、福建农林大学等高校和相关科研院所合作，邀请专家、学者前来保护区考察、研究，建立了自然科学教育基地，培养了大批高、中级自然学科人才。　　（周冬良供稿）

竹林喷灌

长苞铁杉林群落

福建 梁野山 国家级自然保护区

福建梁野山国家级自然保护区位于福建省西部武平县境内，山系包括武夷山脉最南端和南岭山脉东部。地理坐标为东经116°07′～116°19′，北纬25°04′～25°20′。保护区总面积14365hm²，属森林生态系统类型自然保护区，主要保护亚热带森林生态系统及南方红豆杉、云豹、黄腹角雉等珍稀动植物。保护区于1995年1月开始筹建，1999年2月经福建省人民政府批准为省级自然保护区，2003年6月经国务院批准晋升为国家级自然保护区。

梁野山古母石

◎ 自然概况

梁野山自然保护区以梁野山为主体，整个梁野山群由武夷山脉进入武平县境后东延，经东门脑崊、莲花崊透延梁山顶，再经笠山顶、观狮山向东北方向延伸，地势相对较高，起伏较大。最高海拔1538.4m，最低海拔273m，相对高差1265.4m，海拔1000m以上的山峰有10多座。山脉蜿蜒，曲折迂回，南面与其延伸的分支龙嶂山脉和石迳岭山脉环抱，形成万安、城关、中山等河谷盆地。保护区露出地层岩石主要为花岗岩。保护区属典型的亚热带季风气候。区内年平均气温17.0～19.6℃，极端最低气温为−6.3℃，极端最高气温为38℃；≥10℃年积温5000～5900℃；年平均降水量1706.5mm，年平均相对湿度78%，无霜期278天。年日照时数1699.8h。梁野山一带地形复杂，海拔高差较为悬殊，形成了多种多样的小气候环境。保护区地带性土壤主要为花岗岩风化发育成的红壤，随海拔上升表现出一定的垂直变化：273～600m为红壤，600～900m为山地黄红壤，900～1450m为黄壤，450～

常绿阔叶林群落

云礤瀑布

1538.4m为山地草甸土，其中常绿阔叶林林地土层深厚，质地黏重，腐殖质层厚约20cm，地表枯枝落叶层厚5～10cm，表土质地为壤土，有机质含量为1.5%～5.6%，pH值为5～5.8，林内自然肥力高。梁野山是武平县最大的水源涵养区，福建汀江水系、广东梅江水系的天然分水岭，水系呈放射状，河流面窄，河床中多砾石，是典型的山地性河流，其特点是坡降大，水流急，雨量充沛，水力资源颇为丰富。

梁野山自然保护区内生态系统组成复杂，类型丰富，植物群落有6个植被型，24个群系，53个群丛。野生维管束植物种类有199科789属1742种，占福建省维管束植物的46.8%。有陆生脊椎野生动物30目85科370种，昆虫28目193科938种，大型真菌122种。

梁野山自然保护区内生态环境优美，旅游资源丰富且整体质量较高。保护区不仅拥有十分独特的自然景观与景观组合，如在华东地区较为罕见的绝壁、深谷、飞瀑、激流、密林等景观资源组合。而且，保护区及其周边社区颇具本地客家特色的传统文化、传统村落建筑和民俗风情也得以保留。

◎ 保护价值

梁野山自然保护区属中亚热带、南亚热带过渡区域，主要保护对象包括：

（1）国家一级保护植物南方红豆杉种群及其良好生境。保护区自然条件优越，为中国特有濒危种南方红豆杉的大面积繁衍提供了良好的生境。区内天然分布有典型而原始的南方红豆杉林达666.7hm²。林内自然更新良好，从幼苗到大树均生长良好，种群结构呈金字塔形，为国内外罕见。

（2）珍稀保护动植物。保护区内植物分布种类众多。其中，国家一级保护植物有南方红豆杉、伯乐树、银杏共3种；国家二级保护植物有金毛狗、粗齿桫椤、黑桫椤、樟树、闽楠、浙江楠、花榈木、红豆树、半枫荷、伞花木、香果树共11种；兰科植物有寒兰、带唇兰、花叶开唇兰等28种；福建省重点保护植物有乐东拟单性木兰、观光木等23种；地区性保护植物南紫薇、福建山樱花、亮叶桦、福建酸竹等。森林覆盖率高达94.3%。保护区内分布有大量珍稀动物，其中，国家一级保护动物6种：云豹、黑麂、黄腹角雉、白颈长尾雉、蟒、金斑喙凤蝶；国家二级保护动物40种；列入《濒危野生动植物种国际贸易公约（CITES）》附录一的动物11种；附录二的动物32种；附录三的动物2种，是大型哺乳动物的理想栖息地。

（3）稀有或罕见的森林生态系统。区内有稀有的观光木林。保护区有面积达10hm²的原生性观光木群落，局部大树多达11株，最大胸径115cm，平均胸径71cm，是亚热带地区顶极群落研究的良好场所。还生长有原生性钩栲林。梁野山孔厦村马头山有66hm²保存完好的原生性钩栲林，林内钩栲大树平均胸径达95cm。其他地带性常绿阔叶林，包括甜槠林、米槠林、烟斗石栎林、细柄阿丁枫林等均保存完好，对动植物区系的起源与进化研究具有极高的价值。

（4）重要汇水区。保护区所在武平县为闽粤赣三省交界地，梁野山位于县境中央。发源于保护区的丰富水源流经周边地区各主要河流，是韩江、汀江的重要汇水区，为该县和沿江两岸人民的生产生活，提供着强有力的

寄生物

毛冠鹿

红菇

观光木

生态保障。

◎ 功能区划

梁野山自然保护区划分为核心区、缓冲区、实验区3个功能区，其中核心区面积5232hm²，占保护区总面积的36.42%；缓冲区面积为5934hm²，占保护区总面积的41.31%；实验区面积为3199hm²，占保护区总面积的22.27%。

◎ 科研协作

梁野山自然保护区的南方红豆杉资源及区内生长良好的北温带分布和泛热带分布的植物，长期以来受到有关高等院校、科研机构的关注。在努力做好保护工作的同时，保护区积极开展科学研究工作。邀请中国林业科学研究院亚热带林业研究所等单位的专家多次到梁野山实地调查，开展科学研究。为了进一步掌握保护区的生物资源及其消长变化规律，保护区委托厦门大学进行了全面科学考察，考察内容涵盖了自然概况、植物、植被、动物、昆虫、真菌及微生物，初步摸清了保护区本底资源，为今后保护自然资源，进一步探索森林发生、发展等自然演变规律，合理开发利用自然资源，提供了重要依据。这些科学研究工作，也为保护区的进一步发展，提供了良好的技术贮备。（周冬良供稿）

漳江口红树林
国家级自然保护区

福建漳江口红树林国家级自然保护区位于福建省漳州市云霄县漳江入海口。地理坐标为东经117°24′～117°30′，北纬23°53′～23°56′。保护区总面积2360hm²，为福建省最重要的湿地生态系统类型的国家级自然保护区。保护区于1992年1月成立，1997年7月经省政府批准成为省级自然保护区，2003年6月经国务院批准晋升为国家级自然保护区。

鸟类驿站

◎ 自然概况

漳江口红树林自然保护区所在的福建省云霄县地貌属闽粤花岗岩丘陵亚区，整个地势自西北向东南表现出明显的阶梯状降落，东、北、西三面高，中部及南部地势平坦开阔，构成了向东南开口的马蹄形的地貌。漳江口是云霄县最大的河流出海口。漳江下游地带母质为第四纪残积物质沉积，由古老冲积物、近代河流冲积、海积和风积形成。漳江是云霄县的主要河流，全长58km，流域面积855km²。保护区属亚热带海洋性季风气候，根据县气象台历史观测资料统计，年平均气温21.2℃，1月平均气温13.3℃，7月平均气温28.2℃，极端最高气温38.1℃，极端最低气温0.2℃，秋冬季多偏北风，春夏季多偏南风。年降水量为1714.5mm，年平均蒸发量1718.4mm，年平均日照时数为2152.1h，年平均霜日数2.3天。区内土壤为滨海滩涂淤泥和沙质淤泥，厚达2m以上。红树林土壤在国内外学术界称为酸性硫酸盐土，也称红树林沼泽土壤。土壤含盐量高（一般10‰以上），具盐渍化特征；土壤的pH值在3.5～7.5之间，土壤含有丰富的植物残体和有机质。

漳江口红树林自然保护区内植物资源丰富，已初步查明维管束植物种类有80科185属224种（含亚种和变种），滩涂上生长着秋茄、白骨壤、桐花树、木榄、海漆、老鼠簕等5科6属6种红树林植物，属东方类群的红树植物；16科27属29种1变种盐沼植物；59科152属184种3变种1亚种滨海植物。按照《中国植被》的划分方法，福建漳江口红树林湿地自然保护区主要植被类型可以分为红树林、滨海盐沼、滨海沙生植物被3个植被型；有白骨壤林、桐花树林、白骨壤林＋桐花树林、秋茄林、秋茄＋桐花树林、木榄林、芦苇盐沼、卡开芦盐沼、短叶茳芏盐沼、铺地黍盐沼、厚藤群落、苦蓝盘群落、露兜树群落共13个群系；有秋茄－老鼠簕等22个群丛。保护区野生动物资源丰富，动物区系属东洋界中印亚界的华南区闽广沿海亚区。

红树植物——木榄

已查明野生脊椎动物共 23 目 63 科 218 种（不含鱼类）。列入国家一保护的有中华白海豚和蟒共 2 种，国家二级保护的有宽吻海豚、伪虎鲸、江豚、黄嘴白鹭、鸢、黑翅鸢、普通鵟、白腹鹞、红隼、游隼、小杓鹬、小青脚鹬、褐翅鸦鹃、蠵龟、（绿）海龟、玳瑁、太平洋丽龟、棱皮龟、虎纹蛙等 19 种。国家保护的有益的或者有重要经济、科学研究价值的野生动物 162 种，省重点保护动物 24 种。保护区红树林区潮间带底栖动物 28 种。潮下带底栖生物 181 种。海区浮游植物 201 种，其中硅藻 165 种。浮游动物 180 种，其中水母类 59 种，桡足类 71 种。游泳动物 182 种，其中鱼类 141 种、甲壳类 30 种、头足类 11 种。还有 10 目 12 科 27 属 45 种的微生物。

短叶茳芏红树林群落（周冬良摄）

红树林－白鹭－人相和谐

涨潮中的漳江口

◎ 保护价值

漳江口红树林自然保护区是以红树林湿地生态系统、濒危动植物物种和东南沿海优质水产种质资源为主要保护对象的湿地生态系统类型保护区。有我国北回归线北侧种类最多，生长最好的红树林天然群落。

漳江口红树林自然保护区保护价值高。包括以下几个方面：

（1）多样性。保护区位于漳江入海口，为河口滩涂湿地，周边为农耕地，气温较高，雨水较多，湿度中等，气候适宜，为各种野生动植物提供了多种生境，形成了多样化的生态系统。由于生态系统的多样性，与之相适应的就形成了物种多样性。

（2）稀有性。保护区不但有丰富的物种资源，还分布有许多具有重要科研、经济、文化价值的珍稀、濒危野生动植物种类。据统计，区内有属于国家重点保护的野生动物21种，其中国家一级保护动物2种，国家二级保护动物19种；"三有"动物162种；

国际自然和自然资源保护联盟（IUCN）（1996）名单中的极危物种（CR）1种、濒危物种（EN）6种、易危种（VU）2种；属于濒危野生动植物种国际贸易公约（CITES）（1995）附录 I 的有10种、附录 II 的有14种、附录 III 的有6种；属于国际候鸟保护协定中日、中澳候鸟保护协定分别为77种和41种。同时保护区内还分布有6种红树植物，特别是成片分布的20hm^{2}的白骨壤林。此外，区内还有大面积的桐花树林和一定面积的秋茄林。

（3）典型性。保护区红树林是中国红树林自然分布北界的大面积重要的红树林区域，红树林生长繁茂，区内的白骨壤林、秋茄林、桐花树林都具有代表性，在一定程度上反映出我国红树林北缘分布区红树林的原貌，具有重要的生物地理学意义。

（4）过渡性。从植物区系看，植物属于泛北极植物区与古热带植物区两个植物区系的过渡地带，这里成为木榄、海漆、卤蕨的分布北界。从动物区系看，保护区的脊椎动物组成以东洋界种类为主，而在东洋界种类中，表现为华南区的种类占优势，华中区的种类其次。古北界物种较少。因而

红树植物——秋茄（果）

具有过渡性。

(5) 天然性。保护区内拥有中国天然分布最北的大面积的红树林，面积达 117.9hm²，占福建省天然红树林面积的 48%。

漳江口红树林自然保护区内有红树林、芦苇、卡开芦沼泽、短叶茳芏盐沼、江河、滩涂、河滩、鱼塘、水田等多种天然及人工湿地、滩涂底质有泥滩、泥沙滩、沙滩等各种类型，河网密布，湿地环境多样。保护区内红树林植物主要分布有秋茄、木榄等红树科植物，还有紫金牛科的桐花树、马鞭科的白骨壤、大戟科的海漆、爵床科的老鼠簕以及伴生植物三叶鱼藤等，保存了福建省面积最大、我国天然分布最北大面积天然红树林，具有较高的自然属性和典型的红树林群落特征，具有很高的保护研究价值，是湿地生物多样性的宝库之一，是活的自然博物馆；是进行生态、林业等研究的天然实验室；是向青少年普及科学知识和宣传自然保护的重要场所；有助于保护生态、保持地区生态平衡，也是开展生态旅游的理想场所。

漳江口红树林自然保护区是东亚水鸟迁徙的重要驿站，每年有大量的湿地鸟类途经保护区。据调查，有中国及日本两国政府协定保护候鸟绿鹭、夜鹭、大白鹭、中白鹭、黄斑苇鳽等 77 种；有中国及澳大利亚两国政府协定保护候鸟红脚鹬、青脚鹬、矶鹬、灰鹬、牛背鹭、小军舰鸟、金眶鸻、金斑鸻、红嘴巨鸥、普通燕鸥等 41 种。

每年均有大量的鸻鹬类及雁鸭类候鸟在保护区内停留觅食，补充体力，继续迁徙，是鸟类迁徙的重要补给站和加油站，具有国际保护意义。同时包括池鹭、白鹭、绿鹭、夜鹭等各种鹭科鸟类混群营巢于红树林中，形成壮观的景象，这些鸟类与红树林一起为保护区提供了宝贵的观赏资源。

漳江口日出

湿地资源——泥蚶

滩涂资源利用

漳江口多年来一直是福建省污染最轻的河流之一，同时由于保护区位于河口位置，生境异质性高，又能过滤上游带来的有机物质，红树林具有高生产率、高归还率、高分解率的特点，区内丰富的浮游动植物为 150 多种鸟类、240 多种水生动物和近 400 种水生物提供了栖息和觅食的理想场所。红树林周边鱼类和甲壳类品质高，在全国享有盛名，特别是天然蛏苗和泥蚶是区域的品牌产品，区内优质水产种质资源主要有：重要经济鱼类种质资源有斑鲦、鲻鱼、黄鳍鲷、日本鳗；重要经济软体动物种质资源有泥蚶、多纹巴非蛤、长竹蛏、大竹蛏、缢蛏、密鳞牡蛎；重要经济甲壳动物种质资源有日本对虾、鲜明鼓虾、日本鼓虾、锯缘青蟹等；以及其他经济种质资源有二色桌片参、黑斑口虾蛄、方格星虫。漳江口广阔滩涂天然生长着数量巨大的缢蛏及锯缘青蟹苗，是周边地区竹塔村及船场村群众主要的经济来源。

◎ 科研协作

漳江口红树林自然保护区成立以来，十分重视与大专院校和科研部门合作，分别与厦门大学、福建农林大学、省林科院、省野生动植物与湿地资源监测中心、省野生动植物与湿地研究中心等开展了一系列的科研合作，取得一系列的科研成果。　（周冬良供稿）

福建 戴云山
国家级自然保护区

福建戴云山国家级自然保护区位于福建省泉州市德化县境内，东至蟠龙，西至黄山，北至陈溪，南至东里。地理坐标为东经118°05′～118°20′，北纬25°38′～25°43′。保护区总面积为13472.4hm²，属森林生态系统类型自然保护区，主要保护南亚热带和中亚热带过渡地带典型的山地森林生态系统及其生物多样性。保护区始建于1985年，2005年7月23日经国务院批准晋升为国家级自然保护区。

黄山松

◎ 自然概况

戴云山脉平均海拔为 700～1500m，主峰戴云山海拔 1856m，是闽中最高山峰，素有"闽中屋脊"之称。戴云山地质构造属浙闽活化古陆台，受地质构造运动影响，多次间歇性大幅度隆起形成雄伟庞大山脉。与武夷山脉相比，戴云山脉最大的特点是基带宽度大，一般可达数十千米，最宽的一段在中部德化—大田一线，可达 100km。戴云山自然保护区地形复杂，属于中、低山地貌。保护区内山脉连绵，河谷剧烈下切，峡谷十分发育。戴云山位于中亚热带和南亚热带的交界线上，体现出中亚热带与南亚热带气候、土壤、植被、动物等过渡特征，为海洋性季风气候区，气候温凉适中，四季分明，垂直变化大，小气候突出。保护区年平均气温 15.6～19.5℃，最冷月（1月）平均气温 6.5～10.5℃，最热月（7月）平均气温 23～27.5℃，极端高气温 36.6℃，极端低气温 -16.8℃，年平均日照时数 1875.4h，无霜期 260 天，年降水量 1700～2000mm，雾日年平均达 220 天，年平均相对湿度在 80% 以上。风速较大，八级风以上达 203 天，仅次于吉林天池。地带性土壤为花岗岩风化发育而成的红壤，分布于海拔 500m 以下，随着海拔的上升，表现出一定的垂直变化，依次为山地红壤、山地黄红壤和山地黄壤，局部分布着沼泽土。林地土壤较厚，腐殖质层厚约 20cm，地表枯枝落叶层厚 5～20cm，表土质地为壤土，土壤呈酸性反应。区内水系发达，大小溪流 23 条，集雨面积在 50km² 以上、长度在 10km 以上的有 9 条，全年可为下游提供 25 亿 m³ 淡水，是闽江大樟溪重要发源地，且部分通过引水汇入晋江，溪流坡降大，水力资源丰富，是闽中重要水源涵养区及重点生态功能区。

◎ 保护价值

戴云山自然保护区主要保护对象有以下几方面：

（1）戴云山有大面积的保护完好的天然原生性黄山松群落，其群落外貌整齐，种群年龄结构合理，群落内部层次分明，郁闭度较大，层次较

戴云栎

多。建区以来，海拔 1600m 以上的草灌丛逐年被黄山松演替，各种黄山松群落演替阶段均完整保留，黄山松面积由原来的 4600hm² 增加到现在的 6400hm²，它对研究亚热带中山地区植被演替具有重要的科学意义。

（2）戴云山自然保护区地处福建东南沿海，位于福建两大山脉之一的戴云山脉主峰周边，同时跨越了南亚热带和中亚热带的过渡带，是典型的山地森林生态系统。其地带性植被类型为南亚热带季风常绿阔叶林，代表性植被类型有乌来栲林、厚壳桂林和米槠林，分布于海拔较低的山体东部沟谷，物种组成以南亚热带季风常绿阔叶林的成分为主，林内结构复杂，藤本植物发达，草本植物高大。随着海拔的上升，依次出现典型的山地常绿阔叶林、暖性针叶林、针阔叶混交林、温性针叶林、苔藓矮曲林等。在海拔 1100m 的永安岩分布着罗浮栲林、钩栲林等原生性的山地常绿阔叶林，林内荫湿，物种丰富，地被层发达，随处可见兰科植物与野含笑。在山体顶部分布着山地灌丛，生长着耐寒的长耳玉山竹，与武夷山、台湾玉山植物分布有较高的一致性。

（3）东南地区重要的模式标本产地。福建戴云山自然保护区长期以来为许多动植物学家所关注，这里独特的地质地貌与气候孕育了众多的物种。据不完全统计，保护区内先后发现了福建毛蛄蛉、戴云树白蚁、中国狭个

黄山松林

木虱、中华长叶曲啮、赵氏触啮、八闽鳞蛉和戴云姬蜂虻等52个昆虫新种。刘承钊和胡淑琴（1975）发表了小棘蛙、戴云湍蛙2个蛙类新种。秦仁昌和邢公侠（1981）根据1974年福建蕨类植物调查队采集的蕨类植物标本发表了德化毛蕨等6个蕨类植物新种。郑清芳和黄克福（1984）、曾沧江（1987）、林来官（1991）、林来官和黄以钟（1995）、张永田（1995）等发表了九仙莓、戴云山薹草、长耳玉山竹等6个新种。

（4）戴云山自然保护区地形复杂，气候变化大，雨量充沛，相对湿度大，孕育了丰富的野生兰科植物，种类有花叶开唇兰（金线莲）、无叶兰、竹叶兰、日本卷瓣兰、广东石豆兰、伞花石豆兰、大序隔距兰、广东隔距兰、建兰、多花兰、春兰、墨兰、细茎石斛、石斛兰、

褐林鸮

穿山甲

德化秋色

半柱毛兰、小斑叶兰等47种，是兰科植物的重要生存地。

（5）大面积的森林孕育了丰富的生物多样性，区内有高等植物284科928属2066种，其中苔藓植物55科101属149种，蕨类植物41科84属183种；裸子植物8科14属20种；被子植物180科729属1714种（双子叶植物150科571属1366种，单子叶植物30科158属348种）。保护区内有珍稀濒危或特有植物物种共115种；有脊椎动物34目99科420种，其中鱼类4目14科68种；两栖类2目7科30种；爬行类3目12科70种；鸟类17目45科194种；兽类8目21科58种。昆虫纲（含蛛形纲蜱螨亚纲）30目260科1645种；大型真菌有39科136种；土壤微生物有12目18科35属56种。这里天然分布的国家一级保护植物有水松、南方红豆杉、银杏共3种，国家二级保护植物有粗齿桫椤、针毛桫椤、金毛狗、福建柏、樟树、闽楠、花榈木、红豆树、半枫荷、伞花木、喜树、香果树等17种；兰科植物多达47种；福建省重点保护植物有27种。国家一级保护动物有云豹、黄腹角雉、

蟒共3种，国家二级保护动物有穿山甲、大灵猫、小灵猫、苏门羚、豺、水獭、黑熊、金猫、豹猫、猕猴、鸳鸯、白鹇、乌雕、雕鸮等36种。

戴云山丰富的森林资源，每年可涵养25亿 m^3 的淡水，可减少土壤流失90万t，释放氧气2.43万t，吸收二氧化碳3.37万t，吸尘11.7万t。保护区对福州、泉州乃至周边地区具有非常重要的生态服务价值，其生态战略地位极为重要。

戴云山脉呈东北—西南走向，斜贯福建中部，长约300km，山体挺拔高大，梯次天成，形成独特的天然屏障。夏季利于阻挡台风对北坡地区的袭击，冬季又利于阻挡北向寒流对戴云山东南坡及东南沿海的侵袭，同时，其山体向东南逐渐倾斜，利于东南海洋暖气流的抬升，暖湿气流受山体阻挡上升形成地形雨，使戴云山成为雨量充沛的降雨区，对福建省的气候、植被与工农业生产有着重要的影响。

优越的自然条件，孕育和保存了丰富的野生动植物资源。区内生态系统组成成分复杂，类型丰富，物种繁多，是我国单位面积生物多样性程度最高

长苞铁杉阔叶树混交林

的保护区之一，将成为闽中自然保护区群系的核心，对保护福建省乃至我国的生物多样性具有非常重要的意义。

地质史料表明，台湾地区与中国大陆有着千丝万缕的联系，包括植被类型和分布、动植物区系特征、动植物种类和群落分布等许多方面，有着较高的一致性。而福建省与台湾地区地理位置最近、保持生物区系的植被原生性最好的是戴云山脉，戴云山是我国大陆，特别是西南地区物种过渡到台湾的重要跳板，因此，戴云山自然保护区是研究台湾海峡两岸物种和生物多样性亲缘关系最关键的区域，是海峡两岸生物多样性等学科的研究与交流合作平台，海峡两岸自然保护区建设与交流的桥梁。

◎ **功能区划**

戴云山自然保护区总面积13472.4hm²，其中国有林面积1373.5hm²，全部划入核心区，占土地总面积的10.2%，占核心区面积的24.9%。集体林面积12098.9hm²，占土地总面积的89.8%。保护区的各项工作受到各级领导的关心和社会各界

长苞铁杉幼苗

以及当地群众的大力支持，取得了显著的成效，植被恢复较快，森林覆盖率由建区时的80.6%提高到现在的93.4%；野生植物的原生地和野生动物的栖息地得到恢复，种群数量不断增加；区内溪流径流量不断增加，生态环境逐年改善。

◎ **科研协作**

由于戴云山地理位置特殊，地质地貌独持，气候变化大，生物多样性丰富，长期以来受到有关高等院校、

长苞铁杉林内景

科研机构的著名专家学者的关注。建区以来，先后进行了两次资源普查、一次综合性科学考察、多次资源专题调查，开展多项省市科研课题，在国内外发表多篇学术论文，为保护管理和开发利用奠定了坚实的科技支撑。

（周冬良供稿）

闽江源
国家级自然保护区

福建闽江源国家级自然保护区地处武夷山脉中段的建宁县境内东南部，东至泰宁县界，西至伊家乡兰溪村汪家辅，南至均口镇台田村三洋浆，北至金溪乡高峰村平坑，地跨14个行政村和1个林业采育场。距建宁县城15～30km。地理坐标为东经116°46′～116°59′，北纬26°35′～26°49′。保护区总面积13022hm²，属森林生态系统类型自然保护区，主要保护闽江正源头森林植被、珍稀动植物及伯乐树、南方红豆杉等大面积特有植物群落。2001年批建为省级自然保护区，2006年2月经国务院批准晋升为国家级自然保护区。

◎ 自然概况

闽江源自然保护区内的地貌以高丘和中、低山为主，海拔250～1858m，最高峰白石顶海拔1858m，有王家山（1640m）、宝峰山（1566m）、等比山（1564m）等1500m以上的山峰10余座，大部分山峰山势高峻，多陡坡和尖峭高峰，由于流水切割强烈，多"V"形峡谷和深谷，山地坡度多在30°～45°之间。保护区内具有水稻土、红壤、山地黄壤、山地草甸土、紫色土5个土类、13个亚类、34个土属。从低海拔至高海拔，出现了明显的土壤类型变化现象，即红壤—山地黄红壤—山地黄壤—山地草甸土，主要以红壤为主，局部分布暗红壤、水化红壤。地带性土壤为花岗岩风化发育成的红壤，分布于海拔800m以下，随着海拔的上升，表现出一定的垂直变化，800～1050m为山地黄红壤，1050m以上为山地黄壤，山顶为山地草甸土。靠近宁化的闽江源头山体下部为紫色砂页岩发育而成的紫色土。自然保护区属于中亚热带季风气候区。年平均气温16.7℃，1月份平均气温5.3℃，

伯乐树

7月份平均气温27.1℃，极端最高气温40.3℃，极端最低气温2.8℃。年降水量1880.1mm，年平均日照时数1720.7h，年平均无霜期280天。保护区内的严峰山西南麓海拔950m为闽江的正源头。境内溪流交错，水系发达，

白石顶

柳杉群落

流域范围广。濉溪、楚溪是建宁县两大水系，此外，流域面积50km²以上的流域还有杨林溪、里沙溪、都溪、宁溪、黄坊溪、兰溪、桂阳溪、焦坑溪、井山溪等，总长度达326.8km。区内雨量充沛，水资源丰富，历年平均降水总量68.85亿m³，年平均径流量为16.76亿m³，年平均每平方千米水量为103.86万m³，平均每人占有水量1.17万m³。植被茂密，水土保持较好，河水含沙量少。

闽江源自然保护区所处的建宁县是中央21个苏区县之一、千里闽江正源头、全国生态示范区建设重点县、中国建莲之乡、中国黄花梨之乡。

闽江源自然保护区内有金铙山、石燕岩、报国寺等历史遗迹：金铙山原名大历山，又名太弋山，昔传闽越

王无诸于此校猎，遗失金铙，金铙山因此得名，主峰白石顶东南有仙人池、圣主庙。金铙山被明朝地理学家徐霞客称之为"武夷胜景甲天下，金鲍东南第一窥"，为建宁第一名山。石燕岩为相传明嘉靖十八年（公元1539年）来自燕蓟的大机禅师在此开石径、挖石岩，悬柱架屋而居之处，现岩内有石床、石凳、石室等遗址，有出米石、毛竹、石鼓、石燕岩四奇。报国寺亦名金铙寺，建于五代梁龙德年间（公元921～923年），寺院占地1360m²，为建宁县境内最大寺院，在福建省境内也有一定的影响，有禅房、厅堂64间，

分前后殿，建筑典雅、庄严肃穆，是少有的古代宫殿式建筑。现有佛像35尊，其中最大的释迦牟尼像高5m，民国版《建宁县志》记载，寺内周围原有白莲池、芍圃、虎溪桥、蟾窟井、龙麟松、铁线梅、翠浦涧、白玉峰八景，现仅存虎溪桥、蟾窟井、白玉峰、白莲池四景。区内还有众多的自然景观：百米高的龙潭瀑布、福建省最大的高山平湖黄坪栋水库、造型各异的石林、一手遮天的鹰嘴岩、云雾缭绕的白石顶、终年不枯的仙人池、依山而立的圣主像、连绵起伏的高山草场、珍稀物种柳杉群、红花油茶群。区内位于

福建闽江源三尖杉（周冬良摄）

深山含笑群落

鸳鸯

南方红豆杉林

高峰的红豆杉群是福建最大的红豆杉原始林，这里丛生了100多株红豆杉，最大株胸径136cm。

闽江源自然保护区内有大际面瀑布和千层崖瀑布。大际面瀑布雨季水足，声震数里，溅起飞沫如烟如雾，飘至百米以外，望瀑布似银河泻落，故有"星汉流珠落九天"之句。千层崖瀑布也叫七仙崖瀑布，是一条天然瀑布。远远看去，那瀑布像一条洁白的玉带，搭在几百米高的断崖上，从天而降，使人如入仙境。在保护区周边，每到盛夏有"接天莲叶无穷碧，映日荷花别样红"的胜景。现已在交通便利的均口镇修竹村建起集实验、观光于一体的莲子种植园，名为"荷苑"，在溪口建起了桃梨观光园。

闽江源自然保护区属狭长形的地形，点多面广，管理难度大。针对保护区的特点，采取了一系列有效措施，加大资源保护的力度，确保了森林资源的安全。

◎ 保护价值

闽江源自然保护区主要保护对象为武夷山脉生物区系重要的组分、大面积的伯乐树和南方红豆杉原生种群、独特的森林植物群落（南方红豆杉群落、雷公鹅耳枥群落、福建山樱花群落、深山含笑群落、香果树群落、浙江红山茶群落）、福建闽江正源头森林植被及珍稀濒危生物物种等。保护区内有

鹅掌楸

万亩杜鹃花

枫元桃梨园

维管束植物 228 科 899 属 2268 种，其中国家一级保护的植物有南方红豆杉、伯乐树及历史栽培的银杏共 3 种，国家二级保护植物有粗齿桫椤、针毛桫椤、金毛狗、华东黄杉、福建柏、白豆杉、香榧、鹅掌楸、凹叶厚朴、樟树、天竺桂、闽楠、浙江楠、短萼黄连、莲、金荞麦、绞股蓝、蛛网萼、野大豆、花榈木、红豆树、半枫荷、榉树、毛红椿、伞花木、喜树、香果树共 27 种及钩距虾脊兰、心叶球柄兰、鹤顶兰、细叶石仙桃等 64 种兰科植物；模式标本种有建宁金腰、建宁椴和建宁野鸦椿 3 种。有脊椎动物 35 目 99 科 385 种。其中鱼类资源有 5 目 11 科 47 种；两栖类 2 目 7 科 25 种；陆栖爬行类 2 目 12 科 61 种；鸟类 18 目 48 科 194 种；兽类 8 目 21 科 58 种。国家一级保护野生动物有云豹、豹、黄腹角雉、蟒共 4 种，国家二级保护野生动物猕猴、穿山甲、鬣羚、白鹇、蛇雕、鸳鸯等 38 种，其中鸳鸯种群数量较大，有 300 多只。有昆虫 30 目（含蜱螨亚纲）245 科 1425 种。另已查明有大型真菌 38 科 156 种，微生物资源 18 科 34 属 59 种。

（周冬良供稿）

雷公鹅耳枥群落

南方红豆杉

林间瀑布

格氏栲林

福建 君子峰
国家级自然保护区

福建君子峰国家级自然保护区位于武夷山脉中段东坡余脉，西接建宁县均口乡，北临泰宁县龙安、大布乡及将乐县万全乡，东与三明市三元区、梅列区毗邻，南为明溪县县域，全区共涉及明溪县的枫溪、夏坊、盖洋、沙溪、夏阳5个乡（镇）。地理坐标位于东经 116° 47′ 21″～117° 31′ 22″，北纬26° 19′ 03″～26° 39′ 18″。保护区总面积18060.5hm²，以中亚热带基带原生性常绿阔叶林森林生态系统为重点保护对象，兼顾种质资源和国家重点保护的野生动植物物种保护，属森林生态系统类型自然保护区。2008年1月经国务院批准成立国家级自然保护区。

◎ 自然概况

受澄江运动、加里东运动、印支运动、燕山运动、喜马拉雅旋回的影响，君子峰保护区地质构造上属华南褶皱系闽西北隆起带的南端，处于闽西北隆起带与闽西南凹陷带的交界处。其中君子峰－仙水岩部分属闽西北隆起带浦城－洋源隆起的西南端，均峰山部分属闽西北隆起带松溪－建西凹陷的南端。保护区主要地层和岩石有：前震旦系麻源群第四段变质岩、震旦系吴墩组变质岩、寒武系林田群下段变质岩、泥盆天瓦岽组和桃子坑组浅变质岩、晚侏罗世南园组火山岩、早白垩世石帽山群火山岩、加里东期的片麻状黑云母二长花岗岩、燕山期黑云母花岗岩、花岗岩和钾长花岗岩。

君子峰自然保护区地貌以中低山为主，西部呈东西向长蛇状山脉延绵在明溪西北部边界，东部均峰山部分则呈东北－西南向斜插在明溪东南角。保护区海拔约为 300～1561m。有均峰山(1062m)、仙水岩(1561m)、君子峰(1361m)、鸡形寨(1127m)、

莲花山(1240m)、笋岭(1098m)、凤山岽(1058m)、金岗岽(1105m)等8座1000m以上的山峰。

君子峰自然保护区属中亚热带海洋性季风气候，多年平均气温18.0℃，1月均温7.6℃，7月均温27.0℃，极端最低气温−8.1℃，极端最高气温39.1℃。年日照时数1767.1h。无霜期

260天左右。年降水量1737mm，最高达2200mm，主要集中在春夏雨季。降水天数178天。年蒸发量1374.7mm，年降水量大于年蒸发量。年均相对湿度84%，最小为2月的78%，年均雾日36天。

由花岗岩和片岩发育的红壤是君子峰保护区主要土壤类型。沿海拔梯

度依次分布有红壤、黄红壤和黄壤，800m 以上分布有黄壤或粗骨性黄壤。海拔 600m 以下基本是红壤，土层较厚，表层土壤有机质含量丰富，为常绿阔叶林和针叶林分布区域。

君子峰自然保护区境内水系发育，主要河流有夏坊溪、苎畲溪、城岚溪、夏阳溪 4 条，前 2 条汇合于李沂村后，注入金溪水系，城岚溪由泰宁上华注入金溪水系，而夏阳溪在梓口坊注入沙溪水系，均属闽江上源。夏坊溪有 3 条支流，左出小华山称岩坑溪，中出高畲脊称中新溪，右出与建宁交界的丛山中称高洋溪，三溪在夏坊汇流称夏坊溪。下流经新建，至城下村纳新建溪至鳌坑村，李家坊纳鳌坑溪流至李沂村纳枫溪溪、苎畲溪入盖洋镇全境，全长 35km。枫溪溪源出枫溪乡邓家坪村，流经保护区中溪李沂二村，在保护区境内 26km。苎畲溪源出鳌坑、洋岭、玉阶岭，流经鳌坑、龙坑、苎畲三村入李沂村，全长 22km。

君子峰自然保护区大部分区域位于武夷山脉中段东坡，海拔较低，自然条件优越，生态系统复杂多样，由于历史上在森林保护方面的传统，保存了原生性的中亚热带基带常绿阔叶林森林生态系统和丰富的野生动植物资源。保护区内植被类型有温性针叶林、针阔叶混交林、暖性针叶林、落叶阔叶林、常绿落叶阔叶混交林、常绿阔叶林、竹林、常绿阔叶灌丛和草丛等 9 个植被型 33 个群系 60 个群丛。常绿阔叶林是本区域的地带性植被，闽楠林、苦槠林、甜槠林、米槠林、吊皮锥林、钩栲林、观光木林、江南油杉林、南方红豆杉林等保存较完好。

君子峰自然保护区内已定名的维管束植物 115 目 219 科 1692 种，其中蕨类植物 6 目 39 科 180 种，裸子植物 2 目 7 科 14 种，被子植物 107 目 173 科 1498 种。保护区有丰富的珍稀濒危

双猴守官山（刘运珍摄）

格氏栲林内结构

常绿阔叶林

植物，天然分布的国家一级保护植物有南方红豆杉、银杏、钟萼木3种，国家二级保护植物有粗齿桫椤、金毛狗、福建柏、香榧、鹅掌楸、凹叶厚朴等21种。此外有花叶开唇兰、浙江金线兰、钩距虾脊兰、铁皮石斛、长苞羊耳蒜、细叶石仙桃、小舌唇兰、苞舌兰等35种兰科植物。保护区内经济植物资源非常丰富，有药用植物776种，其中具有抗肿瘤作用的43种，具有增强免疫活性作用的11种，具有重要经济价值的133种，另外有食用植物102种、园林绿化植物173种、鞣料植物37种、油脂植物115余种、芳香植物47种、蜜源植物119种和纤维植物84种。

君子峰自然保护区野生动物资源丰富。已查明脊椎动物有34目100科384种，其中鱼类资源有5目13科49种，两栖类2目7科26种，爬行类3目12科63种，鸟类17目47科197种，兽类8目21科49种。列入国家一级保护动物有蟒蛇、黄腹角雉、白颈长尾雉和豹4种，国家二级保护动物有花鳗鲡、虎纹蛙、鸳鸯、穿山甲、黑熊、苍鹰、雕鸮等34种。保护区还有

巨圆臀大蜓

丰富的昆虫资源，已查明有33目300科2412种。其中昆虫纲29目280科2316种，蛛形纲4目20科96种。此外，保护区内有大型真菌12目39科166种，估计总数量在300种以上。野生食用菌资源十分丰富，有不少是珍稀种类，如灵芝、正红菇、假蜜环菌、梨红菇等，具有较高的经济价值。土壤和树体微生物主要有11目17科68种。其中，芽孢杆菌属链霉菌属是细菌和放线菌的优势属；芽孢杆菌在不同群落中均有广泛分布，其优势种有蜡状芽孢杆菌、巨大芽孢杆菌等；土壤丝状真菌优势属为青霉属、曲霉和木霉属等。植物内生真菌以拟青霉属和枝孢属为优势属。多黏芽孢杆菌和常现青霉等具有重要的经济意义。

黄腹角雉

◎ 保护价值

君子峰自然保护区内的中亚热带基带原生性常绿阔叶林森林生态系统、天然药用植物种质资源、重要经济价值的材用树种种质资源、丰富的昆虫资源、濒危动植物物种和丰富的生物多样性，具有十分重要的保护价值。保护区内植被以原生性森林和自然恢复良好的天然次生林为主，特别在低海拔地带广泛分布着大面积常绿阔叶

江南油杉林

蟒蛇（迟金书摄）

明溪县红豆杉

罗汉松

闽楠林外貌

林，具有多种代表性的天然生态系统和自然景观。自然恢复良好的天然次生林和原生性的珍稀植物群落具有极高的科研价值，对进一步研究我国植物区系的起源、发展和植被的演替均具有重要意义。

◎ 科研协作

君子峰自然保护区建区前后，先后有厦门大学、复旦大学、福建农林大学、福建师范大学、中国科学院动物研究所、中国科学院武汉病毒所、台湾东海大学等单位的专家、学者、大中专学生 800 多人次到保护区从事科学考察、研究、教学实习、观鸟等活动，很好地发挥了保护区作为科研、科教培训和科普基地的功能和作用。

（君子峰自然保护区供稿）

苦槠林林内结构

南方红豆杉林

福建 雄江黄楮林
国家级自然保护区

　　福建雄江黄楮林国家级自然保护区位于福州市闽清县西部，地处戴云山脉东北段和鹫峰山脉西南段、闽江中游的两岸，与南平市延平区和宁德市古田县毗邻。行政区划涉及闽清县雄江、东桥、梅溪、桔林4个乡（镇）和闽清白云山国有林场。地理坐标为东经118°39′～118°52′，北纬26°15′～26°23′。保护区总面积12513.3hm²，属森林生态系统类型自然保护区，主要保护对象为中亚热带南缘基带常绿阔叶林森林生态系统，溪流类湿地生态系统，珍稀濒危野生动植物及栖息地和闽江水源涵养林。1985年经福建省人民政府批准始建，2003年进行了扩建，2012年1月经国务院批准晋升为国家级自然保护区。

水源涵养（黄永辉摄）

◎ 自然概况

　　雄江黄楮林自然保护区属于我国江南古陆的一部分，位于政和－大埔深大断裂以东，属于中生代地堑式构造区，其区域构造线以北东向和北北东向为主，发育着不同期的褶皱和断裂，以深大断裂为主，次级断裂发育。地层以中生代沉积－火山岩为主，局部有第四系残积层与侵入岩，火山岩系地层广泛发育覆盖了大部分地区，各组地层均为不整合接触。

　　雄江黄楮林自然保护区是闽中戴云山脉东北段与鹫峰山脉西南段交接的区域，区内峰峦叠嶂，山岭耸峙，山高谷深，丘陵起伏，山间河谷盆地错落相间，区内海拔10～1136m，闽江自西北向东南斜贯自然保护区，闽江以北为鹫峰山南伸余脉，闽江以南为戴云山北延余脉，南北部中低山地均向闽江方向海拔递减。

黄楮林林相（周冬良摄）

福建青冈（李振基摄）

雄江黄楮林自然保护区处于亚热带海洋性季风气候区，主要特点是温暖湿润，四季分明，无霜期长，雨量充沛，光照充足。年平均气温19.7℃，1月平均气温6～10℃，7月平均气温24～29℃；≥10℃活动积温4353～6391℃，年均日照时数1871.4h。无霜期246～290天。年降水量1400～1900mm，年均蒸发量为1500mm，常年相对湿度为83%。夏季主导风向为东南风，高温多雨同期出现，有利于植物生长。冬季处于蒙古冷高压控制范围的外缘，以北风为主，气候较干寒。灾害性天气主要是由台风造成的暴雨山洪和寒潮带来的冻害。

雄江黄楮林自然保护区的土壤主要由花岗岩、流纹岩和凝灰岩发育而成。林地土壤类型相对单一，仅有铁铝土土纲，湿热铁铝土亚纲，红壤土类。下分红壤、黄红壤2个亚类。区内大部分林地土壤为红壤，长箭山、小人仙附近主要为黄红壤。

雄江黄楮林自然保护区内溪流沟谷纵横、水系发达，流经的主要有闽江、大雄溪、安仁溪、石潭溪、磊溪等，各主要溪流均汇入闽江。区内河床切割较深，流域坡度大，植被茂盛，潜水蒸发量少，地下水基本上以河流排泄为主。

雄江黄楮林自然保护区内植被类型有针阔叶混交林、暖性针叶林、常绿阔叶林、竹林和灌丛等5个植被型、16个群系、45个群丛。据调查统计，保护区内有维管束植物113目236科1660种（含种下单位），有脊椎动物35目98科391种（其中鱼类5目14科54种，两栖类2目7科30种，爬行类2目12科70种，鸟类18目56科193种，兽类8目9科44种），昆虫有33目296科2134种。

雄江黄楮林自然保护区内植被繁茂浓密，群峰耸立，奇花异草，色彩斑斓，处处可见，俯拾即是。该区域处于中亚热带的南缘，是橄榄天然分布的北缘，在汤下沟谷中保存有南亚热带的片段景观。特别是位于保护区西南部的以黄楮（福建青冈）为主的群落，与丝栗栲林等一起成为这一带的优势植被，树干笔直，林冠整齐，层次分明，放眼望去，满目苍翠，郁郁葱葱，层峦叠嶂，逶迤延绵。区内水体清澈，溪流遍布其中，萦回山谷，淙淙涓涓，晶莹剔透，如琵琶慢拨，似古筝轻弹，至情至性。溪畔凝兰积翠，清香阵阵。低山丘陵地貌，沟谷纵横，峰峦叠嶂，流泉飞瀑。峡谷瀑布较多，有百丈际瀑布、阿公潭瀑布、玻璃瀑布，山涧飞瀑千姿百态，优美动人，有的从崖顶倾泻而下，飘飘忽忽；有的从石壁上凌然直下，飘曳腾挪；有的顺着岩壁，直捣湛蓝的水潭；有的从半空中悠悠忽忽下坠，如缕似丝，阳光下似彩虹，轻盈、娇美。温泉位于区内的雄江镇汤下村，温泉水温50～52℃，流量2L/s，604.8t/天，矿化度0.48g/L，总硬度为5.3(纯度)，水质无色无味透明。该温泉水质好，出水量大，具有很高的开发利用价值。

◎ 保护价值

雄江黄楮林自然保护区地势陡峭，相对高差千余米，沟谷溪涧、山脊山坡交错棋布，生态类型复杂多样，孕育和保存了丰富的野生动植物资源。分布有国家一级保护野生动物 2 种，国家二级保护野生动物 35 种；列入 IUCN 红色名录的动物 14 种，列入 CITES 附录的珍稀动物 46 种，列入中国物种红色名录的有 66 种。国家一级保护野生植物 2 种，国家二级保护野生植物 17 种；列入 IUCN 红色名录的植物 9 种，列入 CITES 附录的珍稀植物 31 种，列入中国物种红色名录的种类达 49 种。

雄江黄楮林自然保护区位于中亚热带南缘，为戴云山脉向闽江流域延伸的重要组成部分。保存了以福建青冈群落为代表的中亚热带南缘基带常绿阔叶林，包括福建青冈林、丝栗栲林、南岭栲林、米槠林、甜槠林、闽粤栲林、青冈林、阿丁枫林、细柄阿丁枫林等。尤其是福建青冈林，有 2 个群丛组 5 个群丛，种群结构良好，其中形成连

片分布的最大面积达 200hm²，是全国面积最大、最为典型的福建青冈群落。福建青冈又名黄楮，为中国特有的珍贵用材树种，一般分布在海拔 800m 以下的河谷两侧石质陡坡，其生境介于一般的常绿阔叶林与硬叶林之间。从演替角度看，形成这么大片的福建青冈林是长期演替的结果，是全国保存最好的天然福建青冈林。

雄江黄楮林自然保护区内大雄溪、汤溪、磊溪、石潭溪、观音坑、横溪坑等溪流沟谷水系发达，既有山涧溪流，也有较为宽阔的河流，还有温泉，生境多样，分布有两栖动物 2 目 7 科 30 种、爬行动物 2 目 12 科 70 种。其中：

国家一级保护野生动物 1 种，国家二级保护野生动物 2 种；17 种两栖类和 14 种爬行类属于中国特有种。爬行动物中列为世界自然保护联盟（IUCN）濒危种（EN）的有平胸龟、黄喉拟水龟、乌龟、眼斑龟、四眼斑龟等；两栖动物中列为中国物种红色名录易危种（VU）的有虎纹蛙、棘胸蛙、九龙棘蛙、小棘蛙等，近危种（NT）的有中国瘰螈、大头蛙、福建蛙、竹叶蛙、黑斑蛙等。

雄江黄楮林自然保护区地处戴云山脉东北麓基带的低山丘陵区域，是戴云山脉动物与植物区系的重要补充和重要组成部分，是戴云山脉自然保护区群

福建柏（黄永辉摄）

金毛狗（黄永辉摄）

钟萼木（黄永辉摄）

细柄阿丁枫（李振基摄）

刺桫椤（黄永辉摄）

大型真菌（黄永辉摄）

大型真菌（黄永辉摄）

喜树（黄永辉摄）

网的重要组成部分。戴云山自然保护区保护了戴云山主峰海拔650～2158m的森林生态系统，尤其是福建中部较高海拔的生物多样性。黄楮林自然保护区则保护了戴云山脉东北部海拔10～1136m的区域的生物多样性。在动物区系上，中华鳗鲡、兴凯刺鳑鲏、花尾缨口鳅、中国瘰螈、福建掌突蟾、淡肩角蟾、大头蛙、福建蛙、竹叶蛙、四眼斑龟、原尾蜥虎、凤头鹛鹛、黑颈鹛鹛、赤腹鹰、棕鼯鼠等两栖动物为戴云山自然保护区所未见。在昆虫物种数上，保护区比同处戴云山脉较高海拔的戴云山自然保护区多近500种。在植物区系上，本区与福建戴云山自然保护区十分接近，但闽浙马尾杉、疏叶卷柏、尾叶瘤足蕨、粗毛鳞盖蕨、华东安蕨、狭翅铁角蕨、截头毛蕨、金鹤鳞毛蕨、奇数鳞毛蕨、对马耳蕨、肾叶线蕨、披针叶八角、福建马兜铃、江南细辛、石蝉草、纤细薯蓣、斑唇卷瓣兰、唐竹、钝叶短柱茶、尖萼厚皮香、中华沙参、薄叶粗叶木、线柱苣苔、内折香茶菜、四棱草等在福建戴云山自然保护区都未见。

雄江黄楮林自然保护区位于闽江中游两岸，是闽江干流上唯一的森林

生态系统类型的自然保护区，是省会福州重要的生态屏障。保护区处于闽江流经省会福州和入海的重要关口，良好的森林植被增强了区域天然动态蓄水功能，起到涵蓄水分、调节地表径流、控制土壤侵蚀、改善流域水环境等作用，每年向闽江下游补给大量的优质水，对于改善闽江下游水质、保护区域水安全起到重要作用。茂密的森林植被和丰富的生物多样性在区域气候调节、改善空气质量、减免自然灾害、科普教育、生态旅游等方面都发挥着积极作用。

雄江黄楮林自然保护区对保护鹫峰山脉和戴云山脉北段典型的森林生态系统、濒危和特有的动植物物种，建设绿色海峡西岸生态屏障，涵养闽江中游的水源，都发挥着巨大作用。

◎ **功能区划**

根据主要保护对象空间分布、自然资源与环境状况、地形地貌、人为活动影响程度，雄江黄楮林自然保护区划分为核心区、缓冲区和实验区。

核心区以常绿阔叶林、重要的溪流湿地以及国家重点保护和珍稀濒危的野生动植物物种分布状况为主要划

分依据。黄楮林、边树垱、磊溪、汤溪、长箭山、小人仙、黄泥坑、溪里山等基本上都是常绿阔叶林，分布有特殊科研价值的植物群落，珍稀濒危动植物集中，生态系统保存自然完好、生境优越、生物多样性最为丰富，属于无人居住区，这些区域划为核心区。核心区面积4198.3hm²，占保护区总面积的33.6%。

根据森林植被质量、自然地形、人员接近核心区的难易程度，充分利用地势险要的沟谷、悬崖、河流等形成的天然屏障，在核心区外围划设缓冲区形成有效的保护缓冲地带。缓冲区面积2224.9hm²，占保护区总面积的17.8%。

为了给群众生产生活和经营活动留出一定的发展空间，同时满足开展科研实践、生态科普教育、参观考察的需要，缓冲区界限以外的地带划为实验区，包括生态旅游资源和科普教育资源丰富的青龙沟。实验区面积6090.1hm²，占保护区总面积的48.6%。

◎ **科研协作**

雄江黄楮林自然保护区与厦门大学、福建农林大学、福建省三明真菌研究所等高校科研院所合作，出版了《福建雄江黄楮林自然保护区综合科学考察报告》。在《福建农林大学学报》《浙江林学院学报》《热带亚热带植物学报》《华东森林经理》《福建林业科技》等杂志上公开发表56篇学术论文。与厦门大学环境与生态学院合作，开展自然保护区的生物多样性监测。

（黄永辉供稿）

福建 茫荡山 国家级自然保护区

福建茫荡山国家级自然保护区位于福建省南平市延平区西北部，地处武夷山脉北段向东南延伸的支脉南端，鹫峰山脉的西南支脉，戴云山脉北延支脉玳瑁山的北坡。行政区划涉及大横、茫荡、西芹3个镇、黄墩和四鹤2个办事处及峡阳国营采育场。地理坐标为东经118°02′30″～118°13′30″，北纬26°36′12″～26°47′51″。保护区总面积9442.3hm²，其中核心区面积3016.5hm²，缓冲区面积1050.6hm²，实验区面积5375.2hm²。保护区属森林生态系统类型自然保护区，清道光26年(即1846年)保护区内的岩头村树立了"奉宪严禁"石碑，碑上刻有严禁盗伐、放火烧山等村规民约，以保护森林资源。主要保护对象是杉木原生种群与种质资源、典型的中亚热带沟谷森林生态系统、丰富的珍稀濒危野生动植物资源。保护区始建于1987年，1988年经省政府批准建立省级自然保护区，2013年6月经国务院批准晋升为国家级自然保护区。

◎ 自然概况

茫荡山自然保护区主山体呈东北向西南走向，建溪和富屯溪环绕其缘，地势中部高，向四周倾斜，直逼溪岸。区内海拔1000m以上的山峰有12座，500～1000m山峰30座，主峰曚瞳洋海拔1364m，区内最低海拔136m，相对高差1228m。地貌属于东南丘陵区，可划分为中山、低山和丘陵等3个类型。该地区地质发展历史漫长，地层岩石类型较齐全，成土母岩有变质岩、片麻岩、花岗岩、砂砾岩、泥质岩、闪长岩等。地形以中山高丘为主，多为切削深度大的V型沟谷，部分为低山丘陵和悬崖绝壁，山顶则是广阔平缓的山地剥蚀面。

茫荡山自然保护区属于中亚热带季风气候，常年温暖湿润，水热条件优越，年平均气温19.3℃，极端最高气温41℃，极端最低气温-5.8℃。

天湖

≥10℃年活动积温5700～5900℃，年降水量1616.1mm，50%集中在春季；山高雾多，年蒸发量为1413mm，常年相对湿度78%，无霜期为295.2天。年均日照时数1733.0h，植物生长期达300天。

茫荡山自然保护区位于闽江上游，区内水系发达，溪流众多，呈树枝状分布，多为短小的山沟小溪，主要有

溪源小溪、三千八百坎小溪、石笋坑小溪、石佛小溪、玉地小溪、茂地里村小溪、依朝前山小溪、大坑小溪等8条，以溪源小溪流量最大，流程最长，各小溪汇入闽江支流的建溪和富屯溪。在茂地村海拔800m处有一库容为440万m³的里村水库，流域面积7.5km²，有效库容375万m³，有效灌溉185hm²，发电量1310kW；在大横

村有一库容为127.57万 m³的大横头水库，流域面积27.3km²，有效库容98万 m³，有效灌溉194hm²，发电量110kW。保护区内水质达到国家 I 级地面水标准。

茫荡山自然保护区土壤有红壤、山地黄壤、山地黄红壤、山地草甸土4个亚类14个土属。随海拔高度不同呈现一定变化，红壤一般分布在海拔800m以下山地；在海拔800～1000m之间的山地为红壤向山地黄壤的过渡地带；山地黄壤分布于海拔1000m以上山地；山地草甸土分布在海拔1200m左右的山顶平缓凹地。土壤 pH 值一般在4.2～4.7之间，水肥条件良好。

茫荡山自然保护区植被类型多样，有温性针叶林、暖性针叶林、常绿针阔混交林、落叶阔叶林、常绿阔叶林、硬叶常绿阔叶林、竹林、常绿阔叶灌丛、草甸等9个植被型52个群系192个群丛。包含了我国中亚热带地区大部分的植被类型，具有中亚热带地区植被类型的典型性、多样性和系统性。区内保存有大面积较完好的原生性沟谷森林生态系统，如原生的南岭栲林120hm²，硬壳桂林25hm²，黄枝润楠林70hm²，小叶青冈200hm²等。地带性植被类型为中亚热带常绿阔叶林，有南岭栲林、厚壳桂林、竹柏林、黄枝润楠林等原生性的森林；海拔1000m为一条较窄的针阔混交林带；在海拔1000m以上是黄山松等针叶林，山顶有200hm²中山草甸。

茫荡山自然保护区植物区系上属于泛北极区，中国—日本森林植物亚区，并界于华东地区与华南地区之间，其植物区系发展历史悠久，第三纪以来，受第四纪大陆冰川的影响较小。陆生脊椎动物区系具有我国东洋界和古北界两大界的成分，但以东洋界种类为绝对优势。兽类区系属于中亚热带—南亚热带森林群落过渡地带；鸟类当中，留鸟所占的比例最大，区系和兽类一样，同样具有亚热带特征；两栖爬行动物的区系成分包括华中区和华南区的种类，而且其区系成分更偏向于华中区。鱼类的分布区系属于东洋区华南亚区的浙闽分区，以江河平原鱼类区系复合体和热带平原鱼类区系复合体的种类为多。

茫荡山自然保护区内有维管束植物185科713属1575种，其中蕨类植物35科59属118种，裸子植物9科15属17种，被子植物141科639属1440种。列入国家重点保护的野生植物有21种，其中国家一级保护的有南方红豆杉、四川苏铁、银杏、伯乐树等4种，国家二级保护的有金毛狗、黑桫椤、刺桫椤、樟树、闽楠、花榈木、红豆树、伞花木、香果树、喜树等17种；

茫荡山红河谷

高山杜鹃林

腊嘴雀

短尾鸦雀

列入濒危野生动植物种国际贸易公约（CITES）（2000）附录Ⅱ有金毛狗、四川苏铁、兰花植物等23种，省级重点保护的有茫荡山润楠、青钱柳、乐东拟单性木兰、福建青冈、沉水樟、福建酸竹、细柄半枫荷等23种。植物模式标本有33种。

茫荡山自然保护区动物地区区划上属于东洋界华中区东部丘陵平原亚区，区内动物资源丰富，有野生脊椎动物37目104科453种，其中哺乳动物8目20科58种，鸟类18目47科207种，爬行类3目12科70种，两栖类2目8科31种，鱼类6目17科87种。无脊椎动物仅昆虫（含蛛形纲蜱螨亚纲）就有32目267科2039种。列入国家重点保护的野生动物50种，其中国家一级保护的有云豹、金钱豹、黑麂、黄腹角雉、白颈长尾雉、蟒蛇、金斑喙凤蝶等7种、国家二级保护的有穿山甲、猕猴、水獭、大灵猫、鬣羚、松雀鹰、蛇雕、白鹇、花鳗鲡等43种。属IUCN物种11种，CITES附录物种54种。《国家保护的有益的或者有重要经济、科学研究价值的陆生野生动物》261种。有大型真菌42科159种，

微生物17科31属61种。昆虫模式标本36种，鱼类模式标本1种。

◎ 保护价值

茫荡山自然保护区主要保护对象是杉木原生种群与种质资源、典型的中亚热带沟谷森林生态系统、丰富的珍稀濒危野生动植物资源。

茫荡山地质地貌独特，受到了国内外的地质学与古生物学专家的重视，1997年全国区域地质调查着重调查了茫荡山的区域构造，表明这里早侏罗世梨山组地层以滑脱断层与前中生代地层接触，是代表性的区域构造之一（地矿部地质调查局区域地质调查测绘处，1998），2000年8月，参加第六届古植物学大会的美国、日本、德国、英国等十个国家的专家代表选择茫荡山进行了考察，对茫荡山的古生物资源给予了高度评价。

福建茫荡山独特的地理位置和自然环境，孕育了丰富的物种多样性，是著名的模式标本产地，长期以来受到了有关高等院校、科研机构和许多著名专家学者的关注。近百年来，S.T. Dunn（英国）、钟心煊、林镕、

何景等许多中外植物学家都曾涉足茫荡山采集标本，如S.T. Dunn(1908, 1910)根据其1905在茫荡山所采集的标本，先后发表了福建柏、深山含笑、野含笑、凤凰润楠、管花马兜铃、烟色岩荠、滑皮石栎、长叶猕猴桃、小叶猕猴桃、清风藤猕猴桃、灰背清风藤、福建假卫矛、长柄紫珠等10余个新种；F.P.Metcalf(1931, 1932)、E.D.Merrill(1934)、C.Chr等(1938)、秦仁昌(1981, 1986)、谭沛祥(1982, 1983)、朱政德等(1984)、郑清芳(1984, 1986)等先后发表了倒叶瘤足蕨、南平毛蕨、福建复叶耳蕨、南平鳞毛蕨、黄枝润楠、茫荡山润楠、福建青冈、南平过路黄、延平柿、福建冬青、毛脉葡萄、闽赣葡萄、南平杜鹃、长条杜鹃、南平矮竹、南平茶秆竹、短毛熊巴掌、大萼两广黄瑞木、小紫果槭、福建报春等33个新种。此外昆虫学家还发表了昆虫模式标本36种，发表鱼类模式标本1种。

茫荡山自然保护区复杂多样的生态环境，成为众多濒危动植物良好的避难所，是研究森林生态系统的演替、古生物的进化、物种的形成、孑遗植

白鹇

灰胸竹鸡

白鹭喂食

物的适应机制的良好场所。区内保存有大片处于原始状态，类型多样的沟谷森林生态系统，是国内外生物学家、生态学家关注的生物多样性关键区域。对于研究全球气候变化、生物多样性、生态系统演变等具有重要意义。

茫荡山自然保护区所处的延平区是我国杉木最主要的中心产区之一，保护区内分布有处于良好更新状态的原生杉木种群 32km²，群落外貌整齐，为研究杉木遗传和种质资源的开发利用提供了良好基础。

茫荡山自然保护区位于闽江上游，由于森林覆盖率高，涵养水源作用较强，为水口电站（装机容量 140 万 kW）和沙溪口电站（装机容量 30 万 kW）带来了大量的水力，对库区生态安全起着直接作用；此外，保护区位于闽江上游重要的生态功能区域，此区域的有效保护使得下游的水口库区有了可靠的水源保障，减少泥沙沉积和洪涝灾害风险，对于保障华东电网及南平市、福州市、闽清县、闽侯县等闽江下游数百万人的饮水安全、水患安全和生活质量具有重要不可估量的生态价值。

茫荡山自然保护区是重要的科普教育基地，长期以来作为福建农林大学、南平市中小学的教学基地，对公众了解自然、增强保护环境意识发挥了积极的作用。

◎ 科研协作

茫荡山自然保护区长期以来受到有关高等院校、科研机构和许多著名专家学者的关注。近百年来，中外许多动植物学家都曾涉足茫荡山采集标本，如英国植物学家 S.T.Dunn 1905 年到南平，在茫荡山采集发现十余个新种。新中国成立钟心煊、林镕、何景等专家先后到茫荡山开展研究工作。经过多年调查，保护区共采集发表模式标本 70 种，其中植物 33 种、昆虫 36 种、鱼类 1 种。

茫荡山自然保护区一直是福建农林大学、福建林业学院的教学与科研基地。在俞新妥先生的领导下，洪伟、林思祖、杨玉盛、林开敏等先后对茫荡山及周边杉木林地进行了土壤肥力、土壤物理性质、土壤生物系统活性、林学计量、经营模式、混农林业、生产力、生态效益、伴生树种等一系列研究，俞新妥先生先后出版了《杉木》（1982 年）《杉木栽培学》（1997）、杨玉盛出版了《杉木可持续经营的研究》（1998）、课题组成员先后发表了"杉木连栽林地土壤化学特性及土壤肥力的研究"（1989）、"混交造林与人工林的持续速生丰产"（1992）等论文几十篇。

1989 年以来，茫荡山自然保护区先后与厦门大学、福建农林大学等高校科研机构合作开展了茫荡山自然保护区资源本底调查、昆虫资源与病害调查、植物资源调查、经营方案、综合科学考察、总体规划等项目。正在进行的课题和项目有：杉木原生种群与种质资源的研究、南岭栲沟谷森林生态系统结构与功能的研究、福建酸竹的种群生态学研究、森林生态系统结构与功能研究、茫荡山保护区生物多样性研究等，对野生长序榆、桫椤等进行异地野外繁育，源自茫荡山的香水百合已成为著名的花卉品牌。

（黄清山供稿）

福建 闽江河口湿地
国家级自然保护区

福建闽江河口湿地国家级自然保护区地处长乐市东北部，闽江入海口南侧，东到闽江入海口与长乐海蚌资源增殖保护区连接；西临马山旧炮台与琅岐桥相望；南靠马山旧炮台外、五门闸堤坝外连接线及五门闸与三门闸堤坝外的鳝鱼滩滩涂，与长乐闽江河口国家湿地公园毗邻；北接马尾琅岐河口水域。行政区域范围涉及潭头、文岭、梅花3个镇12个行政村。地理坐标为东经119°36′27.8″～119°41′15.1″，北纬26°01′07.8″～26°03′39.3″。保护区总面积2100hm²，是以保护中华凤头燕鸥、勺嘴鹬、黑脸琵鹭等珍稀濒危野生动物物种、丰富的水鸟资源和滨海湿地生态系统为主的野生动物类型自然保护区。保护区始建于2001年，2007年经省政府批准建立福建长乐闽江河口湿地省级自然保护区，2013年6月经国务院批准晋升为国家级自然保护区。

卷羽鹈鹕（王吉衣摄）

◎ 自然概况

闽江河口湿地自然保护区地处中亚热带和南亚热带过渡区的滨海湿地，具典型的中、南亚热带过渡区滨海湿地生态系统。

闽江河口湿地自然保护区的地层属第四系的全新统长乐组，又分为长乐组海积层，厚4～63.3m，组成海滩和海积平原，岩性以灰暗色淤泥和粉沙质淤泥为主，夹砂质黏土、砂砾卵石、泥炭、贝壳碎石等。

闽江河口湿地自然保护区以河口浅滩为主，由鳝鱼滩和周边潮间带、河口水域组成，是闽江河流自上游搬运来的泥沙在梅花水道中淤积而形成的河口浅滩。保护区湿地类型丰富，包括河口水域、潮间带沙滩、潮间带泥滩、潮间带盐沼、红树林沼泽、岛屿、河口三角洲等类型，其中潮间带泥滩面积最大。保护区土壤主要分布有潮土、风沙土、盐土等土类。地带母质

（何川摄）

为第四纪残积物质和沉积物质，由古老冲积物、近代河流冲积、海积和风积形成。

闽江河口湿地自然保护区属南亚热带海洋性季风气候区，暖热湿润，几乎无冬，光、热、水条件优越。

年平均气温19.3℃，极端最高气温37.4℃，极端最低气温−1.3℃。最热月为8月，平均气温为24～27.6℃；最冷月为1月，平均气温为6～10℃。年均日照时数4400h。年平均降水量1382.3mm，主要集中于5～6

勺嘴鹬（陈林摄）

野鸭漫天飞舞（高川摄）

月份的梅雨季，占全年降水的25%～34%。年平均风速4.1m/s，秋冬季节多偏北风，春夏多偏南风。台风次数平均每年达5次左右。

鳝鱼滩及附近浅滩分布区是福建省"十大浪区"之一，终年多为大风，大部分时间刮"向岸风"（北东向风和北北东向风）。鳝鱼滩所在地区的闽江河口呈喇叭状，具备了风暴潮增水的良好条件。自然保护区潮汐基本上为正规半日潮，涨落潮历时基本相等，比值为1:1.15。多年平均高潮位可达6.03m，在梅花附近历年最高水位达7.00m。闽江梅花水道径流量和潮汐进潮量占自然保护区湿地来水的99%以上，内河出水口水量不足自然保护区湿地来水的1%。近年来闽江地表水质达Ⅲ类以上，闽江河口海水水质达到Ⅱ类标准，水质状况总体良好。

闽江河口湿地自然保护区有潮间淤泥海滩1322.5hm²，潮间沙石海滩505.6hm²，潮间盐水沼泽217.0hm²，红树林沼泽15.7hm²，河口水域1.9hm²，沙岛37.3hm²。

◎ 保护价值

闽江河口湿地自然保护区是以保护中华凤头燕鸥、勺嘴鹬、黑脸琵鹭等珍稀濒危野生动物物种、丰富的水鸟资源和滨海湿地生态系统为主的野生动物类型自然保护区。

闽江河口湿地自然保护区位于中亚热带和南亚热带过渡区，处于闽江流域下游河口区，地处东亚—澳大利西亚候鸟迁徙通道的中间驿站，地理位置独特，气候暖热湿润，雨量充沛，水域面积宽广，具有得天独厚的生态优势，是候鸟理想的栖息乐园。

闽江河口湿地自然保护区有潮间淤泥海滩、潮间沙石海滩、潮间盐水沼泽、沙岛、红树林沼泽、水产养殖场、河口水域等7种湿地型。自然保护区在植物地理上属冷北极植物区系与古热带植物区系的过渡带，处于中国—日本森林植物亚区的华南地区。植被类型有滨海盐沼、滨海沙生植被、红树林3个植被型，秋茄群落、木麻黄群落、厚藤群落、苦郎树群落、铺地黍群落、中华结缕草群落、芦苇群落、短叶茳芏群落、蘮草群落、互花米草群落等14个群系。有维管束植物53科116属141种。

闽江河口湿地自然保护区野生动物资源丰富，动物地理区系属于东洋界华南区闽广沿海亚区闽沿海地带海滨亚带，有脊椎野生动物5纲41目111科395种，其中湿地脊椎动物共276种（包括水生哺乳动物3种、水鸟152种、水生爬行动物7种、两栖动物3种以及鱼类111种）。由于地处东亚—澳大利西亚候鸟迁徙通道的中间地带，水鸟资源异常丰富，是福建省水鸟种类和数量最为集中分布的区域之一，有水鸟9目24科152种，占全省水鸟总种数的80.4%，在此迁徙停歇的水鸟数量超过5万只。

闽江河口湿地自然保护区珍稀动物种类多，有国家重点保护野生动物有54种，其中国家一级保护野生动物有中华白海豚、中华鲟、中华秋沙鸭、白肩雕、遗鸥5种，国家二级保护野生动物有黑嘴端凤头燕鸥、黑脸琵鹭等49种；属于《濒危野生动植物种国际贸易公约》（CEITS，2010）附录有19种，其中附录Ⅰ有13种，附录Ⅱ有6种；世界自然保护联盟（IUCN，2008）名单中有21种，其中极危物种（CR）3种，濒危物种（EN）11种，易危种（VU）7种；《中国濒危动物红皮书》名单中有28种，其中濒危物种（EN）6种，易危种（VU）12种，稀有种（R）10种；属双边国际性协定保护的候鸟有156种，其中《中日

鸻鹬群飞（余希摄）

黑脸琵鹭（陈林摄）

中华凤头燕鸥（陈林摄）

小天鹅（陈林摄）

保护候鸟及其栖息环境的协定》中的候鸟保护种类 142 种，占中日保护候鸟总数的 62.5%；《中澳保护候鸟及其栖息环境的协定》中的种类有 56 种，占中澳候鸟保护总数的 66.7%。此外，尚有福建省重点保护动物 44 种。自然保护区水生生物资源也非常丰富，有水生无脊椎动物 553 种，底栖动物和潮间带生物 268 种，浮游植物 147 种，浮游动物 116 种，游泳动物 22 种（不含鱼类 111 种）。

闽江河口湿地自然保护区自然环境优越，为湿地野生动物特别是水鸟的繁衍提供了丰富的食物和理想的栖息场所，是黑嘴端凤头燕鸥、粉红燕鸥等燕鸥类重要繁殖区，是黑嘴端凤头燕鸥、勺嘴鹬、黑脸琵鹭、卷羽鹈鹕、东方白鹳、遗鸥等国家重点保护、易危、濒危或极度濒危物种集中分布区。

闽江河口湿地自然保护区多项指标达到国际重要湿地的标准：①保护区地理位置优越，属近自然湿地，位于东亚—澳大利西亚候鸟迁徙通道的中间地带，保护区的鳝鱼滩是福建省最优良的河口三角洲湿地，是亚热带地区典型的河口湿地，在东洋界华南区具有重要的代表性。湿地生态系统具有一定的代表性和典型性，达到国际重要湿地标准 1。②保护区支持着众多易危、濒危或极度濒危物种，达到国际重要湿地标准 2。③保护区常年维持黑嘴端凤头燕鸥、勺嘴鹬、黑脸琵鹭、鸿雁、黑嘴鸥、粉红燕鸥、普通燕鸥、大凤头燕鸥、灰斑鸻、环颈鸻、蒙古沙鸻、白腰杓鹬、斑尾塍鹬、红脚鹬、青脚鹬、红颈滨鹬、三趾滨鹬、卷羽鹈鹕等 18 个物种水鸟的数量超过全球种群数量的 1%，达到国际重要湿地标准 6。④保护区是中华鲟的栖息地，其

他鱼类的重要食物基地、洄游鱼类依赖的产卵场、育幼场和洄游路线，达到国际重要湿地标准 8。

闽江河口湿地自然保护区内有着独特的地貌、复杂的生境、典型的河口湿地、丰富的湿地资源和野生动植物资源，特别有众多的珍稀濒危野生动物和丰富的水鸟资源，感染力极强，还具有丰富的自然景观资源，包括生物景观、水域景观和气象景观资源等，是物种保护、科学研究、宣传教育及生态旅游的理想场所。自然保护区的建设，为研究大陆与台湾生物资源的相互关系、发展闽台两岸在保护生态环境和生物多样性方面的交流合作提供了重要平台。闽江河口湿地是福建省重点生态建设区域和福州的重要生态屏障，在区域气候调节、净化水质、缓解海水倒灌等方面都发挥着重要作用，对于维护福州生态平衡、保障福州生态安全、建设宜居生态城市具有重要的战略意义。2012 年 11 月，中国野生动物保护协会授予长乐市人民政府"中国中华凤头燕鸥"荣誉称号。2013 年闽江河口湿地荣膺"中国十大魅力湿地"称号。

◎ 功能区划

结合自然保护区的实际，闽江河口湿地自然保护区功能区划为核心区、缓冲区和实验区 3 个功能区。将国家和省重点保护的珍稀濒危动物、水鸟的集中分布地和原生性或半原生性的湿地生态系统划为核心区。核心

湿地植被（余希摄）

湿地植被（余希摄）

湿地植被（余希摄）

区北侧为河口水域，具有较好的自然隔离条件，核心区面积877.2hm²，占总面积的41.8%。缓冲区南侧以鳝鱼滩槽沟为界，有效防控核心区受到人为活动的影响和干扰。缓冲区面积348.1hm²，占总面积的16.6%。除核心区和缓冲区之外的区域为实验区，实验区面积为874.7hm²，占总面积的41.6%。

◎ 科研协作

闽江河口湿地独特的地理位置和丰富的生物多样性，受到国内外众多科研院所、保护组织的极大关注。保护区通过不断开展的闽港台两岸三地以及与国内知名院所的合作交流，进一步提升了科研能力、国内外知名度和综合能力。一是建立了闽江河口湿地院士工作站。2010年，聘请中国科学院刘兴土院士为自然保护区学术顾问，并建立了院士工作站。刘兴土院士研究团队开展了"闽江河口湿地保护与社区经济发展的关系研究""闽江河口湿地生态系统监测技术体系研究""温室气体排放和碳氮生物地理化学循环的研究"等课题研究，同时多次指导、培训管理处技术人员，极大提升了自然保护区湿地保护科学水平。二是与福建师范大学地理科学学院共建教学基地。2010年以来共建了"国家地理学人才培养闽江河口湿地创新实习基地""湿润亚热带生态地理过程教育部重点实验室闽江河口湿

地观测站"和"福建闽江河口湿地生态定位观测研究站"，极大地提高保护区的教学平台、科研设施与团队科研能力。三是实施与香港米埔自然保护区的保育合作。2012年11月，世界自然基金会香港分会（香港米埔自然保护区）与自然保护区正式启动了为期5年的闽江河口湿地保育合作项目。项目将通过能力建设，管理计划的制订以及生境恢复来保护生物多样性以及通过可持续发展教育项目（ESD）来提高保育意识，促进闽江河口湿地科学管理与可持续发展。四是开启海峡两岸生态保护交流合作。保护区分别于2008年、2011年承办第五届、第七

届闽港台湿地与水鸟学术研讨会，邀请两岸三地众多专家学者前来参会研讨；2008年来与台湾马祖、福建省观鸟会协同开展中华凤头燕鸥同步监测与调查，为保护这一极危物种提供基础依据，开启海峡两岸生态保护工作。在《中国环境》《湿地科学》《湿地科学与管理》《台湾海峡》等杂志上发表论文50多篇。已出版《湿地与水鸟》《滨海湿地旅游资源开发》等专著，完成了保护区综合科学考察报告。

（张丽烟供稿）

黑腹滨鹬（朱荔潮摄）

福建 汀江源 国家级自然保护区

福建汀江源国家级自然保护区位于福建省长汀县境内。地理坐标为东经116°02′02″～116°30′08″，北纬25°35′12″～26°01′31″，包括圭龙山片（1555.2hm²）、中磺片（1280.6hm²）和大悲山片（7543.9hm²），总保护面积10379.7hm²。涉及四都镇、铁长乡、庵杰乡、古城镇、新桥镇5个乡（镇）的15个行政村，区内现有常住人口1460人。其中核心区面积3134.6hm²，占保护区面积的30.2%，缓冲区面积1087.6hm²，占保护区面积的10.5%，实验区面积6157.5hm²，占保护区面积的59.3%。保护区森林覆盖率达93.1%，属森林生态系统类型自然保护区，主要保护对象为原生性的中亚热带常绿阔叶林生态系统、典型的中亚热带溪流生态系统、丰富的大型真菌资源、汀江源头重要水源涵养林。2014年12月经国务院批准晋升为国家级自然保护区。

金线兰（林沁文摄）

◎ 自然概况

汀江源自然保护区地貌以中山和低山为主，相对高差近800m，成土母岩主要有变质岩、酸性花岗岩、玄武岩等。

汀江源自然保护区属中亚热带季风气候，是海洋气候与大陆气候的过渡地带，气候温和，雨量充沛，阳光充足。区内密布中亚热带常绿阔叶林，形成特有的小气候，具有温差小、降水多、湿度大、水热条件优越的特点，极适宜各类森林植物的生长。据多年气候观测资料，年平均气温16.8℃，1月平均气温5.8℃，7月平均气温16.8℃，极端最高气温35.6℃，极端最低气温−4.5℃，全年日照时数1942h，平均霜期105天，海拔1000m以上几乎年年都有降雪，年降水量1750mm，年均蒸发量1400mm，常年相对湿度在80%以上。

汀江源自然保护区位于中亚热带，地带性土壤为红壤，土层和腐殖质层厚。圭龙山片区土壤以红壤为主，中磺片区发育的土壤为红壤，大悲山片区主要土壤为黄壤。在海拔1100m以上分布有少量山地草甸土。

汀江源自然保护区位于汀江上游，区内水系发育，溪流众多，一般呈树枝状分布。主要有6条溪流均最终汇入汀江。汀江是福建省第四大河流，也是长汀县最大的水系。汀江上游从庵杰乡涵前村龙门至河田镇上修坊大桥河流水域为汀江大刺鳅国家级水产种质资源保护区。

汀江源自然保护区内有维管束植物资源116目226科1361种。其中蕨类植物7目37科124种；裸子植物2目8科13种；被子植物107目181科1224种。

汀江源自然保护区内经济植物资源非常丰富，有药用植物587种，具有重要经济价值的材用植物有108种，另外有园林绿化植物154种、食用植物94种、鞣料植物53种、油料植物92种、香料植物58种、蜜源植物105种、纤维植物72种。

汀江源自然保护区内有脊椎动物36目105科393种。其中鱼类资源有5目13科58种，占福建省鱼类总种数的29.17%；两栖动物2目7科26种，占福建省两栖动物总种数的56.52%；爬行动物3目12科63种，占福建省爬行动物总种数的51.22%；鸟类18目53科200种，占福建省鸟类总种数的39.68%；哺乳动物8目20科46种，占福建省哺乳动物总种数的35.39%。

另外，汀江源自然保护区内有大型真菌资源16目49科288种。

汀江源自然保护区内具备丰富自然景观资源，圭龙山片区内圭龙山被誉为"神仙之府"，以山险峻、石怪奇、云雾多、神祇灵而享誉闽赣。圭龙山庙内供奉罗公祖师即明代著名地图学家罗洪先，五百年来香火传续至今。中磺片区山高林密，是著名的红色摇篮，红军游击队练兵场保存至今，大悲山片区内八宝山峻峰寺为闽西佛

黑锥林群（朱裕森摄）

钟萼木（朱裕森摄）

教复兴之地，汀江龙门亦在此地，近年当地开发了汀江漂流等项目，以险、闲、急享誉闽西。

◎ 保护价值

汀江源自然保护区内有丰富的珍稀濒危植物。其中国家一级保护野生植物有南方红豆杉、伯乐树及历史栽培的银杏等 3 种；国家二级保护野生植物有金毛狗、福建柏、樟树、闽楠、浙江楠、金荞麦、短萼黄连、大叶榉树、伞花木、山豆根、野大豆、花榈木、红豆树、喜树、香果树等 15 种，有细茎石斛、石斛等野生兰科植物 39 种，有银钟花、刨花润楠等福建省重点保护珍贵树木 6 种。

汀江源自然保护区野生脊椎动物中有国家一级保护野生动物 3 种，国家二级保护野生动物 36 种，中国特有种 29 种，列入 CITES 附录 I 4 种，

CITES 附录 II 35 种，IUCN 11 种。在鱼类中，长汀拟腹吸鳅为长汀地方特色品种，大刺鳅为福建省重点保护野生动物。在两栖动物中虎纹蛙属于国家二级保护野生动物，且被列入 CITES 附录 II，此外还有 16 种为中国特有种在爬行动物中蟒蛇属于国家一级保护野生动物，有 12 种为中国特有种，平胸龟、蟒蛇、滑鼠蛇、舟山眼镜蛇、眼镜王蛇被列入 CITES 附录 II。在鸟类中，属于国家一级保护野生动物有白颈长尾雉，国家二级保护野生动物 27 种；属于 IUCN 名单中的易危种（VU）有白颈长尾雉；列入 CITES 附录 I 的有 2 种（游隼和白颈长尾雉），列入附录 II 的有 24 种；属于《中日保护候鸟及其栖息环境的协定》保护的有 42 种，《中澳保护候鸟及其栖息环境的协定》保护的有 10 种。在哺乳动物中，保护区内新发现有国家一级保

伞花木（林沁文摄）

湖北百合（林木木摄）

福建柏（丘嘉瑞摄）

孔雀（胡晓钢摄）

穿山甲（丘嘉瑞摄）

护动物云豹活动，国家二级保护野生动物有水鹿、穿山甲、大灵猫、小灵猫等8种；小鹿属于中国特有种。区内有IUCN名单中的易危种（VU）鬣羚，属于CITES附录Ⅰ的有金猫和鬣羚，属于附录Ⅱ的有4种。

◎ 功能区划

以《福建汀江源自然保护区综合科学考察报告》为主要依据，通过实地调查进一步了解自然保护区的自然资源与环境状况、保护对象的空间分布、自然保护区的地形地貌、人为活动的影响程度，按照自然保护区功能区划原则，将自然保护区区划为核心区、缓冲区和实验区。

核心区总面积3134.6hm²，占保护区总面积的30.2%。其中圭龙山片核心区面积613.2hm²，主要保护福建重点保护的珍稀物种，如闽楠、凹叶厚朴、吊皮锥等树种和重点保护野生动物眼镜蛇、穿山甲、鬣羚等。中磺片核心区面积634.0hm²，主要保护成片原生黑锥林以及水鹿等重点保护野生动物。大悲山片核心区面积1887.4hm²，主要保护汀江源头水源涵养林，恢复大悲山顶脆弱的植被和生态系统以及珍稀树种长序榆、南方红豆杉、短萼黄连等。

缓冲区以防止和减少核心区受到外界的影响和干扰为重点，根据森林植被的质量、自然地形、村民的多少等实际情况，在核心区外围，以山

红寮万团（朱裕森摄）

脊、林班、小班界为界，集中连片，划出缓冲区，形成保护缓冲地带，防止和减少核心区受到外界的影响和干扰。汀江源自然保护区缓冲区面积1087.6hm²，占保护区总面积的10.5%。其中圭龙山片333.6hm²，中磺片97.4hm²，大悲山片656.6hm²。

汀江源自然保护区除了核心区、缓冲区以外的区域均为实验区，实验区面积为6157.5hm²，占保护区总面积的59.3%。其中圭龙山片

608.4hm²，中磺片549.2hm²，大悲山片4999.9hm²。

◎ 科研协作

汀江源自然保护区多年来坚持走林、科、教一体，产、学、研结合的路子，同厦门大学、福建农林大学、福建师范大学、南昌大学等高等院校合作，开展了二次系统的科学调查，取得了丰硕的成果，编写形成了《福建汀江源自然保护区综合科学考察报告》，

完成了福建第二次珍稀野生植物资源调查。在中磺片区与福建农林大学合作建设国家林业局福建长汀红壤丘陵生态系统定位观测研究站，将长汀县的生态建设主动融入到绿色海峡西岸经济区的建设中。与上海辰山植物园、江西庐山植物园、福建厦门植物园多次合作开展专题研究。保护区亦组织自身的科研力量，开展长时间不间断的综合考察，相继在区内新发现了罗公竹、三脉蜂斗草等植物模式标本种，水鹿、云豹等区内新分布国家重点保护动物。

汀江源自然保护区所在的区位为武夷山脉中南段西坡，西临江西赣江源国家级自然保护区，下连福建汀江大刺鳅国家级种质资源保护区，其建设将可以为武夷山脉自然保护区群网建设、武夷山脉中南段自然资源保护作出重要贡献。这里是汀江源头流域，对下游的水源涵养也具有重要意义。同时，汀江源自然保护区的周边是河田、三洲南方丘陵生态恢复区，经过十年的生态恢复建设，已卓有成效，因此，保护区的建设也将对扩大和巩固水土保持成果作出重要贡献。有利于发挥生态文明建设在整个汀江流域和客家传统文化区域的辐射作用。

（林沁文供稿）

红寮阔叶林（朱裕森摄）

鄱阳湖南矶湿地
国家级自然保护区

江西鄱阳湖南矶湿地国家级自然保护区是生态系统类别湿地生态类型自然保护区，位于鄱阳湖主湖区的南部，处在赣江北支、中支和南支三大支流汇入鄱阳湖开放水域冲积形成的三角洲前缘。地理坐标为东经116°10′～116°24′，北纬28°52′～29°07′。保护区总面积为33300hm²，主要保护赣江口湿地生态系统，包括重要的水禽、鱼类等资源。保护区于1997年经江西省人民政府批准为省级自然保护区，2008年1月经国务院批准晋升为国家级自然保护区，隶属于南昌市林业局。

白鹤

白鹤

◎ 自然概况

鄱阳湖南矶湿地自然保护区内所在区域地质构造复杂，具有长期、多阶段的演化过程。东西向构造、华夏系构造和新华夏系构造构成了本区构造的基本骨架。

鄱阳湖南矶湿地自然保护区在鄱阳湖区地貌类型中属水域范围，其地貌状态为湖泊和岛屿。保护区的湖泊地貌根据高程差异范围可分为3个亚类，16～18m高程范围内为河口三角洲，14～16m为湖湾，小于13.6m为湖底平原。

鄱阳湖南矶湿地自然保护区属亚热带暖湿型季风气候，热量丰富，雨量充沛，无霜期长，四季分明。区内最低气温1.5℃，最高气温38℃，多年平均气温17.3℃，年均降水量1358～1823mm。

鄱阳湖南矶湿地自然保护区内土壤类型主要为草甸土、草甸沼泽土和水下沉积物，成土母质为近代河湖冲积、沉积物等母质组成的湿地区域成土母质。

受鄱阳湖季节性水文变化的影响，保护区在洪水季节和枯水季节景观差异极大。水环境状况良好，绝大多数监测指标达到国家Ⅱ类水质标准。

鄱阳湖南矶湿地自然保护区水位主要受鄱阳湖水系来水和长江水位的双重影响，出现年内和年际间的变化，水位变幅显著。保护区多年最高水位22.43～22.57m，最低水位9.59～11.02m。

鄱阳湖南矶湿地自然保护区植被类型有水生植被、湿生植被、湖滨高滩地草甸植被、丘陵岗地植被、沙洲植被、人工植被6个植被类型，52个群丛。

鄱阳湖南矶湿地自然保护区拥有丰富的野生动植物资源。有维管束植物115科304属443种，水生植物156种，其中蕨类植物11科11属12种，裸子植物5科10属11种，被子植物99科283属420种；动物资源有浮游生物111种；底栖动物230种，其中淡水贝类56种，水生昆虫168种；脊椎动物319种，鱼类58种，鸟类205种，两栖动物11种，爬行动物23种，哺乳动物22种，保护区有31种国家重点保护野生动物。

南矶山乡地广人稀，居民人口只有4800人，人口密度仅为13.5人/km²，每年外出务工者达1000余人，本地居民基本以农、渔业为生，未建一个工厂，受人类社会经济活动影响较少。太子河的天然阻隔，使南矶山成为相对封

夕阳水鸟

闭的一块近城郊湖区湿地绿洲，周边枯水期浅湖泊又提供了丰富的鸟类食物，由此自然成为对人类活动最为敏感的候鸟集中栖息地，也为观鸟生态游奠定了良好的环境基础。冬季湖滩上有数十万亩的草洲，蓝天白云下，鹤、雁争翔，风吹草低，一望无垠，堪称"江南第一草原"，草甸、沼泽、湖泊等

棕背伯劳

草甸水鸟

水雉

共同组成了典型的高品质湖泊湿地景
观，成为难得的优秀生态旅游资源。
南矶山地区秀丽的湖滨风光、深厚的
文化积淀、悠闲舒缓的生活节奏以及
天人合一、人鸟共居的生存和谐均为
湖区观鸟生态游活动的丰富增添了新
的光彩。

◎ 保护价值

　　鄱阳湖南矶湿地自然保护区是全
球同纬度地区保存最好最完整的湿地
生态系统。高度自然的湿地生境、丰
富的生物多样性是珍稀的洄游鱼类繁
殖地和珍稀濒危候鸟越冬地和停歇地；
同时又是鄱阳湖的分洪、蓄滞洪区，
是经济鱼类的重要产卵和育肥场所、
洄游型鱼类的索饵场所和洄游通道、
长江中下游地区洄游型鱼类的重要栖
息地甚至最后的避难所。区内湿地降
解了上游下来的工业生活污水，保护

白头鹤

白鹤与白枕鹤

水上人家

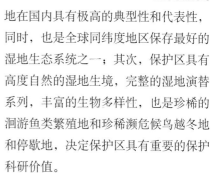

了鄱阳湖的生态环境，此外湿地风景也吸引了大量的国内外游客。综上所述，保护区在经济生态、科学研究、文化教育、旅游服务、生物多样性等方面具有巨大直接的或间接的价值。

（1）保护、科研价值：保护区位于全国最大的内陆河口三角洲－赣江三角洲前缘，作为河、湖相连的水陆过渡地带，是鄱阳湖地区发育最为完好的河口三角洲湿地，人为干扰极少，此类湿地在国内具有极高的典型性和代表性，同时，也是全球同纬度地区保存最好的湿地生态系统之一；其次，保护区具有高度自然的湿地生境，完整的湿地演替系列，丰富的生物多样性，也是珍稀的洄游鱼类繁殖地和珍稀濒危候鸟越冬地和停歇地，决定保护区具有重要的保护科研价值。

（2）生态区位价值：紧邻省会城市，与城市互惠互利、协作共生。保护区既是城市的绿肺，又能作为城市居民的科普教育基地和生态旅游场所，从而产生巨大的生态、经济和社会价值。

保护区是鄱阳湖重要而又独特的组成部分，对于构建鄱阳湖生态安全格局，维护区域生物多样性，蓄滞洪水、净化水质、调节气候，以及保障长江中下游地区生态安全均具有重大意义。

（鄱阳湖南矶湿地自然保护区供稿）

渔业生产

501

鄱阳湖
国家级自然保护区

江西鄱阳湖国家级自然保护区位于江西省北部，鄱阳湖西北角，赣江、修河的交汇处，地跨九江市的永修县、星子县和南昌市的新建县，管辖区域包括大湖池、中湖池、常湖池、沙湖、蚌湖、大汊湖、梅西湖、朱市湖、象湖9个湖泊及其草洲。地理坐标为东经115°54′～116°12′，北纬29°02′～29°19′。保护区总面积22400hm²，属自然生态系统类别的湿地类型自然保护区。保护区于1983年经江西省人民政府批准建立，1988年经国务院批准晋升为国家级自然保护区。保护区自建立以来，先后被列入世界自然基金会（WWF）、世界自然保护联盟（IUCN）的重点保护地区，1992年2月被列为具有全球意义的A级优先领域，1992年7月被我国政府指定列入《关于特别是作为水禽栖息地的国际重要湿地公约》（拉姆萨尔公约）名录，成为我国首批6个国际重要湿地之一。1994年在国家环境保护委员会批准的《中国生物多样性保护行动计划》中被确定为最优先的生物多样性保护地区。1997年加入东北亚鹤类保护网络。2002年加入了中国生物圈保护区网络。2006年加入了"东亚—澳大利亚鸻形目鸟类地点网络"。

壮观雁群

◎ 自然概况

鄱阳湖自然保护区地处鄱阳湖盆地南部大水域的西北侧。大水域约形成于1600万年前。保护区范围内出露地层较为单一，除局部地区显露有第三纪紫红色砂砾岩和砂岩外，全区基本上被第四纪地层所覆盖。保护区内有水域、洲滩、岛屿等地貌类型，其中洲滩又分为沙滩、泥滩和草洲三种类型。因季节性水位差变化大，自然地理特征总体表现为"洪水一片，枯水一线"。

鄱阳湖自然保护区内的9个湖泊均处于赣江西支、修水尾闾入湖洲前缘，水文特征受赣江西支、修水及鄱阳湖水文情势的三重影响。水位的年内变化趋势与鄱阳湖一致，月平均水位以7月最高，1月最低。区内的湖泊与鄱阳湖分割时，水体基本处于静态，其周围湖区水体流

秋季薹草

人鸟共家园

鄱阳湖湿地冬天的南荻与薹草景观

向与河槽一致，流速 0.3 ～ 0.8m/s。在汛期，保护区内的湖泊与草洲被洪水淹没，与大鄱阳湖融为一体，湖流以吞吐流为主。由于赣江西支和修水直接流入保护区，因此鄱阳湖保护区内泥沙淤积较严重。

鄱阳湖自然保护区地处亚热带湿润季风气候区，热量丰富，雨量充沛，无霜期长，四季分明。年平均气温 17.1℃，其中以 7 月份平均气温最高，为 29.1℃，极端最高气温 40.2℃；1 月份气温最低，平均 4.5℃，极端最低气温 −9.8℃。年平均日照时数达 1970h。风向以偏北风为主，平均风速

3.9m/s，最大风速 12 ～ 17m/s。年降水量 1426.4mm，主要集中在 4 ～ 6 月份，占全年的 47.4%。区内相对湿度稳定，全年平均相对湿度为 80%。

鄱阳湖自然保护区内土壤分为 6 种类型：草甸土、草甸沼泽土、水下沉积物、黄棕壤、潮土和水稻土，其中前三种土壤类型适于候鸟栖息。

鄱阳湖自然保护区内野生植物种类丰富，共分布有高等植物 128 科 359 属 476 种（含变种），其中，苔藓植物 2 科 3 属 3 种、蕨类植物 8 科 11 属 12 种、裸子植物 5 科 8 属 14 种和被子植物 80 科 330 属 447 种（含变种）。

鄱阳湖自然保护区在动物地理区划上属东洋界华中区东部丘陵平原亚区。区内共有各类动物 780 种，其中兽类 45 种；鸟类 310 种；两栖爬行类 61 种；鱼类 21 科 122 种；昆虫 10 目 63 科 227 种；软体动物 15 种。

鄱阳湖自然保护区因其丰富的生物多样性，独特的自然地理特征，景观上表现出具有相当高的审美价值。所谓"洪水一片，枯水一线"，即是指：丰水季节，河湖一体，水天一色，一望无际，人在其中，犹如置身于大海；枯水季节，则水落滩出，形成了广袤的湿地草洲。区内分布的沙山，高低起伏，延绵十余里，构成了蔚为壮观的水乡大沙地景观。

最激动人心的莫过于冬季鄱阳湖越冬候鸟聚集的壮观场面。"鄱湖鸟，知多少，飞时遮尽云和月，落时不见湖边草"，就是对此景观的真实写照。每年秋冬之际，大批候鸟从北方迁徙

保护区植被景观（秋）

到鄱阳湖越冬。保护区的核心湖——大湖池经常出现五六万甚至十几万只各种鸟类欢聚一堂的壮观场面。鄱阳湖保护区也因此被誉为"珍禽王国""候鸟乐园"。

◎ 保护价值

鄱阳湖自然保护区主要保护对象是白鹤、东方白鹳等珍稀越冬水禽及其独特的湿地生态系统。其保护价值主要体现以下几个方面：

首先，生物多样性保护价值高。鄱阳湖是湿地生物多样性最丰富的地区之一，在遗传、物种、生态系统和景观等方面都分别表现出丰富的多样性，是巨大的"物种基因库"。鄱阳湖保护区生物多样性具有如下特点：

（1）珍稀水禽种类多，数量大，

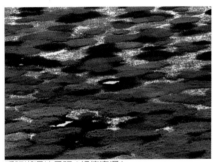

鄱阳湖湿地景观（纪伟涛摄）

占全球种群数量比例高。保护区以其独特的地理与自然条件，为白鹤等越冬珍禽提供了良好的越冬场所，每年来保护区越冬的候鸟达数十万只。区内栖息着鹤类、鹳类、雁鸭、鹬类及鸥类等310种鸟类。其中国家一级保护动物10种：白鹤、白头鹤、大鸨、东方白鹳、黑鹳、中华秋沙鸭、白肩雕、金雕、白尾海雕和遗鸥；二级保护动物44种：斑嘴鹈鹕、白琵鹭、白额雁、天鹅等。属《中日保护候鸟及其栖息环境的协定》规定种类的有153种，占该协定鸟类总数227种的67.4%。属《中澳保护候鸟及其栖息环境的协定》规定种类的有46种，占该协定中

鸟类总种数81种的56.8%。有19种鸟类被IUCN列为受威胁种，其中极危1种，濒危4种，易危14种。

鄱阳湖自然保护区不仅是亚洲最大的候鸟越冬地，也是目前世界上最大的越冬白鹤群体所在地，2003年最高统计数量达3100多只。目前全球白鹤的种群数量约3000余只，鄱阳湖保护区对于白鹤物种的延续具有举足轻重的地位。这里也是迄今发现的世界上最大的鸿雁越冬群体所在地，年最高数量达6万多只。保护区还是东方白鹳的最主要越冬地。全球东方白鹳的种群数量约3000只，而每年在鄱阳湖保护区越冬的东方白鹳就有2000只左右。2004年大湖池的越冬小天鹅最高统计数量达7.8万多只；在2005年的环鄱阳湖越冬水鸟资源调查中，黑腹滨鹬的数量也达5万多只。保护区内每年平均都有10多个物种的数量达到甚至远远超过国际重要湿地所规定的1%标准。

（2）丰富的鱼类及其他生物资源。鄱阳湖为鱼类提供了丰富的食物资源，湖区既有定居性的湖泊型鱼类，又有洄游、半洄游性的鱼类。其中产量较高、

经济价值较高的有鲤、鲫、鳅、青、草、鲢、鳙等30多种。鄱阳湖还分布有国家一级保护物种——鲟科的中华鲟和白鲟，另外还有一种珍稀名贵的经济鱼种——鲥鱼，已被列入中国濒危动物红皮书。昆虫中有6种属江西新纪录。植物目前发现有2种当地特有种，即永修柳叶箬和短四角菱。

（3）生态系统多样性与景观多样性丰富。鄱阳湖保护区的水域、洲滩、岛屿等不同地貌类型，造就了各种微环境、小气候，形成不同植被类型。如果就植被对水的需求类型来分，则分别有水生、中生、沙生等类型，其中水生植被从湖心向岸边随水深的变化呈不规则的带状分布，即分为沉水植物、浮叶植物、挺水植物和湿生植物四个植物带。为众多的野生动物提供了不同的栖息空间和食物资源。不同的植物带形成不同的水域景观，呈现出丰富的景观多样性。

其次，鄱阳湖是长江流域最大的通江湖泊，也是我国第一大淡水湖，已成为世界生命湖泊网成员。鄱阳湖湿地因其良好的通江性和巨大的储水能力，使其成为长江中下游地区最大

小天鹅（纪伟涛摄）

的水流量调节器。一方面，通过调蓄江西境内"五河"的洪水，减少出湖入江水量；另一方面，鄱阳湖承纳了长江洪水倒灌入湖，减少长时间高水位对长江中下游沿岸堤防的压力。据测算，洪水季节，鄱阳湖水位每提高1m，可容纳长江倒灌水量45亿m³以上。

鄱阳湖为大型吞吐型通江湖泊，每隔10～20天可全湖换水一次，除了赣江南支口和信江东支口等少数入湖口污染相对较重外，全湖水质基本维持在Ⅱ至Ⅲ类水标准，因此鄱阳湖被国内一些学者称之为"我国仅剩的一盆清水"。鄱阳湖通过处理"五河"污水，净化长江水质，每年为长江下游地区输送大约1450亿m³高质量的淡水，占长江全流域水量的15.2%。

鄱阳湖自然保护区在提供生物多样性的保存和研究、环境效益的保持、自然资源的持续利用、景观的独特性与美景度，以及为公众提供旅游娱乐和教育功能等方面，都具有举足轻重的重要价值，不愧为我国长江中下游地区最为璀璨的一颗明珠。

◎ 功能区划

鄱阳湖自然保护区划分为核心区、实验区和缓冲区，其中大湖池、沙湖、蚌湖为核心区，面积8193hm²；三个核心湖周边的草洲为缓冲区，面积3507hm²；其他湖泊及草洲为实验区，面积10700hm²。

◎ 管理状况

随着国民经济的发展，国家和地方政府加大了对保护区的投入。保护区陆续实施了GEF项目和局址搬迁及续建工程等各类项目。至今，在以下诸方面取得了较好成效：

（1）鄱阳湖自然保护区是全国范围内较早实行一区一法的保护区。早在

百鸟云集

1996年，江西省人民政府就以省长令的形式发布了《江西省鄱阳湖自然保护区候鸟保护规定》，2003年11月27日，江西省人民代表大会常务委员会通过并公布了《江西省鄱阳湖湿地保护条例》，这对鄱阳湖保护区乃至整个湖区的候鸟保护工作起到了非常积极的作用。

（2）鄱阳湖自然保护区在管理模式上，实行局、站、点三级管理，采取守护为主、巡护为辅的形式，极大地扩展了保护区巡护、监测与宣传的范围。对于鸟类集中分布区及人为活动频繁的地区，集中人员进行全天24小时的守护。

保护区是我国陆生野生动物疫源疫病的国家级监测站，保护区每天都要开展禽流感的监测工作。禽流感暴发两年来，鄱阳湖均未发现禽流感，出色地完成了疫源疫病监测的任务。

（3）鄱阳湖自然保护区加强与相关的大专院校和科研院所合作，多方面、多渠道争取保护管理、科研监测和宣传教育等方面的资金，如成功争取到了全球环境基金（GEF）中国自然保护区管理项目、国家林业局保护区基础设施建设工程项目、国家环保部和财政部的示范保护区建设项目、东北亚鹤类网络的一些项目以及国际鹤类基金（ICF）的"鄱阳湖鹤类和大型水禽、水位和水生植物生态关系研究"等项目。通过这些项目的实施，有效地完善了保护区巡护、科研和宣传教育设施和设备，大大改善保护区的巡

白鹤

灰鹤（纪伟涛摄）

植被景观（春季薹草）

护、科研以及宣传教育等方面的条件。同时，项目取得了丰硕的成果，现已基本摸清了保护区内的资源本底情况，并发表了论文30余篇，还正式出版了《江西鄱阳湖国家级自然保护区研究》《江西鄱阳湖国家级自然保护区管理计划》和《鄱阳湖候鸟保护区越冬珍禽考察报告》（获江西省科技进步二等奖），多篇论文获国家或省内优秀论文二、三等奖。另外，从2003年起，保护区自行制定了监测技术规程，对保护区的湿地及资源进行较为全面、系统、规范的监测工作。

（纪伟涛、曾南京供稿）

江西 桃红岭梅花鹿 国家级自然保护区

江西桃红岭梅花鹿国家级自然保护区位于长江下游南岸的江西省彭泽县中部。地理坐标为东经116°32′～116°43′，北纬29°42′～29°53′。保护区南北最长为18.25km，东西最宽为13.4km，总面积为12500hm²，主要保护国家一级保护动物——野生梅花鹿，属于野生生物类别的野生动物类型自然保护区。保护区于1981经江西省人民政府批准建立，2001年6月经国务院批准晋升为国家级自然保护区。

◎ 自然概况

桃红岭梅花鹿自然保护区是一个独立的地垒式断块山，其地貌属构造侵蚀地貌，地形形态与地质构造、岩性系极为密切，外观呈半岛状高台低丘岗地，是在地垒式断块山的基础上，经新生代的侵蚀作用而成的。岗地周边地势常较陡峻，山冈之顶由平缓、岩性坚硬致密难风化的黑色硅质岩所覆盖，犹如天然巨大屋顶，平坦而开阔，海拔大多在400m以上，主峰猫鹰窝海拔标高为536.6m，由于风化溶蚀作用，微型地貌较为复杂而崎岖不平，通行不便。

东升河是保护区境内的主要河流，由南向北穿过东升乡中部，发源于上十岭芦峰山，上游为上十岭河，至苦栗树和桃红河汇合，向北流经黄花镇境内，注入太泊湖，全长11km。

桃红岭梅花鹿自然保护区地处中亚热带与北亚热带的过渡带，属温暖湿润的季风气候。日照充足。雨量充沛，全年季节变化明显，无霜期长。冬

梅花鹿

季以北风为主，1月份平均气温3.6℃，夏季以南风为主，7月平均气温29℃，全年平均气温16.5℃。年均日照时数2043.6h。年平均降水量约1300mm，年平均蒸发量1587.2mm，年平均干燥度为0.6。保护区具有高温高湿的大陆季风气候特点，有利于各种植物生长发育，为梅花鹿提供充足的食物源。

桃红岭梅花鹿自然保护区内土壤主要有山地黄红壤和棕红壤。海拔400～500m以上为棕红壤，400m以下为黄红壤，是彭泽县境内面积最大的林地土壤。区内还分布部分酸性紫色土，成土母质为紫色古英砂岩或紫色长石石英岩风化物，常与砂质岩棕红壤呈复区分布。

桃红岭梅花鹿自然保护区内已查明高等植物有663种，属153科415属，其中苔藓植物7科7属9种，蕨类植物18科26属43种，裸子植物5科11属14种，被子植物123科371属597种。属国家重点保护的植物有银杏、水松、厚朴等8种，属江西省重点保护植物

保护区山水景观

506

有 10 余种，如天竺桂、杜仲、黄檀、紫树、白花前胡等。保护区内植物大部分列入《江西药用植物名录》。

桃红岭梅花鹿自然保护区查明有鸟类 16 目 36 科 140 种，占全国鸟类总数的 12%；有兽类 7 目 16 科 42 种，占全国兽类总数的 9%。列为国家一级保护野生动物有梅花鹿南方亚种、白颈长尾雉、云豹、豹计 4 种，列为国家二级保护的野生动物有鸳鸯等 18 种，省级重点保护的有红翅凤头鹃等 21 种。昆虫 484 种，11 目 90 科 388 属，列为国家二级保护昆虫有拉步甲、硕步甲 2 种。

桃红岭梅花鹿自然保护区拥有丰富的动植物资源，既有体态优美的梅花鹿以及其他或活泼可爱、或机警凶猛的动物景观，也有类型多样、色彩丰富、四季变换的森林和林绿景观，更有林间美丽的山花、潺潺的溪流和掩映的奇石……

桃红岭梅花鹿自然保护区具有丰富的旅游资源，潜在开发价值巨大。主要景观有：以白马山、神仙洞为代表的喀斯特地质丘陵和绵延的群山山地景观；以陈家山、聂家山水库为代表的丛林中股股山泉、涓涓溪流的水域景观；以梅花鹿为代表的动物景观；以陶渊明、狄仁杰、朱元璋传说，旧县塔、陶公祠为代表的历史人文景观。

◎ 保护价值

桃红岭梅花鹿自然保护区既是野生梅花鹿南方亚种的最大自然分布区，又是江西省唯一以灌草植被为主的自然保护区，保护区的生物稀有性、多样性以及由此构成的生态系统完整性决定了该保护区具有全球意义的保护价值。

梅花鹿具有很高的科研价值和经济价值，其药用价值为鹿科动物之最。梅花鹿体态秀逸潇洒，毛色雅致悦目，

具有较高的观赏价值。彭泽县旧县志早有"山有文禽奇兽、美鹿争鸣"之记载，当地群众对梅花鹿有传统的偏爱，视之为"神鹿""仙鹿"，是人们内心吉祥如意的象征。

梅花鹿在分类上属哺乳纲偶蹄目鹿科，为东亚特有种，共分为 8 个亚种，我国公布有 6 个，日本有 2 个，其中山西亚种、河北亚种、台湾亚种和日本 2 个亚种的野生种群均已绝迹，东北亚种野生种群也很少见，只有南方亚种和四川亚种尚存在一定数量的

野生种群。目前，我国梅花鹿野生种群的数量在 1000 头左右，濒临灭绝，极为珍贵，已被国际自然和自然资源保护联盟（IUCN）编写的红皮书列为濒危物种，也是国家一级保护动物。其中南方亚种数量约 400 头，主要分布在该保护区。

华南梅花鹿历史上曾广泛分布于中国东部，目前仅残遗于江西东北部、安徽南部和浙江南部，数量稀少。据调查，桃红岭梅花鹿保护区是目前梅花鹿南方亚种最大的野生种群分布地

梅花鹿及栖息地春季景观

梅花鹿及栖息地秋季景观

清澈溪流

区，有 310 头左右，在保护区主要分布于桃红山、显灵庵、陡岭、南蜡烛尖以及龙王殿一带。由于保护区在生态保护措施力度加大，成效显著，野生梅花鹿的活动区域已向保护区核心区外围扩展，种群数量呈上升趋势。

桃红岭梅花鹿自然保护区还是长江下游的生态屏障之一。保护区地处长江下游上端南岸，距长江南岸约 8km。因此保护区植被的好坏直接影响到长江下游流域的生态环境，特别是保护区内的东升河入太泊湖后汇入长江，对长江水质有直接影响。由于桃红岭梅花鹿保护区内的植被对涵养水源、防止水土流失起到了重大作用，所以，该区已经成为长江下游生态保护的屏障之一，具有特殊的保护价值。

桃红岭梅花鹿自然保护区高质量的生态系统，给赣北山区的野生动植物生长、繁育提供了一个得天独厚的场所、其蓄水、保土、保肥、减灾增产、调节气候等功能，也对赣北地区产生积极的影响。特别是随着保护区建设，区内基础设施得到很大改善，保护区综合实力也大大提高，可以有效地促进当地及周边社区的社会经济发展。

◎ 功能区划

桃红岭梅花鹿自然保护区的功能区划分为核心区、缓冲区和实验区 3 部分：核心区面积 3475hm²，占保护区总面积的 27.8%。该核心区是梅花鹿等野生动物的主要活动地带；缓冲区面积 1281.25hm²，占保护区总面积

的 10.25%。区内分布有较多的国家级一级保护植物，其中包括一棵奇特的双色银杏树；实验区面积 7743.75hm²，占总面积的 61.95%。区内植被以灌丛和部分乔木为主，乔林带包括有较大面积的人工马尾松林及杉木林。

◎ 管理状况

桃红岭梅花鹿自然保护区成立后，陆续进行了梅花鹿栖息地的改造，增加了野生动物救护站、生态定位观测站、巡护道路及界桩界牌等基础设施的建设。

（1）梅花鹿栖息地改造。在保护区内，为梅花鹿营造适宜的生境，对灌木林进行人工矮化改造 2000 亩；除

白颈长尾雉

梅花鹿天敌——云豹

水鹿

芭茅 200 亩；建立小型拦水坝 3 座为梅花鹿提供水源；为满足梅花鹿等珍稀野生动物冬季营养需要，进行人工投盐；选择不易燃，抗火性能高的树种木荷建立生物防火林道 9.6km。

（2）建设野生动物救护站。在东升镇年鱼湾建设野生动物救护站，建筑面积 200m²。

（3）生态定位观测站。为及时掌握野生动物最新分布及生态环境动态变化状况，建立生态观测站，并利用太阳能这一环保能源，建造 2.7kW 的太阳能光伏电站，解决了长期困扰该站用电的问题。

（4）巡护道路建设。桃红岭生态监测站是保护区海拔最高的站点

保护区植被景观

（420m），这里不通公路，工作和生活用品只能靠工作人员沿曲折弯曲的小道自己肩挑背驮运送到山上，道路交通十分不便，现已修建到生态监测站的巡护道路 2.5km。

（5）界桩、界牌。为规范保护区管理，沿核心区、缓冲区、实验区的界线埋设钢筋混凝土界桩 96 根。建造不锈钢反光材料宣传牌 5 块，建造钢筋混凝土固定宣传牌 20 块。

在内部管理上，主要加强保护区法规建设，以及资源巡护及宣传培训管理。

（1）保护区法规建设。保护区依据有关法律法规，制定了系列切实可行的规章制度，并采取了有效的保护措施，建立了一套较为严格和完善的

管理体制，有效地促进了保护区的建设与发展。

（2）资源巡护。保护区设立公安民警执勤室和4个保护管理站。同时，根据不同功能和地域特点，设立2个保护点，在进入保护区的主要公路道口，设置流动哨卡，保障区内动植物资源的安全。

（3）宣传培训。保护区加强职工的培训教育；加强中外交流与合作；注重保护区境内及周边群众环保知识水平的提高，结合自身特点对保护区境内及其邻近地区的社区居民，以及参观旅游的人员进行相关知识的宣传。宣传教育工作的内容包括自然保护区建设的目的意义、自然保护政策与法规、生物知识和地理知识、自然资源可持续利用等。

桃红岭梅花鹿自然保护区一直积极与社区合作，在保护生物多样性的同时遵循以下原则：向当地社区提供各项协助；依据保护区情况，制定符合实际的整体规划；依据国家相关保护区管理政策和法规，结合具体的保护对象，分区制定明确的保护区管理目标；建立适合社区参与的"适应性管理计划"；加强保护区物种资源的调查和研究工作；加强保护区机构和人力建设及保护区间的交流；加强公众意识教育，以争取公众的支持。

在努力做好保护工作的同时，保护区也积极地开展科研工作。自1981年保护区建立以来，先后五次组织国外有关专家对区内动物植物资源，尤其是野生梅花鹿种群数量及其生境进行了科学考察和研究。1987年3月至1989年10月期间，由林业部华东林业调查规划设计院、省自然保护区管理办公室和省桃红岭梅花鹿保护区三家联合对区内野生动物资源进行了科学考察和研究，出版了江西农业大学学报《江西省桃红岭梅花鹿保护区动植物资源考察专辑》，编撰出版了《江西桃红岭梅花鹿保护区》。2002年，保护区与中国科学院动物研究所合作，开展梅花鹿生境选择与环境容纳量的研究，2005年，与中国科学院动物研究所、植物研究所、华南濒危动物研究所、中南林学院等单位合作，进行桃红岭梅花鹿保护区本底资源调查，这些科学考察和研究为今后梅花鹿保护、繁殖及保护区的管理、科学研究、野生动植物资源保护、综合开发利用等，提供了宝贵的科学依据。

太阳能设备和野生监测设备

桃红岭梅花鹿自然保护区融入庐山—石钟山—龙宫洞—桃红岭—九华山旅游带，以山、水、天然植物、野生动物等多种自然景观而独具特色。保护区依托区位优势，以及其明显的景观资源优势，对以保护环境为主题的生态旅游资源进行了适度开发，对保护区的保护、科研合作、宣传、对外交流等事业的发展起到促进和推动作用。

桃红岭梅花鹿自然保护区分布的梅花鹿南方亚种血缘单纯，与我国现有人工养殖的梅花鹿种群遗传隔离效果极好，同时还具有交配育种的遗传力，是对梅花鹿人工养殖种群进行复壮、提高鹿产品药效的优良遗传材料。保护区计划建立梅花鹿南方亚种繁育基地，养殖梅花鹿南方亚种，主要用于种源输出，附带对公鹿进行麻醉取茸和对淘汰个体进行加工利用。

桃红山区是传统的药材产地，白花前胡、桔梗、柴胡等药用植物具有一定的蕴藏量。保护区计划充分利用当地适合某些药用植物生长的土地资源，大力种植地方药用植物，实现自然资源可持续利用。

（吴和平、刘武华供稿）

桃红岭景观

江西 庐山 国家级自然保护区

江西庐山国家级自然保护区位于江西省九江市城区南郊，北濒长江，东接鄱阳湖，地处江西庐山风景名胜区管理局和九江市庐山区、星子县、九江县的毗邻地界。地理坐标为东经115°51′～116°07′，北纬29°30′～29°41′。保护区总面积20120hm²，是以中亚热带完整的森林生态系统、丰富的生物多样性和自然地质景观及历史文化遗迹为主要保护对象的自然生态类森林生态系统类型自然保护区。保护区始建于1981年，是经江西省人民政府批准成立的江西省首批省级自然保护区之一，2013年6月经国务院批准晋升为国家级自然保护区。

◎ 自然概况

庐山自然保护区为突出于鄱阳湖盆地上的一座断块山，是由典型的地垒式断块山构造地貌、冰蚀地貌和流水侵蚀地貌叠加而成的复合地貌。构成山体的岩层古老而复杂，主要为各地质历史时期的变质岩。同时，第四纪冰川遗迹保存完整，冰蚀地貌紧密叠加在断块山构造剥蚀地貌上，是中国东部冰蚀地貌最典型的地区和世界地质公园。区内地层构造明显，展现出地壳变化的主要过程，是世界闻名的"地质博物馆"。前震旦纪（系）双桥山群组成该区古老褶皱基底，震旦纪（系）、寒武纪（系）分布于北部和山麓地带，志留纪（系）广泛出露于山麓外围，泥盆纪（系）至白垩纪（系）发育不全，面积很小，第四纪（系）分布普遍。从整体上看，庐山"上平、外陡"，山体上部比较平缓，外沿极为陡峭，山谷深幽，东西两侧山边线近乎平直，并形成悬崖峭壁，西侧的莲花洞断层和东侧的五老峰断层都是高角度正断层。区内山峰

斜看成岭侧成峰（宗道生摄）

众多，海拔23～1474m，相对高差达1451m。

庐山自然保护区属亚热带季风湿润气候区，由于其紧邻长江和鄱阳湖，相对高差较大，因此又有典型的山地气候特征，表现为冬长夏短、春迟秋早，风大、降水及云雾多。区内年平均气温山顶部为11.6℃，山下为17.2℃，无霜期216天；区内年均降

水量山顶部约为2068.1mm，山下约为1480mm，4～7月为汛期，且不同的坡向，不同的季节各气象要素随海拔高度的变化情况差异明显。

庐山自然保护区内土壤根据形成条件、形成过程和土壤属性可分为红壤、黄壤、黄棕壤和山地草甸土四个主要类型。红壤分布于海拔400m以下的山麓地带，黄壤分布于海拔400～

马尾松群落（宗道生摄）

常绿阔叶林群落（宗道生摄）

金钱松（宗道生摄）

凹叶厚朴（宗道生摄）

800m地带，黄棕壤分布于海拔800～1100m地带，山地草甸土分布于海拔1000m以上的山顶和山脊较为平缓地段。

庐山自然保护区内降水量大，水资源丰富，常年性溪流有40条，其中较大的有12条。汇水面积大于30km² 的溪流有7条，30～20km²的有5条，20km²以下的有28条。主要溪流的平水期流量均大于5000m³/天。据庐山垅河水文观测站资料，平均每平方千米年汇水量达159万m³。大的河流有三叠泉、白沙河、庐山垅、长龙洞水系，均注入鄱阳湖；剪刀峡、石门涧、莲花洞水系均注入长江。

庐山自然保护区的植被区划在"中国植被区划"上属亚热带常绿阔叶区域，东部常绿阔叶林亚区域，中亚热带常绿阔叶林地带。区内植被类型多样，具有暖温带落叶阔叶林向亚热常绿阔叶林过渡的典型特征。按照《中国植被》的植被分类系统，区内植被类型可分为阔叶林、针叶林、灌丛和灌草丛、湿地和人工群落5个植被型组，共有常绿阔叶林、落叶阔叶林、温性针叶林等13个植被型和石栎、紫楠、香果树、马尾松等82个群系。区内物种多样性非常丰富，分布有野生高等植物2475种，大型真菌202种，陆生脊椎动物347种，其中鸟类240种，昆虫2519种，陆生贝类65种。同时，庐山自然保护区内生物区系特有现象很突出，种子植物中国特有属有22个属，中国特有种有716种，江西特有24种，庐山特有种有6种。陆生脊椎动物中国特有种有31种。

庐山自然保护区内保存有地质遗迹40余处，实验区内有自然景观8处，分别为植被（古树）、山石、瀑布、地质（冰川）等类型，丰富的森林资源和奇特的地质地貌、变幻的自然气候现象，使之成为中外闻名的旅游、避暑和科研教学名山和人文圣山。

◎ 保护价值

庐山是位于长江中下游大平原中心的独立的山体，地处长江和鄱阳湖的汇合处，而以长江中下游区域为主的"长江及其周围湖群"是世界自然基金会生物多样性优先保护"全球200佳"之一。这个"生态交汇岛"的生态环境及生物多样性保护具有明显的地理区位重要性，已成为长江中下游地区野生植动物重要的聚集地和"避

难所"，是多种植物区系的汇集地，也是植物"南进北渗"的中转站，更是候鸟迁徙路线上重要的越冬地、停歇地和候鸟迁徙"导航塔"，在昆虫区系成分上也表现出明显的交汇性，在生态学、气象学、动物学、植物学、遗传学等方面有极高的研究价值。经统计，现已调查发现的野生珍稀濒危植物有200种。其中国家一级保护植物有银杏、南方红豆杉、莼菜3种，国家二级保护植物有鹅掌楸、凹叶厚朴、香果树、连香树等17种；列入《中

国物种红色名录》（2004年）的受威胁植物有68种；列入《濒危野生动植物种国际贸易公约》（CTTES）附录II的植物有53种。庐山特有的野生植物有6种。庐山现存的古树有1210株，其中千年以上的51株，300~1000年的212株。野生珍稀濒危动物有123种。其中国家一级保护动物有云豹和白颈长尾雉2种，国家二级保护动物有大鲵、穿山甲、大灵猫、白鹇等41种；列入《濒危野生动植物种国际贸易公约》（CTTES）附录II的野生动物有26种。

庐山植被还有一个突出特点，同一群系的不同演替阶段在庐山都能见到，是开展中亚热带中山森林群落动态研究的最好实验室，对于开展优势建群种和各级特征种的分布区及其在历史上的发生、发展研究有重要价值，在解决群落分类、群落起源、群落分

白鹇（罗建鸿提供）

苦槠群落（宗道生摄）

甜槠林群落（宗道生摄）

樟树群落（宗道生摄）

独花兰（赵为旗摄）

布和群落演化等问题上有极为重要的作用。同时，庐山是169种生物模式标本产地，其中：81种植物模式标本，67种昆虫模式标本，16种陆生贝类，1种淡水贝类，4种螨类模式标本，是罕见的生物模式标本集中产地。

庐山第四纪冰川遗迹具有极高的代表性和科学价值。庐山是中国第四纪冰川学说的诞生地，在国际上影响甚广，2006年被列为世界地质公园，具有极高的地学研究价值。

庐山自然保护区的建立，对保护庐山自然资源及其生态平衡、促进自然资源增殖和人与自然和谐发展有着重要的意义。在保护自然资源、调节小气候、涵养水源、保持生态平衡和生物多样性以及改善人们生活环境、参加生态文明建设等方面都表现出了极其重要的价值。

◎ 功能区划

庐山自然保护区功能区划为核心区、缓冲区和实验区3个功能区：核心区面积6600hm²，连片分布在人迹罕至的深山老林中。缓冲区面积3800hm²，分布于核心区和实验区之间。

核心区和缓冲区占总面积的51.7%，将主要保护对象涵盖其内，足以有效地维持和发挥整个保护区绝大部分生态系统的结构和功能，满足现有动植物繁衍生息的空间。实验区面积9720hm²，分布于保护区的边缘地带，为核心区和缓冲区主要保护对象的保护提供了天然屏障，更为其种群恢复和扩大提供了足够的空间。

◎ 科研协作

已出版《江西省庐山自然保护区生物多样性考察与研究》《庐山古树名木》《江西省庐山常见鸟类（第一卷）》3部专著；在《四川动物》《福建林业杂志》《江西林业科技》等杂志上公开发表论文百余篇；长期开展鸟兽、古树、林业有害生物等监测，为进一步探索和掌握庐山资源动态变化、科学合理保护和利用自然资源提供依据；开展棘胸蛙人工驯养繁殖、本土珍贵树种人工繁育等研究并取得了一定成功，特别是苗木种植方面，已带动当地农村形成了产业，取得了显著的社会、经济和生态效益；是全国林业科普基地，是南昌大学、江西师范大学

等高等院校的野外教学实践基地，在科学工作者研究自然、开展环境监测和国际交流与合作等方面发挥了重要作用，同时为人们特别是青少年了解自然、学习自然提供了一个理想场所，是重要的科研教学、生态科普教育基地。据不完全统计，历年来来庐山实习的学生数以千计，最多年份达2万余人。

（庐山自然保护区供稿）

樟树（宗道生摄）

四照花（吴臣斌提供）

金钱松（宗道生摄）

鹅掌楸（宗道生摄）

红豆杉（宗道生摄）

江西 阳际峰

国家级自然保护区

江西阳际峰国家级自然保护区位于武夷山脉西北麓，地处中武夷山脉与北武夷山脉转折地段的西侧，行政区域隶属贵溪市。地理坐标为东经117°14′33″～117°24′27″，北纬27°51′01″～27°59′03″。保护区总面积10946hm²，主要以保护武夷山脉中段西侧典型的中亚热带常绿阔叶林生态系统、中华秋沙鸭、白颈长尾雉、黑麂、伯乐树等珍稀动植物种群和以华南湍蛙种级组和棘胸蛙种组为代表的两栖纲动物及其独特的栖息环境。保护区始建于1998年，2012年1月经国务院批准晋升为国家级自然保护区。

◎ 自然概况

阳际峰自然保护区属华厦古陆华南地层区，是新构造运动抬升强烈的区域，区内河谷深切，阶梯高差大，海拔1358.0～1540.9m的山峰有6座，表现为深切割的岩浆岩中低山地貌。区内保存有丰富的岩浆侵入地质作用遗迹，包括侵入接触关系、岩石类型多样性、岩体结构构造多样性、矿物组合及特征等等，形成了独特地质遗迹景观，包括火山岩山岳景观、火山岩峰丛景观、火山岩峡谷及流水侵蚀地貌景观、独特的流纹岩柱状节理景观等。区内遗存一些重要的地质遗迹，包括能够揭示中生代时期武夷山构造-岩浆活动特点的岩石学、构造地质学证据，是中生代时期武夷地区陆相火山喷发事件及火山地质作用的见证地之一。

阳际峰自然保护区属中亚热带湿润季风山地气候，四季分明、热量丰富、雨热同季，受山体走向影响，全年及各月风向以湿润东风（东海方向）为主。区内年平均气温11.4～18.5℃，≥10℃年积温3090～5357℃，无

霜期200～256天；年平均降水量1870.0～2191.3mm，喜温作物生长季（4～10月）占年降水量的72%～75%；年湿润指数1.43～2.32，最大湿润指数出现在海拔1000.0m处，与降水最大高度值相同；年日照时数1351.5～1893.7h，其低值区出现在海拔700.0m处。

成土母质以花岗岩、花岗斑岩、片麻岩为主的酸性结晶岩类风化物为主。土壤主要为红壤、山地黄壤、山地黄棕壤和山地草甸土等类型，土壤肥力中等，呈中性或弱酸性。土壤垂直分布带谱为：300m以下为丘陵红壤，300～600m为山地红壤和山地红黄壤，600～1200m主要为山地黄壤和黄棕壤，1200m以上为山地黄棕壤和山地草甸土。

阳际峰自然保护区内森林覆盖率达99.7%。地带性植被为常绿阔叶林，植物群落类型多样，共有11个植被型、70个群系、91个群丛，主要植被类型有：山地草甸、山顶矮林、山地丛、针叶林、针阔混交林、落叶阔叶林、常绿和落叶混交林、常绿阔叶林、硬叶常绿阔叶林、竹林、山地沼泽等。常绿

阔叶林分布面积大，其分布可达海拔1400m，随海拔升高常绿阔叶林群系发生有规律的替代性变化。核心区内有大面积的次原始灌木林和常绿阔叶林，南方铁杉、伯乐树和南方红豆杉等珍稀种类种群结构稳定，以其为优势种的群落在多处有分布。由于生境的多样性，形成了物种的多样性。这里被称为"江西动植物资源宝库"。据调查，保护区已查明的高等植物有244科848属2228种，鉴定出的大型真菌55科120属218种。已查明的脊椎动物有脊椎动物33目（含亚目）94科368种，已记录到的陆生贝类13科27属47种，蜘蛛30科102属240种，昆虫20目169科952属1281种。

◎ **保护价值**

（1）保存了完整的原生性森林生态系统。阳际峰自然保护区处于武夷山脉西北侧，是武夷山脉生态系统完整性的一个重要组成部分，是生物多样性保护一个不可缺失的区域。保护区地形复杂，植被保存完善，森林覆盖率高达99.7%，对研究武夷山区生物多样性具有极高的价值。

（2）阳际峰自然保护区是湍蛙属华南湍蛙种组和棘胸蛙种组的现代分布中心。两栖类动物活动范围较小，受小环境影响大，是世界上最受关注的动物类群之一。保护区已查明两栖类动物34种，占江西省种数的77.2%，不仅种类多，且种群数量大，实属罕见。科学考察表明保护区是目前华东地区包括武夷山地区两栖类物种多样性最丰富的地区，也是种密谋最大的远东区域。两栖类湍蛙属、棘蛙属种类具有重要的经济价值和科学价值，华东地区分布有湍蛙属共4种（费梁，2005），保护区就有3种，分别是华南湍蛙、武夷湍蛙、戴云湍蛙，它们共同构成华南湍蛙种组。这3种蛙同时分布于同一山体，且均具有

相当规模的种群数量，以往未见报道。棘胸蛙组共有3种，分别是棘胸蛙、九龙棘蛙和棘蛙，这3种蛙均在保护区有分布。因此该保护区是湍蛙属华南湍蛙种组和棘属棘胸蛙种组分布中心之一。

（3）保存有当今生命科学领域学者高度关注的物种——凹耳蛙。凹耳蛙具有特别的发声和定位技能，雌性凹耳蛙的超声求偶声，是对急流噪声环境的独特适应。凹耳蛙受到国内外学界高度关注。目前在全球范围内已发现2种，即凹耳蛙和马来西亚、印度尼西亚零星分布的凹耳胡蛙。凹耳蛙分布区十分狭窄，目前所知的分布地点有安徽黄山、浙江建德和安吉及阳际峰。

（4）阳际峰自然保护区是研究中国特有陆生脊椎动物分布、系统发育等最好的保护地之一。一是保护区分布的特有陆生脊椎动物占全国的比例高。其中，21种两栖动物中国特有种，占全国163种的12.9%；13种爬行动物中国特有种，占全国126种的10.3%；6种鸟类中国特有种，占全国71种的8.5%；中国特有哺乳动物4种，占全国86种的4.7%。二是阳际峰记

录的长肢林蛙、九龙棘蛙、戴云湍蛙是武夷山所有保护区的首次记录，长肢林蛙是中国大陆的新记录，对研究动物区系和动物地理温家宝、是化学、遗传地理学以及种各演化等具有重要的科学价值。

（5）阳际峰自然保护区内山地林鸟丰富度指数在武夷山现有保护地中最高。以记录到的鸟种绝对数量比较，福建武夷山自然保护区256种，江西马头山自然保护区245种，江西武夷山自然保护区223种，阳际峰自然保护区207种，福建梁野山自然保护区205种。从鸟类的组成上看，水鸟和农田鸟类在各个保护区鸟类名录中均占较大比例。扣除水鸟和农田鸟类，以山地鸟类统计，福建武夷山145种，江西马头山137种，江西阳际峰136种，江西武夷山（黄冈山）128种，福建梁野山116种。通过Gleaxon(1992)丰富度指数测算，5个保护区山地鸟物种丰富度指数介于22.9～28.9，以阳际峰山地林鸟的丰富度指数最高，达28.9。阳际峰自然保护区对于这些特种的保护和每秒直到至关重要的作用。

在阳际峰的留鸟中，煤山雀、淡绿鹛、栗臀、林雕等鸟类主要分布于我国西部地区或中南半岛、短尾鸦雀亦有中南半岛地理种群。阳际峰远离这些鸟类的主要分布区，在地理分布上呈现出罕见的间断隔离现象，在研究鸟类区系形成和演化方面具有重要价值。

◎ 功能区划

阳际峰自然保护区位于贵溪市最南端，北与马头山国家级自然保护区相邻，人为活动干扰少，区内大部分林地已划入了国家重点公益林。保护区总面积为10946hm²，既包括了主要保护对象的重点分布区域，又控制了保护区面积，其大小和范围均十分适宜。

阳际峰自然保护区功能区划为核心区、缓冲区和实验区3个功能区：核心区分布在保护区的人为活动较少的南部，是保护区的重点保护区域，核心区面积3356hm²，占保护区总面积的30.66%。核心区周围被缓冲区、生态公益林和其他保护区包围，受到良好保护。缓冲区内大部分为原生性植被，有南方红豆杉、福建柏以及众多国家和省重点保护的野生动物。本区包夹在核心区和实验区之间，较好地起到了隔离缓冲作用。实验区位于保护区最外围，区内也包括大量国家和省级重点保护物种。总之，阳际峰

戴云湍蛙

小棘蛙

黄腹角雉

自然保护区的保护范围及功能区划均适宜，能满足保护管理、科研监测、宣传教育等工作的需要。

◎ 科研协作

为了履行好对武夷山生物多样性保护的义务，提高阳际峰自然保护区管理水平，充分发挥保护区的区域重要性和生态服务功能，1996～1997年贵溪市林业局先后聘请南京林业大学周世锷教授和江西农业大学农植林教授等到保护区调查野生动植物资源，开展了"常绿阔叶林可持续经营及高杆无节大径材定向培育技术""毛红椿、青榨槭定向培育技术"等专项研究。2007年，聘请了中山大学、复旦大学、浙江林学院、南昌大学、江西农业大学、江西师范大学、东华理工大学、江西省气象台、江西省地质调查研究院、江西省环境科学研究院、九江市植物标本馆，以及江西省林业厅、江西省环境保护局、鹰潭市林业局、贵溪市林业局和阳际峰自然保护区管理局等多家单位的近80位专家、学者、科技人员和管理人员，组建了阳际峰自然保护区综合科学考察队，对阳际峰自然保护区开展了综合科学考察。考察内容涉及地质、地貌、水文、气候、土壤、植物资源、植物区系、植被、土壤动物、蜘蛛、昆虫、底栖、鱼类、两栖类、爬行类、鸟类、哺乳类、社会经济、生态旅游、保护区管理、区域环境等多个学科。期间，复旦大学陈家宽教授、中国科学院植物研究所傅德志研究员、中国科学院成都生物研究所费梁研究员、江建平研究员等高等院校的专家和学者都与保护区进行过科研协作，保护区还成为复旦大学、中山大学和中国科学院四川成都动物研究所的科研基地。

（乐新贵、丁财明供稿）

金斑喙凤蝶（郭国芸摄）

江西九连山国家级自然保护区位于江西省赣州市龙南县境内，与广东省交界，坐落在南岭山脉东段九连山北坡。地理坐标为东经114°22′50″～114°31′32″，北纬24°29′18″～24°38′55″。保护区总面积13411.6hm²，南北长17.5km，东西宽约15km，属森林生态系统类型自然保护区，主要保护原生性亚热带热带常绿阔叶林及其丰富的生物多样性。保护区始建于1975年，是江西省最早建立的保护区之一，1981年晋升为省级自然保护区，2003年经国务院批准晋升为国家级自然保护区，1995年被纳入中国人与生物圈保护区网络。

◎ 自然概况

九连山在大地构造上属于"九连山隆起构造带"。保护区位于多向构造系统环境中的隆起地段构造背景之上，区内出露地层主要有寒武系、泥盆系、白垩系和第四系等。区内岩石种类较多，分布最广的是岩浆岩类花岗岩；其次为砾岩、砂岩、泥（页）岩等海相沉积岩和变余砂岩、板岩、千枚岩等海相沉积变质岩。保护区地貌由南向北、从中山向低山丘陵过渡，地势南高北低，南面是保护区主峰黄牛石，位于赣粤边界，为境内最高峰，海拔1430m，其山脊自南向东北呈放射状延伸，海拔最低处仅280m，相对高差1150m，坡度一般为25°～45°。

九连山自然保护区气候属于我国亚热带东部、中亚热带华中区的南岭山地副区，与华南区相邻，受大陆和海洋气候的双重影响，气候温和湿润，有明显的干湿季。据保护区气象站19年的观测资料记载，区内年平均气温16.4℃，1月平均气温6.8℃，7月平均气温24.4℃，极端最低气温－7.4℃，极端最高气温37.0℃，年降水量2155.6mm，年平均蒸发量790.2mm，年平均相对湿度87%，年平均日照时数1069.5h。具有冬暖夏凉、四季如春的气候特点，气温、降水、日照均呈典型的垂直分布。

九连山自然保护区境内溪流、沟谷交错，终年流水潺潺，水资源极其丰富，区内主要有大丘田河、田心河、饭罗河、鹅公坑河、上围河等河流，大丘田河经全南县、田心河经龙南县杨村镇同汇于桃江河，为赣江水系的源头之一。水体清澈透明，达到地面Ⅰ级水标准。

九连山自然保护区内土壤的水平和垂直分布规律性明显，自下而上依次为山地红壤、山地黄红壤、山地黄壤和山地草甸土。其中山地红壤分布于海拔500～600m以下，现状植被主要为人工针叶林、针叶和常绿落叶阔

主峰黄牛石（朱祥福摄）

叶混交林。山地黄红壤分布于海拔约500～800m，现状植被主要为典型的原生性常绿阔叶林，还有部分常绿与落叶阔叶混交林、针叶林等。山地黄壤分布于海拔800～1200m之间，现状植被主要为常绿阔叶林及高山矮林。山地草甸土分布于海拔1200m以上的山顶或山脊部位，现状植被主要为箭竹群落、野古草群落和芒草群落。

九连山自然保护区地处中亚热带向南亚热带过渡的典型地带，在地史上未遭受到第四纪大陆冰川的侵袭，因而得以保存着第三纪古老的种属和植被类型。保护区内已查明的高等植物有2796种（含种以下单位，下同），隶属于297科1112属，其中苔藓植物66科137属287种；蕨类植物41科86属188种；裸子植物10科23属31种；被子植物180科866属2290种。这些植物中，从热带延伸至九连山地区的热带性科约60科之多。林内古木参天，珍稀濒危野生植物多，属《国家重点保护野生植物名录》（第一批）的有21种（其中一级3种、二级18种）；属《中国植物红皮书》的种类有24种；列入濒危野生植物种国际贸易公约中附录Ⅰ、附录Ⅱ、附录Ⅲ的种类有68种，国家一级保护植物有南方红豆杉、银杏、伯乐树共3种，国家二级保护植物有观光木、半枫荷等18种，属《江西省级重点保护植物名录》（1994年第一批）的种类有77种。其中蕨类植物3种，裸子植物10种，被子植物64种。

在已查明的动物中，国家一级保护野生动物有黄腹角雉、蟒、豹、云豹、白颈长尾雉、华南虎、金斑喙凤蝶共7种；国家二级保护野生动物有金猫、大灵猫、小灵猫、穿山甲、水鹿、鬣羚、白鹇、海南虎斑鳽、蛇雕、虎纹蛙、硕步甲等49种。

九连山自然保护区独特复杂的地形地貌和保存完好的森林植被造就了丰富的神奇迷人的景观资源。有神秘旖旎的原始森林风光，有参天古树群、奇峰秀山、峡谷峭壁、酒壶耳、狼牙齿等奇崛壮美的自然景观，还有丹霞飞瀑、龙门瀑布、一线泉、三叠泉等众多灵秀的流泉飞瀑。

九连山自然保护区以原生性亚热带常绿阔叶林景观为主，代表性的植物景观有壮观的板状根、迷人的附生寄生植物、藤缠树、树抱石、石包树、古藤、老树等，四季变化万千，景观各异。其中，板根探奇与千年红豆杉林在区内尤具特色。板根是热带雨林中的一种特有生态现象，在地处亚热带的九连山自然保护区也有高大、典型的板根分布，实属罕见。在保护区

板状根（罗晓敏摄）

亚热带常绿阔叶林（罗晓敏摄）

亚热带常绿阔叶林林相（朱祥福摄）

湖光山色（罗晓敏摄）

坪坑，有一片年逾千年的南方红豆杉林，树枝繁茂，冠大叶密，果实成熟时，串串红果结满枝头，煞是罕见。

九连山自然保护区内优越的生态环境，茂密的森林植被，孕育了种类繁多的野生动物。鸟类资源丰富，种类繁多，根据科学调查，共发现鸟类258种，黄腹角雉、白颈长尾雉等多种国家重点保护动物在保护区随处可见。极度濒危鸟类海南虎斑鳽也在保护区安家落户。

九连山自然保护区内昆虫种类多，且珍稀种类不少。有国宝级蝴蝶金斑喙凤蝶，还有极具观赏价值的枯叶蛱蝶中华亚种、金裳凤蝶等多种蝶类。

除丰富的自然资源外，保护区内还存有饶有趣味的历史人文景观。其中有位于大丘田景区的古官道，以石材铺筑而成，虽宽仅1.2m，却是古时的一条主要交通道路；在大丘田景区有一座跨溪铁索桥，铁索两端固定于山石砌筑的桥墩之上，桥面宽约1.5m，长约20m，以木材铺面，被称作铁索飞渡。另外，在保护区墩头村附近还留有许多客家民居遗址，增添了保护区的历史人文内涵。

九连山植物区系成分极为丰富，植被类型多样，从海拔1000m以上的山地到海拔280m的丘陵，具有多种不同的植被类型分布，其区系组成也迥然不同。保护区主要的植被类型有常绿阔叶林、针叶林、竹林、山顶矮林、灌木草丛以及湿地植被。可分为26个群系55个群丛。

其植物区系分布具有典型性、古老性、代表性、完整性、特有性和渐危种多的特点，保存着第三纪就已基本形成的植被类型和大批较古老的种属，福建观音座莲、粗齿桫椤、紫萁、华南紫萁、瘤足蕨、南方红豆杉、银杏、竹柏、三尖杉、小叶买麻藤、罗浮买麻藤、东方古柯等在九连山有大量分布，尤其是裸子植物中的小叶买麻藤和罗浮买麻藤，目前，植物学界对其在植物系统中的发育地位尚无法定论，属于"来历不明"植物，这些植物在九连山出现，更增添了这片森林的热带性及古老性色彩。因此，该自然保护区不仅植物物种多样，而且还具有大量的热带起源物种，以及在植物系统中处于原始阶段的古老物种。被国内外专家学者誉为"不仅保存着大量第三纪遗留下来的古第三纪植物区系和古第三纪植被，亚洲东部温带—亚热带植物区系的主要'集散地'和'摇篮'"。1994年国家公布的《中国生物多样性保护行动计划》，将九连山自然保护区列入"中国

热带特征——攀援植物（罗晓敏摄）

优先保护生态系统名录"，属"森林生态系统的优先保护区"。

九连山自然保护区不仅有得天独厚的自然环境，其绮丽奇秀的森林风光、清新幽静的山水美景、四季宜人的自然气候、丰富多彩的动植物资源，以及历史、人文景观，既是国内外专家学者进行考察研究的理想场所，又是人们向往的生态旅游胜地。对其进行有效保护，将会使九连山这颗亚热带绿色明珠在保护物种基因、开展科学研究、环境监测、国际合作与交流、科普教育、生态旅游等方面更加流光溢彩。

◎ 功能区划

九连山自然保护区划分为核心区、缓冲区和实验区3个功能区：

核心区面积4283.5hm²，占保护区总面积的31.9%，森林覆盖率98%。该区植被主要有亚热带常绿阔叶林、亚热带低山丘陵针叶林、亚热带常绿与落叶混交林、山顶矮林及山地草甸等，是各种原生性生态系统保存最好的地段，还是珍稀动植物的集中分布区。

缓冲区是核心区与实验区的过渡地段，面积1445.2hm²，占保护区总面积的10.8%。该区包括一部分原生性森林生态系统类型和由演替类型所占据的次生生态系统，还包括一部分人工生态系统。

实验区位于缓冲区外围，该区面积7682.9hm²，占保护区总面积的57.3%。该区植被主要有亚热带常绿阔叶林、亚热带低山丘陵针叶林、亚热带常绿与落叶混交林、山顶矮林、山地草甸、毛竹林、人工杉木林等。

◎ 科研协作

20多年来，保护区先后接待了中国科学院动物研究所、植物研究所、中国林业科学院亚林所、华南植物研

究所、南京土壤研究所、中山大学、江西大学、江西农业大学、北京师范大学，以及日本京都大学、岛根大学、冈山大学等70多家科研院所、大专院校的专家学者前来参观、考察，开展科学研究和教学实习，并长期与日本京都等大学、香港嘉道理农场暨植物园、中国科学院地理科学与资源研究所、动物研究所开展合作项目研究，建立了良好的合作关系。对保护区内的"生态环境""动植物资源""亚热带常绿阔叶林森林生态系统"等开展了大量、长期、细致的考察和研究，取得了一系列研究成果。

1978～1981年，由江西大学生物系教授林英先生率领的多高校、多学

科的综合考察团，历经三年时间，完成了保护区首期综合科学考察工作；1998～1999年开展了第二次综合科学考察，基本查清了区内地质、气象、水文和野生动植物资源，出版了《江西九连山自然保护区科学考察与森林生态系统研究》。1982～1997年，与中国科学院协作，共同完成了"江西省九连山自然保护区亚热带常绿阔叶林营养元素循环、气象效应和水文效应的定位研究"。1986～1998年，保护区与中国科学院、日本京都、冈山、岛根等日本国大学合作开展了"九连山自然保护区亚热带常绿阔叶林森林生态定位研究"。1986～1991年，保护区完成了"竹荪菌种筛选栽培技术"推广项目，获省科技进步三等奖。1996～1999年，与江西省林业科学研究院合作开展"杜仲

胶高含胶量良种选育"课题。2000～2001年，与江西省林业科学研究院合作开展了由国家林业局资助的GEF小型项目"突托腊梅种群监测保护与生存力研究"课题。

九连山自然保护区的科技人员积极开展调查研究，先后在保护区发现了国家一级保护野生动物黄腹角雉、金斑喙凤蝶和世界极度濒危鸟类海南虎斑鳽，增加了32种鸟类新记录。

20余年来，保护区坚持不懈地进行水文、气象定位观测，积累了大量的原始数据资料，在国内处于领先水平。全体科研人员，先后在各种自然科学期刊上发表学术论文40余篇；编辑出版了《九连山调查论文集（一）》

藤缠树（罗晓敏摄）

《江西省九连山自然保护区论文专集（二）》《九连山自然保护区植物名录》等。1986年，由日本万国博览会资助在保护区建立了森林生态研究中心，1987年，保护区的植物标本馆被列入《中国植物标本馆索引》。

（叶复、廖承开供稿）

江西 齐云山
国家级自然保护区

江西齐云山国家级自然保护区位于江西省崇义县西北部，地处南岭山脉与罗霄山脉交汇的诸广山脉腹地，东、南地跨崇义县思顺、上堡2个乡（镇），西与湖南省桂东县接壤，北与赣州市上犹县交界，为2省3县交界地区。地理坐标为东经113°54′37″～114°07′34″，北纬25°41′47″～25°54′21″。保护区总面积17105hm²，是以保护中亚热带与南亚热带过渡带森林生态系统和伯乐树、南方红豆杉、银杏、黄腹角雉、白颈长尾雉、豹、云豹以及我国中部候鸟迁徙通道上迁徙候鸟的重要停歇补食点为主的森林生态系统类型中型自然保护区。保护区始建于1997年，2004年晋升为省级自然保护区，2012年经国务院批准晋升为国家级自然保护区。

南方红豆杉（刘仁林提供）

齐云山国家级自然保护区（黄啸摄）

◎ 自然概况

齐云山自然保护区位处华夏板块、南岭纬向构造带与罗霄经向构造带的结合地段，区域构造型式呈"⊥"型特点，主要由各种不同时代、不同类型的花岗岩组成。成岩时代主要有早古生代晚期和中生代。

齐云山自然保护区内属中山地貌，最高海拔齐云山2061.3m，最低海拔300m，相对高差达1761.3m。1000m以上的山峰有72座，1200m以上的山峰有35座，1500m以上的山峰有18座。地貌成因类型以花岗岩山岳地貌为主，地貌形态和微地貌单元主要受断裂构造控制，由于断裂构造的多向性而形成了地貌特点的多向性和微地貌单元的多样性。

齐云山自然保护区内成土母质多样，随着海拔高度的不同，土壤类型自低向高依次有红壤、黄红壤、黄壤、暗黄棕壤和山地草甸土，垂直地带分布明显，具体为海拔500m以下的山麓为典型红壤；500～800m为黄红壤；800～1200m为黄壤；1200～1800m为暗黄棕壤；1800～2061.3m为山地草甸土。

银杏（卢和军摄）

福建柏（卢和军摄）

齐云山自然保护区受中亚热带湿润季风气候影响，四季分明、冬长夏短、春迟秋早、春夏多雨、雨量丰沛、秋冬干旱、光照适宜的特点。区内年平均气温9.5～17.8℃，年均降水量为1568.7～1965.5mm，年平均积温2188～5479℃，无霜期183～268天。

齐云山自然保护区是长江一级支流——赣江的重要源头地区，主要河流有正井河、茶坑河、冬瓜坪河、桶江河、新地河、横河、十八垒河等13条河流，这些河流的总长度70.4km，年总径流量约4.3亿m³，平均流速2.11m/s，平均水面宽8.0m，平均水深1.0m。区内少有人为干扰，水质均为Ⅰ类水。

齐云山自然保护区植被类型分为4个植被型组，11个植被型，70个群系，植被水平分布和垂直分布各有特征。在水平分布上，地带性植被中亚热带东部湿润性常绿阔叶林分布最广、面积最大，主要分布于保护区杨柳洞、桶江、横河、冬瓜坪和上、下十八垒，针叶林则主要分布在陡峭的山脊、梁顶，林下灌木和草本层植物的分布也表现出水平方向上的差异。垂直分布规律不甚明显，但仍可划成几个垂直带，依次是毛竹林（400～1100m）—常绿阔叶林（400～1200m）—常绿—落叶阔叶混交林（1000～1500m）—针阔混交林（1300～1600m）—山顶矮林（1600～1800m）—山地草甸（1800m以上）。

由于生境的多样性，孕育了独特的生物群落，成为野生动植物理想的生长繁衍场所。区内已查明高等植物2843种，其中裸子植物9科17属20种，被子植物169科830属2402种，蕨类植物40科85属229种，苔藓植物52科99属192种。

齐云山自然保护区有脊椎动物34

常绿阔叶林（陈辉敏摄）

目 101 科 394 种，其中哺乳类 45 种，鸟类 257 种，爬行类 48 种，两栖类 24 种，鱼类 20 种。有陆生贝类 37 种；蜘蛛 171 种；昆虫 1156 种。

◎ 保护价值

齐云山自然保护区主要保护对象是：南岭北坡原生性森林生态系统与珍稀濒危野生动植物种群及其生境（国家一级保护野生植物伯乐树、南方红豆杉、银杏和国家一级保护野生动物黄腹角雉、白颈长尾雉、豹、云豹，以及大面积长苞铁杉、福建柏等亚高山针叶林天然群落）；我国中部候鸟迁徙通道上迁徙候鸟的重要停歇补食点；长江一级支流赣江源头集水区的水源涵养林。

齐云山自然保护区保存了完整的原生性森林生态系统，依赖于这一生态系统而生存的亚高山针叶林（长苞铁杉、福建柏、南方铁杉等）是研究我国南方山地裸子植物生物生态学特征、生殖生态学过程及其演化、发展生态学的重要群落。此外，依赖于这一生态系统而产生的重要生态功能之一是保护了长江重要支流赣江的源头集水区森林植被。赣江流经鄱阳湖，鄱阳湖为长江提供了 15.6% 的淡水资源，因此齐云山自然保护区的森林生态系统是研究我国长江流域水文生态学过程的重要场所。

齐云山自然保护区具有丰富的物种多样性和遗传多样性，一是区内有高等植物 2843 种，脊椎动物 394 种。其中国家一级保护野生植物有伯乐树、南方红豆杉、银杏 3 种，国家二级保护野生植物有小黑桫椤、金毛狗、毛红椿等 14 种；国家一级保护野生动物有黄腹角雉、白颈长尾雉、豹、云豹 4 种，国家二级保护野生动物有藏酋猴、水鹿、穿山甲等 46 种；列入《中国植物红皮书》20 种；列入《中国物种红色名录》88 种；列入《濒危野生动植物种国际贸易公约》82 种；兰科植物 74 种。这些物种是研究南岭生物区系遗传多样性的重要基础。二是小种群的植物物种很丰富，福建观音座莲、华南舌蕨、毛枝蕨、羽裂双盖蕨、毛轴线盖蕨、鞭叶蕨、崇澍蕨、东京鳞毛蕨、二回黔蕨、三相蕨、雨蕨、小黑桫椤和粤紫萁等在齐云山保护区分布相对较多，对研究气候、地质历史、

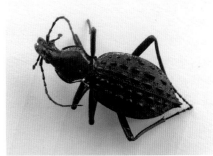

拉步甲（刘兴平提供）

黄腹角雉（谭庭华摄）

领角鸮（谭庭华摄）

斑林狸（黄声亮摄）

伯乐树（黄声亮摄）

原生性矮曲林（刘仁林提供）

植物系统发育等具有较高的价值。

齐云山自然保护区特有成分较多，保护区特殊的地理位置、气候条件，以及多样化的生境，受地质历史和植物历史的综合影响，齐云山的植物区系表现出明显的区域特征。一是多种新记录植物种（属）或模式标本产地。裸蒴苔、厚角鞭苔、小叶鞭苔等25种苔类和大曲柄藓、粗叶青毛藓、长叶青毛藓等19种藓类为江西新记录种；锦叶藓属、疣胞藓属和腐木藓属为江西新记录属；缩羽毛蕨、崇义肋毛蕨模式标本产地。二是具有较多的中国特有成分，种子植物特有属达33属，在这些特有属中有许多在系统发育上比较孤立的单型科、属，如伯乐树科、大血藤科、青钱柳属等，同时还有比较古老的裸子植物类群如铁杉属、榧属、红豆杉属等，这说明齐云山植物区系在系统发育上具有一定的古老性。这得益于齐云山成陆较早，环境条件较稳定，因而保存并繁衍了大量的古老性植物。

经济研究价值很高，齐云山自然保护区保存了16种山茶属植物和面积较大的天然的优良遗传品质马尾松林等，这些天然的遗传资源对研究、改良经济植物遗传品种具有很高的经济研究价值。

齐云山自然保护区为研究候鸟迁徙提供了重要平台，保护区在全国鸟类环志中心的指导下，迄今已完成近2万只迁徙候鸟的环志工作，涉及候鸟219种。2010年9月6日齐云山自然保护区网捕回收1只日本北海道2007年7月环志的蓝歌鸲，环号为2X75475；2013年6月12日，黑龙江呼中国家级自然保护区鸟类环志站网捕回收一只齐云山自然保护区环志站于2012年10月13日环志的厚嘴苇莺，环号为C34-6904。齐云山自然保护区作为候鸟迁徙国际通道上的重要停歇

云锦杜鹃（刘仁林摄）

金毛狗（卢和军摄）

小黑桫椤（卢和军摄）

粤紫萁（严岳鸿摄）

补食点，对研究鸟类迁徙、鸟类行为生态学等具有重要科学价值。

◎ 功能区划

齐云山自然保护区功能区划为核心区、缓冲区和实验区3个功能区：核心区面积5680hm²，区内为原生性植被，并有南方红豆杉、伯乐树、银

杏等珍稀树种和群落，还有豹、云豹、藏酋猴、黄腹角雉等国家重点保护动物，且分布丰富、集中、地域连片，核心区周围被缓冲区包围，受到良好保护。缓冲区面积2750hm²，区内大部分为原生性植被，有南方红豆杉、卵叶桂、福建柏、凹叶厚朴、华南栲以及众多国家级和省级重点保护的野生动植物。实验区面积8675hm²，是保护区边界以内、缓冲区界限以外的区域，主要为各种实验活动提供场所。

◎ 科研协作

2006年开始，齐云山自然保护区邀请国内16所大专院校和科研院所的60位专家，共同对保护区内生物资源及环境、地质、水文等自然资源进行了较为全面的考察和教学实习活动，基本查明了保护区内本底资源和珍稀野生动植物情况，采集了大量珍贵、稀有植物标本。于2010年3月由中国林业出版社出版了《江西齐云山自然保护区综合科学考察集》；与中国地质科学研究院水文地质环境地质研究所童国榜研究员合作进行了花粉孢子形态学调查研究工作；在《四川动物》《动物学杂志》《动物分类学报》《中南林业科技大学学报》《植物研究》《广西植物》《热带亚热带植物学报》《华南农业大学学报》等杂志上发表论文9篇；印制了野生动植物图集，拍摄了多媒体视频宣传资料，为科研和教学提供了宝贵的基础资料。（卢和军供稿）

江西赣江源国家级自然保护区位于江西省石城县与瑞金市的交界地区，地理坐标为东经116°15′01″~116°29′06″，北纬25°56′30″~26°07′42″。保护区总面积16100.85hm²，是以保护武夷山脉南段西侧典型的中亚热带常绿阔叶林生态系统；丰富的生物多样性；较大面积的香果树和光叶榉原生性种群；长江重要支流赣江主源头重要的水源涵养林生态系统，是典型的自然生态森林生态系统类型的保护区。保护区始建于1998年，2013年6月4日经国务院批准晋升为国家级自然保护区。

◎ 自然概况

赣江源自然保护区地处武夷山脉南段西侧、长江重要支流赣江的正源头，森林覆盖率达94.2%，是武夷山脉自然生态系统保存较好的区域之一。保护区位于欧亚大陆板块东南部武夷山隆起带南段，地处华南加里东褶皱造山带，主要为变质岩和砂岩。保护区属中—低山地貌，峰峦起伏，沟谷纵横，海拔1000m以上山峰有9座，最高峰鸡公岽海拔1389.9m，最低沟谷海拔250m。总体地貌格局以盆岭相间展布为特点。

赣江源自然保护区属中亚热带湿润季风气候，且具山地气候特点。近30年平均气温18.9℃；年降水量1698.2~2024.4mm，雨热同季。降水时空分布不匀，春、冬季湿润，夏、秋季干燥。从总体上看，气象灾害少，气候条件十分有利于生物多样性保护。

赣江源自然保护区赣源崠是赣江的主源头，区内溪流交错，水系发达，有石寮河、横江河、龙岗河、迳口河、日东河和贡潭河等诸水。石寮河为源河，属赣江之正源。

随着海拔高度的不同，土壤类型自低向高依次有紫色土、红壤、黄红壤、黄壤、山地草甸土。海拔600m以下的山麓为典型红壤；600~1000m为黄红壤；黄壤分布在1000m以上；1000m以上的矮林地区还有山地草甸土。紫色土也主要分布在海拔600m以下地区。

◎ 保护价值

我国亚热带地区保存了大面积完整的常绿阔叶林，而全球同纬度地区多为热带——亚热带荒漠或半荒漠，赣江源自然保护区有我国中亚热带南部典型的中亚热带常绿阔叶林生态系统和丰富的生物多样性，以及大面积的香果树和光叶榉原生性种群、中亚热带南部地带性常绿阔叶林群落类型，许多原生性或近原生性地带性常绿阔叶林的表征类型，如南岭栲林、丝栗

赣江源自然保护区核心区

栲林、钩栲林、米槠林、鹿角栲林、罗浮栲林、青冈林、大叶青冈林、华南石栎林、红楠林、闽楠林、黑壳楠林、樟树林、华东润楠林、深山含笑林、阿丁枫林等都有分布。赣江源自然保护区是构建武夷山脉完整的自然保护网不可或缺的重要组成部分，在全球同类自然生态系统中不失为最好的代表。

赣江源自然保护区核心区的原生植被，大多位于陡峭的变质花岗岩或砂岩坡面上，土层浅薄，岩石裸露，降雨量丰富且较集中，一旦原生植被遭受破坏，极易导致山体崩塌，引发泥石流，危及下游地区生命和财产安全，不但无法恢复顶极森林群落，而且森林植被极难恢复。

根据科学考察，赣江源自然保护区森林覆盖率高达94.2%，森林植被有5个植被型组，13个植被型，87个群系，类型复杂多样，森林生态系统的组成成分与结构复杂。野生高等植物252科837属2582种（含种以下单位），其中，种子植物有169科686属2261种。种子植物中裸子植物8科15属17种，被子植物161科671属2244种。高等植物种数占江西省高等植物种数（5115种）的50.48%。陆生脊椎动物共有31目93科221属360种。其中，哺乳类有8目19科48属59种，鸟类有18目55科125属214种，两栖类有2目8科10属28种，爬行类有3目11科38属59种。陆生脊椎动物占江西省陆生脊椎动物种数（642种）的56.07%。保护区内另有鱼类3目8科16种，淡水贝类8科10属14种，陆生贝类有10科15属34种，虾类有2科2属2种，蟹类1科1属1种，昆虫16目173科677属1055种，大型真菌2亚门39科84属155种。

赣江源自然保护区内国家重点保护野生动植物种类多，具有国内珍稀濒危或残遗的类型。国家重点保护野生植物16种，其中，国家一级保护植物有南方红豆杉，伯乐树、银杏3种，国家二级保护植物有金毛狗蕨、光叶桦、榉树、凹叶厚朴、樟树、闽楠、浙江楠、金荞麦、野菱、野大豆、花榈木、半枫荷、香果树13种；国家重点保护野生动物有42种，其中，国家一级保护动物有豹、云豹、黄腹角雉、白颈长尾雉、蟒蛇5种，国家二级保护动物有猕猴、豺、水鹿、鬣羚、穿山甲、隼、松雀鹰、白鹇、虎纹蛙等37种。有51种陆生脊椎动物被列入濒危野生动植物种国际贸易公约（CITES），其中列入附录Ⅰ、附录Ⅱ的物种数分别为7种、32种。有31种中国特有陆生脊椎动物物种，其

香果树（花）

南方红豆杉（果）

南方红豆杉

银杏

银杏

中两栖类13种、爬行类12种、鸟类4种、哺乳类2种。

赣江源自然保护区地处福建、江西2省交界区域，山多林密，森林覆盖率为94.2%，区内基本处于自然状态，人为干扰极少，核心区、缓冲区内无居民居住。

赣江源自然保护区内人为干扰活动较小，保存有典型而完整的中亚热带中低海拔常绿阔叶林生态系统，森林植被有5个植被型组，13个植被型，87个群系，已查明的野生动植物种有4000多种，包括众多的原生植物和多种特有、珍稀、濒危野生动植物物种，是天然的种子资源库、种质基因库。多年来当地政府和有关部门对保护区进行有效保护，实施天然林和阔叶林禁伐，保护了森林植被和野生动物，也有效维护了生态过程的自然性和完整性。

赣江源自然保护区内保存了较大面积的原生性珍稀植物群落：①大面积香果树原生种群。国家二级保护野生植物香果树在保护区核心区沟谷呈散生分布，面积较大，绵延20km。最大胸径74.3cm，最大树高26.4m，且大、中、小径级分布均匀，林龄结构完整，实为罕见。②大面积光叶榉原生种群。光叶榉是珍贵树种，保护区内分布面积约有100hm²，1万余株，最大胸径40.8cm，最大树高27.3m。③浙江楠原生种群。国家二级保护野生植物浙江楠，一般很少见到成片的群落，而在该保护区却相对集中分布，50余株，最大胸径81cm，最大树高20m，年龄约150年。④古树群落多。保护区分布有较多的大树、古树群落，胸径大于50cm、树龄大于100年的大树、古树共35种，如银杏、香果树、光叶榉、浙江楠、南方红豆杉、闽楠、伯乐树、云山青冈、杉木、钩栲、米槠、黄檀、水青冈、蓝果树、马尾松、椴树、青钱柳、细柄阿丁枫等。⑤保存了较完整的地带性天然栲类林。保存了较完整的天然栲类林，平均胸径60cm，面积达上千公顷，反映了保护区森林生态系统具有地带性、典型性、原生性，对研究植物区系的演化具有重要意义。

伯乐树（果）

白鹇

◎ 功能区划

赣江源自然保护区功能区划为核心区、缓冲区和实验区3个功能区：核心区分布在该保护区的人为活动较少的区域，是保护区的重点保护区域，是生态系统保存较好，物种丰富，生态类型相对集中，便于实施保护。核心区的面积5491.8hm²，占总面积34%；缓冲区分布在核心区与实验区之间，对核心区起到保护与缓冲的作用，面积为3493.6hm²，占总面积22%；实验区分布在保护区的最边缘，可以在实验区从事一定的科研活动人为活动较为频繁的区域，该区域面积7115.45hm²，占总面积的44%。

◎ 科研协作

已出版了《江西赣江源国家级自然保护区综合科学考察集》；在刊物上发表文章20篇；制作了2000余份动植物标本，为科研和教学提供依据；与中国科学院地理科学与资源研究所，江西省山江湖治理委员会，江西省林业科学研究院共同建立了生态观测系统，对区内生物生存的原生态环境观察分析；主要观察因子有气候因子、土壤因子、空气质量、水文水质等；制定生态环境质量评价与监测技术规范，提高监测预警能力，为生态功能区的管理和决策提供科学依据，对周边环境监测提供可靠的资料。这标志着赣江源自然保护区全面的生态监测工作已经开始。

（赣江源自然保护区供稿）

虎纹蛙

眼镜蛇

江西 官山
国家级自然保护区

官山猕猴

江西官山国家级自然保护区位于赣西北九岭山脉西段的南北坡，涉及宜春市的宜丰、铜鼓两县，东西跨度为21.64km，南北跨度为11.97km。地理坐标为东经114°29′~114°45′，北纬28°30′~28°40′。保护区总面积11500.5hm²，属野生动物类型的自然保护区，主要保护对象是白颈长尾雉、黄腹角雉、白鹇、猕猴、南方红豆杉、伯乐树、穗花杉等珍稀动植物及其生境。保护区于1981年经江西省人民政府批准为省级自然保护区，2007年经国务院批准晋升为国家级自然保护区。

◎ **自然概况**

官山自然保护区在大地构造背景上地处江西两大构造单元——扬子古板块与华南古板块结合带的北部，属"江南古陆"的组成部分，又处于九岭山多期次古造山带西段，也是华南地区两大古构造单元结合带中段的北缘。其地质历史悠久，地形构造复杂多变，属典型的南方中山地貌。海拔高差达1280m，最高峰麻姑尖海拔1480m；狭谷地形在海拔千米以下较为常见，两侧多为峭壁悬崖，谷缘顶部多为较平缓的丘陵地貌。区内分布有红壤、黄壤和草甸土3个土类，红壤、山地黄红壤、山地黄壤、山地黄棕壤及山地草甸土5个亚类，其垂直分布规律明显。

官山自然保护区位于中亚热带北缘，属中亚热带温暖湿润气候区。区内年均气温为16.2℃。1月份为最冷

官山之巅（李存海摄）

黄腹角雉（张雁云摄）

白颈长尾雉（丁平摄）

白鹇（陈俊豪摄）

伯乐树（陈利生摄）

巴东木莲花（周小华摄）

月，平均气温 4.5℃；7 月份为最热月，平均气温 26.1℃；年均无霜期 250 天；年均降水量 2009.3mm。保护区地表水系发育充分，森林覆盖率高达 93.8%。南坡水源汇经宜丰县的长塍河和耶溪河；北坡水源汇经铜鼓县定江河，南北水系为当地农业生产和群众生活提供了充足、洁净的水源。

官山自然保护区自然资源丰富，主要植被类型有常绿阔叶林、常绿落叶阔叶混交林、落叶阔叶林、针叶林、针阔叶混交林、山顶矮林、竹林、灌丛、灌草丛、沼泽植被等 10 个类型。已查明的脊椎动物有 304 种，其中哺乳类 37 种，鸟类 157 种，爬行类 66 种，两栖类 31 种，鱼类 13 种。国家一级保护野生动物有云豹、豹、白颈长尾雉、黄腹角雉 4 种，国家二级保护野生动物有白鹇、勺鸡、猕猴等 33 种。已查明的高等植物有 2344 种，其中被子植物 1896 种，裸子植物 19 种，蕨类植物 191 种，苔藓植物 238 种，大型真菌 132 种。属国家一级保护野生植物有南方红豆杉和伯乐树 2 种；属国家二级保护野生植物有长柄双花木、毛红椿、香果树等 18 种。

◎ **保护价值**

官山自然保护区属野生动物类型的自然保护区，其主要保护对象是白颈长尾雉、黄腹角雉、白鹇、猕猴、南方红豆杉、伯乐树、穗花杉等珍稀动植物及其生境。其保护价值主要体现在：

官山猕猴

金裳凤蝶指名亚种（丁冬荪摄）

南方红豆杉（王江林摄）

官山自然保护区山顶古冰川漂砾景观（陈利生摄）

官山猕猴

官山猕猴

天然麻栎林（葛刚摄）

（1）保护区生态区位特殊性。保护区所在的九岭山脉，位处长江中游，鄂、湘、赣三省的地理中心地区，地理位置非常特殊，是华东与华中、华南、西南的交汇带，是一个比较典型的植物过渡带。

（2）生态系统完整、生物多样性丰富。保护区地跨九岭山脉南北坡，构成一个相对完整的自然生态体系。官山有400多年的封禁历史，生态系统保存完整，是各种动植物生长繁殖的天堂，生物多样性十分丰富。

（3）保护区是珍稀物种基因库。保护区地理位置特殊，是许多珍稀动植物的"避难所"。区内分布有国家重点保护野生动物有37种，分布有国家重点保护野生植物20种，有长果山桐子、宜丰麦李、铜鼓槭等保护区特有植物。

（4）动植物群落具有特色。保护区分布有350亩穗花杉纯林、300亩南方红豆杉纯林、100多亩银钟花林、200亩长柄双花木纯林。

保护区分布有国家一级保护野生动物白颈长尾雉800～1000只，分布国家二级保护野生动物白鹇分布3000只，国家二级保护野生动物猕猴分布比较集中，已查明有11群共650多只。

（5）保护区在资源利用、科普教育方面具有重大价值。保护区已建立国家林木采种基地，成功进行了采种育苗及优质珍贵乡土树种的推广工作。保护区于2003年先后建立了江西省环

双猴守官山（刘运珍摄）

境保护教育基地和青少年科普教育基地，结合当地实际，成功开展了环境保护宣传教育及青少年科普教育。

（6）保护区具有良好的保护管理基础。官山保护区是江西省建区最早的第一批自然保护区，建区历史已有28年，已建立起比较完善的管理机构，基础设施建设扎实，保护管理经验丰富。1999年获国家环保总局、国家林业局、农业部、国土资源部授予的"全国自然保护区管理先进单位"。

（官山自然保护区供稿）

斯洛文尼亚鸟类专家在官山自然保护区考察
（余泽平摄）

官山天然林（余泽平摄）

江西

江西 九岭山
国家级自然保护区

江西九岭山国家级自然保护区位于长江中下游以南鄱阳湖平原与洞庭湖平原之间的九岭山脉与幕阜山脉的腹地，南连罗霄山脉，东北西三面与武夷山脉、大别山脉、武陵山脉隔水相望，成为中亚热带许多动植物种类的栖身之地。地理坐标为东经115°03′25″～115°24′23″，北纬28°49′06″～29°3′19″。保护区总面积11541hm²，以中亚热带低海拔区域的典型原生性常绿阔叶林、丘陵河流湿地生态系统和珍稀野生动植物为主要保护对象，属森林生态系统类型自然保护区。保护区始建于1994年，2010年4月经国务院批准晋升为国家级自然保护区。

蛇雕

◎ 自然概况

九岭山自然保护区在大地构造背景上属于我国江南古陆的一部分，由元古代海相变质岩构成褶皱基底，构造运动极其发育，历经四堡、晋宁、印支、燕山和喜马拉雅山等五个构造演化阶段，形成了现今的地质地貌格局。晋宁运动以来，本区一直是江南典型的构造——岩浆活动区之一。地层发育不全，岩浆活动期次多，旋回多，其区域构造复杂，褶皱、断裂发育，多为近东西向、北东向和北西向，控制了全县山脉、水系的展布和矿藏分布。主要出露元古代和新生代地层，仅见震旦系莲沱组和中元古代双桥山群变质岩系，山缘地带见有新生代第四系沉积物，古生代、中生代地层缺失。

九岭山自然保护区内峰峦叠嶂，山岭耸峙，山高谷深，山间岗埠平原错落相间，总的地貌景观以中山为主，呈现为西北部地势高耸，东南部较低的特点：山丘广布，平原狭小，层状地貌明显。

九岭山自然风貌

中华秋沙鸭

九岭山自然保护区属于修水水系，河流水系发育，河网密布，共有大小支流20多条。本境径流主要是降雨形成，春末夏初，降雨多，径流大，雨季过后，河道逐渐进入枯水期，枯水期径流全靠山区岩石裂隙、森林植被涵养的水源补给。

九岭山自然保护区主要土壤类型由花岗岩、泥质岩、红砂岩和第四纪河流冲击物发育而成。依母质不同，形成酸性岩红壤、山地黄壤、山地黄棕壤、水稻土和潮土，土层较厚，表层土壤有机质含量丰富。由于山地较多，一些地方石砾连绵，母岩极难分化，上层浅薄。保护区内土壤类型较多，以红壤和黄壤为主。

九岭山自然保护区属亚热带湿润季风气候，主要特点是气候温和，四季分明，无霜期长，雨量充沛，光照充足，植物生长季长。年平均气温一般在14.4～27.0℃，县城常年积温为6300℃，平原地区＞5700℃，海拔500m以上山区＜4800℃。年降水量1426～2197.9mm，全年平均降水量在1653mm左右，年均蒸发量1053.3mm。全年平均霜期为99天，无霜期为266天；年日照时数1872.8h。风向以西北风为主。

九岭山自然保护区内有温性针叶林、暖性针叶林、针阔叶混交林、落叶阔叶林、常绿阔叶林、山地苔藓矮曲林、硬叶常绿阔叶林、竹林、沼泽等9个植被型，61个群系和118个群丛。在保护区低海拔的山麓与沟谷中，具有中亚热带低海拔区域最为典型的以樟科、壳斗科、山茶科等树种组成的常绿阔叶林，包括大面积原生性的樟树群落、刨花润楠群落、苦槠群落和一定面积的凤凰润楠群落、闽楠群落，多达20个群系。这在亚热带其他地区已难得一见。

九岭山自然保护区已知高等植物

阔叶林

共 300 科 966 属 2106 种（变种、亚种和变型），其中，苔藓植物 57 科 114 属 170 种，蕨类植物 38 科 81 属 152 种，裸子植物 7 科 10 属 14 种，被子植物 198 科 761 属 1770 种。动物资源共有 38 目 110 科 283 属 429 种。其中鱼类 7 目 18 科 55 属 77 种；两栖动物 2 目 8 科 12 属 27 种；爬行动物有 3 目 11 科 38 属 58 种；鸟类有 18 目 53 科 129 属 207 种；哺乳动物有 8 目 20 科 49 属 60 种。昆虫纲无脊椎动物有 28 目 253 科 2243 种。大型真菌计 9 目 28 科 73 属 144 种。蛛形纲无脊椎动物有 5 目 43 科 253 种。

◎ 保护价值

九岭山自然保护区内有丰富的珍稀濒危植物，属于国家一级保护植物有红豆杉、南方红豆杉、银杏、伯乐树 4 种，国家二级保护植物有榧树、鹅掌楸、樟树、闽楠、金荞麦、中华结缕草、大叶榉树、山豆根（胡豆莲）、野大豆、花榈木、红豆树、毛红椿、永瓣藤、喜树、香果树等 15 种，兰科植物 32 种，并有 67 种属于省级和地市级保护植物。婺源凤仙花、短刺虎刺是全国稀有的植物种类。

九岭山自然保护区内属于国家一级保护动物有中华秋沙鸭、白颈长尾雉、云豹、豹 4 种；国家二级保护猕猴、穿山甲、豺、水獭、大灵猫、小灵猫、河麂、水鹿、鬣羚、大鲵、虎纹蛙、海南鳽、小鸦鹃、鸳鸯、草鸮、短耳鸮、斑头鸺鹠、领角鸮、褐林鸮、领鸺鹠、黑冠鹃隼、小隼、赤腹鹰、松雀鹰、红隼、白鹇、勺鸡等 37 种。

◎ 功能区划

九岭山自然保护区划分为核心区、缓冲区、实验区 3 个功能区。其中核心区面积 4334hm²，占保护区总面积

紫芝

小麂

直红蝽

大鲵

中华大蟾蜍

的 37.55%；缓冲区面积 3461hm²，占 29.99%；实验区面积 3746hm²，占 32.46%

◎ 科研协作

厦门大学生命科学学院、南昌大学生命科学学院、福建农林大学植保学院、江西农业大学林学院、江西师范大学生命科学学院、江西九岭山自然保护区管理局等单位的专家、学者组成了江西九岭山自然保护区综合科学考察队，深入腹地进一步作了较为系统的科学调查，取得了丰硕的成果，撰写形成了《江西九岭山自然保护区综合科学考察报告》，于 2008 年由科学出版社出版。

（李华、舒特生供稿；黄崔、李振基、林清贤提供照片）

浓紫彩灰蝶

蓝丸灰蝶

箭环蝶

黄裙竹荪

阔叶林

海南虎斑鳽

江西 武夷山
国家级自然保护区

江西武夷山国家级自然保护区位于江西省东北部、铅山县南沿、武夷山脉北段西北坡，东南部以山脊为界与福建武夷山相连。地理坐标为东经117°39′30″～117°55′47″，北纬27°48′11″～28°00′35″。保护区面积16007hm²，属自然生态系统类别中的森林生态系统类型自然保护区，主要保护对象为中亚热带中山山地森林生态系统及国家重点保护植物原生地和国家重点保护动物栖息地。保护区始建于1974年，是1981年批准建立的首批6个省级自然保护区之一，2002年经国务院批准晋升为国家级自然保护区，2004年加入中国人与生物圈保护区网络。

生命的延续（红尾水鸲雏鸟）（郑元庆摄）

◎ 自然概况

武夷山自然保护区在地层区划上属于华南地层区，保护区所在的黄岗山及其周边是新构造运动抬升最强烈的区域。由于抬升强烈，河谷深切，阶梯高差大，从保护区中心的河谷（海拔600m）到黄岗山顶（2157.7m）不到5km，相对高差超过1500m。保护区地貌形态为强烈侵蚀的岩浆岩中山地貌，地貌类型有山地地貌、溪水和湿地地貌。区内山脉绵延起伏，千姿百态，海拔1800m以上的山峰有20多座。

受海洋性暖湿气流、地形等因素的共同影响，保护区内常年云雾缭绕，雨量充沛。年平均气温14.2℃，1月平均气温3.6℃，7月平均气温23.8℃，极端最低气温–14.2℃，极端最高气温36.3℃。年平均湿度84%。年降水量2583mm。年平均无霜期231天。

武夷山区的土壤主要包括黄壤、黄棕壤、中山草甸土等土类，土壤肥力中等，呈中性或酸性。

武夷山自然保护区内溪水主要有桐木水、乌石水、岑源水和杨村水，是信江一级支流铅山河的发源地。河水水质达到地面 I 级水标准。

武夷山自然保护区孕育了丰富的植物资源。区内植物具有典型的温带–亚热带过渡性质，已查明的高等植物有292科1126属2829种（含亚种、变种），其中属于国家一级保护（第一批）的有银杏、红豆杉、南方红豆杉、伯乐树共4种；属于国家二级保护的有连香树、厚朴等17种；属于《国际贸易公约》二级保护的有金毛狗、竹叶兰、银兰等82种；有兰科植物80种。区内有400余 hm² 成片分布的南方铁杉天然林、罕见的天然柳杉林、原生状态的矮曲林等，十分稀有珍贵，

秋染黄岗（程松林摄）

山村（程松林摄）

山村（梁伟摄）

林内百年古树木比比皆是。散生在林中的还有起源古老的红豆杉、南方红豆杉、三尖杉、武夷山桤树和鹅掌楸、银杏等。

武夷山自然保护区动物区系属东洋界中印亚界的华中区东部丘陵平原亚区，已查明的脊椎动物有鸟类18目47科263种；兽类8目25科77种；

爬行类2目11科57种；两栖类2目8科25种；鱼类3目9科36种。共有5纲33目100科458种。属国家一级保护动物有华南虎、云豹、豹、黑麂、黄腹角雉、白颈长尾雉、金斑喙凤蝶共7种；属国家二级保护的有藏酋猴、黑熊、白鹇、勺鸡、林雕、红隼等49种。

武夷山自然保护区景观资源有原始状态天然林，典型的植被垂直带谱，还有众多名木古树；以雄视大陆东南的"华东屋脊"黄岗山、横贯武夷山脉的第一大峡谷——武夷大峡谷、山峰簇拥如天仙聚会的七仙山、惟妙惟肖的望夫石、金钟石、三姑石等为代表地质地貌岩石景观；以屋脊观日出、云海泛绿舟、彩虹晚霞互映、白昼日赶月、静夜数星星等为代表的天象景观；以听泉观瀑、水底数鱼、烟雨如幕、水韵弹琴、南国万里雪、冰封花成晶等为代表的水体景观；以及远看藏酋猴嬉戏、近观黄腹角雉觅食等生物景观和明清盐茶古道关隘、民族风情畲

乡等人文景观。

◎ 保护价值

保护区主要保护对象为中亚热带中山山地森林生态系统，及国家重点保护植物原生地和国家重点保护动物栖息地。主要有：原生性较强的中亚热带中山山地自然生态系统；典型的植被垂直带谱和400 hm^{2}的南方铁杉天然林、罕见的柳杉天然林；珍稀野生动植物及其栖息地；典型的自然景观；历史和文化景观；150余种江西省级重点保护动植物资源和区域内特有种、模式标本原生物种等。

武夷山自然保护区内的气温、降水和土壤垂直分布明显；植被垂直带从高到低依次分布为中山灌丛草甸—中山苔藓矮林—针叶林—针阔混交林—常绿阔叶林—毛竹林，并在群落组成、数量特征、空间结构、群落动态等与环境的相互关系方面原始性质较强，是中亚热带东部罕见的、具有

纵横赣闽百余公里的断裂带——武夷大峡谷（程松林摄）

原始面貌的中山山地森林生态系统；这些垂直分布的自然生境影响了脊椎动物、昆虫的垂直分布。武夷山自然保护区内有昆虫3000余种（其中国家级重点保护昆虫2种），建区以来发现植物新种（新变种）9种，昆虫新种10种，江西新纪录150余种。

武夷山在地史上未受到第四纪冰川的直接侵袭，成为许多古老、孑遗生物的避难所，珍稀濒危物种的幸存地。保护区有效地保存了原生性较强的中亚热带东部中山山地森林生态系

环境、水文、地质、土壤、气候等多学科的实验、研究基地。对其进行有效保护，将会使这块中亚热带绿色明珠在保护物种基因、开展科学研究、环境监测、国际合作与交流、科普教育、生态旅游等方面发挥出越来越重要的作用。保护区先后被国际组织和国家有关单位部门评定或授予"中国40个具有国际保护意义（A级）的自然保护区""中国人与生物圈保护区网络"成员，"全国林业教育基地""亚洲重点鸟区（IBA）"。

美丽的菌类（程松林摄）

南方铁杉（程松林摄）

针阔混交林（程松林摄）

统，有代表性的是海拔1200～2000m的温性针叶林，面积达400hm²的南方铁杉天然林，以及柳杉天然林、黄杨矮曲林等都较为稀有。区内各种森林植被生长繁茂，结构层次复杂，林相绚丽多姿。中亚热带、北亚热带、暖温带的气候和生物资源共聚在一个山体，在自然历史的长期孕育、适应和自行完善过程中，形成了地球同等纬度上复杂的"物能流"的主题网络结构和多功能机制，是十分珍贵的种质基因库，是自然界和人类社会当今现存的、少有的自然和文化遗产的精华。武夷山被科学家称为"研究亚洲两栖和爬行动物的钥匙"和"昆虫模式标本的产地"，其珍贵的自然原始本底，可以作为生态、森林、动物、植物、

秋染黄岗（程松林摄）

黄腹角雉（雄）（林剑声摄）

南方红豆杉（程松林摄）

武夷山脉南北纵横约500km，"南北连粤浙、东西分闽赣"，是一座经过大陆内部造山运动而最终成型的具有典型代表意义的名山，在各学科领域均具重大研究价值。地学上是一处具有典型性和代表性的地质构造单元；在地理上是沿海地带与内陆地带的天然分界线，是鄱阳湖流域信江水系与闽江流域的分水岭；在区域气候学上，武夷山脉阻挡了东南暖湿气流进入内地和冷空气南下进入福建，对江西、福建、安徽、湖南、湖北和广东东北部、浙江东南部等广大区域的气候成因具有重要的影响。在保护区境内有桐木关、分水关、观音关等数个隘口成为内陆和海洋气流的通道，使保护区内的小气候十分明显。

武夷山自然保护区地处武夷山脉主峰区域，铅山县境内的几大主要河流基本发源于保护区，然后进入信江到鄱阳湖、长江。区内有桐木关－漠口断裂等6条深切陡峭的断裂带，倾角均在60°～85°之间，岩层片理化、破碎化现象严重，这些地质条件与区域年均降水2500mm以上气候条件同时存在，极易发生山体崩塌、山洪暴发等自然灾害，严重威胁到下游地区人民生命财产的安全，威胁到信江、鄱阳湖流域、甚至长江中下游流域的生态安全。而保护区的森林覆盖率在95%以上，活立木蓄积量178.2万m^3，有效地发挥了蓄水保土、防灾减灾、保护国土安全的作用。

武夷山自然保护区有效保存了丰富的自然景观、完整的生态系统、多样的生物种质基因，集自然性、典型性、脆弱性、多样性、稀有性等自然资源特性于一体，自然生态效益明显。

◎ 功能区划

依据保护区自然资源分布特点、地理条件、人口居民分布状况、土地权属和《中华人民共和国自然保护区条例》等相关法律法规，将保护区划分为核心区、缓冲区、实验区：

核心区面积4835hm^2，占保护区总面积的30.2%。其中黄岗山核心区面积为2909hm^2，占保护区面积的18.2%。该区森林覆盖率98%。该区植被主要有中山草甸、中山苔藓矮林、南方铁杉林、常绿阔叶林、柳杉群落等。主要保护野生植物有香果树、伯乐树、红豆杉、鹅掌楸、黄皮树，主要保护野生动物有云豹、黑熊、黑麂、黄腹角雉、勺鸡等。樟木源核心区面积1926hm^2，占保护区面积的12.0%。该区森林覆盖率97%。区内森林类型基本上与黄岗山核心区相似。核心区是保护区的精华所在，被保护的物种丰

玉树（程松林摄）

富、集中、地域连片，生态系统完整，未遭受人为破坏，覆盖了保护区内各种代表性的植物群落和典型的植被带。其主要功能是严格保护中亚热带中山山地生态系统和常绿落叶阔叶林、针叶林树种种质资源。除经批准的科学研究、生态监测、调查活动外，禁止任何单位和个人进入。

缓冲区面积2021hm^2，占保护区总面积的12.6%。该区植被类型有针阔叶混交林、常绿阔叶林和小面积的中山草甸、中山苔藓矮林。该区植被保存比较完好，是阻隔外界干扰核心区的重要屏障，GEF项目划定的生物走廊带也在该区。

实验区面积9151hm^2，占保护区总面积的57.2%。该区主要植被类型有台湾松林、马尾松林、针阔叶混交林、常绿阔叶林、杉木林和毛竹林。

◎ 科研协作

武夷山自然保护区编制了《江西武夷山国家级自然保护区总体规划（2002～2010年）》，出版了《江西武夷山自然保护区科学考察集》，进行了"武夷山保护区珍稀濒危动物（主要为雉类）调查"，执行了"GEF－中国自然保护区管理项目"，发表了学术论文近40篇。

（钟弋林、陈凤彬供稿）

铜钹山
国家级自然保护区

江西铜钹山国家级自然保护区位于江西省上饶市广丰区南部的铜钹山镇，又称"封禁山"，地处闽浙赣三省交界处。保护区地处武夷山脉最北端，地理位置为东经118°11′42″～118°21′47″，北纬28°03′39″～28°10′45″，是武夷山脉、仙霞岭、怀玉山在江西信江平原的"Y"形交汇区，是该区域生境极为重要的生物廊道，生物多样性交汇效应和岛屿边缘效应突出。保护区保存有5200多hm²的原生性较强的中亚热带常绿阔叶林，已查明有野生高等植物2412种、脊椎动物337种，其中国家重点保护野生植物17种、动物37种，与武夷山脉已建立的国家级自然保护区相比，是单位面积的物种数（物种密度）最高、国家重点保护野生植物物种较多的自然保护区之一。保护区总面积10800hm²，其中核心区面积4100hm²，缓冲区面积2210hm²，实验区面积4490hm²，以武夷山脉东段北侧和仙霞岭之间典型的中亚热带北缘常绿阔叶林生态系统和黑麂、云豹、黄腹角雉、白颈长尾雉、南方红豆杉、伯乐树、蛛网萼等珍稀濒危物种为主要保护对象，属森林生态系统类型自然保护区。为加强森林资源和生物多样性保护，广丰区于1985年划建了铜钹山廿八坞自然保护小区，2004年将其升建为铜钹山县级自然保护区，2010年江西省人民政府批准晋升为省级自然保护区。2014年12月经国务院批准晋升为国家级自然保护区。

伯乐树（林向阳摄）

◎ 自然概况

铜钹山自然保护区地处华夏古板块北缘、古板块结合带南侧。地质结构组成上，属于中生代构造－火山－侵入杂岩。铜钹山遗存有一些重要的地质遗迹，包括有能够揭示中生代时期武夷山构造－岩浆活动特点的岩石学、构造地质学证据，是中生代时期武夷地区陆相火山喷发事件及火山地质作用的见证地之一。

铜钹山自然保护区处于武夷山隆起带北东端部、江南丘陵与东南丘陵的交接处，北与广丰盆地相接、隔信江盆地与怀玉山脉相望，东与仙霞岭毗邻。自然保护区边界主要以沟谷、河流或山脊分水岭为界，是一个相对封闭而山坡陡峻的大型山体，形成高坡角的陡坡或陡崖、断崖地形，使铜钹山自然保护区构成了一个相对独立的山地地貌单元和山地生态系统单元。这在整个武夷山脉的山地系统，特别是在武夷山北东端部与其他山地、盆地交接转换关系中，具有独特的区域自然系统科学意义。

铜钹山自然保护区属亚热带季风气候，气候温暖湿润，雨量充沛，日照较充足，气候环境有利于动植物的生长繁育。年平均气温11.0～17.1℃，最热月7月，平均最高气温21.2～31.8℃，最冷月1月，平均最低气温－2.9～1.8℃；年平均降水量1739.4～1892.7mm。受地形、植被的影响，区域内小气候变化明显。

常绿阔叶林林相（裘利洪摄）

独蒜兰（林向阳摄）

黄花鹤顶兰（林向阳摄）

猴欢喜（林向阳摄）

铜钹山自然保护区位处广丰县南部边缘山地区，属武夷山脉北东端、鄱阳湖流域一级支流——信江的源区。保护区森林覆盖率高达94.6%，地表水系发育，水资源丰富、水质好，山间溪流纵横，并自南向北汇集于丰溪河和大东坑河，丰溪河和大东坑河向北汇入信江，经信江向西汇入鄱阳湖，经长江入东海。

铜钹山自然保护区地势陡峭，属于中山地貌，为武夷山系，成土母质为以花岗岩、花岗斑岩为主的酸性结晶岩类风化物。主要土壤类型为山地红壤、山地黄红壤、山地黄壤、山地暗黄棕壤、粗骨性土壤、灌丛草甸土和山地沼泽土等。同一带谱中土壤因成土因素的不同而各异，暗黄棕壤带局部有少量山地沼泽土。

铜钹山自然保护区已查明的高等植物254科956属2412种，其中种子植物有163科760属1972种（含种下分类单位，不含栽培植物63科132属197种）；苔藓植物60科130属283种（含3个变种）；蕨类植物31科64属157种。被列入《国家重点保护野生植物名录（第一批）》（1999）的野生植物有17种，其中国家一级保护植物2种，国家二级保护植物15种，与武夷山脉已建立的国家级自然保护区相比，是单位面积的物种数（物种密度）最高、国家重点保护野生植物种类较多的自然保护区之一。

根据考察和记载，铜钹山自然保护区动物资源丰富，记录的脊椎动物有33目89科229属337种，其中哺乳类动物7目19科35属44种，鸟类17目47科124属198种，爬行类1目2亚目7科32属44种，两栖类2目8科18属29种，鱼类4目8科20属22种，贝类4目18科31属48种（含未定种6个），虾蟹类1纲1目4科13种，昆虫25目260科1357属1953种，蜘蛛33科123属316种。野生动物中，有国家级重点保护野生动物37种，其中国家一级保护动物4种，国家二级保护动物33种。

保护区内代表性景观主要以"千年封禁"的亚热带常绿阔叶林为主，其多种不同植物群落形成风格各异的自然景观，主要有大面积大径级森林景观资源，秋季以槭树科植物、山乌桕、蓝果树为主形成的彩林景观，以猴头杜鹃、紫薇为代表的季节性大面积花海景观，以七星湖、百丈岩瀑布及丰源峡谷为代表的水系景观资源、铜钹山峰高山草甸景观，以百合、石蒜等草本花卉景观资源。同时铜钹山保护区有大量人文景观资源，是革命战争时期广丰县苏维埃政府所在地，其保卫排21名勇士弹尽粮绝跳下百米山岩

拉步甲（林昌勇摄）

蛛网萼（裘利洪摄）

黑鹿（王英永摄）

壮烈牺牲。深山中是闽北游击队活动据点，在仙风岩至今留有红军医院旧址。

◎ 保护价值

　　铜钹山自然保护区以武夷山脉东段北侧和仙霞岭之间典型的中亚热带北缘常绿阔叶林生态系统和黑鹿、云豹、黄腹角雉、白颈长尾雉、南方红豆杉、伯乐树、蛛网萼等珍稀濒危物种为主要保护对象。武夷山脉是我国大陆东南地区最重要的山脉，是东南沿海丘陵与江南丘陵的分界线和福建省闽江水系、汀江水系与江西鄱阳湖水系的天然分水岭，也是生物地理区划中东洋界华南区与华中区在东南沿海的分界区域。武夷山脉地区是我国东南地区唯一的具有全球意义的生物多样性保护关键地区，保存有大面积的原生性强、类型多样的森林群落，是中国亚热带常绿阔叶林森林生态系统的最好典范，也是我国东南部重要的物种形成、分化中心，是著名的"生物避难所"，特有物种丰富，保存了大量古老、子遗、珍稀物种，是世界著名的物种新种的模式产地。铜钹山自然保护区位于武夷山脉东段北侧和仙霞岭之间，保护区对推动整个武夷

南方红豆杉（林昌勇摄）

草鸮（吕绪摄）

凤头鹰（吕绪摄）

闽楠（林昌勇摄）

黑冠鹃隼（吕绪摄）

黄腹角雉（吕绪摄）

山脉的生物圈保护起到非常重要作用。

◎ 科研协作

　　20 世纪 70 年代，铜钹山林场（铜钹山自然保护区前身）邀请江西省上饶市林业科学研究所就组织专家对铜钹山林区的森林本底资源进行了比较详细的调查研究。2007 年到 2011 年期间，江西省林业科学院开展过铜钹山自然保护区的动植物资源和白颈长尾雉栖息地调查，中山大学、香港嘉道理农场（植物园）开展过黑麂种群调查。2011 年 3 月至 2012 年 12 月，江西省野生动植物保护管理局组织江西农业大学、中山大学、南昌大学、江西中医学院、东华理工大学、江西省地质调查研究院、江西省气象局、江西师范大学、江西省有害生物防治检疫局、铜钹山自然保护区等单位有关专家、学者，对铜钹山自然保护区的社会经济、自然环境、动植物资源、大型真菌资源、生态旅游、建设管理等多学科开展了全面调查，掌握了保护区自然资源种类、数量、分布特点，研究分析了生物多样性特征、生态系统演替规律等。2013 ～ 2014 年江西农业大学对保护区内的国家二级保护珍稀濒危植物蛛网萼种群分布以及蛛网萼的种子形态及萌发特性进行了单项调查，铜钹山自然保护区通过与高校、科研院所的合作，为加强和优化保护区生物多样性保护管理提供了科学依据。

（铜钹山自然保护区供稿）

凹叶厚朴（裘利洪摄）

青钱柳（林昌勇摄）

南方红豆杉（林昌勇摄）

545

江西 井冈山
国家级自然保护区

江西井冈山国家级自然保护区位于江西省西南部，地处湖南、江西两省交界的罗霄山脉中段。地理坐标为东经 114° 04′ 05″ ～ 114° 16′ 38″，北纬 26° 38′ 39″ ～ 26° 40′ 03″。保护区总面积20700hm²，属森林生态系统类型自然保护区，主要保护中亚热带湿润常绿阔叶林生态系统及其生物多样性。保护区于1981年3月建立省级自然保护区，2000年4月经国务院批准晋升为国家级自然保护区，2005年被批准为"中国人与生物圈网络保护区成员"。

红豆杉

井冈山五指峰（曾广本摄）

凹叶厚朴（花）（曾广本摄）

井冈兰（曾广本摄）

◎ 自然概况

井冈山地质发展史古老而复杂，经历了浅海、海湾、岛海的变迁以及古陆的风化、剥蚀，从而形成了井冈山的现代地貌景观和地质环境。地貌则较为复杂。按照形态不同，地貌可分为山体、河谷、构造盆地和岩溶等类型。保护区地处中山区，地势西南高，东、北低，最高峰平水山位于五指峰的西南面，海拔1779.4m，最低谷为湘洲河谷，海拔仅230m，两者相对高差达1549.4m。山体峻拔雄伟，层峦叠嶂、巍峨幽深、串珠状盆（洼）地点缀山间、溪水河流蜿蜒盘行于深谷险滩之中，正是"岭峪夹崎溪流急，峻崖峭壁山峰奇，盆地相间群山绕，绿岭重重望眼迷"。

井冈山自然保护区山涧溪流密布，峡谷瀑布颇多，水资源较为丰富。保护区河流属禾水（支流牛吼江）和蜀水水系，为赣江的一、二级支流。主要河流有行洲河、湘洲河和六八河。

井冈山自然保护区气候温暖湿润，属亚热带湿润季风气候区。区内四季分明，夏季多暴雨，冬季多浓雾。气温年变化呈单峰型，年平均气温14.2℃。7月平均气温23.9℃，极端最高气温34.8℃（1971年7月31日）。1月平均气温3.2℃，极端最低气温−11℃（1967年1月16日）。年降水量1856.2mm，相对湿度84%，年平均有雾日78天，无霜期247天。区内气候垂直带谱为：海拔300m以下地区为中

仙女潭（曾广本摄）

亚热带气候，300～800m地区为北亚热带气候，800～1400m地区为南温带气候。植被、土壤也相应呈现出明显的垂直分布带谱。

井冈山自然保护区森林土壤类型有山地红壤、山地黄壤、山地暗黄棕壤、山地草甸土和面积较小的山地沼泽土等6个土类，7个亚类，15个土属，其中以山地黄壤分布面积最大，约占总面积的48.4%，山地红壤次之，约占32.4%，山地暗黄棕壤约占18.5%。土壤垂直分布带谱为：300m以下为丘陵红壤；300～700m为山地红壤和山地红黄壤；700～1400m以山地黄壤和黄棕壤为主；1400m以上为山地黄棕壤和山地草甸土。

◎ 保护价值

井冈山自然保护区内气候温和，水热条件优越，地带性森林植被发育良好，是国内建立较早，代表性和典型性较强、以中亚热带湿润常绿阔叶林生态系统及其生物多样性为主要保护对象的自然保护区。区内植被起源古老，素有"第三纪型森林"之称，植被类型多样，生物资源十分丰富。区内分布有珍稀濒危植物190余种，已列为国家重点保护植物达40余种。其中国家一级保护植物有南方红豆杉、伯乐树、银杏、资源冷杉共4种，国家二级保护植物有观光木，独花兰等36种。它们多是第三纪或更古老成分的残遗，有些被称为"活化石"，具有重要的科研价值。区内良好的森林植被，为野生动物创造了良好的生活环境。

井冈山自然保护区内有脊椎动物有267个种和亚种（不含鱼类），隶属于25目62科121属。其中已列为国家重点保护的珍稀动物37种，其中国家一级保护动物有黄腹角雉、白颈长尾雉、豹、云豹、华南虎5种，国家二级保护动物有金猫、大灵猫、小灵猫等32种。昆虫种类有3000多种。

井冈山山势高大，地形复杂，主要山峰海拔多在千米以上，最南端的南风面海拔2120m，是井冈山地区的最高峰。海拔在1000m以上的山峰有五指峰、江西坳、八面山、双马石等；区内山高林密，沟壑纵横，层峦叠嶂，地势险峻。其中部为峻岭，两侧为低山丘陵，从山下往上望，巍巍井冈山如同一座巨大的城堡，有"一夫当关，万夫莫开"之势。五指峰、笔架山、

五马朝天、严岭嶂、金狮面、石燕洞等独特景观给景区增添奇崛之美。井冈山生态旅游区内溪流澄碧、瀑布成群，水文景观十分丰富。

井冈山自然保护区良好的森林生态环境孕育了生境的多样性、遗传基因的多样性和物种资源的多样性。井冈山有植物约280科800属3400种，约占江西省植物总数的70%。

井冈山自然保护区内特产植物有井冈山绣线梅、井冈山杜鹃等23种。分布的单型科或种属植物有：银杏、白豆杉、福建柏、青钱柳、观光木、伯乐树、青檀、银鹊树、香果树、南天竹、独花兰等。大型真菌近200种。

井冈山自然保护区植物区系起源古老。早在中生代三叠纪末期，江西大地为裸子植物所统治，萍乡煤矿就发现有古代苏铁的化石。到白垩纪时被子植物发展起来。从新构造运动以后的新生代古新世，江西古气候由热变为温暖湿润。一些适于干热的古老被子植物逐渐衰败，被喜湿热的现代被子植物所更新，虽然经历了多次冰期和间冰期的干扰，但没有改变水热分布的总趋势，所以这些湿热植物的后裔一直繁衍至今。

草鸮（曾广本摄）

斑头鸺鹠（曾广本摄）

井冈山自然保护区森林类型多种多样。井冈山山体高峻，气候垂直带谱显著，与气候垂直带相适应的土壤垂直分布和森林类型垂直分布规律也十分明显。海拔300m以下地带属中亚热带气候，植被主要是马尾松和农田植被。海拔300～800m为北亚热带气候，植被主要是常绿阔叶林和暖性针叶林及针阔叶混交林。海拔800～1400m为南温带气候，植被为常绿阔叶林和常绿落叶阔叶林混交林以及山

地针叶林和荒地灌木草丛。1400m以上山地，多为霜雪风寒气候，植被主要是山顶矮林和山地草甸灌丛。这些由大量古老植物种属的后裔与现代被子植物有密切关系的种属组成的多种多样的植被类型，有秩序地分布在不同海拔高度的垂直气候带上，从山体由低到高分布的规律是针叶林、阔叶林、针阔混交林，山顶矮林和灌木草丛6个林纲组，近100个林系。

常绿阔叶林是井冈山自然保护区的主要植被类型，主要林系有36个，即：苦槠林、南岭栲林、鹿角栲林、栲树林、钩栲林、甜槠林、罗浮栲林、多穗石栎林、多肋青冈林、青冈林、小叶青冈林、红楠林、湘楠林、仁昌木莲林、观光木林、深山含笑林、乐昌含笑林、榕叶冬青林、银木荷林、木荷林、厚皮香林、黄瑞木林、杨梅叶蚊母树林、

蕈树林、东京白克木林、薯豆林、虎皮楠林、交让木林、红叶树林、红皮树林等。

针叶林主要有马尾松林、杉木林、南方红豆杉林等暖性针叶林和台湾松林、福建柏林等温性针叶林。

山顶矮林主要有杜鹃林、吊钟花林。井冈山杜鹃种类型多，种群数量大，云锦杜鹃林集中成片分布，面积达200余亩，猴头杜鹃林面积达1000余亩，春来花茂，华丽多姿，极为壮观，为井冈山一景。

井冈山自然保护区内森林植物群落中，仁昌木莲林、观光木林、深山含笑林、乐昌含笑林、东京白克木林、

华南虎（曾广本摄）

南方红豆杉林、福建柏林、湘楠林、云锦杜鹃林、猴头杜鹃林、鹿角杜鹃林、吊钟花林、红叶树林等为我国珍贵稀有的森林类型，有重要的保护意义。

井冈山自然资源的特点表明，它把中亚热带、北亚热带、暖温带几个地理带的气候资源、土壤资源和生物资源浓缩汇聚在一个山体，无疑，这是井冈山自然资源特别富有的自然基础，也为开发多类型自然资源奠定了优越的自然条件。

井冈山自然保护区森林覆盖率达87.6%，蕴藏的森林资源丰富。从自然保护和生态经济观点考察，由于保护区特别富有的森林植物种属而成为江西最珍贵的"种质资源库"。在这座种质资源库中，最引人注目的则是2500余种的被子植物，开发利用前景广阔。同时，在这座种质资源库里，还蕴藏有大量的粮食植物、油脂植物、药用植物、芳香植物、食用营养植物、饲料植物、蜜源植物、鞣料植物、纤维植物、色素植物、栲胶植物、肥料植物、花卉植物、观赏绿化植物、净化植物等，可以说，是一座无所不有、取之不尽的植物资源宝库。

井冈山雄伟壮丽的山峦、浩瀚无垠的林海、气势磅礴的云涛、奇妙独特的飞瀑、瑰丽灿烂的日出、令人心旷神怡。在这层峦叠嶂、郁郁葱葱的大地上，春天，杜鹃盛开、争奇斗艳，使你仿佛置身花的海洋；夏天，瀑布银河、百花碎玉，送来一片清凉世界；秋天，丹桂飘香、杉黄枫红、令人观之而兴起；冬天，漫天皆白、银装素裹，又展现出一派"北国风光"。真是"井冈山下后，万岭不思游！"

这里的生物景观多姿多彩。花果山位于茨坪东面1km处，因这里山花烂漫，盛产杨梅，故而得名。花果山的桂花坪、兰花坪是游览胜地，面积近20000m^2。桂花坪连片集生着树龄有数百年的桂花树，桂花树的树围，一人难以合抱，树的冠幅遮阴数十米。每年七八月间，桂花遍地，香飘百里。兰花坪绿树荫中丛生着井冈山特有的兰花品种——"井冈春兰"。桂花坪周围有近百公顷茶园，江西优质名茶"井冈翠绿"即产于此。

井冈山是中国革命的摇篮，红军的故乡。被誉为"中华人民共和国的奠基石"。茨坪景区是井冈山风景名胜区的中心景区，是革命人文景观最集中的地方。主要的游览点有：毛泽东旧居、革命博物馆、烈士陵园、南山公园、挹翠湖、五马朝天(红军谷)等。

（陈春泉、陈小龙供稿）

野生猕猴

穿山甲（曾广本摄）

茨坪之春

中亚热带常绿阔叶林景观

江西 马头山
国家级自然保护区

江西马头山国家级自然保护区位于江西省中部的东侧抚州市资溪县的东沿，地处武夷山脉中段西坡。地理坐标为东经117°10′14″～117°18′，北纬27°43′18″～27°52′50″。保护区总面积13866.53hm²，其中核心区4286.08hm²，缓冲区3438.72 hm²，实验区6141.73hm²，全区平均森林覆盖率达97.43%。保护区属野生生物类别野生植物类型，主要保护对象是眉毛含笑、南方红豆杉、长叶榧、伯乐树、香果树、银鹊树、蛛网萼等珍稀野生植物及其群落，天然杉木林及典型的中亚热带湿润常绿阔叶林生态系统。保护区于2001年经江西省人民政府批准为省级自然保护区，2008年1月经国务院批准晋升为国家级自然保护区。

美毛含笑

◎ 自然概况

马头山自然保护区属于华南地层区，地势起伏大，由东南西三面向西北倾斜，相对高差在400～600m之间，表现为强烈侵蚀的岩中地貌。该盆地是武夷山中生代构造—岩浆活动带中系列火山盆地种的一个，区内出露的地层较少，主要为晚侏罗世武夷山群陆相火沿系，次为少量第四纪冲、洪积物和残坡物零星分布于峡谷溪涧的滩地及山间地凹平地。

马头山自然保护区地质由基岩构成，主要系泥盆纪浅变质岩的片岩和片麻岩类，多为燕山期花岗岩和燕山流纹岩，面部里有加里东期花岗岩，组成的花岗岩的矿物有：钾长石、石英、云母及少量的磁铁矿。

马头山自然保护区地处中亚热带湿润热季风气候区，气候温和，雨量充沛，四季分明，年平均气温16～18℃，极端最高气温39.5℃，极端最低气温-13.2℃。全年最冷1月，平均气温5℃；最热7月，平均气温27.2℃。年平均

降水量1929.9mm，年平均相对湿度83%，年平均无霜期270天，年平均雾日88天。

马头山自然保护区绝大部分是自然土壤，区内土壤可分为2个土类、

3个亚类、3个土属、11个土种。海拔600m以下是山地红壤（土类），其中，海拔400m以下多为山地红壤（亚类），而400～600m为山地黄红壤（亚类）；海拔600m以上是山地黄壤（土类、亚

常绿阔叶林

柱状节理景观

银鹊树林

类）。区内没有山地黄棕壤及山地草甸土。总之，保护区内的垂直分布，以黄壤、黄红壤和红壤为主，土壤带谱连续，具有一定的代表性。

马头山自然保护区内有种子植物794科668属2074种；蕨类植物30科62属142种；苔藓植物69科149属265种及1亚种。属国家一级保护的植物4种、国家二级保护的植物16种。

马头山自然保护区森林植被初步分为6个植被型和16个群系，主要植被类型：温性针叶林（植被型）；暖性针叶林；落叶阔叶林；常绿、落叶阔叶混交林、常绿阔叶林、竹林。该区森林植被总体上以壳斗科甜槠、米槠为主体的常绿阔叶林或常绿落叶阔叶混交林为主要类型，仅在局部地段由于人为或其他自然因素形成一些阔叶林和针叶林等类型。

马头山自然保护区内已查明的陆生脊椎动物有27目91科387种。其中兽类6目22科64种，鸟类17目49科245种，爬行类2母12科49种，两栖类2目8科29种，鱼类3目9科

36种，贝类19科31属44种，森林昆虫13目123科393属935种，其中江西新记录种30种。属国家一级保护的动物6种，国家二级保护动物48种。保护区是黄腹角雉、白雉长尾雉的重要栖息地。

马头山自然保护区内拥有丰富的地文、水景、气候、天象、生物景观，被誉为"生态王国、华夏翡翠"，海

拔1364m的鹤东峰，登顶俯视，一览众山小；月峰山、古罗山、香台山、笔架山、野鸡岭、黄连坑等海拔均在1000m以上，形成山地重叠，群峰竞秀的自然景观。奇峰陡峭、悬崖绝壁的大峡谷，高耸云端的穿方石，极似人工痕迹的七层石塔，陡峭险峻的鬼门关、贴肚皮、猴头石的奇特景观。自然景观以潭瀑、幽谷、森林、峰岩

南方红豆杉

伯乐树

蛛网萼

青钱柳

香果树

黄腹角雉

长耳鸮

为胜，森林、山峰、溪涧、河流、瀑布、泉点、深潭共同构筑了优美的生态环境。

◎ 保护价值

马头山自然保护区的主要保护对象是眉毛含笑、南方红豆杉、长叶榧、伯乐树、香果树、银鹊树、蛛网萼等珍稀野生植物及其群落，天然杉木林及其他种质资源，典型的中亚热带湿润常绿阔叶林生态系统。

马头山自然保护区具有重要的科学研究价值：区内保存较大面积的天然常绿阔叶林，孕育和保存了大量的珍稀动植物种及其群落，大量的珍稀植物群落是无可替代的种质资源，其中生活着数十种珍稀濒危动物，其中国家一级保护动物有金雕、白颈长尾雉、黄腹角雉、云豹、豹、黑麂6种，国家二级保护动物有虎纹蛙、大鲵、小鸦鹃、鸳鸯、短耳鸮、草鸮等48种。这些珍稀动植物具有很高的科研价值

长叶榧

伯乐树

和观赏价值，为生物科学提供良好的科研基地。具有重要的生态服务功能价值：保护区位于流经龙虎山国家重点风景名胜区泸溪河上游，有利于保护和恢复天然常绿阔叶林，保护和改善区内周边地区的生态环境，增强水源涵养能力，减少水土流失，调节气候、净化空气，有利于周边及下游地区经济社会的可持续发展；具有重要的经济社会价值：保护区是资溪"生态立县"战略布局的重要区域，也是开展生物多样性与环境保护、科普宣传、科学研究和教学的重要场所；保护区具有

丰富的野生动植物资源、昆虫资源、大型真菌资源，经济价值高，开发利用的潜力大。（马头山自然保护区供稿）

八角莲

天然杉木

南方红豆杉

南方红豆杉

山东 黄河三角洲 国家级自然保护区

山东黄河三角洲国家级自然保护区位于东营市东北部的黄河入海口处，北临渤海，东靠莱州湾，与辽东半岛隔海相望。地理坐标为东经118°33′～119°20′，北纬37°35′～38°12′。保护区总面积15.3万hm²，是以保护黄河口新生湿地生态系统和珍稀濒危鸟类为主的湿地生态系统类型自然保护区。

1992年经国务院批准建立的山东黄河三角洲国家级自然保护区，分为南北两部分，南部区域在垦利县境内，位于现行黄河入海口两侧，北部区域在利津县境内，位于1976年以前黄河入海口刁口河两侧。黄河三角洲自然保护区1993年被中国人与生物圈国家委员会批准为中国生物圈保护区首批45个成员单位之一，1994年被中国生物多样性保护行动计划列为湿地、水域生态系统中16处具有国际意义的重要保护区，1996年3月被湿地国际亚太组织批准为"东亚—澳大利亚涉禽保护区网络"首批19个国际成员单位之一，1997年3月被批准加入"东北亚鹤类保护区网络"首批16个国际成员单位之一。另外，2000年6月黄河三角洲国家级自然保护区被共青团中央、全国绿化委员会、水利部、国家林业局等八部委联合命名为全国保护母亲河行动生态教育基地，同时自然保护区的建设还被纳入了山东省2010年发展计划和中国21世纪议程优先项目及国际援助UNDP项目的重点工程项目。

黄河口日出（丁洪安摄）

◎ 自然概况

黄河三角洲在地质构造上属济阳坳陷东部。在长期地质发展中，各凹陷和凸起在不断地下降或相对抬升，形成了多种类型的局部构造。黄河三角洲的土壤层次复杂，砂黏相间，形成潮土和盐土两个主要土壤类型。黄河是自然保护区地貌类型的主要塑造

水肥土沃（丁洪安摄）

者。地貌形态复杂，类型较多，主要分为陆上、潮滩和潮下带3种类型。保护区属暖温带季风型大陆性气候，四季分明，光照充足，雨热同季。黄河每年平均输送10.6亿t泥沙在入海口处沉积，年均造陆32.4km²，河道向海中年均延伸2.21km，形成了保护区220km的海岸线，"沧海变桑田"在这里得到真实的体现。

◎ 保护价值

黄河口独特的地理环境，孕育了丰富的野生植物资源。保护区有种子植物42科393种，其中野生种子植物36科116种，以菊科、禾本科、豆科、藜科居多。代表性植物有盐地碱蓬、中亚滨藜、芦苇、茵陈蒿等。木本植物主要为刺槐、旱柳、欧美杨、柽柳等。区内有天然苇荡2.6万hm²，天然草地12.1万hm²，人工刺槐林0.6万hm²，森林覆盖率为17.4%，植被覆盖率为55.1%，是中国沿海地区最大的海滩自然植被区。适宜的气候条件和自然环境为野生动物提供了良好的栖息场所。保护区内有各种野生动物1543种，其中海洋性水生动物418种，属国家重点保护的6种；淡水鱼类108种，属

万鸟竞翔（丁洪安摄）

滨海湿地（丁洪安摄）

湿地修复区（丁洪安摄）

国家重点保护的3种；鸟类有283种，其中属国家一级保护的有丹顶鹤、白头鹤、白鹤、大鸨、东方白鹳、黑鹳、金雕、中华秋沙鸭、白尾海雕等9种，属国家二级保护的有灰鹤、大天鹅、

鸳鸯等41种。在《中日保护候鸟及其栖息环境的协定》所列的227种鸟类中，自然保护区内有155种，占68.3%；在《中澳保护候鸟及其栖息环境的协定》所列81种鸟类中，自然保护区有

芦苇与碱蓬（丁洪安摄）

天鹅湖（丁洪安摄）

珍禽乐园（丁洪安摄）

盐碱地蓬群落（丁洪安摄）

53种，占65.4%。

以"奇、特、旷、野、新"为主要美学特征的地貌景观、水体景观、天象景观，植物景观、野生动物景观形成了黄河三角洲自然保护区丰富而又独具特色的旅游景观资源。在这里"朝"可观赏烟波浩渺、赤轮腾跃的海上日出；"夕"可饱览彩霞漫天、余晖万里的长河落日；更有滚滚黄河奔腾入海，黄与蓝融合交汇的"黄龙入海"壮美奇观。每到秋、春候鸟迁徙季节，成千上万的丹顶鹤、大天鹅、灰鹤、豆雁、黑嘴鸥等珍稀鸟类在此栖息、翱翔，场面尤为壮观。蔚蓝的大海、碧绿的草地、鲜艳的"红地毯"、春绿秋雪的芦苇荡和一眼望不到边的天然柳林、柽柳林和刺槐林同样令人流连忘返。

黄河三角洲自然保护区是一块极具保护价值的国际重要湿地。它仍在不断地生长着、演变着。完整的生态系统，丰富的生物物种、生物群落及其赖以生存的自然环境，使黄河入海口能够按照自然演替规律进行能量流动和物质循环，从而也使这里成为了从事各种生态研究的良好基地。这里被誉为"年轻的湿地、珍禽的乐园""鸟类的国际机场"。该自然保护区是生态系统天然的"本底"和物种基因库，是科学研究的天然实验室，是研究河口新生湿地生态系统形成、演化、发展规律的重要基地，是进行科普宣传教育的博物馆，在我国乃至世界生物多样性保护和湿地研究工作中占有极其重要的地位。此外，作为湿地类型保护区，黄河三角洲自然保护区还具有保持水源、净化水质、蓄洪防旱、调节气候和维护生物多样性的重要生态功能。

优越的自然条件吸引了多种珍稀鸟类在此停歇、栖息、繁衍。这里既是白鹳、黑嘴鸥的重要繁殖地又是丹顶鹤的主要越冬地，同时这里还是小杓鹬从俄罗斯至澳大利亚迁徙路线的

生命之源（丁洪安摄）

天然柳林（丁洪安摄）

唯一中转站、最大中间栖息地。在保护区先后发现了白鹤、震旦鸦雀、雪雁、黑脸琵鹭等18种珍稀濒危鸟类。

黄河三角洲自然保护区内丹顶鹤已由建保护区之前的70余只增加到了200余只,这里成为我国丹顶鹤越冬的最北界。

黄河口上有一个庞大的大天鹅种群,每年11月中旬,它们从遥远的西伯利亚飞临这里,成群地聚集,在池塘沼泽里栖息觅食,一直到第二年的4月中旬才依依不舍地离去。

感触最深的便是一种极端旺盛的生命力。而一场春雨过后,大片大片的笋牙,万箭钻天,紫红青绿,生机勃勃,争奇斗艳,更是让人感叹大自然的造化之功。"雨后春笋",在黄河口上,人们是通过这最具生命力的芦笋来感悟竹笋的。到了夏天,绿油油的芦苇无边无垠,气象万千。博大、凝重、深沉,似天空,似大海,似群山。随风起伏,似万顷波涛汹涌澎湃,似连绵的山峦跌宕而有层次。如果是在雨天,那沙沙作响的芦苇荡则会产生一

东方白鹳(丁洪安摄)

(丁洪安摄)

黄河三角洲自然保护区保持着原始的生态系统,分布着多种有重要生态、经济和科研价值的野生植物。大面积的芦苇荡为鸟类提供了良好的庇护场所;野大豆是大豆杂交育种的重要种质资源,在保护区内生长繁茂;盐地碱蓬是自然保护区新淤地上的先锋植物,成簇连片形成壮观的"红地毯"景象;具有抗盐、抗旱、耐淹等特性的柽柳也是自然保护区植被的重要建群种。罗布麻在保护区内也广泛分布。

黄河口荒原上面积最大、分布最广的是芦苇。每年春天,芦苇总是这里最早发芽吐绿的植物。当那紫红色的芦笋从地底下钻出来的时候,人们

种近乎雨打芭蕉的美感。秋李里,芦苇集夏秋之阅历,演绎出一份丰收的坚实,那是天地造化的沉甸甸的丰登气象,那是远古歌者吟诵"兼葭苍苍"的神韵。芦苇留在自然保护区这张画布上的最为壮观的一笔,是万顷吐絮,芦花飘雪。芦花,那是黄河三角洲上一道只可意会不可言传的风景。芦苇韧性好、产量高,生命力强,生长旺盛,具有降解污染、净化水质作用,是建材和造纸的重要原料,也是优良的可再生资源,每年都给保护区带来可观的经济收入。

夏秋时节的黄河口两岸滩涂上,最能打动人的是这种漫无边际的潮间

植物——盐地碱蓬。它是一种肉质盐生植物,在海水的洗礼下全身变为紫红色,广袤而壮观,迷人而深邃,当地人把它称为"红地毯"。盐地碱蓬生命力旺盛,尤其耐盐碱,是自然保护区新淤地上的先锋植物。

黄河三角洲独特的原生河口湿地生态系统吸引了国内外有关专家、自然保护组织及国家领导人的广泛关注。荷兰、美国、蒙古、俄罗斯等20多个国家和6个国际组织先后派出近100名专家来这里考察。

(焦松松、张俊供稿)

山东 长岛 国家级自然保护区

　　山东长岛国家级自然保护区位于山东省烟台市长岛县境内，地处胶东、辽东半岛之间，黄海、渤海交汇处，由大小32座岛屿组成。地理坐标为东经120°35′28″～120°56′36″，北纬37°53′30″～38°23′58″。保护区总面积5015.2hm²，其中陆地面积3910.0km²，湿地海域1105.2km²。保护区是我国以保护迁徙猛禽为主的重要海岛自然保护区，属湿地生态系统自然保护区类型。保护区始建于1982年，1988年5月，经国务院批准晋升为国家级自然保护区。

南长山岛

◎ 自然概况

　　长岛自然保护区诸岛系"胶东隆起"断陷分离的岛链式基岩群岛，属胶东隆起的北延部分。地层属上元古界的"蓬莱群"变质岩。主要岩石有：绢云千板岩、板岩、长石石英岩、花岗斑岩等。在大黑山、砣矶和大钦等岛屿，有第四纪的黄土堆积。岩层走向近于南北。保护区地貌南北不一。南部岛屿集中分布，湿地保护区域犹如内陆湖泊，其岸坡多为缓冲；北部岛屿多是孤峰插海，岸峭水深。最高岛为高山岛，海拔202.8m；区内海湾99处，多为石砾滩。

　　长岛自然保护区土壤在丘陵中上部为棕壤，其结构疏松，质地粗，土层瘠薄，蓄水性低，生产能力差，呈中性或微酸性；丘陵下部以褐土为主，土壤深厚肥沃，呈中性或碱性。

　　长岛自然保护区属暖温带季风区大陆性气候，一年四季分明，光照充足。多年平均气温11.9℃，极端最高气温36.5℃，极端最低气温-13.3℃；年降水量565.2mm，最多年份881.41mm，最少年份282.3mm，降雨多在夏季，春旱严重；全年日照时数2792.78h，霜期121.1天，结冰期127.8天，平流雾28天；年平均大风日67.8天，最大风速40m/s，主要风向是东北和西北；海水年平均温度11.5℃，8月份水温最高，平均22.1℃，2月份水温最低，平均2.5℃，表层海水盐度平均为31.2%，含氮量平均17.5mg/m³；该区内无河流，淡水资源缺乏。

◎ 保护价值

　　长岛自然保护区地理位置优越，气候适宜，饵料丰富，是我国东部候鸟迁徙必经之地。截至目前，在保护区内，已查清鸟类19目58科320种。其中《中日保护候鸟及其栖息环境的协定》所列的227种鸟类，区内就有158种，占70%；中澳两国政府签订的《中澳保护候鸟及其栖息环境的协定》双方保护的81种鸟类，区内就有46种，占56.8%；世界《濒危动植物红皮书》所列的国际重点保护的52种鸟类，区内有34种。保护区有国家一级保护鸟

宝塔礁

蜂鹰

黑尾鸥

类8种，国家二级保护鸟类44种，省级保护鸟类358种。该保护区鸟类以候鸟和旅鸟居多，占总量的98.0%。候鸟迁徙多集中在春、秋两季。

长岛自然保护区陆生动物除鸟类外，还有两栖类，如：青蛙、中华大蟾蜍、峡口蛙等；爬行类如：蝮蛇、蜥蜴等；哺乳类如：鼠类、刺猬、蝙蝠等；及浅海动物7门91种；昆虫8目46科47种。

长岛自然保护区植物区系属暖温带落叶阔叶林区域，区内陆地植物有139科591种。植物种类以菊科、豆科、百合科、蔷薇科、禾本科、十字花科、葫芦科、茄科、藜科、蓼科、唇形科、旋花科、大戟科植物居多，占种数的47%。浅海海洋植物3门79种，其中绿藻门11种，褐藻门23种，红藻门41种。保护区森林类型以人工纯林为主，有黑松林、赤松林、刺槐林、麻栎林等，林龄一般在30～35生，林分大部分生长良好，生态系统基本稳定。灌丛以酸枣、野葡萄、胡枝子为主，另有艾蒿、羊胡子、茵陈蒿等草本共同形成灌草丛群落，盖度一般在0.95以上。该区林业用地2746.76km²，其中有林地2565.26km²，天然灌木林55.13km²，苗圃2.37km²，无林地124.00km²，森林覆盖率67.1%。

长岛自然保护区有着丰富的景观资源，森林景观、候鸟奇观和海岛自然风光相融合，辅以丰富的人文景观，形成具有特色的北方海岛型旅游胜地。森林和海岛丘陵地貌相结合形成了壮

和谐

观的森林景观主体，其景观价值很大。保护区海岸线长达146km，构成了99个海湾，大小明礁180个，另有众多的海蚀崖、海蚀洞等自然景点。著名的景点有九丈崖、烽山、长山尾、水晶洞、宝塔礁、万鸟岛等。这些景点相连缀，形成独具特色的海岛自然风光。鸟类是长岛保护区另一独特的自然景观资源。每年春秋季节数以万计的候鸟迁徙至此，形成长岛壮观的动态景观。鸟类中有雕、鹰、隼、鹭等猛禽，也有雀形目等攀禽鸣禽，即使到冬季庙岛塘湾内还有大批水鸟越冬。被称为"万鸟岛"的车由岛是一座无居民岛，面积0.044km²，栖息着5万余只海鸥等鸟类。另外，长岛自然保护区还有渔村风情、古迹遗址等景观，

都有很高的保护价值和观赏价值。

长岛自然保护区是我国鸟类迁徙三大通道之一的东部鸟类迁徙通道的必经之地，是东北亚内陆和环西太平洋鸟类迁徙的重要中转站，素以"候鸟旅站"著称，具有极为重要的保护价值和科学研究价值。

长岛自然保护区地理位置特殊，界于辽东半岛和山东半岛之间，从而成为候鸟迁徙过程中栖息、取食、取水的理想场所。保护长岛自然环境和森林生态对东北亚内陆和环西太平洋鸟类生态保护具有重要意义。区内森林植被资源丰富，从而为鸟类、特别是猛禽提供了理想的栖息地。另外，保护区许多岛屿无人居住，人为干扰少，是候鸟迁徙过程中理想的"旅站"。

庙岛塘湾是特殊的湿地生态系统，是水鸟栖息、繁殖和越冬地，具有重要的科研保护价值。庙岛位于大黑山岛与南北长山岛之间，其周围水域较浅（一般小于6m），四周有南北长山岛、大小黑山岛、挡浪岛、螳螂岛、南砣子岛及内陆作天然屏障，形成海中"湖泊"，自古就是我国北方航海的重要泊锚地，具有较高的知名度。庙岛四周海湾被称为"庙岛塘"，是大批水鸟的越冬场所。近年来，浅海养殖业迅速发展，浅海生物量增加，为水鸟提供了丰富的食物，水鸟种群数量显著增加。"庙岛塘"湿地约有十余种上万只游禽、涉禽在这里栖息越冬。

长岛自然保护区森林群落不但是鸟类的栖息地，而且是长岛县的水源涵养地，对长岛县人民生产、生活以及今后旅游业发展都具有重要意义。

长岛自然保护区候鸟保护环志中心站成立于1984年，是我国建设最早的候鸟环志站之一。建站以来，每年环志候鸟3000只左右，环志候鸟总数已达12万多只，其中猛禽环志数量近6万只，占全国猛禽环志数量的80%

白头鹞

鸢

东方白鹳

长岛礁石——海豹出水

鸥歌唱晚

以上。共计救护各种候鸟500余只，回收各种候鸟200余只，其中回收8个国家及地区的环志鸟，加强了与国际之间的环志交流，从而使保护与环志科研有机结合。

◎ 功能区划

长岛自然保护区划分为核心区和实验区两个功能区。核心区面积1333.8km²。区内除有各种珍贵猛禽外，尚有国家一级保护野生动物丹顶鹤、黑鹳、金雕、白尾海雕。

实验区面积3681.4km²，其中湿地海域1105.2km²。

◎ 管理状况

长岛历史文化悠久，有着灿烂的古代文化，历史人文景观丰富。特别是大黑山岛北庄古遗址，是我国东部沿海目前发掘的唯一的大规模原始部落遗址，被考古学家称为"东半坡"遗址。民俗风情及其他景源均是森林公园景源优势的重要组成部分。长年的海岛生活，使长岛人民形成了自己的民俗风情，渔村风俗。同时长岛海产品相当丰富，工艺矿产品，如砣矶金星雪浪砚、球石等远近闻名，为开发多种多样的旅游产品打下了丰厚的基础。"十一五"期间，保护区将立足保护，充分利用公园原有的森林景观等自然资源以及人文资源，有计划、有步骤地把公园建设成为融山、水、林、景为一体，服务设施完善，旅游环境质量高的具有海岛风光特色的自然海滨风景旅游区。

（焦松松、钟海波供稿；长岛候鸟保护环志中心提供照片）

保护区黄海渤海分界处

山东 昆嵛山
国家级自然保护区

　　山东昆嵛山国家级自然保护区位于山东半岛东部，保护区跨牟平（属烟台市）、文登（属威海市）2 区（市），周边分布 5 个（乡）镇，其中，东与界石镇毗邻、北与龙泉镇连接、西与玉林店镇相伴、南与莒格庄、葛家二镇接壤。地理坐标为东经 121° 37′ 0″ ～ 121° 51′ 0″，北纬 37° 12′ 20″ ～ 37° 18′ 50″。保护区总面积 15416.5hm²，是以保护中国赤松为主的森林生态系统类型的自然保护区。2008 年经国务院批准建立国家级自然保护区。

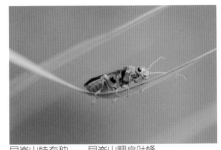

昆嵛山特有种——昆嵛山腮扁叶蜂

赤松林生态系统

◎ 自然概况

昆嵛山属长白山系崂山山脉，位于华北地台古隆起区胶北古隆起的中部。岩体主要为岩浆岩，岩石主要为花岗岩。地貌属低山丘陵，主峰泰礴顶，海拔923m。近900m的相对高差，构成了群峰耸立、沟壑纵横、气势雄伟的地貌特征。

昆嵛山属暖温带季风型大陆性气候兼具海洋性特征，四季分明，气候温和，雨量充沛。年平均气温11.9℃，年平均降水量984.4mm，年无霜期199.2天。是汉河、沁水河、

赤松阔叶混交林

灌丛草甸

昆嵛雄姿

赤松阔叶混交林

羊乳

模式标本——坚桦

木渚河、黄垒河四大河流的发源地。保护区内外分布米山、龙泉、昆嵛山、瓦善4座大中型水库。地下水为松散岩孔隙水和基岩裂隙水，属含偏硅酸重碳酸钙钠型矿泉水。

昆嵛山的成土母质是酸性岩类的风化物，通过棕壤化过程，形成了棕壤土类，包括棕壤性土和典型棕壤2个亚类。质地多为砂壤质，结构疏松，层次明显，pH值4.5～5.5。海拔800m以上的山顶部分布小面积草甸土。

经科学考察，昆嵛山自然保护区有高等植物161科536属1073种（含变种、变型）。其中有国家一、二级保护植物7种，列入《濒危野生动植物种国际贸易公约》植物10种，山东省稀有濒危植物46种，模式植物8种。

昆嵛山自然保护区有苔藓植物189

种，隶属109属46科。其中苔类植物21科28属43种，藓类植物25科81属146种。

昆嵛山自然保护区初步记录陆栖野生动物（含昆虫）及淡水浮游动物和鱼类10纲47目225科1161种（含亚种）。有国家一级保护动物9种，国家二级保护动物40种，山东省重点保护野生动物54种，列入《濒危野生动植物种国际贸易公约》动物35种，是山东省野生动物资源最丰富的地区之一。昆嵛山腮扁叶蜂是昆嵛山特有物种，1987年首次在昆嵛山林场发现，并作为模式昆虫以昆嵛山命名。

昆嵛山自然保护区有丰富的低等植物资源。据调查，保护区记录野生真菌14目25科71种。其中，有国家二级保护真菌1种，13目13科33种药用真菌，12目16科50种食用真菌。

落新妇

人参

山东银莲花

野生真菌

野生真菌

黑眉蝮蛇

赤松阔叶混交林

中国赤松

昆嵛山自然保护区自然景观秀美，人文景观丰厚。有国内少有的赤松林和赤松阔叶混交林景观；有高山深谷、奇峰异崮和各种象形石构成的气势雄伟、惟妙惟肖的地貌景观；有太古河、三岔河、石门河、仙女池、王母娘娘洗脚盆、九龙池瀑布、水帘洞瀑布等构成的堪称江北小九寨的水体景观；有保护森林健康、维护生态平衡、穿梭于林间的留鸟、候鸟构成的鸟类景观；有道教全真教派发祥地烟霞洞、全真教祖庭神清观、胶东第一古刹无染寺、"11·4"暴动遗址、于得水养伤洞等历史文化和红色文化景观。

◎ **保护价值**

昆嵛山自然保护区是以保护中国赤松原生地和天然分布中心为主的森林生态系统类型的自然保护区。赤松是我国暖温带东部沿海低山丘陵地区森林植被的建群针叶树种，具有地理分布上的不可替代性。

昆嵛山自然保护区赤松林是中国赤松自然分布的典型代表，分布面积达13855hm²，其中纯林11546.3hm²，是我国分布面积最大、保护最为完整的地带性针叶林生态系统。目前，在中国赤松狭窄的分布区域中，北、西、南面分别被红松、油松和马尾松取代，形成孤岛状生境，并呈缩小趋势。由于赤松林在自然演替中实际上处于亚顶极状态，占有很重要的生态位，因而具有巨大的保护、研究价值。以赤松为主要构成树种的针阔混交林和阔叶混交林是维护保护区生物多样性和涵养水源的基础，有极高的生产力，是保护区的重要保护对象。

昆嵛山自然保护区现有林区公路23.8km，林区道路34km，周边分别有303、205、206省道通过。

（于善栋供稿；焦松松审核）

九龙池瀑布

高山草甸

中国赤松

灌草丛

栎类阔叶林

栎类阔叶林

山东 荣成大天鹅
国家级自然保护区

　　山东荣成大天鹅国家级自然保护区位于山东省最东端的荣成市境内，主要由月湖、养鱼池湾、临洛湾和周边山岚组成。地理坐标为东经122°32′40″～122°35′16″，北纬37°17′56″～37°21′20″。保护区总面积1675hm²，主要保护珍稀鸟类大天鹅，属野生生物类别中的野生动物类型自然保护区。保护区始建于1985年，2007年经国务院批准晋升为国家级自然保护区。

大天鹅

◎ 自然概况

荣城大天鹅自然保护区属于华北地层区的鲁东地层分区，主要有太古－元古界胶东群，中生界白垩系，新生界第四系。主要岩浆岩为燕山晚期的喷出岩。构造上处于胶东地质胶北隆起的东端，乳山－威海复背斜的东南翼，主要构造形迹由北西向荣成俚岛－海西头断裂，控制了荣成城厢凹陷的西南边界，两端伸入海域。地貌大势受褶皱和断裂的地质构造的控制，为走向较为紊乱的浅切割的低缓丘陵。受构造条件的制约，保护区内海岸为岬角－海湾相间类型。

荣城大天鹅自然保护区属暖温带大陆性季风型湿润气候，大陆度为53.1，四季变化和季风进退都较明显。因三面环海，受海洋调节显著，海洋性气候特点表现充分，具有四季分明、气候温和、冬少严寒、夏无酷暑、季风明显、空气湿润、降水集中等特点。年平均气温11.3℃，极端最低气温－18.3℃，极端最高气温36.8℃，平均日照2600h，平均有效积温3805℃，无霜期214天，年平均降水量785.4mm。

荣城大天鹅自然保护区位于沿海边缘，区内水系多为季节性间歇河流，具有源高、流短、涨快、退速的特点。主要有花夼河、石水河、白龙河、马道河等。地下水分为各种砂土类松散沉积物潜水和基岩裂隙潜水或承压水，地下水储量较小，埋深较大，污染较小，水量稳定。

滩涂水域海水表层温度变幅较小，年平均气温12.3℃，2月水温最低，平均1.3℃，9月份水温最高，平均22.4℃。一般年内只有轻微结冰现象，结冰期是1月末至2月初。浅海水和间隙水的pH值均为8.19。沿海潮汐属正规半日潮或不正规半日混合潮。受地形等因素影响，近海岸多数环岸

爱的呼唤

黑脸琵鹭水中觅食

夕阳归巢

流，一般为0.15～0.5m/s，流向为西南—东北向，海水水质状况良好，多数为Ⅰ类水质标准。

荣成大天鹅自然保护区以其特有的和典型的湿地资源被列入《中国重要湿地名录》，主要湿地类型有泻湖湿地、浅海湿地、河口湾湿地、滩涂湿地、芦苇沼泽和碱蓬盐沼。由于湿地类型多样且开阔连片，为多种野生动物提供了良好的生存环境。保护区内野生动植物资源十分丰富。截至目前，已发现保护区内有腔肠动物7种、扁形动物1种、环节动物25种、拟软体动物5种、软体动物111种、节肢动物40种、棘皮动物22种、脊索动物4种、鱼类20种、两栖类7种、爬行类14种、鸟类153种、兽类10种；野生植物690种，其中硅藻类145种、甲藻类34种、蓝藻类和金藻类个1种、绿藻类16种、褐藻类17种、红藻类40种、蕨类6种、裸子植物4种、被子植物414种。

◎ 保护价值

（1）大天鹅种群及其越冬栖息地。大天鹅属国家二级保护动物，是保护区内最主要的保护对象。大天鹅于每年的10月底至翌年的3月上中旬在保护区内越冬，平均居留期为120天，

芦苇湿地——天鹅的家园

天鹅争鸣

天鹅优美睡姿

前全国人大常委会副委员长田纪云题词——天鹅湖

每年栖息于保护区的大天鹅数量近万只，最高年份达到11120只，其中最大集群8000只左右，该保护区是国内最大的大天鹅越冬种群分布地。保护区内多样的生境，为大天鹅的生存提供了多种选择，保护大天鹅及其赖以生存的栖息地是本保护区的主要目的之一。

另外，荣成大天鹅自然保护区内还分布有白头鹤、中华秋沙鸭、东方白鹳等国家一级保护动物6种，灰鹤、黄嘴白鹭、鸳鸯等国家二级保护鸟类

16种。

（2）典型的泻湖海岸地貌。沙坝——泻湖体系是保护区内典型的海岸地貌类型。成山卫南侧的荣成湾的强浪向与常浪向均为北东向，而岸线基本为北北向，波浪作用方向与岸线呈锐角相交，海底泥沙发生沿岸运动，泥沙沿岸运动能力下降，因而泥沙开始沉积形成沙嘴。发育了15km长的沙坝和内侧的一系列泻湖，构成了成山卫泻湖链。该泻湖链东西排列，约长10km，在我国现存的泻湖中保存得

沙坝——泻湖体系

极为完整和典型，具有较高的保护价值和科学价值。

（3）滨海湿地生态系统。保护区内分布有不同湿地类型。芦苇沼泽分布于海湾和泻湖边常年积水的沙滩或沙质泥滩上，形成了大面积连片的芦苇塘；碱蓬盐沼是滨海盐沼中分布较广的先锋植物群落；大面积的滩涂湿地为多种水禽的栖息提供了良好的生境；大叶藻群落分布在保护区海滩的中潮带、低潮带和潮下带的上部海水中，常形成大叶藻纯群落，大叶藻蕴藏量十分丰富，为大天鹅提供了充分的食物保证。　　　（闫建国供稿）

岩岸湿地

● 河南省

河南宝天曼国家级自然保护区
河南鸡公山国家级自然保护区
河南伏牛山国家级自然保护区
河南太行山猕猴国家级自然保护区
河南董寨国家级自然保护区
河南连康山国家级自然保护区
河南小秦岭国家级自然保护区

河南大别山国家级自然保护区
河南黄河湿地国家级自然保护区
河南丹江湿地国家级自然保护区

● 湖北省

湖北神农架国家级自然保护区
湖北五峰后河国家级自然保护区
湖北星斗山国家级自然保护区
湖北九宫山国家级自然保护区
湖北七姊妹山国家级自然保护区
湖北龙感湖国家级自然保护区
湖北赛武当国家级自然保护区
湖北木林子国家级自然保护区

湖北堵河源国家级自然保护区
湖北十八里长峡国家级自然保护区
湖北洪湖国家级自然保护区
湖北大别山国家级自然保护区
湖北南河国家级自然保护区

● 湖南省

湖南八大公山国家级自然保护区
湖南壶瓶山国家级自然保护区
湖南莽山国家级自然保护区

华中篇

河南 宝天曼 国家级自然保护区

河南宝天曼国家级自然保护区位于秦岭东段、豫西伏牛山南麓、国家级生态示范区——内乡县北部山区。地理坐标为东经 111°47′～112°04′，北纬 33°20′～33°36′。保护区南北长 28.5km，东西宽 26.5km，总面积 9304hm²。保护区属暖温带向北亚热带过渡区综合性森林生态系统和珍稀野生动植物类型的自然保护区。

宝天曼是 1980 年 4 月河南省建立的第一个自然保护区，1988 年 5 月经国务院批准晋升为国家级自然保护区；1992 年 2 月，世界自然基金会（WWF）确定宝天曼为具有国家和全球意义的区域；2001 年 9 月联合国教科文组织（UNESCO）批准宝天曼加入"人与生物圈"计划世界生物圈保护区网络，是目前河南省唯一的世界级自然保护区；2001 年 12 月，国土资源部命名宝天曼为"国家地质公园"；2002 年 12 月，中宣部、教育部、科技部、中国科协四部委联合命名宝天曼为"全国青少年科技教育基地"。同时，宝天曼还是联合国教科文组织 2006 年 9 月批准通过的南阳伏牛山世界地质公园的核心精华区域。

太白杜鹃

◎ 自然概况

宝天曼处于我国第二级地貌台阶向第三级地貌台阶的过渡区，独特的地理位置造就了宝天曼特殊的地质景观。因海拔陡然下降，区内山高谷深，河谷曲折迂回，地质特殊，集秀丽、奇诡、深幽于一体。主要山体为花岗岩、石灰岩和砂岩，地貌以切割程度不同的中山为主，低山为辅，河漫滩及阶地只在低山地带才开始与陡峭对峙的悬崖交替出现。

宝天曼自然保护区四季分明，景色宜人，气候具有东部季风区的特点，属季风型大陆性气候。夏季炎热，冬季寒冷，春温回升较快，年平均气温 15℃，高山无霜期 160 天，低山无霜期 227 天，年平均相对湿度为 68%。

宝天曼自然保护区内土壤分布有山地棕壤、山地黄棕壤和山地褐土 3

宝天曼奇石险峰化石尖（王天定摄）

个土类。土层厚度通常在 30～40cm 之间，发育层次明显，土质肥沃，适宜各类植物的生长。

宝天曼自然保护区属长江水系，受区域构造制约，主干水系呈北西、北东向展布，主要水系一般流量 4.25m³/s，最大流量 113.8m³/s，地下水类型主要为基岩风化裂隙潜水和构造裂隙潜水，储量较为丰富。

宝天曼自然保护区内共有植物 2911 种，其中国家保护的珍稀濒危植物 29 种，大果青杆、银鹊树在河南省其他地区尚无分布，是河南省珍稀植物最集中、最丰富的地区之一。保存良好的森林植被，为野生动物栖息繁衍提供了良好的环境，在保护区纷繁复杂的自然环境里，共生存有脊椎动物 201 种。其中鸟类 116 种，兽类 48

宝天曼冬景

种，两栖动物 11 种，爬行动物 26 种。昆虫 3000 多种。金钱豹、金雕、斑羚、中华虎凤蝶等 25 种动物被列为国家重点保护动物，其中被列为国家一级保护的有 7 种：金钱豹、林麝、原麝、金雕、黑鹳、白肩雕、大鸨。

◎ **保护价值**

由于宝天曼自然保护区正处于我国暖温带向北亚热带的过渡区内，独特的地理位置使许多在其他地区早已灭绝的孑遗物种和一些系统发育上属于原始孤立的类群被保留下来，使得该区植物区系具有原始古老、多方交汇、种类繁多、地理成分联系复杂的特征，成为中原地带不可多得的资源基因库。保护区内林相完好，生物多样性丰富，森林覆盖率高达 95% 以上。尤其是核心区内，依然保持着过渡带山地生态系统的原始状态，是我国暖

紫鹃醉春（王天定摄）

夏天的宝天曼

探访原始森林

温带向北亚热带过渡区内保存最为完整的森林生态系统之一。宝天曼又是北亚热带和暖温带地区天然阔叶林保存最为完整的地段，森林类型多，植被属暖温带落叶林向北亚热带常绿阔叶林过渡的典型代表，同时是中国动物区划中古北界与东洋界的分界线，南北共有种过渡型成分较多，无论是水平地带性或垂直地带性的植被和物种，与当地的环境都十分协调和适应，反映出过渡区植被的典型性。宝天曼

的生物资源无论是在种类还是在数量上，都是一个贮量丰富的"基因库"。保护区植物种类占中国植物总数的1/10，河南省的70%；野生动物方面，鸟、兽类约占河南省70%，两栖爬行类占80%，物种数量与其他过渡带保护区和亚热带保护区相比较毫不逊色。

宝天曼自然保护区珍稀动植物不但种类繁多，而且发现有一批稀有群落和新物种。现存的国家珍稀濒危植物，有的是起源古老的孑遗种，如水

青山白云古木禅（作陆摄）

飞瀑鸣琴合欢瀑（作陆摄）

千亩野生黄花菜群落

河谷秋景

探访原始森林（王天定摄）

青树、连香树、延龄草等，更多的是第三纪古热带植物区系的残遗种。它们不但起源古老，而且许多种类在系统发育上都处于相对孤立的状态，在形态演化上比较原始。单种属植物较多，有8种，也是植物区系组成的一个特点，另外还有领春木、连香树两种单属科植物，在一定程度上显示了该区系的古老性。无论从珍稀濒危动植物种群数量和区系性质方面，都显示出宝天曼保护区是河南省珍稀濒危物种的分布中心。保护区内珍稀群落有青檀群落、香果树群落、领春木群落、水曲柳群落等，此外这里还是河南特有植物种的原产地，如河南石斛、河南杜鹃、河南鹅耳枥等。动物方面昆虫新种不断被发现，其中有的科、属还是空白，已发现新种85种、蜘蛛新种3种。

玉龙潭

◎ 管理状况

宝天曼自然保护区内山雄、峰峻、石奇、林古、瀑悬、潭幽、洞秘，奇花异木遍地，珍禽异兽出没。自2000年6月开始，在实验区的平坊林区开发生态旅游，旅游区面积3000hm²。目前已建成内乡至宝天曼80km的旅游专线公路、葛条爬旅游接待中心和秋林峪、环翠谷两处旅游服务区；通讯、通电、供排水等基础设施已基本完善；并已开发出原始森林生态游、秋林河

宝天曼自然博物馆一角（朱从波摄）

谷飞瀑游、姑娘楼探险觅胜游、秋林休闲度假区、化石尖奇石险峰游"四线一区"五条旅游线路，建成40余处精品旅游景点。

配套建设的宝天曼自然博物馆位于内乡县城东5km处五龙庙坡，展物种之精华，集万物之灵气，占地面积15000m²，展馆面积3600m²，为河南省规模最大、展品最为丰富的自然类博物馆。内部展馆由序厅、森林生态厅、地质与古生物遗迹厅、植物厅、动物厅、人与自然厅和多功能厅等展厅构成，以栩栩如生的标本、绚丽多彩的图片、惟妙惟肖的仿真模型和凝练的文字，构成了一幅人与自然和谐共处、自然景观和历史遗迹交相辉映的绝妙画卷，向您展示宝天曼的原始、神奇和丰富多彩的生物多样性资源。

（王冠、冯松供稿）

宝天曼自然博物馆森林生态厅（朱从波摄）

河南 鸡公山
国家级自然保护区

河南鸡公山国家级自然保护区位于信阳市最南部、大别山山脉西端，河南、湖北2省交界处，107国道和京广铁路从西边穿过。地理坐标为东经114°01′～114°06′，北纬31°46′～31°51′。保护区面积约3000hm²。保护区属森林生态系统类型自然保护区，主要保护对象为亚热带森林植被过渡类型及珍稀野生动植物。保护区前身为1918年成立的鸡公山铁路林场，1982年经河南省人民政府批准为省级自然保护区，1988年经国务院批准晋升为国家级自然保护区。

天然次生林（戴慧堂摄）

◎ 自然概况

鸡公山大地构造位置处于秦岭地槽褶皱系东段的桐柏大别褶皱带内。地层隶属秦岭地层区，桐柏大别地层分区。区内地层简单，标型特征是一老一新，老地层主要是太古界大别群、下元古界苏家河群等；新地层是新生界第四系。岩石主要为鸡公山混合花岗岩和灵山复式花岗岩。保护区内主脉老岭贯穿南北，地势陡峭，沟壑纵横，最高峰海拔830m，相对高差611m。报晓峰俗称鸡公山头，一座酷似雄鸡的巨石拔地而起，凌空而出，气势不凡，妙姿天成，形如引颈啼鸣的雄鸡，鸡公山由此而得名。

鸡公山自然保护区地处桐柏山与大别山主体山系以北，主体山系近东西向或北西向延伸，地形总体上南高北低。主体山系是长江与淮河两大流域的分水岭，山系以北的东双河、九渡河汇入淮河；山系以南的环水、大悟河汇入汉水，复入长江。鸡公山雨量充沛、泉源众多、水源丰富，俗有"山间一阵雨，林中百重流"之说。1936年齐光著《鸡公山指南》记载"甘泉达百数十处，更非他山可及也"的语句。

秦岭—淮河是我国北亚热带向暖温带过渡的气候分界线。鸡公山地处北亚热带的边缘，淮南大别山西端的浅山区。由于受东亚季风气候的影响，因而具有北亚热带向暖温带过渡的季风气候和山地气候特征。这里四季分明，光、热、水同期。春季气温变幅大、夏季炎热雨水多、秋高气爽温差小、冬长寒冷雨雪稀。鸡公山年日照总时数2063.3h。年平均气温15.2℃，极端最高气温40.9℃，极端最低气温−20.0℃，日平均气温稳定。无霜期220天。年降水量1118.7mm。属北亚热带湿润气候区。

鸡公山自然保护区土壤可划分为黄棕壤土类、石质土土类、粗骨土土类和水稻土土类。黄棕壤土类分布面积最大，占区内土壤面积的60%，植被以常绿针叶阔叶和落叶阔叶混交林

报晓峰（戴慧堂摄）

为主。

独特的地理位置和气候条件孕育了保护区内丰富的野生动植物资源。区内有大型真菌42科103属278种，有高等植物共217科800属1783种，其中苔藓与蕨类植物56科109属180种（苔藓29科54属67种，蕨类27科55属113种），裸子植物9科28属87种，被子植物152科663属1516种（双子叶植物128科518属1202种、单子叶植物24科145属314种）。列为国家一级保护植物的有水杉、银杏2种。列为国家二级保护植物的有秃杉、香果树、野大豆、天目木姜子等18种；属河南特有种的有鸡公山山梅花、鸡公山茶杆竹等13种。

鸡公山自然保护区内共有陆生脊椎动物258种，鸟类17目39科170种、兽类6目18科45种、两栖动物2目6科15种、爬行动物3目17科28种。其中国家一级保护动物有金钱豹、金雕、黑鹳共3种；国家二级保护动物有黄嘴白鹭、鸢、苍鹰等20种。

◎ 保护价值

鸡公山自然保护区主要保护对象为亚热带森林植被过渡类型及珍稀野生动植物。鸡公山自然保护区植被属亚热带常绿阔叶林区域的桐柏山、大别山山地松栎林植被片，具有北亚热带向暖温带过渡的性质。森林植被明显呈乔、灌、草三层垂直结构。乔木

山顶风光（戴慧堂摄）

层通常可分为两个亚层，建群种和共建种为栓皮栎、麻栎、槲栎、青冈栎、马尾松、黄山松、化香、枫香、黄檀、五角枫等树种。林下灌木层优势树种有山胡椒、盐肤木、白鹃梅、连翘、映山红、茅栗、胡枝子、黄荆、省沽油、钓樟等。草本层优势种有求米草、大金鸡菊、羊胡子草、萱草、野苎麻、白茅、显子草等。

120 年树龄的青冈（戴慧堂摄）

鸡公山植被从山麓到山顶可分为两个垂直带。海拔500m以下，特别是沟谷地带，是典型的亚热带常绿阔叶林。海拔500m以上为北亚热带山地类型，即基本上是常绿、落叶阔叶混交林或针阔混交林。

鸡公山自然保护区历史上曾经遭受过大的砍伐破坏，一次是1942年日军侵华时的砍伐，另一次是50年代采木烧炭炼钢铁。虽然经过几十年的精心保护，森林植被恢复得比较好，但是和原始植被相比，树种的结构还不尽合理，对气候、病虫害等不良环境的抵抗力还不是很强，整个森林生态系统处于比较脆弱的状态。另一方面，由于保护区周边地区经营活动的影响，使鸡公山自然保护区成为该区野生动物的"避难所"，一旦保护区植被遭到破坏，对这一地区的动物生存繁衍、涵养水源、净化水质、保持土壤、净化环境、减少病虫害等方面将产生很大的影响。

在植物区系上，该区呈现了以华东、华中植物区系为主，华北、西南

鸡公山茶秆竹（戴慧堂摄）

区系成分兼容的特点，植物区系中含有较多的原始种类、单种属和特有成分，许多还是第三纪孑遗植物，其中原始类型的壳斗科、金缕梅科等所含属种常为构成该区森林植物的主要建群种和优势种。我国特有种杉木以该区为北界，三尖杉科是东亚分布中古老的科，在该区零星分布有三尖杉、中国粗榧两种。另外，在鸡公山的单种属植物中，多数属于我国特有或东

古银杏（戴慧堂摄）

亚特有属，如香果树、大血藤、牛鼻栓、杜仲、通脱木、鸡麻等，基本上是以鸡公山为其分布的北界。鸡公柳、鸡公山茶秆竹、鸡公山山梅花等为鸡公山特有植物。

鸡公山还是华中地区动物资源比较丰富地区之一。该区动物在地理分级区划中属于东洋界中印亚界的华中区。由于没有天然屏障的阻隔，在动物区系组成上出现了南北混杂现象，该区常见的东洋界种类有菊头蝠、小灵猫、果子狸、蜂虎、蓝翅八色鸫、饰纹蛙、树蛙等，常见的古北界种类有狐、青鼬、大鸨、百灵、灰喜鹊等。该区昆虫资源也极为丰富，已知昆虫有3000余种，许多种是具有特殊价值的珍稀种类，如拉步甲等。

20世纪初，我国许多著名学者就已对鸡公山的生物进行过研究。早在1917年，美国的植物学家白莱（L.H.Bailog）就到鸡公山采集标本。1920年史标德（Schneid）根据白莱的标本，整理命名了新种鸡公柳。50年代，苏联专家也曾到鸡公山考察。鸡公山由于具有气候和地理位置的独特性，以"山明水秀，泉清林翠，气候凉爽，别有天地"而闻名中外。从1903～

人工林（戴慧堂摄）

1905 年，在短短的两年多时间里，美、英、法、日、俄等 20 多个国家的传教士、洋商和中国军阀富商建别墅 27 处之多。到抗日战争前，鸡公山共建有各式各样别墅 212 幢，并成为中国著名的避暑胜地。各式别墅小楼，依山势、抱地形、各寻幽境，其中颐庐、姊妹楼、瑞典式大楼、美式大楼、马歇尔楼、美龄舞厅最显得巍峨壮观，不同寻常。同时，鸡公山又是国家级风景名胜区，景区以自然景观和人文景观为主，每年来鸡公山避暑旅游者达 20 万人次。

◎ 功能区划

鸡公山自然保护区功能区划分为核心区和实验区。核心区位于马鞍山岭以北，以天然林为主，环境保存较好，物种丰富，生态类型完整，集中成片，便于保护。核心区仅供科学观测研究，严格保护。实验区位于核心区以南，以实验林、人工林为主，兼有天然老林和天然次生林。为了便于管理，实验区进一步划分四个功能分区，分别为科学研究分区、引种驯化分区、科普实习分区、合理利用实验分区。

◎ 科研协作

鸡公山自然保护区开展科学研究的历史久远，硕果累累，为保护区的发展做出了卓越贡献。如 1958 年杉木育苗丰产试验，1959 年马尾松、杉木北移生产试验，1975 年毛竹育苗试验，1980 年杉木地理种源试验和秃杉、珙桐异地保存试验，1981 年火炬松、湿地松引种源试验，1990 年杉木造林优良种源选择及推广项目，2000 年保护区"三杉"采种基地建设，2001 年生态观测站建设以及 1991 年《鸡公山自然保护区科学考察集》和《鸡公山木

秀女潭（戴慧堂摄）

本植物图鉴》的出版。从 1918～2006 年保护区开展过的项目达 70 多项，专业刊物上发表有价值的科技论文 90 多篇。在保护区还设立了科研机构，建立了生态观测站、自然博物馆、树木园、植物繁殖圃、科普教育中心。此外，保护区为充分发挥其综合功能和综合效益，利用现有的自然博物馆、培训中心和动植物宣传材料积极开展形式多样的科普教育宣传活动。每年省内外 20 余所大中专院校师生前往鸡公山开展科学考察、教学实习，其中北京师范大学、北京林业大学、华中农业大学、河南农业大学等高校在此设立了教学实习基地。

落羽杉（戴慧堂摄）

鸡公山有丰富的自然景观和人文景观，是开展森林科普旅游的良好场所。保护区目前已开发景区有长生谷生态旅游景区、波尔登森林公园和灵化仙境景区。　（王冠、冯松供稿）

天然林（戴慧堂摄）

河南 伏牛山 国家级自然保护区

河南伏牛山国家级自然保护区位于河南省西部，北连栾川县、嵩县，东接鲁山县，西与卢氏县、灵宝市搭界，南至内乡、南召、西峡三县。地理坐标为东经111°17′～112°17′，北纬32°50′～33°54′。保护区东西长约100km，南北宽约60km，总面积56024hm²。保护区属森林生态类型自然保护区，主要保护华中地区较为完整的天然次生林及其丰富的野生动植物资源。1997年经国务院批准晋升为国家级自然保护区。

连香树

◎ 自然概况

伏牛山自然保护区在河南省地貌区划中属豫西山地，它是秦岭东段规模最大的一条支脉，为河南省最大最高的山脉。保护区内山体巨大，高峰突兀。玉皇顶以西，山体完整，山脊狭窄高耸，山峰成锯齿状矗立，海拔多在1500m以上，河南省内超过2000m的山峰绝大多数汇集于这一地区，如摩云岭、老君山等。玉皇顶以东，主山脊分为两支：一支狭窄峻峭，如龙池曼、石人山；另一支山脊宽阔，山体较平缓，山峰海拔均在2000m以下。

伏牛山属于黄河、淮河和长江三大流域的分水岭，受区域构造和地形的制约，黄河流域的支流多呈北东向展布；淮河流域的支流则呈东南向流水，而长江流域的支流则多呈南向流水。各流域河流很多，区内降水量大，是河南降水量最大的地区。但地下水

悟道石（韦海涛摄）

较贫乏。

伏牛山自然保护区位于北亚热带向暖温带过渡地带，属大陆性季风气候。表现为四季分明，春季干燥多风，夏季温凉湿润，秋季多雨，冬季寒冷干燥。由于经度、纬度、海拔高度、地形等因素的影响，气候有所不同；由于南北坡关系，热量分布差异也十分显著。北坡年平均气温12.4℃，属暖温带；南坡年平均气温14.5℃，属北亚热带。

伏牛山自然保护区土壤分两个大区。南坡为长江中下游黄棕壤、水稻土大区；北坡为黄河中下游棕壤、褐土、黑垆土大区。土壤主要是棕壤、褐土和黄棕壤3个土类。

独特的地理位置和优越的气候条件赋予了保护区丰富的植被资源。区内共有维管束植物2879余种，占河南省植物种类的76.9%，占中国植物总种数的10.6%。野生动物资源中，兽类62种，鸟类213种，爬行类31种，两栖类14种，鱼类67种，昆虫3000余种。

伏牛山自然保护区保存了中原地区面积最大、最完整的森林生态系统，区内森林茂密，植物种类繁多，奇花异草，千姿百态，相映生辉，构成一幅幅色彩斑斓的景色，形成了过渡带特有的森林景观。悠久的历史又使得这里存在着众多著名的人文景观。

伏牛山自然保护区内的白云山国家森林公园，奇峰俊秀，白云悠悠，流泉飞瀑，景象万千，既有北国风光雄伟之态，又有南方山水俏丽之容。一年四季风光各异，春天山花烂漫，夏季云海苍茫，秋日红叶醉人，隆冬冰柱玉帘，被誉为"中原名山""人间仙境"。整个白云山景区包括白云峰、九龙瀑布、玉皇顶、小黄山、原始森

老君山红叶（赵树岭摄）

君山夕阳

秋韵（赵树岭摄）

林五大观光区。其最高峰玉皇顶海拔2216m。

龙峪湾位于八百里伏牛山腹地，其山势巍峨，千峰竞秀，风光优美，景色如画，以神奇独特的风貌誉满中原，区内自然、人文景观美不胜数，步步有奇景，处处有洞天，被当代著名作家李准誉为"秀压五岳，奇冠三山"。鸡角尖是八百里伏牛山高峰之一，状如鸡头而有角，似雄鸡引吭报

龙峪湾九珠峰（赵俊涛摄）

马鬃岭（赵树岭摄）

晓。区内有青石峡、仙人谷等幽谷十余条。红洛河，湍泻流急，穿石过涧，形成许多深潭瀑布。有状如弯弓的"白马潭"，连跌三幢的"黑龙潭"。

老君山是道教始祖李耳的修炼地，在此有丰富悠久的道教文化积淀，遗存着颇多殿堂庙宇人文景观和许多神话传说。一年四季香客络绎不绝。

此外伏牛山自然保护区内还有南召宝天曼的过风崖、牧虎顶、仙人洞，西峡黄石庵的犄角尖险峰、伏牛大峡谷，黑烟镇的山顶平原、九龙洞瀑布群，石人山的石人之春、石人红叶、石人景观等；历史人文景观还有宝天寺遗址、杜母墓等。

◎ 保护价值

伏牛山自然保护区内汇集着丰富的动植物资源，保存着较为完整的天然次生植被和原生植物群落，是中州植物种子资源储存库，野生动物的庇护所。区内有银杏、杜仲、香果树、榉树、野大豆、秦岭冷杉等31种国家重点保护植物。生长有许多古老孑遗植物如香果树、水青树等。还有香果树群落、领春木群落、水曲柳群落等

水韵（韦海涛摄）

各种稀有群落。区内有河南特有种如河南石斛、伏牛杨、河南铁线莲、河南鹅耳枥、河南翠雀、河南蹄盖蕨等几十种植物；野生动物有国家一级保护的 7 种：金钱豹、林麝、黑鹳、白鹳、金雕、白肩雕、白尾海雕；国家二级保护的 41 种：金猫、豺、青羊、鬣羚、青鼬、水獭、大灵猫、小灵猫、斑嘴鹈鹕、鸳鸯、苍鹰、雀鹰、松雀鹰、秃鹫、乌雕、白冠长尾雉、红腹锦鸡、大鲵等，其中一些是河南新分布种。保护区内还蕴藏着大量的未知昆虫，是一个急待探究的独特的昆虫宝库。

◎ 功能区划

根据伏牛山自然保护区的资源特点、地形地势、保护目的和主要保护对象的空间分布状况，对保护区作了功能分区，其中核心区 21024hm²，缓冲区 5000hm²，实验区 30000hm²，分别占保护区总面积的 37.53%、8.92%、53.55%。

◎ 科研协作

为了更有效地保护自然资源，伏牛山自然保护区与中国林业科学研究院、河南农业大学、河南大学、河南师范大学生物系、河南省科学院等科研院校合作，开展了自然保护区野生动植物资源调查、昆虫调查、树木的引种驯化和气象观测等科研工作，摸清了自然保护区的资源本底，在各级刊物上发表论文数十篇，取得多项科技成果奖，并编辑出版了《伏牛山自然保护区科学考察集》《河南木本植物图鉴》等专著。此外，保护区还与国外进行学术交流，开展了"日本落叶松造林项目""美国冷杉育苗"等课题的研究。　　　（王冠、冯松供稿）

云雾缭绕（刘玉乐摄）

龙峪湾旱莲园（赵俊涛摄）

秋韵

叠罗汉（赵树岭摄）

太行山猕猴
国家级自然保护区

河南太行山猕猴国家级自然保护区位于河南省北部太行山南端，济源市、焦作市、沁阳市、博爱县、修武县、辉县境内，北与山西省接壤，南邻燕川平原，西起济源市与山西省交界，东至辉县市。地理坐标为东经112°02′～113°45′，北纬34°54′～35°40′。保护区总面积56600hm²。保护区属野生动物类型自然保护区，主要保护中国特有的猕猴华北亚种——太行猕猴。1998年经国务院批准晋升为国家级自然保护区。

太行山景观

◎ 自然概况

太行山猕猴自然保护区处于山西高原上升和华北平原下降区的边缘，位于我国一、二级大地形的陡坎上，深受山西板块和华北板块相互挤压和扭动的影响，使该地区地质构造异常复杂，断裂活动频繁，形成了复杂多样、挺拔险峻的南太行中山地貌。区内山势雄伟，群峰峥嵘，绝壁林立，沟壑纵横，整个地势由西北向东南倾斜，最高海拔斗顶山达1955m，平均海拔在800m左右。山坡陡峭，多在30°以上，形成了一系列纵横交错的狭谷、深谷。

太行山猕猴自然保护区属大陆性季风气候区，冬冷夏热，四季分明，具有春季回暖迟，夏热天数少，秋季降温早，冬季冷期长，相对湿度大，云雾日数多的特点。年平均气温14.3℃，年降水量695mm。复杂的地形地貌形成了多种多样的小气候。

太行山猕猴自然保护区土壤有棕壤土、褐土两类，棕壤土包括山地棕壤土和山地粗骨棕壤土，褐土包括淋溶褐土、褐土性土。棕壤土主要分布在海拔

太行猕猴（贾善忠摄）

1000m 以上的中山区，褐土土类广泛分布于区内。土层一般为 30 ～ 80cm，层次明显，枯枝落叶层和腐殖层较厚，土壤肥沃。

太行山猕猴自然保护区属黄河水系，受区域构造和地形的制约，河流均由北向南流入黄河。发源或流经保护区较大的河流共有 13 条，地表水以河流、水库等形式分布，河水流量变化与季节变化有直接联系。6 座水库总控制面积

471km²，总库容 1716 万 m³，水质优良，完全符合饮用水优质标准。

太行山猕猴自然保护区是河南省生物多样性的分布中心之一，具有中原地带保存最完整的森林生态系统。区内森林茂密，植物种类繁多，共计有高等植物 1759 种，占河南省高等植物总种数的 42%。这些植物中有食用植物、能源植物、花卉园林植物、药用植物等经济资源植物 1000 余种。保

老爷顶

小溶洞

护区的野生动物资源也较丰富，有脊椎动物 201 种，其中有兽类 34 种，鸟类 140 种，爬行动物 19 种，两栖动物 8 种。

太行山猕猴自然保护区景观类型丰富。古老的地质构造，绚丽的自然风光，特色的人文民俗，繁茂的森林植被，众多的飞禽走兽，奇特的象形山石，清澈的泉潭流瀑，形成了北方罕见的自然山水和人文景观区。

太行山猕猴自然保护区所处的太行山、王屋山，各地层出露完整，既有太古界、元古界地层，又有古生界、中生界和新生界地层，是河南省典型的"标准地层剖面"，尤其是"王屋运动"对地质研究具有重要价值。喀斯特地貌和钙化地貌极为发育，第四纪冰川遗迹明显。

传说中的王屋山是愚公的家乡，在愚公挖山的地方雕塑有大型愚公移

原始森林

原始森林（贾善忠摄）

太行猕猴（贾善忠摄）

太行猕猴

太行猕猴（贾善忠摄）

山石刻，体现着炎黄子孙不畏艰难的民族精神。王屋山还是唐代道教活动的中心，三宫六院和天坛极顶为唐明皇的妹妹玉真公主和著名道士司马承祯所建，在唐代及以后的道教活动中占有重要地位，灵山洞被道教称为"天下第一洞天"。至今保留有完整的阳台宫、清虚宫和迎恩宫等众多的寺庙道观，一年四季，善男信女朝拜不绝。原大寨红色革命根据地更是革命传统教育的现实课堂。

靳家岭一年四季如画，春看山花烂漫，夏迎松涛阵阵，秋来层林尽染，冬至雾凇冰柱。霜至，这里红叶覆盖所有峰岭沟崖，无论在晴日还是雨雾时，靳家岭红叶都美不胜收。

太行山猕猴自然保护区内的云台山世界地质公园更是堪称地质史上的活化石，景区内的百家岩各地层不仅出露完整，而且断裂齐整，奇特的地质现象，造就了我国落差少见的大瀑布，其间浅泉、深潭、大小瀑布、奇峰异石令人目不暇接。

云台山人文古迹颇多，历来是游人观光、瞻仰、凭吊的胜地，古今游人在此留下了大量的墨迹和典故。唐代诗人王维在游茱萸峰后写下了"独在异乡为异客，每逢佳节倍思亲。遥知兄弟登高处，遍插茱萸少一人"的绝句。这里东汉时为帝王青睐，魏晋间被名士经营，"竹林七贤"的嵇康即在百家岩长期居住，留下了许多故事和传说，唐宋有佛道开发，明清多游客集聚。药王洞（现存在茱萸峰）人文景观和自然景观融为一体，相传是唐代医药学家孙思邈采药炼丹的地方，现存有孙思邈雕像和孙真人碑记。洞口有庙宇和国家一级保护珍稀树种千年古红豆杉一株。唐代诗人钱起作诗曰："将录洞中药，复爱谷外嶂"。"古壁苔入云，阴溪树穿浪"。孙思邈在药王洞经过长期的研究和实践，攻克

漫山红遍太行山

了多种疑难杂症，终被人称颂为一代药王。云台观、重阳阁等古建景观与自然景观构成一幅优美的图画，茱萸峰修建的玄帝宫雄伟壮观，极目眺望，令人叹为观止。群英湖、影寺自然风景优美。

太行猕猴

◎ 保护价值

太行山猕猴自然保护区有着重要的保护价值：

太行猕猴为太行山自然保护区的主要保护对象，是新定名的华北亚种，为中国所特有。其形态、生理、代谢、生态和遗传等方面与其他亚种比较有许多显著的差异，遗传多样性一旦丢失，再也不能从其他亚种得到弥补，所以非常珍贵，具有重要的科研价值和保护价值。原林业部与世界自然基金会（WWF）确定河南太行山猕猴分布区为具有国家和全球重要意义的区域。

太行山猕猴自然保护区还汇集了丰富的动植物资源，保存着较为完整的天然次生植被和原生植物群落。1759种高等植物中，属国家重点保护的有17种，其中国家一级保护的有红豆杉、银杏共2种；国家二级保护植物又连香树、香果树等13种；保护区还是河南特有植物的原产地，太行花、太行榆、太行菊、毛叶朴等多种植物都产于这里。国家重点保护的野生动物有30种，其中有珍贵的国家一级保护野生兽类动物金钱豹、林麝共2种，国家二级保护野生动物有猕猴、水獭、黄喉貂、大鲵等。被列为国家重点保护的珍稀鸟类有金雕等27种。还有全国罕见种隆肛蛙等。保护区的昆虫资源极为丰富，蕴藏着大量的未知种类，其中有的科属还是空白，是一个宝贵的昆虫宝库。

太行山猕猴自然保护区完整的森林生态系统保存、庇护、孕育、繁衍

野生百合花（马兴旗摄）

关山白鹿

着大量动植物和微生物，不仅是一个具有大量物种资源的"基因库"，也是一个物种遗传的"繁育场"。1994年6月《中国多样性保护行动计划》将太行山南端确定为中国生物多样性保护的优先区域。

◎ 功能区划

根据太行山猕猴自然保护区资源特点、地形地势、保护目的和主要保护对象的空间分布状况，对区内作了功能分区，其中核心区面积20453hm²，缓冲区面积12057hm²，实验区面积24090hm²，分别占保护区总面积的36.1%、21.3%、42.6%。

◎ 科研协作

太行山猕猴自然保护区与有关科研单位及大专院校结合对动植资源进行了摸底调查，开展了以太行猕猴为主的动植物研究。完成了红叶树资源及红叶树病虫害调查，发现了太行豹蛛、天日山蛭太行亚种等新物种。

（王冠、冯松供稿）

九里沟瀑布（贾善忠摄）

河南 董寨
国家级自然保护区

河南董寨国家级自然保护区位于河南省南部，河南、湖北2省交界的大别山北麓。地理坐标为东经114°18′~114°30′，北纬31°28′~32°09′。保护区总面积46800hm²。保护区是一个以山区森林珍稀鸟类及其栖息地为主要保护对象的野生动物类型自然保护区。1982年建立省级自然保护区，2001年6月经国务院批准晋升为国家级自然保护区。保护区于1992年2月被世界自然基金会（WWF）确定为具有国家和全球意义的区域（A级优先保护区域）；1993年7月被列入《中国生物多样性保护行动计划》中北亚热带地区优先保护的生态系统地域。

金翅雀

仙八色鸫

◎ 自然概况

董寨自然保护区处在秦岭—淮河一线的南部，为北亚热带的边缘。地层隶属秦岭地层区桐柏大别山地层分布，为华北与华南地层的过渡类型；土质为黄棕壤、石质土、粗骨土、水稻土4个土类。气候温暖湿润，四季分明，冬无严寒，夏无酷暑，雨热同季，降水、光照充足。年平均气温15.1℃，≥10℃年积温4874℃，全年日照时数2116.3h，年平均无霜期227天，年降水量为1208.7mm。

董寨自然保护区山体海拔不高，

鸟类栖息地（阮祥锋摄）

588

对野生动物阻隔作用不明显,森林生态系统良好,植物群落多样,为野生动物提供了良好的生存环境,是我国南北候鸟重要的迁徙停歇地和栖息繁殖地。

董寨自然保护区自然景观秀丽迷人。这里群山环抱,流水潺潺,云雾缭绕,气象万千;茂密的森林,清幽

鸟卵(朱家贵摄)

的山泉和婉转动听的鸟鸣,蕴藏着高雅的诗情画意,展示着大自然的无穷魅力。生态旅游资源十分丰富,涵盖了"森林、鸟类、山水、空气、云雾、绿色"六大特色,风光秀美,鸟语花香,自然古朴,身临其境能让人返璞归真,心灵融入大自然。

董寨山高水长,森林俊美如画,溪流也秀丽如诗。有九龙瀑布、龙池瀑布、连塘银河飞瀑等。瀑布飞流直下,形成黑龙潭、白龙潭,还有九里落雁湖,石二口水库等,山光水色,相映成趣。

董寨自然保护区植物区系成分比较复杂,分为7个植被型,122个群系,200多个群丛,多为针叶林、阔叶林及混交林、竹林、灌丛、草甸、沼泽和水生植物等。已知高等植物175科1879种,其中国家与省级重点保护植物有水青树、香果树、青檀等38种。特别是保护区内还保存了一部分第四纪冰川幸存的孑遗植物。

董寨自然保护区所属的豫南大别山区,人文和自然景观众多,具有很高的生态旅游开发价值。豫南十大胜景之一的灵山寺风景区,即在该保护区灵山保护站,著名的灵山寺建于公元713年,

戴胜(张勇摄)

丝光椋鸟(车峰峪摄)

黑尾蜡嘴雀

东方角鸮(廖晓)

已有1280多年历史。公元1370年,明太祖朱元璋曾到灵山寺降香,并御批为"圣寿禅寺"。寺外环境幽雅,鱼背峰、蓑衣岩、老背少、九龙瀑布、白马洞、石蹬天梯等自然景观与灵山寺互相辉映,增添了灵山浓厚的神奇氛围。目前,董寨国家级自然保护区的灵山已成为豫鄂皖旅游的热点。

白冠长尾雉(张斌摄)

◎ 保护价值

董寨自然保护区共有动物413种。保护区的鸟类资源相当丰富,现已查明分布有各种鸟类293种。其中国家重点保护鸟类就有47种,列入中日候鸟保护协定名录的有105种,国家一级保护鸟类有东方白鹳、金雕、大鸨共3种;国家二级保护鸟类有白冠长尾雉、八色鸫、白琵鹭等44种;兽类有6目16科31属37种,其中大足鼠为河南新记录,豹、水獭、大灵猫、虎纹蛙等为国家重点保护动物;两栖爬行类44种;软体动物39种;昆虫12目99科700多种。特有种丰富,体现出本区植物区系起源古老。

董寨自然保护区自然生态系统具有以下特点:

(1)南北过渡带的典型性:保护区位于大别山的北坡地段,是北亚热带和暖温带地区天然过渡带,是华北、华中和华东植物的镶嵌地带,森林植被类型多样;保护区也是中国植被区划中古北界与东洋界的分界线,由于山地不高,成为南北共有种成分较多的过渡类型。

（2）植被类型的多样性：保护区植被类型主要有针叶林（常绿针叶林和落叶针叶林）、阔叶林（常绿阔叶林、落叶阔叶林和常绿阔叶混交林）、针阔叶混交林、竹林（单轴型竹林和复轴型竹林）、灌丛、草甸等，此外还有沼泽和水生植被；保护区的自然生态系统中，核心组成是森林生态系统，森林植被保存较好，生产力较高，

虎纹伯劳（郑康华）

赤腹鹰

结构复杂，发育进化完善，能量流动与物质循环活跃，时空关系适宜，结构与功能协调，形成一个十分庞大而相对稳定的森林生态系统。

（3）物种的多样性和稀有性：保护区的野生动物尤其是鸟类占河南省鸟类种数的80%，占全国的20%，是在同一经度或同一纬度保护区中最多的；物种稀有性，董寨保护区珍稀动植物种类不仅多，而且有一些稀有物

摄鸟爱好者们在野外摄影

人工鸟巢（张可银摄）

种和新物种，河南省鸟类新记录就有15个；兽类新记录有1种；在环节动物门蛭科中，河南新记录就有8种。

（4）地理位置的独特性：在中国地势的三大阶梯中，大别山正处在第二阶梯向第三阶梯过渡地带。其北为黄淮海大平原，其南为江汉丘陵平原，这里是我国长江和淮河两大水系的分水岭，同时又是一些支流的发源地和水库上游，因此，该保护区还是重要的水源涵养地，对根治淮河水患，保障下游灌溉和工业用水发挥着巨大的作用。

（5）面积的有效性：董寨鸟类保护区总面积46800hm²，处于大别山区西段北坡，是山体腹地以分水岭为界的自然整体，而不是几个"绿色岛屿"，这样有利于保护和管理，基本上能够满足生物物种繁衍生息的要求；而且地形南高北低，相对高差达700m有利于动物的迁移。

◎ 功能区划

根据资源保护和科学研究的需要，结合保护区资源分布状况，把保护区分为核心区、缓冲区、实验区。白云保护站和鸡笼保护站两处为核心区，面积16500hm²，占保护区总面积的35.3%。缓冲区面积11000万hm²，占保护区总面积的23.5%，对核心区呈现环状包围。实验区面积19300万hm²，占保护区总面积的41.2%。

◎ 科研协作

董寨自然保护区鸟类科研工作起步较早，成效显著。目前，保护区建立了河南省鸟类种类最齐全的标本馆，现有各种鸟类标本230种，1000余件。在白云保护站建立了全国最大的白冠长尾雉人工繁育基地，成功培养出14个世代200多对的繁殖种群；早在上世纪60年代就开展了人工益鸟招引，悬挂人工鸟巢2万余只，不仅防治了森林害虫，而且成为保护区一道亮丽的风景线。

良好的环境条件和鸟类保护研究的成就，吸引了大专院校、科研机构和爱鸟观察团，北京师范大学、华南师范大学、信阳师院、信阳林校等院所已把这里作为教学实习、科学研究

以净化水质、净化空气，对游人及当地居民有良好的保健疗养功效。保护区与科研院所的科技协作和交流较多，积累鸟类与环境监测的基础性资料也较多，与北京师范大学、河南师范大学等合作单位深入开展科学研究，高质量地完成更多的科研成果，提高了保护区的科研水平和影响力。由于保护了完整的自然环境和自然资源，为可持续开发利用创造了条件。

（王冠、冯松供稿）

丝带凤蝶（溪波摄）

猕猴桃（溪波摄）

木通（溪波摄）

山茱萸（溪波摄）

和野外观鸟的理想基地。

　　自 2004 年开始举办的中国董寨鸟类摄影年会已连续成功举办三届，2006 年参赛人数达 60 多人，拍摄图片达 5000 幅；同时保护区举办的首届全国野生鸟类摄影优秀作品展吸引了全国 74 位作者的 255 幅作品参展。

　　加强珍稀野生鸟类及其赖以生存的栖息地环境的保护，保持森林生态系统平衡，从而促进生物资源的协调、稳定发展，仅从增加野生动植物数量分析，其价值就无可估量，且保护区内还有许多珍稀动植物和自然景观，具有极高的观赏和科研价值。据有关资料计算，保护区的森林每年可有效蓄水 6000 万 m³，相当于建设一座中型水库。年可减少土壤流失总量 226 万 t，还可

榧栎（溪波摄）

常绿阔叶林（黄远超摄）

河南连康山国家级自然保护区位于河南新县境内，地处大别山北麓湖北与河南2省交汇处。地理坐标为东经114°45′～114°55′，北纬31°31′～31°40′。保护区总面积10580hm²。保护区属森林生态系统类型自然保护区，主要保护北亚热带森林生态系统及国家二级保护动物白冠长尾雉。保护区于1982年经河南省人民政府批准建立省级自然保护区，2005年7月经国务院批准晋升为国家级自然保护区。

31科68属153种，裸子植物6科12属23种，被子植物142科742属1940种。每到春天，山花烂漫，空谷幽兰，满眼的色彩，仿佛置身于花的海洋：黄的兰花，白的天女花，红的杜鹃花，紫的紫藤花，还有偶尔横伸出的一枝枝桃花，那灿烂的笑靥，如诗如画，令人陶醉；夏天，外面世界是烈日炎炎，保护区内却是一片清凉，银杏、青檀、香果树、枫香、黄山松等天然林古木参天，遮天蔽日，用森林独有的功能，制造了独特的小气候；秋天，层林尽染，遍山如金，一串串鲜红欲滴的五味子，诱人的野山楂、山桃、野李，还有"七月杨桃八月柞，九月板栗笑哈哈"，这些大自然恩赐的纯天然、无污染、香甜可口的野果，是森林给予热爱大自然的人们的特别回报；冬季，广阔的常绿阔叶林不畏严寒，凌霜傲雪而立，那一片片青黛，使人们身在北国，却也同样感受到一番江南的景象。的确，这里是植物的王国，四季有花果，无处不芬芳。

完整的森林生态系统为野生动物

神秘的金兰山

◎ 自然概况

连康山自然保护区地质属一、二级地貌台阶过渡的中低山系构造侵蚀类型，区内地势南高北低，山峦起伏连绵，峰高谷深，溪河交叉，相对高差300～500m，沟谷切割深达100～300m。由于受山地小气候和地形地貌、植被条件的影响，形成了不同的土壤类型，有规律地排成垂直带谱，主要土壤类型有黄棕壤土、石质土、粗骨土、水稻土等。

连康山自然保护区植被丰富，区系复杂，种类繁多，属北亚热常绿落叶阔叶混交林带，共划分为7个植被型组，138个群系，210个群丛，有高等植物235科954属2435种，其中苔藓植物56科132属319种，蕨类植物

创造了良好的生存环境，保护区野生动物资源十分丰富，区内有脊椎动物248种，其中鸟类17目40科173种，兽类6目16科37种，两栖类2目6科13种，爬行类3目7科25种。金雕、白鹳、大鲵等国家重点保护的珍稀濒危动物时常可见，灵猫、野猪、野兔、松鼠已把人类当成了朋友，大摇大摆，泰然自若的出没行走。那些珍禽异鸟，有的结伴漫步，有的翱翔九天，有的筑巢哺乳，有的展翅高飞、边飞边鸣，有的互相追逐、交颈嬉戏，白冠长尾雉在雨后的林中散步，蓝翅八色鸫在夏季的林间穿行，大鹭在空中俯冲觅食，凤头鹃在枝头高声歌唱。这里成了动物的天堂，呈现出一派热闹非凡、吉祥快乐的景象。

观和人文景观，融绿与红、水与石、林与峰、树与瀑、泉与谷为一身，集"奇、秀、幽、险"于一体，真是"五步一个景，十步一重天"，象形与写意，山水与天空，纵横深浅，巧妙承合，妙在天成，无与伦比，是游人认识大自然，寻幽访古，舒心踏青的绝佳之地。

连康山自然保护区属北亚热带向暖温带过渡地区，是我国动植物南迁北移的缓冲带，是华东、华中、华北三大植物区系的交汇处，地跨长江、淮河两大水系，雨量充沛，气候温暖湿润，生物多样性丰富，动植物区系复杂，是我国生物多样性分布的关键地带。大量的生物物种和完整的森林生态系统类型，使其成为过渡地带颇具代表性的地区，有着重要的生态学

榉树（邱文澜摄）

毛竹（邱文澜摄）

九龙潭风光（邱文澜摄）

香果树群落（杨海摄）

得天独厚的自然条件，使连康山自然保护区的风景雄比北国，秀甲江南。保护区位于绵延峻秀的大别山，地处江淮分水岭。过渡性的气候，复杂的动植物区系，独特的生态系统，孕育了丰富多彩的植物和种类繁多的珍稀动物。神秘的金兰山、秀丽的九龙潭、怪异的石峰、深幽的洞穴、红色的圣地，形成了独具特色的自然景

价值。

◎ 保护价值

连康山自然保护区的保护对象与保护价值主要有：

一是国家二级保护野生动物——白冠长尾雉及其栖息地。白冠长尾雉是世界濒危物种，也是中国的特有种，其头顶银

白冠长尾雉

天然林（杨海摄）

一级保护野生植物的有银杏、红豆杉共2种，列为国家二级保护野生植物的有大别山五针松、香果树、楠木、浙江楠、榉树、野大豆、天麻、中华结缕草等17种；保护区野生动物种类为248种，其中国家重点保护野生动物共34种，列为国家一级保护野生动物的有金钱豹、金雕、白鹳共3种，国家二级保护野生动物的有豺、水獭、穿山甲、小灵猫、拉步甲、白冠长尾雉等31种；有昆虫986种，据2000年由中国科学院、河南农科院、河南农业大学、安徽农业大学和中南林业科技大学等院校组织的科学考察中还发现昆虫新种13种，如新县长突叶蝉、黑缘长突叶蝉等，河南没有记载过的

新纪录49种。保护区内3000多种生物物种资源有着极其重要的保护价值，随着科学技术的发展，将为农作物新品种的培育、林木良种的优化、工业原料的扩大、药材的开发利用、野生动物饲养、有益昆虫繁殖，以及科学研究、生物工程等提供优越条件。

三是亚热带北部边缘常绿阔叶林群落。连康山自然保护区地处北亚热带向暖温带过渡地区，分布有河南省面积最大的常绿阔叶林群落。主要有：楠木林、野八角林、冬青林、大叶冬青林、青冈栎林等。对其良好的保护有利于探索过渡带的自然生态系统的演替规律，恢复自然植被和森林生态系统，研究自然植被在净化空气、涵

冠，身披金羽，两枚长长的尾羽高高翘起，全身色彩斑斓，十分美丽。目前，在我国的分布区较历史上已大为缩减，全国野生种群总数在5000～10000只，其中豫南大别山一带约有3500只，经北京师范大学师生多次调查证实，白冠长尾雉在连康山自然保护区内分布数量高达1000只以上，其种群数量和分布密度均居全国前列。通过有效保护以白冠长尾雉为主的珍稀濒危野生动物，从而使得野生动物栖息环境得到更大改善，种群数量不断增加，有效控制森林病虫害的发生，对保护生物资源起着十分重要的作用。

二是北亚热带森林生态系统及其生物多样性和珍稀植物群落。保护区按照植物生活型和建群种进行分类，共划分为7个植被型组，138个群系，210个群丛。有植物2435种，其中国家重点保护野生植物19种，列为国家

大叶冬青（黄远超摄）

养水源、保持水土、调节气候、减缓地表径流、防止有害辐射等方面的重要功能,提高人们对保护自然的认识,维护和保持生态平衡。

四是重要的水源涵养林区及生态屏障。保护区地跨长江、淮河两大水系,是长江、淮河众多一、二级支流的发源地和重要的水源涵养林区,也是极好的具有典型代表性的水文观测区域。同时,作为我国东部地区的生态屏障,以其十分重要的地理位置,对地方人民生产生活环境质量的提高、区域经济的发展以及国民经济的发展等方面都起到重要的促进作用。

◎ 功能区划

依据《中华人民共和国自然保护区条例》及《自然保护区建设标准》有关规定,结合保护区自然生态条件、生物群落特征、重点保护对象及保护区自然发展需求进行区划,将本保护区划分为三个功能区,即核心区、缓冲区和实验区。核心区面积 4700h㎡,占保护区面积的 44.6%,位于连康山国家级自然保护区的中部,区内多为天然林,是保护区内原生性生态系统保存最完整,白冠长尾雉及其栖息地最集中的区域。保护区 90% 以上的珍稀濒危动植物集中在该区。缓冲区面积 1520h㎡,占保护区面积的 14.4%,

区内主要是天然次生林。实验区面积 4360h㎡,占保护区面积 41.2%,主要是天然次生林和人工林。

◎ 科研协作

连康山自然保护区建立以来,保护区开展了综合科学考察工作,聘请了有关专家学者,组织保护区专业技术人员,历时数年,出版了《连康山自然保护区科学考察集》。同时,保护区长期与有关大专院校和科研单位联合开展了野生动植物调查、昆虫调查等,共发表论文 33 篇,出版专著 5 部,获得科技进步奖 12 项。

(王冠、冯松供稿)

核心区（黄远超摄）

小秦岭
国家级自然保护区

河南小秦岭国家级自然保护区是我国暖温带、北亚热带过渡地区森林生态系统类型的自然保护区之一。它坐落于河南与陕西两省交界的灵宝市西部、小秦岭北麓，东接崤山丘陵，西连秦岭主脉，南倚莽莽群山，北濒滔滔黄河。地理坐标为东经110°23′～110°44′，北纬34°23′～34°31′。保护区东西长31km，南北宽12km，总面积15160hm²，森林覆盖率81.2%。保护区前身为国有三门峡河西林场，该场始建于1956年，1982年河南省人民政府批准建立为小秦岭省级自然保护区。2006年2月经国务院批准晋升为国家级自然保护区。

保护区核心区（杨新生摄）

◎ 自然概况

小秦岭自然保护区处于华北和秦岭两个不同地质类型的交界地带，地层层序表现出丰富多样的特点。境内的岩石成分主要为混合花岗岩、混合片麻岩、斜长角闪岩、黑云母斜长片麻岩等。土壤主要有山地棕壤、褐土，山顶个别地段为高山草甸土，团粒稳定，湿润肥沃。

小秦岭自然保护区属暖温带大陆性季风半干旱气候，四季分明，光照充足，具有北亚热带向暖温带过渡的气候特点。保护区所在的灵宝市属黄河水系，发源于小秦岭自然保护区的河流有枣香河、十二里河等，河床平均比降1%，常年流量0.3m³/s，为常流河，河床平均宽40m。

小秦岭自然保护区曾是第四纪冰川时期各种珍稀植物的避难所，许多在北半球早已灭绝的动植物种群在小秦岭地区得以保存下来，原生植被保存面积大，植被类型奇特多样。

据初步调查，保护区有高等植物2104种，其中蕨类植物107种，种子植物1997种。保护区也是河南省境内动物资源最为丰富的地区之一，经调查动物中昆虫类1060种，两栖类11种，爬行类24种，鸟类156种，兽类51种。其中国家一级保护动物有黑鹳、金雕、豹、林麝共4种；国家二级保护动物有金猫、黄喉貂、水獭、斑羚、红腹锦鸡、勺鸡、鸢、长耳鸮等；两栖爬行类动物有大鲵等。这些人类的朋友生活在

亚武山国家森林公园风光（李合申摄）

针阔混交林

这块森林王国里，每日或穿行于丛林之中，或跳跃于山涧之间，世世代代，繁衍生息，互为依存，自得其乐。涉足于保护区的崇山峻岭，人们可享受到鸟鸣幽谷的境界，并时常会惊动那些四处觅食的生灵。这里不仅是各种野生动物的天堂，也是一座天然的物种基因库。

小秦岭自然保护区全境为南高北低、群峰突兀的地貌形态，海拔多在1200～2400m之间，挺拔伟岸，山势峻峭，林木葱郁，层峦叠嶂。主峰老鸦岔垴海拔高度2413.8m，为河南省最高峰。穿过苍茫的林海，登临小秦岭的主峰老鸦岔垴，西望汉中，东眺中原，群峰相拥，起伏连绵，犹如人间仙境。在海拔超过2000m的山地，成片的灵宝杜鹃、秦岭冷杉和高山柏，树龄均在百年以上，枝繁叶茂，郁郁葱葱，与五颜六色的奇花异草相映生辉，景色秀丽，风光迷人。特别是主峰老鸦岔垴更是以其明显的植物垂直带谱，形成了暖温带向北亚热带过渡独有的森林植被景观，别有风韵，让人称奇。堪称我国中西部地区一座古老树种的博物馆。

在小秦岭的甘涧峪后端，有五座山峰，以雄、奇、险、秀、野而著称，这就是道教名山——亚武山。亚武山因次于武当山得名亚武，亚武山开山建庙于唐咸亨年间（公元670～673年）。这里五峰集中，群峰险峻，奇石名木，苍茫云海，清泉曲溪，碧潭

榉树（王海亮摄）

秦岭冷杉（王海亮摄）

层林尽染（姚冠忠摄）

秦岭冷杉（王海亮摄）

高山柏（李合申摄）

河南省珍稀濒危植物——灵宝杜鹃（李合申摄）

小秦岭特有种——灵宝杜鹃（李合申摄）

蝟实（韩军旺摄）

蝟实（韩军旺摄）

灵宝翠雀（王海亮摄）

飞瀑；亚武山现存的和有遗址的古建筑计有 34 处，庙宇宫观和古塔，或建在粗犷的山野之中，或按照地形特点，顺其自然，使建筑与环境相互衬托，和谐统一。这里有历史悠久的仰韶文化遗址，著名诗人的游踪，一代宗师的题咏；这里是我国道教文化圣地之一，有很多美丽动人的神话传说。真可谓"奇峰秀水紫紫气，道教圣地；玉树琼花绕祥云，神仙洞天"。

◎ 保护价值

小秦岭自然保护区主要保护森林生态系统多样性、生物物种多样性，具体保护的内容有：

（1）过渡带森林生态系统及其生物多样性。小秦岭植物区系成分以华中成分、华北成分为主，西南、西北、华东、东北植物区系成分兼容并存，体现出保护区植物区系南北过渡、东

斑头鸺鹠（姚冠忠摄）

斑羚（韩军旺摄）

西交汇的特征。小秦岭植物群落共有 7
个植被型组、13 个植被型、135 个群系。
该区是研究过渡地区森林生态系统垂
直分布的理想场所。

（2）国家重点保护野生动物。区
内有国家重点保护动物 27 种，其中鸟
类 19 种：金雕、黑鹳、鸢、苍鹰、赤
腹鹰、雀鹰、松雀鹰、大鵟、普通鵟、
鹊鹞、红脚隼、红隼、勺鸡、红腹锦鸡、
红角鸮、雕鸮、纵纹腹小鸮、长耳鸮、
短耳鸮；兽类 7 种：豹、林麝、金猫、
豺、黄喉貂、水獭、斑羚；两栖动物 1
种，即大鲵。

（3）国家重点保护野生植物。小
秦岭自然保护区现有国家重点保护植
物 13 种，即银杏、红豆杉、秦岭冷杉、
油麦吊云杉、水曲柳、香果树、连香树、
杜仲、榉树、野大豆、天麻、中华结缕草、
华山新麦草。

（4）保护区特有的生物类群。受
亚热带、温带热量分布差异和湿润与
半湿润地区气候特征的交叉影响，形
成了保护区独特的地理环境，在此环
境的长期影响下形成了许多本区特有
种，是河南特有种类最丰富的区域。
该区分布有中国种子植物特有种 1029
种，占该区所有植物的 49%，模式标

本产于此地的有灵宝杜鹃、灵宝翠雀、
河南猕猴桃、河南海棠、河南卷瓣兰、
河南石斛等。另有许多植物是以保护
区为南界或北界，也具有极高的科研
价值。

◎ **功能区划**

小秦岭自然保护区根据保护功能
分区原则和小秦岭自然保护区资源特
点，将保护区划分为 3 个功能区，即
核心区、缓冲区和实验区。核心区面
积 5147hm^2，占总面积 33.9%。植
被主要是天然次生林，具有明显的自
然垂直带谱和多样的生态系统类型。
生物种类繁多，森林生态系统完整稳
定。缓冲区面积 2561hm^2，占总面积
16.9%，植被主要是天然次生林，生
物种类较多，植被覆盖度高。由于大
部分位于集体林区和国有林交界处，
人类活动频繁，管理难度较大所以划
分为缓冲区。实验区面积 7452hm^2，
占总面积的 49.2%，植被有天然次生
林和人工林。

（王冠、冯松供稿）

粗榧

华榛（韩军旺摄）

河南 大别山 国家级自然保护区

　　河南大别山国家级自然保护区位于河南省商城县境内，地处大别山北麓，豫皖两省交界处。地理坐标为东经115°17′20″～115°37′45″，北纬31°41′50″～31°48′32″，东、南与安徽省金寨县接壤，西邻商城县吴河乡，北依商城县鲇鱼山乡。保护区总面积10600hm²，其中核心区面积3257hm²，缓冲区面积2061hm²，实验区面积5282hm²。保护区分金刚台和鲇鱼山两个片区，金刚台片区总面积4795hm²，其中核心区1608hm²，缓冲区722hm²，实验区2465hm²；鲇鱼山片区总面积5805hm²，其中核心区1648hm²，缓冲区1339hm²，实验区2817hm²。保护区属森林生态系统类型自然保护区，是以保护过渡带森林生态类型和珍稀濒危动植物为主的自然保护区。2014年12月经国务院批准晋升为国家级自然保护区。

高山杜鹃花（陈继东摄）

◎ 自然概况

大别山自然保护区在地质构造上属大别山造山带，其地层隶属秦岭地层区，桐柏大别地层分区，区内地层属于华北与华南地台地层的过渡类型。岩性以中酸性岩体为主，分火山岩和侵入岩两种类型。

大别山自然保护区地处大别山的北麓、山脉前缘丘陵地带，属二、三级地貌台阶过渡的中低山系构造侵蚀类型地貌。区内地势总的特征是南高北低，由南向北从中低山系渐变为低山丘陵区。

大别山自然保护区处在江淮分水岭，为北亚热带边缘。受大陆性气候和海洋气候影响，气候温暖湿润，四季分明。保护区年平均日照时数2004.4h，占年可照时数的45%；年平均气温15.6℃，1月平均气温为2.5℃，7月平均气温为27.5℃，极端最高气温40.5℃，极端最低气温 -14.2℃。无霜期243天。

大别山自然保护区年平均降水量为1236.1mm，降水量主要集中在夏季的6～8月份。

大别山自然保护区属于淮河流域史灌河水系，主要由灌河、白露河、史河三条支流组成。

大别山自然保护区土壤有黄棕壤、水稻土、棕壤、粗骨土和石质土5个土类，12个亚类；22个土属；114个土种。保护区海拔200m以下的农田、河谷盆地主要是水稻土，海拔200～1300m的丘陵山地为黄棕壤，海拔1300～1500m为棕壤，海拔1500m以上的部分山地分布有草甸土，在各山体垂直土壤带谱上还夹杂有石质土，粗骨土与紫色土。

大别山自然保护区生物多样性丰富，生态系统类型众多，群落结构发育典型，乔、灌、草、地被层次分明。森林植被类型主要有暖性针叶林、落叶阔叶林和常绿落叶阔叶混交林、针阔叶混交林、竹林、灌丛、草甸等，此外还有沼泽和水生植被。保护区常绿阔叶林发育典型，层次结构分明，类型众多，分布在北亚热带的北缘，这在河南省是不多见的，如在保护区常见的有青冈栎林、青栲林、石栎林、楠木林、冬青林、柃木林、山矾林及红茴香林等，是研究我国亚热带地区气候及环境变迁的极好材料。落叶阔叶林在保护区也得到充分发育，如栓皮栎林、黄山栎林、麻栎林、短柄枹林、化香林、槲栎林等在该区广泛分布，且生长良好，但与温带地区的典型结构相比，带有明显的亚热带地区特征，林下热带、亚热带地区的常绿植物占有一定的比例，体现出保护区过渡地

重峦叠嶂金刚台（陈继东摄）

青钱柳（陈继东摄）

中华秋沙鸭（周克勤提供）

紫芝（胡焕富提供）

银缕梅（陈继东摄）

带的特征。此外，该区珍稀植物群落丰富，如香果树林，喜树林、铜钱树林、大果榉林、青檀林、黄檀林等，是研究过渡地区森林生态系统的理想场所。

大别山自然保护区有高等植物2777种及变种，其中：苔藓植物283种，蕨类植物161种，裸子植物24种，被子植物2309种及变种。另有大型真菌455种。种子植物科、属、种分别占河南种子植物总科数的95.6%、总属数的89.3%、总种数的73.6%，占中国种子植物总科数的49.2%、总属数的25.3%、总种数的8%。该区分布的种子植物是长江以北最丰富的地区之一。

大别山自然保护区有脊椎动物517种，占河南省脊椎动物的78%，占全国脊椎动物的9.29%，其中兽类72种、鸟类295种、爬行类42种、两栖类27种、鱼类81种。另有昆虫类2123种。鸟类中，有留鸟82种，夏候鸟51种，冬候鸟58种，旅鸟73种，迷鸟6种。在保护区繁殖鸟类有182种，占保护区鸟类总数的61.9%（包括留鸟和候鸟），非繁殖鸟类112种，占保护区鸟类总数的38.1%。兽类区系组成中，属古北界的有22种，占保护区全部兽类的30.6%；属东洋界的有29种，占40.3%，广布种21种。其区系组成具有明显的南北过渡带特征。

◎ 保护价值

大别山自然保护区复杂的地理环境，丰富的植物群落，为物种的形成、繁衍提供了优越的条件。该区分布有众多的国家和省级重点保护的物种。

在植物中有国家一级保护植物南方红豆杉、银杏等4种，国家二级保护植物有大别山五针松、水青树、金钱槭等20种，省级重点保护植物59种，国家级珍贵树种有香果树、刺楸、连香树等15种。

动物中有国家重点保护脊椎动物64种，占全国重点保护动物的11.8%。其中国家一级保护动物有金钱豹、安徽麝、林麝、牙獐、白鹳、金雕、中华秋沙鸭等7种。国家二级保护动物中，两栖类有大鲵、虎纹蛙2种；鸟类有黄嘴白鹭、大天鹅、蜂鹰、鸢、苍鹰、赤腹鹰、松雀鹰、雀鹰、白尾鹞、红脚隼、红隼、白冠长尾雉、勺鸡、仙八色鸫等46种；兽类有穿山甲、小鹿、大灵猫、小灵猫、水獭、藏南斑羚、金猫、青鼬等9种。

在鸟类动物中，属于国家重点保护的鸟类目前已知的有49种，占全部鸟类的16.6%。中日政府间协定保护鸟类114种，中澳政府间协定保护鸟类24种，中日澳政府间协定共同保护鸟类117种，占鸟类总数的40%。

大别山自然保护区是以保护过渡带森林生态类型，珍稀哺乳动物（金钱豹、安徽麝、林麝、牙獐、藏南斑羚等）和珍稀濒危植物（香果树、大别山五针松、水青树）等为主的自然保护区。珍稀物种丰富，种群数量大、密度高，特有物种众多，在河南以及大别山地区是独特少有的，具有极高的科学研究价值。以该保护区命名的特有种有商城柳、商城蔷薇、商城薹草等，以保护区或其周边地区为模式种发现的植物新种有大别山五针松、大别山核桃、大别山细辛、大别山冬青、大别山丹参、大别山柳、井岗柳、鸡公柳、鸡公山玉兰、鸡公山茶秆竹、河南黄杨、河南翠雀花、河南鼠尾草、河南黄芩、长穗珍珠菜等；发现的两栖动物特有属种有商城肥鲵、豫南小鲵。上述动植物的分布都非常局限，是保护区的特有种。此外该区还是我国生物区系的南北过渡地带，具有很高的科学价值、保护价值和生态价值。

大别山自然保护区内是河南大别山的主峰，地质景观、旅游资源丰富，同时是我国革命史红四方面军的主要

小麂（陈继东摄）

青檀（陈继东摄）

香果树（陈继东摄）

大别山五针松（陈继东摄）

活动区域，至今保留有朝阳洞、女人洞等活动遗址，被列为国家三十条红色旅游精品线路和一百个红色旅游经典景区名录。保护区还有金刚台、华祖庙、皇殿等历史遗存，文化积淀深厚。

◎ 科研协作

大别山自然保护区是原河南商城金刚台省级自然保护区（1982 年批建）和河南商城鲇鱼山省级自然保护区（2001 年批建）整合而成，自 20 世纪 80 年代以来，保护区先后与河南农业大学、河南师范大学、河南信阳师范学院、河南信阳农林学院、河南省科学院、河南省林业科学院、信阳市林业科学所等大专院校和科研机构建立了密切的合作关系，开展科学考察

和教学实习 89 次，在国家重点期刊发表科研论文 25 篇，发现河南省新记录植物 38 种，两栖类有尾目和无尾目河南省新种 8 种、新记录 13 种，培养森林生态、森林经营、植物、动物、昆虫等学科技术人才 1680 人次，制作了 5000 多份野生动植物标本，编纂了《河南大别山自然保护区科学考察集》《金刚台野生木本植物图鉴》，基本摸清了保护区的本底资源，为保护区的科学研究、资源利用提供了翔实、可靠的第一手资料。保护区建立了国家级陆生野生动物疫源疫病监测站，并开展了野生动物疫源疫病监测工作，基本掌握了候鸟的迁徙规律。保护区还与信阳市林业科学所联合开展大别山五针松野外救护与繁育项目，加强对

现有大别山五针松的保护力度，同时采取人工培育措施，扩大了其种群数量。　　　　　（陈纪东、陈中如、侯名根供稿）

603

河南 黄河湿地
国家级自然保护区

河南黄河湿地国家级自然保护区位于河南省西北部黄河中下游段，西起陕西省与河南省交界处，北与山西省相邻，东至洛阳与郑州市界，横跨三门峡、洛阳、济源、焦作4个省辖市、9个县（市、区）。地理坐标为东经110°21′49″～112°48′15″，北纬34°33′59″～35°05′01″。保护区东西长301km，跨度50km，总面积68000hm²。保护区属湿地生态系统类型自然保护区。2003年经国务院批准晋升为国家级自然保护区。

白眉鸭（马朝红提供）

◎ 自然概况

黄河湿地自然保护区从西到东依次呈现三种不同的地貌类型，从保护区位于灵宝的起始点至三门峡水库大坝以上的黄河南岸为黄土台地地貌。由于新构造运动的间歇性抬升，黄土组成的黄河堆积阶地，呈台地的形态，高居于黄河之上。部分地面完整平缓，微有起伏，部分地势高险，沟壑纵横。该段黄河干流为黄土峡谷，河面较为宽阔，最宽处可达4km。三门峡大坝以下到小浪底大坝以下的一段为低山地貌类型，间有部分黄土台地，此段黄河穿行于中条山、崤山、熊耳山之间，是黄河最后一段峡谷，落差约200m，河谷底宽200～300m，岩石裸露。黄河小浪底水库建成后，此处形成大面积水面，库区水面达27320hm²。小浪底以下至孟津县，是由山地进入平原的过渡地段，河道逐渐放宽到3～5km，北岸是断断续续的黄土低崖，南岸为绵延的邙山。

黄河湿地自然保护区属暖温带大陆性季风气候。四季分明，旱涝频繁，冬季寒冷雨雪少，春季干旱风沙多，夏季炎热雨丰沛，秋季晴和日照长。年平均气温14.2℃，年降水量614.2mm，多集中在6～9月。

在漫长的发展过程中，受各种自然因素以及人为活动的深刻影响，致

黄河湿地（张大林摄）

604

使保护区土壤组成存在着很大差异，区内土壤类型复杂繁多，主要有褐土、潮土、盐碱土、风沙土，且有很强的区域性。

黄河湿地自然保护区属黄河流域，最大流量 22000m³/s，最小 11.7m³/s，正常年份平均流量 946m³/s，区内除黄河外，从上游往下还有宏农涧河。宏农涧河源于灵宝崤山北麓，长 97km，流入黄河，流域面积为 2062km²。

黄河湿地自然保护区内野生动植物资源十分丰富。区内低、高等植物共有 743 种，其中藻类植物 118 种，苔藓植物 27 种，维管束植物 598 种。黄河两岸山坡、堤坡等陆地分布着天然草本植物、灌木以及农作物和少量人工营造的防护林、经济林等；湿地分布的植物主要为天然草本植物和农作物。区内共有动物 867 种，其中鸟类 175 种，兽类 22 种，昆虫 437 种，鱼类 63 种，爬行类 17 种，两栖类 10 种，其他动物 143 种（软体动物、节肢动物等）种。鱼类中有珍贵的铜鱼、黄河鲤鱼及一些经济价值很高的洄游鱼类如鳗鲡等。常见湿地水禽有：小䴙䴘、凤头䴙䴘、鸬鹚、苍鹭、池鹭、白鹭、大白鹭、夜鹭、豆雁、灰雁、大天鹅、小天鹅、绿头鸭、斑嘴鸭、绿翅鸭、赤麻鸭、斑头秋沙鸭、普通秋沙鸭、灰鹤等。其中大天鹅可达上万只。

天鹅是保护区的主要保护物种之一，每年的 11 月至翌年 3 月，从寒冷的北方飞到黄河湿地越冬，栖息在保护区内水面宽阔的区域，这些天鹅有的从万里之遥的西伯利亚而来，有的来自天山脚下。上万只天鹅在水面上或展翅高飞，或卧冰觅食，或曲颈高歌，或翩翩起舞，为保护区增添了一道亮丽的风景，河南省天鹅最多的三门峡市也因此被誉为"天鹅城"。

黄河湿地自然保护区内的鼎湖湾，东西长约 3600m，南北宽约 1800m，

大鸨（马朝红提供）

北红尾鸲（马朝红提供）

总面积约 667hm²，区域内草木丛生，芦苇旺长，蛙鸣鱼跃，荷花婷婷，是内陆地区难得一见的湿地景观，被称为豫西白洋淀。具有重要的生态价值与美学价值。

三门峡大坝也位于保护区内，是国家 3A 级旅游区，是建国后我国在黄河上兴建的第一座大型水利枢纽工程。主坝坝长 713.2m，最大坝高 106m；副坝长 144m，最大坝高 24m。主、副坝总长为 857.2m。每年 10 月至翌年 6 月库区正常蓄水时，黄河便在这里形成了一个约 200km² 美丽的湖泊。从三门峡大坝至山西芮城大禹渡的 100km 间，碧波粼粼，一望无际，似天池银河。而每年的 6 月至 10 月，大坝泄洪放水，怒涛翻卷，峡谷轰鸣，水花飞溅，彩虹凌空，蔚为壮观。

黄河小浪底水库截流蓄水后形成的"千岛湖"景观，约 100km² 的浩瀚

白琵鹭（马朝红提供）

灰头麦鸡（马朝红提供）

湿地（马朝红提供）

湿地落日（马朝红提供）

共处（天鹅、水鸭）（马朝红提供）

天鹅（马朝红提供）

雕鸮（马朝红提供）

水面，呈现出高峡平湖，千岛竞秀的壮丽景象。耸立于保护区洛阳段黄河南岸的荆紫山，孤峰独秀，晴岚围翠，相传为古代帝王祭天封禅之地。著名的黄河八里胡洞西岸如削，一线急流，狂澜奔泻，两岸古迹遍布，有"豫西小三峡"之称。

◎ 保护价值

　　黄河湿地自然保护区具有丰富的生态系统多样性，它不但具有河流湿地特征，同时还具有库塘湿地和沼泽湿地的特征。形成了包括河道水域生态系统、河滩生态系统、沼泽生态系统、廊道生态系统等在内多种湿地生态系统、林地生态系统、农田生态系统。其生态系统多样性又包含着丰富的生物多样性，保护区拥有丰富的湿地植被类型，形成的主要植物群落有挺水植物群落、浮水植物群落、漂浮植物群落、沉水植物群落和沙蓬、虫实群落、白茅群落、沙引草群落、柽柳群落、西伯利亚蓼群落、隐花草、碱茅群落、盐地碱蓬群落等。此外，保护区内湿地鸟类资源十分丰富，南北区系成分相互渗透，区内已知175种鸟

类中，属国家一级保护的就有黑鹳、白鹳、金雕、白肩雕、大鸨、白头鹤、白鹤、丹顶鹤、玉带海雕、白尾海雕共10种；属国家二级保护有大天鹅、灰鹤等31种。还有中日签订的候鸟保护协定鸟类83种，中澳签订的候鸟保护协定鸟类22种。近年来，大量大天鹅等鸟类在三门峡水库和孟津河滩越冬，引起国内外鸟类专家的高度重视。三门峡水库的大天鹅数量从1995年的500多只增加到现在的上万只，占在河南越冬天鹅的95%以上。孟津湿地的大鸨数量从1995年的6只增加到现在的近百只。

　　黄河是华夏文明的发源地，也是当前我国重要的经济大动脉之一，在我国改革开放和实施沿海、沿江、沿边经济发展战略中具有举足轻重的作用。但因为黄河河床高于平地，自古就被称为"悬河""天河"，隐藏着巨大的水患。因此保护好黄河湿地生态，对大量栖息繁衍于其中的生物物种和黄河湿地特有的生态与环境、生物多样性，对调节当地气候、涵养水源、防洪排涝、改善环境、维护生态安全以及国家重点水利枢纽工程的保护等，有着极其重要的作用。

◎ 功能区划

　　根据黄河湿地自然保护区地理状况和保护对象分布状况、自然资源丰富

黄河湿地燕子（贾善忠摄）

集合（雁、鸭）（马朝红提供）

程度以及湿地生态系统保护状况，保护区共划分为 4 个核心区，围绕着核心区相应划定了缓冲区和实验区。保护区核心区面积 21600hm²，缓冲区面积 9400hm²，实验区面积 37000hm²，分别占保护区总面积的 32%、14%、54%。　　　　（王冠、冯松供稿）

黄河湿地柽柳（马朝红提供）

湿地（马朝红提供）

小浪底（贾善忠摄）

河南 **丹江湿地**
国家级自然保护区

河南丹江湿地国家级自然保护区位于河南省西南部淅川县境内，地处湖北、河南、陕西3省交界处，范围涉及淅川县的大石桥乡、滔河乡、金河镇、盛湾镇、老城镇、仓房镇和马蹬镇，共7个乡（镇）。地理坐标为东经111°12′34″～111°39′49″，北纬32°45′25″～33°05′27″。保护区总面积64027hm²。保护区属典型的且正在发育的次生内陆河流河口湿地生态系统自然保护区，也是丹江水汇入丹江水库的最后一道屏障。2001年8月河南省人民政府批准建立省级湿地自然保护区。2007年4月经国务院批准晋升为国家级自然保护区。

◎ 自然概况

丹江湿地自然保护区在大地构造上位于昆仑秦岭系（一级），东秦岭地槽区（二级），海西褶皱带，地质构造复杂。以褶皱构造为主，伴随产生有规模较大的压性纵断层和小规模扭性、平推性质的横断层。地貌类型可分为山地、河川平地。

丹江湿地自然保护区地处北亚热带向暖温带的过渡地带，属北亚热带大陆性季风气候。年平均气温15.7℃，极端最高气温为42.6℃，绝对最低气温–13.2℃。保护区多年平均降水量为817.3mm。年平均蒸发量1663.8mm，比降水量多846.5mm，因而易旱。保护区多年平均风速为1.8m/s，风力为二级。

丹江湿地植被

根据河南淅川县的最新土壤资源普查结果，保护区的土壤分为3个土纲，3个亚纲，4个土类，6个亚类。4个土类分别为黄棕壤、黄褐土、紫色土和潮土。其中黄棕壤为地带性土壤。

丹江湿地自然保护区河流均属长江流域汉江水系。丹江为汉江的一级支流，滔河、鹳河、淇河等为汉江的二级支流。丹江从西北到东南贯穿保护区全境，区内全长为46.6km。其主要支流有鹳河和滔河，在保护区境内的长度分别为12.2km和3.2km。

丹江湿地自然保护区内有脊椎动物共计35目91科325种。其中：鱼类7目17科88种、两栖类2目5科13种、爬行类3目7科19种、鸟类17目48科167种、兽类6目14科38种。保护区内有维管束植物170科755属2061种，其中水生植物91科277属610种，分别占河南省的93.8%、91.4%和90.9%。国家一级保护的野生动物有3种，分别为黑鹳、白鹤和达氏鲟。国家二级保护野生动物26种。国家重点保护野生植物有连香树、香果树等7种。

和谐"家园"

丹江湿地自然保护区湿地资源丰富，河流交错，森林茂密，气候凉爽，空气清新，动植物种类繁多；珍藏着"豫西走廊"的古老历史，名胜古迹众多，既是楚文化的发祥地，又是楚文化与中原文化的交融地。自然景观有亚洲第一大人工水库——丹江口水库、小三峡、坐禅谷等；人文历史景观有中州"四大名刹"（少林寺、白马寺、相国寺、香严寺）之一香严寺、下寺楚墓群、长岭楚墓群、下王岗遗址、马蹬古战场遗址。

"列队标兵"

◎ 保护价值

（1）保护多种珍稀水禽的栖息地和丰富的生物多样性。

丹江湿地自然保护区内共有水鸟7目13科52种。其中：黑鹳、白鹤为国家Ⅰ级保护野生动物，黄嘴白鹭、鸳鸯等为国家Ⅱ级保护野生动物。保护区内越冬的黑鹳数量达70余只，占同期全省调查黑鹳总数量的90%以上。丹江湿地自然保护区是北亚热带和暖温带自然保护区网络中的重要节点，同时又是水鸟迁徙过程的重要停歇地和越冬地。

丹江湿地自然保护区内有脊椎动物共计35目91科325种。保护区内有维管束植物170科755属2061种，分别占河南省的93.8%、91.4%和90.9%。国家Ⅰ级保护的野生动物有3种，国家Ⅱ级保护野生动物26种。国家重点保护野生植物有连香树、香果树等7种。

（2）保护南水北调的水源地，对华北地区的社会经济可持续发展有重大意义。

丹江湿地是南水北调中线工程的水源地，按照规划多年平均可调出水量达140多亿 m³，一般枯水年（保证率75%），可调出水量约110亿 m³，主要供给缺水严重的华北地区，特别

丹江白鹭

生态渠首

"小太平洋"

湿地——水上森林

滩涂湿地

青山绿水

水源涵养林

水上森林

湿地晚霞

中线渠首

"渠首——过滤器"

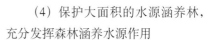

自由飞翔

是京津地区。

（3）保护典型且正在发育中的次生内陆河口湿地生态系统，是南水北调源头水质的过滤器和净化器。

丹江湿地自然保护区境内降水充沛，地形条件适合，特别是丹江水库的建设，使原有的丹江河口湿地面积不断上延、扩大，发育了典型的次生内陆河口湿地生态系统，是开展湿地生态系统监测和发育演化研究的野外天然实验室。丹江湿地自然保护区是丹江水进入丹江口水库的最后一道屏障，起到了南水北调源头水质过滤器和净化器的作用。

（4）保护大面积的水源涵养林，充分发挥森林涵养水源作用

森林涵养水源，通常指森林生态系统对降水的拦截和滞蓄。涵养水源是森林最重要的功能之一。保护区分布有 25312hm² 的水源涵养林，通过对降水的拦截和滞蓄实现其涵养水源、净化水质、调节径流等功能。

（丹江湿地自然保护区供稿）

封滩育草

611

湖北 神农架
国家级自然保护区

　　湖北神农架国家级自然保护区位于湖北省西北部神农架林区境内，东望荆襄、西接巴蜀、南通三峡、北临武当。地理坐标为东经110° 03′ 05″～110° 33′ 50″，北纬31° 21′ 20″～31° 36′ 20″。保护区总面积70467hm²，分为东西两片：东片以老君山为中心，面积10467hm²；西片以大、小神农架为中心，面积60000hm²。保护区属森林生态系统类型自然保护区。保护区始建于1982年，1986年经国务院批准晋升为国家级自然保护区，1990年被联合国教科文组织接纳加入"人和生物圈计划世界生物圈保护区网"，1995年开始实施全球环境基金资助的"中国自然保护区管理项目"（GEF项目），是世界自然基金会"国际生物多样性研究"（Ecoreion' 2000）确定的中国生物多样性的关键地区。

神农顶景区板壁岩秋景

◎ **自然概况**

　　神农架自然保护区处于我国中纬度地区西部高山区向东部丘陵平原区过渡带，位于我国地势第二阶梯的东部边缘，是大巴山脉东延的中高山区，又是亚热带向暖温带气候过渡的交叉带。地质构造属扬子准地台上扬子台平区，地跨大巴山—大洪山台缘褶带与鄂中褶断区两个三级构造单元。保护区以大神农架为中心，山体雄伟，山峦起伏，水系发育多呈树枝状，本区水系分属香溪河、沿渡河和南河三大水系。境内巴东垭子为湖北省境内长江与汉水的分水岭，南面有香溪河水注入长江，北面的南河水系流入汉江，西南面有沿渡河水系流入长江，每条水系又发育多条河流。此外，保护区内还有大量的瀑布、暗河等。保护区多年平均降水量1584.5mm，多年平均径流量724.5mm，径流总量22.004亿m³。本区属于北亚热带季风气候区，为亚热带气候向温带气候过渡区域。由于山

神农谷风光

南天门石林

体高大，气候垂直分布带明显，海拔每上升 100m 气温递减 0.54℃。保护区气温 1 月最低，7 月最高。全年日照时数 1858.3h，日照时数及总辐射量随着海拔的增高而减少。无霜期因海拔不同相差很大，一般为 200～240 天。区内在春夏之交的季节常有冰霜发生，每年一般从 9 月底至翌年 4 月底为冰霜期。全年 80% 的时间盛行东南风。保护区土壤类型多样，随海拔升高呈垂直分布，分布有黄棕壤、棕壤、暗棕壤、紫色土、潮土、石灰土、沼泽土、草甸土和水稻土 9 种类型。保护区内林海茫茫，河谷深切，沟壑纵横，层峦叠嶂，山势雄伟，山峰多在海拔 1500m 以上，区内平均海拔 1800m，最低海拔 420m。海拔 3000m 以上的山峰有 6 座。最高峰神农顶海拔

3105.4m，是华中地区最高点，被称为"华中屋脊"。保护区地貌类型复杂，主要有山地地貌、流水地貌、喀斯特（岩溶）地貌和第四纪冰蚀地貌。

神农架自然保护区以自然景观为主，根据不同的景观要素可划分成喀斯特地貌景观、亚高山草甸景观、箭竹林海景观、常绿针叶林景观、针阔叶混交林景观、常绿阔叶林景观。

神农架自然保护区内有脊椎动物 493 种，占湖北省总种数的 57.5%；其中哺乳纲 7 目 22 科 75 种，鸟纲 16 目 48 科 308 种，爬行纲 2 目 8 科 40 种，两栖纲 2 目 7 科 23 种，鱼纲 4 目 10 科 47 种；另外还有昆虫 4143 种。被

列为国家重点保护的野生动物 73 种，国家保护的有益的和有经济价值的野生动物 254 种，其中川金丝猴、华南虎、林麝、白鹳、金雕、豹共 6 种为国家一级保护野生动物。植物资源丰富，区内共有高等植物 3239 种，隶属于 236 科 1027 属。其中：苔藓 47 科 111 属 216 种，蕨类植物 28 科 61 属 157 种，裸子植被 5 科 16 属 29 种，被子植物

156 科 839 属 2837 种。低等植物真菌、地衣共 926 种。保护区国家重点保护野生植物 26 种，其中国家一级保护植物：珙桐、红豆杉、光叶珙桐、银杏、伯乐树共 5 种。国家新品种保护植物 54 种，区域特有植物 116 种。

◎ 保护价值

根据神农架自然保护区自然资源特点及其独特作用和地位，确定具体的保护对象为：珍稀动植物资源及栖息地，特别是金丝猴、珙桐等；复杂的森林类型和森林生态系统；独特的原始森林景观。

神农架自然保护区地处北亚热带

金丝猴（姜勇摄）

与南亚热带的过渡地带，又是我国西部高原与东部低山丘陵的过渡区域，地理位置重要，气候条件独特，保护区的植物资源、动物资源的区系组成具有过渡性特点。保护区以天然林为主，但又是我国华中地区原始林面积最大的自然保护区，有利于集中保护我国珍贵的物种资源和多样的自然景观资源。保护区山高谷深，相对高差大，

土壤和植被垂直带谱不仅明显，而且完整，具有典型的亚热带森林景观和稳定的森林生态系统。

神农架自然保护区地处南北植物区系的交汇地带，按照《中国植被》的分类系统保护区划分为6级，13个植被型，36个群系。据不完全统计，保护区有世界广布种944种，热带、亚热带种546种，热带至温带种466种，全温带种489种，北温带种309种。根据神农架国家级自然保护区的地理位置、地形地貌及气候等诸因子的影响作用，植物区系地理成分可区分为如下几类：西南－大巴山脉成分；西北－秦岭山脉成分；华中区系成分；神农架特有植物成分。此外，神农架植物区系还与西北、华北、华东、华南均有一定的关系，同时神农架植物区系与日本中南部植物区系也有一定的联系。

金丝猴嬉戏

冬日雪景

救护小斑羚

救护幼金丝猴（王静摄）

高山杜鹃

◎ **功能区划**

神农架自然保护区功能区划分为：核心区、缓冲区和实验区。核心区面积为38425hm²，占保护区总面积的54.5%。核心区内有典型的亚热带森林生态系统以及珍稀动植物资源，人为干扰极少，原生状况极佳。缓冲区面积为9380hm²，占保护区总面积的13.3%。实验区面积为22662hm²，占保护区总面积的32.2%。

◎ **科研协作**

神农架自然保护区由于其独特的自然资源特点，一直受到国内外专家的关注，其中重大的考察活动有：中美鄂西联合植物考察队对神农架植物的考察；华中师范大学生物系对神农架鸟类、兽类的考察；湖北省人民政府组织15个单位47名科技人员对神

巴山冷杉

七叶一支花

农架进行的综合考察。

近年来，神农架自然保护区加大科研力度，对区内的部分生物资源进行了本底调查，尤其是对国家一级保护动物金丝猴做了专题研究，并率先在全国林业自然保护区系统中建立了3块永久性生物多样性监测样地，与多所科研院所和大专院校合作开展了40余个研究项目，其中10多项研究成果获奖。另外，保护区还加强了科研人才引进与培养力度，仅2005年至今，就引进专业人才9人，并选送科研人员赴高校深造和到科研院所培训，为保护区科学管理奠定了基础。

2006年5月，国家林业局自然保护区研究中心神农架研究所和北京林业大学自然保护区学和野生动植物保护学博士工作站在神农架国家级自然保护区正式挂牌成立，这是国家林业局和北京林业大学首次在全国自然保护区中建立的研究机构。

神农架自然保护区加强教育宣传措施，仅2005年，保护区在中央电视台、湖北电视台、神农架电视台上播放保护区新闻49条；在《中国绿色时报》《湖北日报》《湖北科技报》等新闻报刊上刊登文章16篇；在《湖北林业》《湖北林业科技》《中国林业年鉴》《湖北林业信息》等专业学术杂志上刊登文章20篇。贺国强、曾培炎、成思危等中央首长及俞正声、罗清泉等省委、省政府领导先后来保护区视察。国家林业局首次召开神农架保护与发展局长办公会议，充分肯定了神农架保护工作所取得的成绩。全国人大和国家林业局先后多次邀请保护区领导赴京，参加保护区立法讨论和《关于加强自然保护区建设管理工作的意见》讨论与起草。保护区保护、科研、发展"三位一体"的动态保护措施被全国自然保护区同行认同，陕西长青、广西大明山、四川卧龙、湖北五峰后河等30

漫山杜鹃红遍

多个保护区相继前来考察、交流。加强与国际、国内大专院校与科研院所合作力度，与北京大学、北京林业大学、武汉大学等建立了良好合作关系。

(神农架自然保护区供稿)

湖北

五峰后河

国家级自然保护区

湖北五峰后河国家级自然保护区位于湖北省西南部宜昌市五峰土家族自治县境内，属于湖南湖北两省交界的武陵山东延的一部分。东与五峰土家族自治县长乐镇交界，南与湖南壶瓶山国家级自然保护区毗邻，西与湾潭镇交界，北和五峰镇、采花乡接壤。地理坐标为东经110°22′～110°52′，北纬29°59′～30°10′。保护区总面积40964.9hm²，属森林生态系统类型自然保护区，主要保护中亚热带森林生态系统及珙桐、豹、黑麂等珍稀濒危动植物。保护区于1984年建立，1988年晋升为省级自然保护区，2000年4月经国务院批准晋升为国家级自然保护区。

金钱豹

◎ 自然概况

五峰后河自然保护区内地层全为沉积岩，其中碳酸盐岩分布较广。地层发育较全，出露较好，从元古代至新生代第三系，除个别地层缺失外，其余各代系地层均有出露，所露地层有下寒武统石牌组至下三叠统嘉陵江组及第四系全新统。保护区地处中亚热带与北亚热带的过渡气候带，四季分明，全区皆山，垂直气候带谱明显，"一山有四季，四季不同天"。年平均气温11.5℃，无霜期211天，年降水量1814mm，区内潮湿多雨；海拔高差悬殊，极端气温差异大，极端最高气温为37.1℃，极端最低气温−22.6℃。区内土壤地理分区系江南红壤、黄壤、水稻土大区，贵州高原地区。为湘西－黔东间山盆地红壤、黄壤和水稻土区，系四川盆地及其边缘山地地区，三峡及鄂西山区石灰（岩）土、黄壤、水稻土区的分界线地带，计有6个土类、12个亚类、20个土属。五峰后河保护区地处湘鄂边缘，河流属长江流域澧水水系，后河经百溪河入澧

关门峡

616

楠木

马褂木

石斛

水汇入洞庭湖。区内仅有一条河流——后河，由西到东横贯全境，源于后河天生桥，由西向东折北，汇新奔河、灰沙溪、杨家河流经后河、水滩头等村，至百溪河村雷打石流入湖南澧水，源头至水滩头为后河，以下为百溪河，统称百溪河，全长 16km，宽 10～30m，流域面积 171km²。流域区内岩石广布，天坑、溶洞发达，多数地表径流明流一段后，入天坑、溶洞而成暗河伏流，再为泉水出露，补给地表径流。

五峰后河自然保护区内有维管束植物 226 科 907 属 2279 种 156 变种，其中苔藓类植物 33 科 90 属 192 种 3 变种，蕨类植物有 31 科 71 属 203 种 8 变种，裸子植物有 6 科 18 属 24 种 1 变种，被子植物有 156 科 728 属 1860 种 144 变种。保护区在《中国植被》的区划上属于亚热带常绿阔叶林区域，东部（湿润）常绿阔叶林区域，中亚热带常绿阔叶林带，鄂西南山地丘陵栲、楠、松、杉、柏林区。根据《中国植被》的分类原则，将保护区自然植被共分 4 级 10 个植被型，34 个群系，

以森林植被为主，其中又以阔叶林为主，其次为针叶林。国家一级保护植物：珙桐、光叶珙桐、银杏、伯乐树、台湾穗花杉、红豆杉、南方红豆杉共 7 种。二级保护植物有金钱槭、领春木、天师栗、红椿、银鹊、青檀、连香树、水青树、白辛、香果树、篦子三尖杉、华榛、水丝梨等 18 种。小勾儿茶、湖北贯众、湖北毛枝蕨、后河龙眼独活、后河柳叶菜等为后河特有植物。据初步统计，保护区内有脊椎动物 4 纲 25 目 74 科 307 种。属于国家重点保护野生动物 51 种，湖北省新记录种 20 种。保护区内有各种兽类 87 种，隶属 8 目 23 科 57 属，占全国总种数的 12.15%。列为国家重点保护的有 17 种，其中属国家一级保护兽类的有华南虎、豹、云豹、黑麂、林麝共 5

种，国家二级保护动物有黑熊、大鲵等 13 种。保护区内有各种鸟类 125 种，隶属 13 目 13 科，占全国鸟类总种数的 10.6%，列入国家重点保护鸟类有 33 种，其中属于国家一级保护的有金雕 1 种，属于国家二级保护的有白冠长尾雉等 32 种，湖北新记录种 17 种，《中日保护候鸟及其栖息环境的协定》中的保护对象 19 种。保护区有两栖动物 24 种，隶属 2 目 8 科；有爬行动物 38 种，隶属 2 目 9 科，湖北新记录种有 1 种，特别是平鳞钝头蛇，国内仅有少数地区分布。

五峰后河自然保护区内群峰起伏，层峦叠嶂，所有山地均属云贵高原武陵山脉北支脉尾部地带。地势由西向东逐渐倾斜，海拔 1500m 以上山峰多达 20 余座，后河主峰独岭海拔

大鲵

毛冠鹿

2252.2m，为武陵山脉东部的最高峰。区内山峰峥立，坡陡谷深，剑峰矗立，翠谷清溪，银滩碧流。山峦轮廓优美，林海翠绿浩瀚，气候清爽宜人，云雾弥漫澎湃。飞瀑泻雨，万木扶疏，奇花异草四季飘香，珍禽异兽追逐嬉戏，是一座大自然的迷宫，保护区及周边社区居住着土家族群众，民风纯朴，热情好客。

◎ 保护价值

五峰后河自然保护区以保护中亚热带森林生态系统和珍稀濒危野生动植物物种为主，主要保护对象是珙桐和豹、黑麂等国际极度濒危动植物及其栖息地。特别是在核心区杨家河一带（海拔1200～1450m）由300多种维管植物（其中包括古老、孑遗、珍稀植物约20多种）组成的稀有珍贵树种群落是北纬30°纬度圈罕见的，在生物多样性保护方面具有重要的保护意义。

五峰后河自然保护区地形复杂，气候多样，气候与植被的垂直分布明显，蕴藏着丰富的珍稀野生动植物资源，为鄂西南地区的"绿色宝库"。从自然特性和生态质量分析，保护区有以下特性：

（1）典型性。在中国地势的三大阶梯中，保护区正处在第二阶梯向第三阶梯过渡地带，又是我国自然地理区划的北亚热带与中亚热带的过渡带。

在地理上，后河正处在地势带与自然地理带的焦点上，具有代表性。五峰后河保护区珍稀植物群落地带的森林植被类型具有亚热带常绿阔叶林与落叶混交林的特征形态，特别是大片珍稀植物群落保持着原始状态，具有中亚热带明显的地带典型性。

（2）多样性。理论上讲，随着纬度的增加生物种类逐步减少，但就五峰后河保护区而言，与一些低纬度自然保护区相比，动植物种类是比较丰富的。在丰富的动植物资源中，比较突出的是珍稀动植物种类数量比重较大，仅列入国家保护和国际公约保护的野生动物就占区内脊椎动物的23%。这是该地区生物系统多样性、物

黄檗树

种多样性和遗传多样性的佐证。

（3）稀有性。五峰后河保护区主要珍稀动植物资源，如珙桐、红豆杉、伯乐树、小勾儿茶、连香树和华南虎、豹、云豹、金雕、林麝等在全国分布已很少，而在后河区有较集中的分布。特别是在北纬30°地球圈内，这样小面积集中分布形成"稀有珍贵树种群落"的现象，更是稀有。

（4）自然性。五峰后河保护区形似瓶状，四周高峰林立，峭壁断崖，地理环境特殊，地质历史悠久，地形复杂，加之交通不便，保护区内人烟稀少，致使区内生态系统多样性至今仍保存完好，核心区基本呈原生状态，具有良好的自然性。

（5）脆弱性。一般来讲，保护区面积越大，其自然生态系统和物种受到破坏的程度可能越小。小面积的保护区物种多样性退化迅速，具有较强的脆弱性。五峰后河保护区面积偏小，外部环境复杂，动植物生态系统具有明显的脆弱性。这虽然增加了保护区的敏感程度和给保护管理工作提出了更高的要求，但同时又说明了脆弱的生态系统更具有很高的保护价值。

珙桐

五峰后河自然保护区是研究这一地区森林生态系统发生、发展和演替规律的活教材，是重要的植物基因库，对于开展以亚热带森林生态系统，珍稀濒危动植物，特别是珍稀植物群落、常绿阔叶林群落以及华南虎、林麝、野生天麻、兰科植物、小勾儿茶等濒危物种为对象的相关学科研究具有很高的科研和学术价值。

◎ 功能区划

根据自然环境和生物多样性资源情况，五峰后河自然保护区划分为核心区、缓冲区、实验区3个功能区，其面积分别为13108.6hm²、8603.2hm²、19253.1hm²，分别占保护区总面积的32%、21%、47%。核心区内主要保护对象为金钱豹、黑麂等濒危动物栖息地和稀有珍贵树种群落及珙桐、红豆杉等珍稀植物分布地；缓冲区，主要是核心区与实验区之间的一部分地区；实验区划分为：多种经营、森林植被恢复、经济林培育和珍稀濒危树种繁殖栽培等4个功能小区。

（五峰后河自然保护区供稿）

中国鸽子花

初探后河

星斗山
国家级自然保护区

湖北星斗山国家级自然保护区地处湖北省恩施土家族苗族自治州恩施市、利川市、咸丰县3县（市）境内，分为两片。东部星斗山片位于利川、咸丰、恩施3县（市）交界处，地理坐标为东经108°57′~109°27′，北纬29°57′~30°10′，面积42571hm²，重点保护珍稀动植物种群。西部小河片，位于利川市境内。地理坐标为东经108°31′~108°48′，北纬30°04′~30°14′，面积25768hm²，重点保护水杉原生种群及其模式标本产地。保护区总面积68339hm²，属森林生态系统类型保护区。2003年6月经国务院批准晋升为国家级自然保护区。

珙桐

◎ 自然概况

星斗山自然保护区东部星斗山片地处我国西南高山向东南低山丘陵过渡的第二和第三阶梯的地带之中，属中亚热带，有大巴山系巫山余脉作屏障，在第四纪冰川时期，除未受直接的冰川破坏以外，其受到山地冰川寒流的影响也极为微弱，使其成为第三纪植物的"避难所"之一。西部小河片属云贵高原东北延伸地带，处于武陵山脉与巫山山脉的交汇部，境内四面高山环抱，形成一封闭的长形山谷。造成利川山原冰川的流向沿着清江河谷东移，让水杉坝、交椅台、红砂溪原生水杉群落幸免浩劫，除了湖南省龙山县和桑植县、重庆市万州区磨刀溪零星分布外，小河成为世界仅存水杉原生种群栖息地。保护区海拔595~1795m，在保护区内，寒武系、奥陶系、志留系、泥盆系、石炭系、二叠系、三叠系、侏罗系等都有出露。本区地层全部由沉积岩组成，未见有岩浆岩、变质岩出露。保护区内土壤随海拔高度不同而土壤类型有别。其基本规律是从低到高垂直分布为黄壤—黄棕壤—棕壤。在海拔800m以下为黄壤，800~1500m为黄棕壤，黄棕壤与棕壤的分界线在海拔1500m左右。紫色土壤分布在海拔400~1550m，石灰土分布在海拔480~1220m。星斗山地处中亚热带与北亚热带的过渡地带，属亚热带大陆性季风气候。保护区年平均气温12.8℃，绝对最低气温－15.4℃，绝对最高气温35.40℃，≥10℃年积温3862.2℃，年降水量1471.7mm，无霜期235天，相对湿度82%，年平均日照时数1298h。山区气候特征突出，适宜各种生物繁衍生息。河流分布呈典型的放射状水系，有清江、郁江、毛坝河、马鹿河4条河流，境内流域面积3616km²，年平均径流总量29.4亿m³，为重要的水源涵养林区。

星斗山自然保护区内植物群落分为4级，8个植被型，21个群系。有维管束植物200科843属2033种，其中

腾龙洞

水杉种子园

人头寨

白鹭

蕨类植物 30 科 59 属 132 种，裸子植物 8 科 22 属 28 种，被子植物 162 科 762 属 1873 种。保护区中兽类有 72 种，鸟类 226 种，两栖类 38 种，爬行类 42 种。

星斗山位于张家界、长江三峡构筑的黄金旅游线上，具有独特的生物景观、地貌景观、水域景观和人文景观，是湖北省独特的旅游休闲胜地。其腾龙洞宏伟博大，气势壮观，钟乳奇特，以"大、雄、险、奇、幽"著称于世，被誉为世界特级溶洞。"利谋一号"水杉，高大挺拔，被称为"植物活化石"。星斗山自然保护区又有"华中天然植物园"之誉称，区内保存有原生植物群落，蕴藏着珍贵的中国鸽子树珙桐，奇禽异兽种类繁多。"神奇古堡"鱼木寨，是迄今为止保存最为完好的土家山寨，栈道、穴居是考古与民俗研究的历史谜题。大水井古建筑群规模宏大、布局合理、工艺精湛，包括国内目前保存完好的封建宗教城堡以及兼具汉族、土家族和西方建筑特点的大片民居。如诗如画的福宝山，高山平湖、风光旖旎，环境优美，是中国水生植物珍品"莼菜"的出口基地。

还有独具特色的喀斯特地貌、玉龙洞、水莲洞、黄金洞亦异彩纷呈、各具特色，以及"龙船调""吊脚楼""摆手舞""女儿会""闹元宵""牛王节"等民俗风情浓郁、特点鲜明的土家习俗，构成了一幅幅多姿多彩的民族画卷。

◎ **保护价值**

水杉是中生代白垩纪遗留下来的古老孑遗树种，被列为国家一级保护植物。区内至今仍保存着小河游家湾、水杉坝、红砂溪、交椅台等原生水杉群落，模式产地面积 25768hm²，遗存有大量水杉根蔸和水杉"阴沉木"，拥有原生母树 5746 株。谋道溪水杉王树高 35m，胸径 2.48m，冠幅 440m²，树龄 600 余年，苍翠挺拔，气势雄伟，有"天下第一杉"美称。邓小平同志 1992 年南巡讲话时，提到三峡附近这棵古水杉，给予了高度评价。水杉原生种群及其模式标本产地具有极高的科学研究价值。

秃杉是第四纪冰川后遗留下来的我国特有的珍稀树种，被列为国家二级保护植物。区内至今仍保存着毛坝花板溪秃杉原生群落，分布面积 120hm²，是湖北省唯一分布区，有原生母树 36 株。秃杉原生种群树形优美，枝叶繁茂，树冠浓郁，四季常青，胸径 89～124cm，树高 27.5～42m，冠幅 10m 左右，枝下高 6～14m，树龄 109～162 年，是世界上有名的巨树，"亚洲树王"，为我国罕见；在生态、遗传、经济等方面有极高的研究价值。

星斗山自然保护区内物种丰富，种类繁多，誉称"华中天然植物园"。在植物区系和分类上具有地区代表性植物 18 科 128 属 226 种，水杉植物区系在鄂西南植物区系中，具有明显的代表性。区内国家一级保护植物有：水杉、珙桐、光叶珙桐、红豆杉、南方红豆杉、银杏、伯乐树（钟萼木）、

星斗山雪景

水杉

莼菜共 8 种。国家二级保护植物有：秃杉、黄杉、金毛狗脊、篦子三尖杉、金钱松、连香树、杜仲、巴东木莲等 29 种；以及建兰、春兰、寒兰、蕙兰、多花兰等野生兰科植物 19 种。起源古老、孑遗、珍稀、濒危植物 37 种，属湖北新记录 34 种，新种 4 个，中国特有成分种 38 属。

星斗山自然保护区内主要植被类型有阔叶林、针叶林、落叶阔叶林、常绿落叶阔叶混交林、竹林、灌丛、草丛、沼泽共 8 个植被型；有水杉林、珙桐林、秃杉林、马尾松林、杉木林、黄杉林、钩栲林、鸟冈栎林等 21 个群系，具有中亚热带森林生态系统的典型性和代表性。

星斗山自然保护区内重点保护植物莼菜分布面积 200hm²，年产量 800t，年产值 2240 万元。莼菜富含人体必需的 18 种氨基酸和微量元素，具有健身、美容、防癌等功能，做汤羹、炒煮皆宜，味美可口，清香宜人，自古即为膳食之佳品，被誉为"中国第一绿色食品""世界珍奇"和"二十一世纪生态蔬菜"。

星斗山自然保护区内有国家保护野生动物 287 种，即兽类 40 种；鸟类 179 种；爬行类 37 种；两栖类 31 种。其中国家一级保护动物有云豹、金钱豹、金雕、林麝共 4 种；国家二级保护动物有猕猴、穿山甲、豺、黑熊、水獭、黄喉貂、大灵猫、小灵猫、鬣羚、斑羚、白冠长尾雉、红腹锦鸡、大鲵、虎纹蛙、中华虎凤蝶等 46 种。省级重点保护野生动物有毛冠鹿、豪猪、棕足鼯鼠、灰喜鹊、大拟啄木鸟、画眉、中国小鲵、棘胸蛙、银环蛇等 111 种，属于国际贸易公约濒危野生动物有 57 种，被列入《中日保护候鸟及其栖息环境的协定》的鸟类有 64 种。

星斗山自然保护区的水杉原生群落及其模式标本产地是当今世界上唯一的水杉原生种群的集中分布区，其地质古老，约 1.4 亿年的地理史，境内地壳相对稳定，受造山的影响较小，四面高山环抱，形成一封闭高岩，幸免第四纪冰川的影响，模式产地 25768hm²，水杉母树是宝贵的种质资源，备受世界关注，具有极高的国际保护价值。水杉同国宝熊猫一样，是我国生物种群中的璀璨明珠，在国际交往中，已成为传播友谊的桥梁。

星斗山自然保护区是长江中游第二大支流清江的发源地，是重要的水源涵养林，也是恩施州土家族苗族人民的天然水库，对长江中下游地区和三峡地区的安全起着重要的作用。清江干流全长 423km，流域面积 17000km²，年均径流总量 11.27 亿 m³，有水布垭、隔岩河、高坝州梯级水电站，总库容 98.36 亿 m³，防洪调节库容 35.04 亿 m³，年发电量 83.58 亿 kW·h，是长江的重要补给水源和防洪水利枢纽。清江自西向东横贯湖北十县市，它是沿岸 593.3 万人民生产生活的主要水源。

星斗山自然保护区地处湖北省唯一进入西部大开发地区的恩施自治州，居于张家界、长江三峡构成的旅游黄金线上，是西部大开发重要的生态建设区，也是湖北省独特的旅游休闲胜地。区内有毛皮兽 35 种，药用兽 20 种，可供观赏鸟类 92 种，有化工原料、编织、食用、饲料、绿肥、药用、香料、油脂、花卉等 27 大类资源植物，种类繁多，储量丰富，分布广泛，是鄂西南地区动植物资源最丰富的地区之一。据科考评估，星斗山自然保护区每年可产生总经济价值 107868.1 万元。其中：直接实物产品价值 30817 万元，直接服务价值 3115 万元，生态功能间接价值 49766.1 万元，非使用类价值 24800 万元。

莼菜

◎ 功能区划

星斗山自然保护区根据区内自然、地理和资源状况，将保护区分为东西两片，设置核心区、缓冲区和实验区。核心区尽可能维护最大的生物多样性，保护好原生种群栖息地和珍稀濒危植物种，面积为 21165hm²（其中东部 10120hm²，西部 11045hm²）。缓冲区是核心区和实验区的过渡地段，面积为 14932hm²（其中东部 6611hm²，西部 8321hm²）。实验区是除核心区和缓冲区外的所有区域，面积为 32242hm²（其中东部 25840hm²，西部 6402hm²）。

◎ 科研协作

1981 年，星斗山自然保护区成立以来，组织进行了 3 次自然资源的综合科学考察，先后出版了《星斗山自然保护区植被资源》《星斗山保护区综合考察文集》《湖北星斗山国家级自然保护区科学考察集》，2004 年，管理局成立以来，建立了生态定位观测站、气象观测点、植物病虫害防治检疫站，完成了木本植物标本名录的编排，开展了科研监测点和固定样地的调查。 （星斗山自然保护区供稿）

秃杉

九宫山
国家级自然保护区

金家田－常绿阔叶林

湖北九宫山国家级自然保护区位于幕阜山系九宫山脉中断北坡，属湖北省咸宁市通山县南部地区，东接九宫山风景名胜区，南沿山脊与江西省武宁县交界，西与通山县厦铺镇接壤，北与通山县闯王镇、九宫山镇相连。地理坐标为东经114°23′35″~114°39′48″，北纬29°19′27″~29°27′08″。保护区总面积16608.7hm²，属自然生态系统类别的森林生态系统类型的自然保护区，主要保护中亚热带森林生态系统及其生物多样性。于2007年经国务院批准晋升为国家级自然保护区。

◎ **自然概况**

九宫山自然保护区地质构造为幕阜山腹背斜北翼与通山腹向斜南翼相交接的构造地段。保护区地层分布较全，从元古界至志留系都有出露，岩性类型齐全，以元古界板溪群的变质岩系和侏罗世末的花岗岩侵入体出露面积最广。九宫山自然保护区为别具一格的中山地貌类型，呈现自南向北有规律展布的特征，依次是中山、低山、丘陵，层状地貌显著，起伏在海拔200~1656.7m之间，最高峰老鸦尖海拔1656.7m，沟谷切割深度在1000m左右，沟坡在60°以上。

九宫山自然保护区处于中亚热带季风气候区，其主要气候特点是四季分明：春季多变、晴雨不定，夏季湿热，秋高气爽，冬季干冷。九宫山自然保护区日照时数偏少，中高山地区的日照时数及辐射量高于低山河谷地区。平均年日照时数为1600h，平均日照率为30%~47%，平均年总辐射量为100kcal/（cm²·年）。九宫山区降水量大，年平均降水量1400~2000mm（1957~1985年），1973年降水总量达2199.8mm，为历年降水最高年。年均蒸发量1255mm左右，无霜期248天。

九宫山自然保护区所有的水系均为富水水系，区内大量的小溪和山泉汇入富水水库，向东注入长江，主要的河流包括厦铺河与宝石河。

九宫山自然保护区分布有典型的中亚热带向北亚热带过渡的森林生态系统，海拔500m以下为常绿阔叶林，500~1300m之间为常绿落叶混交林；1300~1500m之间为落叶阔叶林及落叶阔叶矮林；1500m以上则为灌、草丛。

九宫山自然保护区的土壤类型在山体垂直面上的分布呈现出明显的规律性，大致在海拔400m以下为红壤，400~800m为山地黄红壤，800~1400m为山地黄棕壤，1400m以上为山地矮灌草土，其中以山地黄棕壤分布的面积最大。

九宫山自然保护区动植物资源丰

九宫山－高山灌木林

冷家溪群变质岩及板理

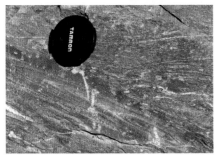

冷家溪群中发育的圈闭褶皱

高山梯田

花岗岩节理形成的垂直崖壁

富，有陆生脊椎动物260种（含1个亚种），隶属25目72科172属，其中哺乳纲7目20科33属48种，鸟纲15目38科105属146种，爬行纲2目8科26属39种，两栖纲1目6科8属27种，分布的物种反映了中亚热带的特征；在260种陆生脊椎动物中，国家重点保护野生动物38种。其中国家一级保护的有金雕、白颈长尾雉、云豹、豹等4种，国家二级保护的有穿山甲、小灵猫、白鹇等34种。区内有维管束植物209科857属1983种（包括16亚种152变种和11变型），其中蕨类植物35科74属370种（包括9变种1变型），裸子植物共6科19属39种（包括1变种2栽培种），被子植物共168科764属1770种（含16亚种142变种和10变型）；保护区处于华中植物区系、西南植物区系和华东植物区系的交汇点，成分较为复杂，具有典型的中亚热带向北亚热带过渡的特征；保护区内国家珍稀濒危保护野生植物丰富，拥有国家重点保护植物24种。其中国家一级保护2种：南方红豆杉、钟萼木；国家二级保护22种：香果树、

鹅掌楸、红椿、榧树等。

九宫山自然保护区自然风光优美，人文景观内涵丰富，气候宜人，是华中地区地质考察、人文考古、生物资源、气象研究、游览观光的宝地。自然风景按山景、水景、天景、植物景观、动物景观分类，经统计共有107处，其中山景有峰岭、深谷、绝壁、奇石、异洞等50处，主要有老崖尖（鄂南第一高峰）、铜鼓包等；水景有河流、溪涧、瀑布、潭、泉等26处，主要有石龙沟、

云海

大崖头瀑布、太阳溪等；天景有云海、彩虹等6处；植物景观有青松、翠竹、奇花、异木等21处；动物景观有金钱豹、牙獐、小灵猫、黄腹角雉、白鹇等珍稀动物集中分布的园区，主要景点4处，如安平百鸟乐园等；人文景观分为历史遗迹、宗教遗迹，主要有闯王陵、幕阜洞天、进士墓等；闯王陵是我国农民起义领袖李自成的陵寝。

◎ 保护价值

九宫山自然保护区主要保护对象：①中亚热带森林生态系统及生物多样性；②珍稀濒危野生动植物资源及其原生地或栖息地；③第四纪冰川遗迹。

九宫山自然保护区保护价值巨大，具体表现在：

（1）地理位置特殊性和生态区位重要性。九宫山自然保护区作为幕阜山系的核心，地理位置极为特殊，北临江汉平原，南接江南丘陵，连接湘、鄂、赣三省，西、北、东均为平原湖区，山体略呈东西走向，地质历史悠久，生态区位极其重要性。它是华中地区南北生物区系的汇集地和避难所，也是东西动植物交流的通道和走廊，另外，九宫山脉是鄱阳湖主要河流修水、洞庭湖主要河流汨罗江和长江一级支流富水、陆水重要发源地，每年注入长江的优质水资源超过200亿 m^3，对长江中下游生态环境及保障流域内29

老鸦尖

高山水城

仙人播米

常绿阔叶林

岭谷相间

剑峰

县（市）乃至中下游工农业生产具有重要战略意义。

（2）生物稀有性和资源多样性。九宫山自然保护区生物稀有性表现在九宫山地带性植被常绿阔叶林在全球分布的稀有性，众多的珍稀濒危保护物种在湖北省乃至全国的稀有性，珍稀濒危物种种群的稀有性，九宫山保护区保存有较大面积的鹅掌楸、红椿、榧树等珍稀濒危植物种群在湖北省乃至全国都是稀有的，保护区还分布有国家一级保护动物白颈长尾雉、云豹和国家二级保护动物白鹇，其种群数量在湖北省乃至全国都是少有的。九宫山自然保护区资源多样性表现在生境类型多样性、植被类型的多样性、物种的多样性和基因资源的多样性。

（3）生态系统脆弱性。九宫山自然保护区生态系统脆弱性主要表现在：一是区域范围的局限性，九宫山面积较小，但蕴藏的资源丰富，野生动植物及栖息地拥挤，生态系统表现出明显的脆弱性；二是地质环境的脆弱性。

（九宫山自然保护区供稿）

针阔混交林

金鸡岩

七姊妹山
国家级自然保护区

湖北七姊妹山国家级自然保护区地处武陵山余脉，位于湖北省恩施土家族苗族自治州宣恩县东部，处于洞庭湖水系湖南沅江第一大支流酉水的发源地与长江中上游重要支流清江的分水岭，北与恩施市河溪村交界，东与鹤峰县太平镇天然林保护工程区接壤，南与湖南八大公山国家级自然保护区核心区毗连。地理坐标为东经 109° 38′ 30″～109° 47′ 00″，北纬 29° 39′ 30″～30° 05′ 15″。保护区总面积34550hm²。保护区属森林生态系统类型自然保护区，主要保护典型的中亚热带常绿落叶阔叶混交林生态系统、珙桐等珍稀植物及其群落、亚高山泥炭藓沼泽湿地和华南虎、金钱豹等大型猫科动物栖息地。2008年经国务院批准晋升为国家级自然保护区。

珙桐花

◎ 自然概况

七姊妹山自然保护区为云贵高原的东北延伸部分，境内形成许多复杂的地质构造现象和丰厚的沉积岩石，以北东、北北东向的褶皱、断裂最为发育。区内地势表现为北西高南东低，最高峰火烧堡为全县最高峰，海拔2014.5m，最低海拔650m。本区岩层主要由石英砂页岩、页质层岩、砂质层岩所组成，保水性较差，植被遭破坏后，极易造成水土流失。

七姊妹山自然保护区以中部的鸡公界、龙崩山为分水岭，形成全保护区相对独立的南北两大水系：北部贡水水系流归清江后入长江；南部酉水水系流进湖南省沅江，汇入洞庭湖。

七姊妹山自然保护区气候属中亚热带季风湿润型气候。海拔800m以下的低山带年均气温15.8℃，无霜期294天，年降水量1491.3mm，年日照时数1136.2h；海拔800～1200m的二高山地带年均气温13.7℃，无霜期263天，年降水量1635.3mm，年日

七姊妹山峰

七姊妹山南麓概貌

长柄水青冈群落

大面积原始亮叶水青冈林群落

台湾水青冈群落

照时数 1212.4h；海拔 1200m 以上的高山地带年均气温 8.9℃，无霜期 203 天，年降水量 1876mm，年日照时数 1519.9h。

七姊妹山自然保护区土壤类型主要有黄壤、黄棕壤、棕壤、水稻土、石灰土和紫色土等 6 个土类。其土壤随海拔高度变化而不同，海拔 1500m 以下的区域为黄棕壤，海拔 1500m 以上的区域属棕壤。

七姊妹山自然保护区分布维管束植物 183 科 752 属 2027 种。国家重点保护植物 28 种，其中国家一级保护植物有珙桐、红豆杉、钟萼木等 7 种；国家二级保护植物有鹅掌楸、黄杉等 21 种。保护区内有陆生脊椎动物 355 种，其中兽类 67 种、鸟类 225 种、两栖类 26 种、爬行类 37 种。国家重点保护动物 56 种，其中国家一级保护动物有华南虎（历史记录）、金钱豹、云豹、林麝、金雕 5 种；国家二级保护动物有黑熊、猕猴等 51 种。保护区东北部呈斑块状分布着亚高山泥炭藓沼泽湿地 810hm²，这片湿地对维持酉水源头的水源稳定，起着关键性的作用。区内主要分布有保存完好的原始森林景观、亚高山湿地景观和独特的少数民族民俗景观。

水青树

◎ 保护价值

七姊妹山自然保护区重点保护以原始珙桐群落为主的森林生态系统和保存良好的亚高山湿地生态系统，其保护价值主要体现在以下几个方面：

（1）七姊妹山自然保护区分布有500hm^{2}原始珙桐群落，这片原始珙桐纯林五级立木齐全，自然更新能力强，且有鹅掌楸、连香树等其他珍稀植物伴生，具有重要的国际保护价值。

（2）七姊妹山自然保护区地处中国三大特有现象中心之一的"川东—鄂西特有现象中心"的核心地带，生物多样性极为丰富，并在保护区的东北部海拔1650～1950m的范围内，分布着810hm^{2}亚高山泥炭藓沼泽湿地。这片湿地为湖南沅江第一大支流酉水的发源地，对维持酉水流域水源稳定，防止水土流失，保护该区域的生态安全起着关键性的作用。因此，保护区具有极为重要的生态保护价值。

（3）七姊妹山自然保护区位于我国自然地理区划的北亚热带与中亚热带的过渡带的武陵山区，在地理上具有典型性和代表性，物种具有多样性、古老性和珍稀濒危性，因此整个保护区具有极高的科研和学术价值。

（七姊妹山自然保护区供稿）

红腹锦鸡

红腹角雉

小黄麂

金雕

原始珙桐群落中的萌蘖单株

原始珙桐群落

大鲵

钟萼木

钟萼木（果）

猕猴

黄杉

极为珍贵的单叶厚唇兰

亚高山泥炭藓沼泽湿地

连香树

珍稀植物银鹊树

红豆树

龙感湖
国家级自然保护区

湖 北龙感湖国家级自然保护区位于湖北东隅黄梅县南部，南与江西省隔长江相望，东与安徽省一水相连。地理坐标为东经115°56′～116°07′，北纬29°49′～30°03′。保护区总面积22322hm²，属湿地生态系统类型自然保护区。保护区始建于2000年，2009年经国务院批准晋升为国家级自然保护区。

◎ 自然概况

龙感湖自然保护区位于长江北岸的黄梅县境内，系长江冲积物形成的扇状平原低洼地，属北亚热带大陆季风气候区，季风气候特征明显，气候温和，雨量充沛，四季分明，年均气温16.7℃，年降水量1310.9mm。湖水依赖地表径流和湖面降水补给，纳凉亭、二郎、黄梅、荆竹和梅川等湖流来水，经湖泊调蓄后，一路由"八一"港经小池入长江，另一路入黄大湖，泊湖经华阳闸和阳湾闸，分别南注长江，整个来水量为2500km²，常年汛期2.3亿m³，平均水位15.08m，常年平均水深1.3m，7～8月汛期平均水深超过2m。

◎ 保护价值

龙感湖地处长江中、下游结合部，是湖北第五大湖泊。龙感湖自然保护区以境内的龙感湖、人工湿地万牟湖和张湖为主体，包括周边的大源湖、小源湖及部分人工湿地，生态系统完整，生态环境良好，生物多样性丰富，湿地保护良好，是众多鸟类栖息、繁殖、越冬的黄金地带。有关专家近20年的监测结果表明，龙感湖白头鹤种群是我国迄今为止发现的濒危水鸟中数量最大的种群。1987年1月，在龙感湖观测到的数量多达425只，占全球总数的3.3%。专家们在这里还观测到黑鹳、东方白鹳、白鹤、大鸨、大天鹅和白琵鹭等珍稀鸟类，另外，还发现数百只鸬鹚、鹤鹬、大白鹭及2000多只雁鸭。龙感湖也是全国最大的黑鹳越冬地。在中国野生动物保护协会开展的"中国鸟类之乡"评选活动中，共评出12个"鸟类之乡"，龙感湖是湖北省唯一获此称号者。

（龙感湖自然保护区供稿）

小天鹅

野菱

白头鹤种群

野莲

飞翔的小天鹅

赛武当
国家级自然保护区

湖北赛武当国家级自然保护区位于湖北省西北部，著名的汽车城十堰市茅箭区境内，东与丹江口市相邻，距丹江水库约100km，北距十堰市区17km，南与房县相连，东南距著名道教圣地武当山20km。因赛武当为武当山脉主峰，其山体高大、险峻赛过武当山而得名"赛武当"。地理坐标为东经110°35′40″～110°54′23″，北纬32°23′26″～32°32′19″。保护区总面积21203hm²，属森林生态系统类型自然保护区，森林覆盖率95.88%。保护区始建于2002年，2011年4月经国务院批准晋升为国家级自然保护区。

◎ 自然概况

赛武当自然保护区位于武当山脉中段，南接大巴山脉东段，北对秦岭余脉，地势南高北低，地形切割强烈，相对高差大，山岭高峻，多深切峡谷。最高点赛武当菩陀峰海拔1722m，为武当山脉主峰，最低点海拔约260m，相对高差1462m。山脊线基本沿西南至东南缘边界绵延，形成一系列海拔1000m以上的山峰。地质古老独特，为扬子地块被动大陆边缘区，主要出露地层为扬坪组的白云母石英片岩和石英岩白云母石英片岩。

赛武当自然保护区地处亚热带北缘，属亚热带向暖温带过渡的大陆性季风气候，其气候特点是四季分明，冬温夏热，春秋相近，垂直气候差异显著，年均气温15.5℃，无霜期年均225～256天，年降水量964mm。

赛武当自然保护区境内土壤划分为水稻土、潮土和黄棕壤3大土类6个亚类10个土属。海拔1200～1700m为山地黄棕壤；海拔1200m以下为黄棕壤；河谷两侧阶地、河漫滩为水稻土类；丘陵坡麓或平缓坡地为潮土土类。

发源于保护区核心区的泗河和神定河是注入丹江口水库前汉江南岸最后的两条主要支流，并经过保护区的大部分缓冲区和实验区，是南水北调中线重要的库前水源涵养地。

赛武当自然保护区内群峰矗立，峡谷幽深，古木参天，森林茂密，蕴藏着丰富的珍稀濒危野生动植物资源，保存着完好的原生森林植被，是一个不可多得的天然物种基因库。据调查，区内有维管束植物185科837属1752种，其中被子植物152科774属1628种，裸子植物9科22属58种，蕨类植物24科41属66种。野生脊椎动物320种，隶属30目81科216属，其中兽类7目22科49属56种，鸟类14目35科115属190种，两栖类2目8科10属21种，爬行类3目9科26属35种，鱼类4目7科17属18种；昆虫有12目109科626种。内内自然植被类型保存完好，垂直分带比较明显，现保存有自然植被6个植被型组，11个植被型，48个群系。森林植被类型具有中国亚热带北缘地带性植被常绿落叶阔叶混交林和山地落叶阔叶林和温性

常绿阔叶林

巴山松群落

针叶林的特征，特别是保护区核心区海拔 800～1400m 和 1000～1723m 区域保存的结构非常完整、全国少有的大面积的短柄枹林和杜鹃林，以及海拔 1200m 以上区域的全国乃至世界同纬度地区面积最大的山地暖温性针叶林—巴山松林等，均保持着原始状态，具有明显的地带典型性和代表性。

赛武当是大自然赋予人类的宝地，孕育着丰富的森林景观、自然自然景观和人文景观。区内森林茂密，古木参天，浩瀚林海碧波万顷，林内鸟语花香，无不令游人心旷神怡。不同的森林景观各具特色，姿态万千。山体上部巴山松原生森林，胸径达 1m 以上，干形通直，树高有的可达 40m，步入其间令人流连忘返。岩柱、岩墩、岩壁上的巴山松最富有诗情画意，堪与黄山之黄山松相媲美。自然景观以"万笋朝天"式的峰丛最引人瞩目，境内地势险峻，峡谷幽深，险崖异石岩洞遍布，体态多姿，分外妖娆。登高远眺，群峰林立，直刺云霄，白云穿谷，云天一色，山色与林海交相映衬，气势磅礴，气象万千，景色多姿多彩。主要景点均集中分布于几条岭脊线上，各具特色。

◎ 保护价值

赛武当自然保护区是武当山脉唯一的国家级自然保护区，主要保护武当山脉独特的自然环境和生物多样性资源；亚热带北缘多种代表性常绿阔

亮叶水青冈林

铁杉林

叶林群落，大面积的原生性巴山松林，中山沟谷地带珍稀植物荟萃的落叶阔叶林群落；南水北调中线工程重要的库前水源涵养地。

赛武当为武当山脉主峰，位于秦岭山脉和大巴山脉之间，是神农架以北的鄂西北地区主要山脉，自然环境具有相对的独立性，区内物种丰富，珍稀动、植物繁多，保存着鄂西北（或陕、豫、鄂交界区域）为数不多的大面积原生性森林植被和自然环境，是中国种子植物三大特有中心之一的"川东—鄂西"地区的北部代表性区域，对神农架以北地区、秦岭以南的生物多样性资源保护具有重要的补充和支撑作用。

赛武当自然保护区是亚热带北缘中部地区重要的物种资源库，植物区系非常丰富，有维管束植物 185 科 837 属 1752 种，国家重点保护野生植物 15 种，国家一级保护野生植物有银杏、红豆杉 2 种，国家二级保护野生植物红豆树、野大豆、巴山榧树、鹅掌楸、厚朴、莲、喜树、金荞麦、香果树、川黄檗、崖白菜、水青树、榉树 13 种。

保护区内蕴藏着丰富的野生动物资源，有陆生野生动物 302 种，国家重点保护野生动物 53 种，国家一级保护动物有金钱豹、林麝、金雕和白肩雕 4 种，国家二级保护动物有猕猴、黑熊、大灵猫、小灵猫、斑羚、鸳鸯、秃鹫、白冠长尾雉、红腹锦鸡、大鲵等 49 种。

赛武当自然保护区是武当山脉植物多样性和自然环境的代表，是南水北调中线重要的水源涵养地。保护好赛武当自然保护区对鄂西北区域气候，保护物种多样性，维护区域的生态平衡，发挥其生态效益，实现资源可持续利用与发展，具有非常重要的现实意义和深远的历史意义。

◎ 功能区划

赛武当自然保护区功能区划为核心区、缓冲区、实验区 3 个功能区。其中核心区 8052hm²，占保护区总面积 38%。基本上涵盖了赛武当自然保护区具有保护价值的野生动、植物种群及其栖息与繁殖环境，使其保护内容具有足够典型性、完整性和区域代表性。缓冲区 3160hm²，占保护区总面积的 15%。实验区 9991hm²，占保护区总面积的 47%，位于缓冲区外围，区内有居民点，以及保护区的资源合理利用生产试验基地等。

◎ 科研协作

出版了《赛武当生物多样性》；积极与科研单位和院校合作开展综合科学考察，基本掌握了保护区本底资

大鲵

红腹锦鸡

深山精灵（猕猴）

栎栎林

杜鹃群落

铁杉林

源；采集、制作、陈列大量植物标本，为科研和宣教提供了依据；2010年被国家科协确定为全国科普教育基地，每年都有大批专家、教师、学生到保护区开展科学考察和科普夏令营活动；有计划地收集、迁移150种500多株重点保护野生植物和珍稀树种，建设了赛武当珍稀植物园；开展了林麝、猕猴、大鲵等特色资源调查及利用研究；对实验区150余棵古大珍稀树木进行鉴定、登记、挂牌保护。

（胡忠仁供稿；赛武当自然保护区提供照片）

常绿与落叶阔叶林

湖北 木林子
国家级自然保护区

湖北木林子国家级自然保护区地处武陵山余脉，位于湖北省恩施土家族苗族自治州鹤峰县北部。地理坐标为东经109°59′30″～110°17′58″，北纬29°55′59″～30°10′47″。保护区总面积为20838hm²，其中，核心区面积7634hm²，缓冲区面积5621hm²，实验区面积7583hm²。保护区属生态系统类别森林生态系统类型的自然保护区，主要保护珍贵稀有动植物资源及其栖息地，特别是原始珙桐林、红豆杉林、伯乐树林等珍贵稀有树种及大型猫科动物等极度濒危动物及其栖息地。2012年1月21日经国务院批准晋升为国家级自然保护区。

水晶兰（米显齐摄）

◎ **自然概况**

木林子自然保护区位于新华夏系第三隆起带内，即华夏系湘黔边境隆褶带的北端。由于受长阳东西向构造带的影响，构造线方向呈现往东偏转，同时在总体构造组合形态上带有扭动的迹象，这种构造的特点表现为一系列北东向褶皱和压扭性断裂，构造类型以断褶构造和华夏式褶皱为主。保护区内露出地表的岩层为沉积岩类及少量由沉积岩变质而成的变质岩，岩浆岩多为侵入体，为数很少。

木林子自然保护区属鄂西南山区，为云贵高原的东北延伸部分，地处武陵山脉余脉之中。全境地势由西北和东南向中间逐渐倾斜，境内群峰起伏，层峦叠嶂，海拔600～2095.6m，

湖北木林子国家级自然保护区（覃进之摄）

红白鼯鼠（红白鼯鼠的体形很像松鼠，身体背面体毛为红色，面部和身体腹面为白色，身躯两侧前后脚之间有一层薄膜，它们利用这种独特的皮膜，从高处飞向低处滑翔）（米显齐摄）

流水潺潺（覃进之摄）

1500m以上的山峰多达20余座，其中牛池主峰海拔2095.6m，云蒙山主峰2054.5m，木林子主峰1989.9m，在这些主峰附近区域高程多在1500m以上，在百鸟坪—罗龙大包一线，高程在1300m以下。因此，保护区内山峰林立，坡陡谷深，形成许多峭壁悬崖，高山有垴、坪，河谷有陡坡，间有石柱。剑峰矗峙，翠谷清溪，银滩碧流，石灰岩构成众多溶洞，洞中多潜流潜渊四伏，或外泻成涧泉或悬岭为飞瀑。

木林子自然保护区属中亚热带大陆性季风湿润气候。1～2月最冷，7～8月最热。历年极端最高气温，低山40.7℃，中高山35℃，高山30.2℃。历年极端最低气温，低山-10.1℃，中高山-10.5℃，高山-22.1℃。日照时数低山年平均1253h，中高山年平均1342h。保护区内年平均温度为15.5℃，最冷月（1月）平均气温为4.6℃，最热月（7月）平均气温为26℃，年较差为21.4℃，极端最低温度为-4.9℃；全年有效积温（≥10℃）约为4925.4℃；无霜期270～279天；保护区内年均降水量1733.7mm，季节分配稍有不均，

其中4～9月降水量占全年降水量的78.1%。

水河是澧水最大支流，发源于保护区土地岭北坡黑湾，在鹤峰县朱家村流入湖南省桑植县境内，在保护区境内长32km，主要是其上游河段，即源头到两河口段，河谷开展，平坝、台地沿河展布。咸盈河发源于木林子自然保护区南坡的芹草坪，在金鸡口出境，北至巴东县桃符口注入清江，在保护区境内长约14km，沿岸地势险要，滩多流急。

木林子自然保护区内石灰岩分布面积较大，暗河、泉流较多。暗河主要分布在 水河各级支流河溪、流域中，高山岩溶地表径流渗入地下形成暗河，大都在低山一带又成暗泉涌出；泉流主要有白水沟泉流，枯水流量约0.3m³/s，具有流量稳定，四季不断，落差较大的特点。

木林子自然保护区土壤可分为8个土类，21个亚类，61个土属，主要土壤为黄棕壤和棕壤，pH值一般在4.5～6.5之间。保护区内土壤分布的垂直带谱非常明显，随着海拔升高依次出现黄红壤带、黄壤带、黄棕壤带、棕壤带。

木林子自然保护区共有维管束植物206科943属2797种。国家一级保护植物有红豆杉、南方红豆杉、伯乐树、珙桐、光叶珙桐和银杏6种，国家二级保护植物有黄杉、篦子三尖杉、连香树、水青树、花榈木、红豆树、香果树等24种。保护区已查明的陆生脊椎动物有302种，其中两栖类2目7科24种、爬行类2目10科45种、鸟类14目35科155种，哺乳类8目23科78种。属于国家一级保护动物有云豹、豹、华南虎、林麝和金雕共5种；国家二级保护动物有金猫、斑羚、红腹角雉和大鲵等50种。

木林子自然保护区地处武陵山余脉，区内拥有古老的地文景观、多彩的水域风光、原始多样的生物景观、悠久的历史文化古迹和丰富的地方产品，旅游资源极其丰富，是开展森林生态旅游的理想场所。

（1）名山。境内地形复杂，山岳连绵，沟壑纵横，平均海拔1295.3m，最高点牛池海拔2098.1m，最低点海拔600m，相对高差1485.6m。地表平均切割深度784m，地表坡度平均24.1°。主要名山有：

古杜鹃（米显齐摄）

红豆杉果实（米显齐摄）

林海（米显齐摄）

牛池：海拔2098.1m，为鄂西南第一高峰，峰顶部有一水池，相传曾有二条独角牛，经常来池中洗澡，故得名牛池。

云梦山：海拔2054.2m，位于唐家河之南，长约23km，山势雄峻。

王家山：海拔1725.3m，位于保护区中部地段，是连接牛池和云梦山的纽带。

平山：又名屏山，海拔1279m，距鹤峰县城12.5km，四周皆峭壁，峰峦叠翠。

（2）洞穴及蚀余景观。

万全洞：位于屏山，洞高60m，深约50m，内宽40m，门口有巨石砌成的台基，洞门呈圆形，在绝壁上端，洞内空旷开阔。为容美土司王藏书之所。

屏山岩溶峰林风景区：位于屏山，总面积40km²，东西窄，南北长，呈狭长弧形地势，地势险要，四周皆峭壁，溪流环绕，峰峦叠嶂，有90多座石灰岩山峰，远望白云界断，似截去峰顶，故名屏山。

（3）瀑布。保护区内瀑布众多，

其中留驾司瀑布位于巴鹤公路下坪乡留驾司，这里自然风光奇险，悬崖万仞，陡峭如镜，雨季瀑布数百条；二等岩瀑布堪称"飞流直下三千尺"，彩虹与水帘相互辉映，其豪迈和壮丽催人奋进，一幅天然胜景；水漂子瀑布位于百鸟坪南3.4km处，谷深700m，因有瀑布飞溅闻名。

（4）风景河段。溇水河雕崖段，河谷幽静，两岸绝壁层出，怪石嶙峋，峡谷风景好，可以开展漂流活动；咸盈河为清江主要支流，长江二级支流，发源于境内东北部的芹草坪，自南向北奔流，注入清江，行经于峡谷龙洞之内，蜿蜒危岩绝壁之间，静卧山青水碧的群山之中，两岸悬崖峭壁高耸，奇石怪山造型奇特，漂流于咸盈河，小扁舟在斧劈刀削般的雄奇峡谷中穿急流，越险滩，两岸植被葱绿，山水相映，天造一个幽深陡峭的峡谷风光；位于三元河东南的小三峡，因有三道峡口而得名，全长12km，宽1.5km，深740m，两岸绝壁天险，常有猕猴出没；屏山躲避峡长约6km，宽10～30m，两岸相对高度500～600m，万

仞绝壁如刀削斧劈，两岸植被葱郁，保护完整，峡内一股小溪，更增其幽奇。

◎ 保护价值

木林子自然保护区地处我国地势第二阶梯向第三级阶梯的过渡地带，属中亚热带，受冰川的影响较小，成陆时间早，由于没有受到第四季冰川运动袭击，这里是第三季植物区系重要的保存地，是第四季冰川运动孑遗植物的避难所，是温带向亚热带过渡地域植物区系的摇篮，蕴藏着丰富动植物种类，属于森林生态系统类型自然保护区。从地理区域上看，保护区显然处于我国种子植物三大特有现象中心的"川东—鄂西特有现象中心"的核心地带，其种子植物特有属以古老孑遗为特征。由于其所在的特殊的地理位置、重要的生态功能和丰富的生物多样性资源，被列为我国优先保护区域和具有全球意义的生物多样性关键地区。

木林子自然保护区属我国西部高山到东南丘陵、平原的过渡性地带，又是我国温带向亚热带过渡的典型地

原始林况（米显齐摄）　　　　　　　　　　　　山顶矮曲林（覃进之摄）

带，特别是这里保存了许多孑遗、古老植物及种群、群落，具有特有性、典型性、珍稀性，加之区内动植物生态系统具有明显的脆弱性，使得保护区具有很高的保护和科研价值。其主要保护对象为：典型的中亚热带常绿落叶阔叶混交林生态系统；伯乐树、红豆杉、南方红豆杉等6种国家一级保护植物及其植物群落；珙桐、鹅掌楸、闽楠、榉树、毛红椿等24种国家二级保护植物或国家珍稀濒危野生植物及其群落；山顶山脊阔叶矮曲林带；云豹、金钱豹、华南虎、林麝和金雕5种国家一级保护动物及其栖息地；红腹角雉、白冠长尾雉、白鹇、勺鸡、猕猴、穿山甲、水獭、大灵猫、小灵猫、鸳鸯、普通鵟等50种国家二级保护动物及其栖息地；独花兰、天麻等62种野生兰科植物及其生境。

◎ 科研协作

　　木林子自然保护区植物资源的调查研究源自20世纪80年代初期，先后有中国科学院武汉植物园、华中师范大学、复旦大学、华中农业大学、湖北民族学院、三峡大学、湖北省林业科学研究院、中国地质大学（武汉）的50多位专家赴木林子进行过蕨类植物、种子植物区系、植被、珍稀濒危保护植物以及野生动物资源等方面的研究；恩施土家族苗族自治州林业局、恩施土家族苗族自治州林科所、鹤峰县林业局和保护区管理机构也进行了多次动植物资源调查。目前，保护区已成为鄂西南生物多样性科研和教学基地。

　　木林子自然保护区与中南民族大学生命科学院院合作，建武陵山区生物多样性试验基地；与湖北民族学院合作，建立生态监测点，进行森林生态监测；与中国林业科学研究院森林生态环境与保护研究所等协作进行森林生态系统监测。

（木林子自然保护区供稿）

堵河源 国家级自然保护区

湖北

湖北堵河源国家级自然保护区位于湖北省西北部竹山县境内，属大巴山系汉水流域。地理坐标为东经109°54′24″～110°10′32″和北纬31°30′28″～31°57′54″。保护区南北长50.7km，东西宽25.5km，总面积为47173hm²。保护区南接神农架林区、重庆亚溪，东交房县，西界竹溪，北连官渡新街管理区，是以保护原始森林、天然次生林和水源涵养林为主的森林生态系统类型自然保护区。保护区始建于1987年，2013年6月经国务院批准晋升为国家级自然保护区。

◎ 自然环境

堵河源自然保护区属扬子地槽区，以元古代地层为主。地形复杂多样，有丘陵、低山、中山、亚高山四种类型，以亚高山地貌为主体。最高处海拔2635m（枪刀山），最低处海拔400m（百里河口），相对高差2235m，平均海拔为1518m。区内河网密布，纵横交错，有大小河流18条，总长度超过200km，流程在10km以上的有10条。属于北亚热带湿润气候区。区内高峰迭起，相对高差悬殊，气候变化较大，山地立体气候明显。与同纬度相比，具有冬无严寒、夏无酷暑、云多雾大、

林海（邵义龙摄）

642

日照较少、雨量充沛、风量较小等特征。土壤为山地黄棕壤、黄棕壤、黄棕壤性土和山地黄棕壤性土。

堵河源自然保护区位于北亚热带，由于自然条件复杂，沟谷纵横，地形起伏悬殊，自然植被依据山地生态条件与植被历史发生特点，随着海拔的增高，演替成不同的植被带，植被的垂直分布规律明显。其垂直带谱由四个主要的植被带组成：400～1000m为灌丛农垦和不典型的常绿、落叶阔叶混交林带；1000～1700m为常绿、落叶阔叶混交林带；1700～2400m为温性针叶、落叶阔叶混交林带；2400m以上为寒温性针叶林带。同时，堵河源自然保护区的植被分布与水热条件具有密切的相关性。这表现在两个方面：一是在植被的垂直分布上，随着海拔高度的增加，温度的降低，植被由常绿阔叶林至常绿、落叶阔叶混交林至温性针叶、落叶阔叶混交林至寒温性针叶林带演替。二是堵河源自然保护区的植被分布特征反映了地区丰富的水分条件，突出表现在枫杨、湖北枫杨、华西枫杨群落及一些阴湿条件下生长的草本群落如水金凤群落、蝴蝶花群落、石菖蒲群落、大叶金腰群落、苞叶景天群落、半蒴苣苔群落等的大量分布。以枪刀山的枫杨类群落分布为例，在海拔1000m以下分布着枫杨群落，海拔1000～1500m，分布着湖北枫杨群落，海拔1700～2300m，分布着华西枫杨群落，这些喜湿的枫杨类群落沿着沟谷成片生长，其生态学意义耐人寻味，值得深入探究。由于生境的多样性，形成了物种的多样性，这里被称为"华中动植物基因库"。据调查：区内共有维管束植物212科949属2440种，野生脊椎动物29目98科343种，昆虫23目192科1456种。

◎ 保护价值

堵河源自然保护区是北亚热带向暖温带过渡区域的自然生态系统，具是大面积比较完整的原始森林、天然次生林和水源涵养林；是珍稀濒危野生动植物资源及其栖息地，特别是珙桐、红豆杉等国家珍稀濒危保护植物及其生境，以及豹、金雕、林麝、红腹锦鸡等国家珍稀濒危野生动物及其栖息地；景观资源丰富，尤其具有是特殊的地形地貌景观。

堵河源自然保护区地处北亚热带向暖温带过渡的典型地带，区内群峰矗立，峡谷幽深，古木参天，森林茂密，蕴藏着丰富的珍稀濒危野生动植物资源，保存着完好的原始森林植被，是一个不可多得的天然物种基因库。堵河源自然保护区有国家重点保护野生植物26种，其中国家一级保护植物珙桐、光叶珙桐、红豆杉、南方红豆杉、银杏5种，国家二级保护植物香果树、水青树、连香树、红豆树、红椿等21种。有中国特有种40种，其中毛枝罗汉松和竹山淫羊藿为地方特有种。还有蜡梅、湖北枫杨、水丝梨、青钱柳

高山草甸（熊飞摄）

穗花杉（郑德国摄）

等诸多省级保护植物。区内有野大豆、宜昌橙等食用植物遗传资源578种，金荞麦、五味子等药用植物遗传资源1287种，青麸杨、紫茎等工业植物遗传资源640种，牡丹、紫穗槐等保护和改造环境植物遗传资源398种。

堵河源自然保护区陆栖脊椎动物311种，其中东洋界种154种，占49.52%，古北界种79种，占25.4%，广布种78种，占25.08%，表现出明显的复杂性和过渡特征。堵河源自然保护区鱼类以东亚江河平原类群为主体，有12种，约占保护区鱼类物种总数的37.5%，有老第三纪原始类群10种，北方冷水性类群1种，青藏高原区高寒性鱼类2种，南亚暖水性类群4种。这五个类群的代表种，反映了堵河源自然保护区在区域性动物地理区系演化研究上的特殊地位。堵河源自然保护区昆虫以东洋界种为主，有944种，占总种数的64.84%；其次是广布种，有450种，占总数的30.91%；古北界种最少，仅有62种，占总数的4.26%。堵河源自然保护区有国家重点保护动物42种，其中国家一级保护动

物豹、云豹、林麝、金雕、白肩雕、中华秋沙鸭6种，国家二级保护动物藏酋猴、猕猴、黑熊、豺、水獭、青鼬、大灵猫、小灵猫、金猫、鬣羚、斑羚、黑鸢、赤腹鹰、雀鹰、松雀鹰、灰脸鵟鹰、普通鵟、秃鹫、大鲵等36种。

堵河源自然保护区位于秦巴山地汉水流域，地处北亚热带向暖温带的过渡区，是《中国生物多样性保护行动计划》和《中国生物多样性国情研究报告》中确定的中国优先保护领域和具有全球意义的生物多样性关键地区，也是国家216个主体生态功能区之一，自然地理位置十分重要。

堵河源自然保护区地处大巴山东段生物多样性保护的核心地带，南与重庆阴条岭国家级自然保护区、湖北神农架大九湖湿地省级自然保护区邻接、西与湖北十八里长峡省级自然保护区接壤，东与湖北神农架国家级自然保护区、南与重庆五里坡国家级自然保护区、西与陕西华龙山国家级保护区、重庆大巴山国家级自然保护区相望，是秦巴山地自然保护区群的重要组成部分。

红腹角雉（杨守保摄）

瘦房兰（郑德国摄）

猕猴（郑德国摄）

阔叶槭、水丝梨群落（郑德国摄）

红嘴蓝鹊（杨守保摄）

延龄草（郑德国摄）

南方红豆杉（郑德国摄）

小鳔鮈定种（张鹗摄）

同时，堵河源自然保护区地处汉江最大支流堵河的源头，是"南水北调"中线工程的重要水源地。保护区植被的好坏直接影响着汉江水质的好坏和取水、调水设施的安全，保护区的建设和有效管理对国家南水北调中线工程的顺利实施具有深远影响。

◎ **功能区划**

堵河源自然保护区核心区植被类型多种多样，人为干扰因素少，生物种类最为丰富，基本保持着原始生态系统的基本面貌，是堵河源保护区森林生态系统的精华所在。保护区核心区面积为 17808.6hm²，占保护区总面积的 37.75%。分为两部分，即北部核心区和南部核心区。

北部核心区：面积 3229.2hm²，位于以绿池子、马脑坪和摩天岭一线，主要保护对象是巴山榧等植物群落及林麝、鬣羚和红腹锦鸡等珍稀动物。

南部核心区：面积 14579.4hm²，位于以玉儿崖、白岩寨、木桶扒、高峰、篙箕洼、高家湾、长村坝、獐子扒、大西沟和四方扒一线，主要保护对象是珙桐、红豆杉等珍稀植物群落和金钱豹、猕猴和黑熊等珍稀动物。

堵河源自然保护区缓冲区人为干扰相对较少，通过对其控制和加以管理，减少对核心区的压力，有效庇护核心区；通过改善栖息、生存条件，促进濒危动植物的繁衍。保护区缓冲区面积为 11603.1hm²，占保护区总面积的 24.6%。为了对核心区形成缓冲保护作用，按照核心区的形状和分布，在核心区外围根据地形和管理需要将缓冲区划成两部分，即北部缓冲区和南部缓冲区。

北部缓冲区：面积 3498.7hm²，位于以菠萝山、碾坪和马尾槽一线，主要保护对象是杜仲、崖白菜和金荞麦及赤腹鹰、斑羚和鬣羚等珍稀动植物。

南部缓冲区：面积 8104.4hm²，位于以屏峰、小石岩、小沟、郭家坡、韩树盐、月儿垭、水池子、浪鹰岩、偏家山、马鹿池、大湾、土城一线，主要保护对象是小勾儿茶、延龄草、水青树、华榛和黄连及斑羚、红腹锦鸡和斑头鸺鹠等珍稀动植物。

堵河源自然保护区边界以内，缓冲区界限以外的大部分区域划为实验区，面积为 17761.3hm²，占保护区总面积的 37.65%。实验区是探索堵河源保护区可持续发展有效途径，在不破坏原生植被和有效保护区内珍稀动物资源的前提下，选择适合当地经济社会发展的项目，引进相关技术，促进社区经济发展及发展科普型的生态旅游业。

◎ **科研协作**

堵河源自然保护区开展的科研监测工作有：

（1）对珍稀野生植物调查，对区内自然资源进行了摸底调查，重点对区内 1000 余种野生植物跟踪监测，建立了全过程监测档案，为区内的野生植物保护、管理和适度利用提供科学依据。

（2）建立了珍稀野生动物动态监测体系，及时了解珍稀野生动物种群变化及其生存环境的变化，在保护生物多样性方面取得了成效。

（3）先后与中国科学院武汉植物研究所、昆明植物研究所、华中农大、华中师大、湖北大学、省野保总站等科研机构合作研究相关课题，在保护区生态监测、植物分类、新物种发现、动态管理和森林病虫害防治等方面掌握了一手资料和翔实数据，并分类管理。

（4）对珍稀濒危野生动植物的繁育深入研究，掌握了大鲵人工繁育技术，并建立了大鲵繁育基地 2 处，并已繁育大鲵子二代 1000 余尾。攻克了红豆杉无性繁殖技术，扦插幼苗 30000 株，并已在保护区内推广应用。

（5）目前正在组织编撰《堵河源植物志》。（堵河源自然保护区供稿）

湖北 十八里长峡
国家级自然保护区

百年绝迹植物小勾儿茶（甘启良摄）

湖北十八里长峡国家级自然保护区位于湖北省西北部，竹溪县南部，毗邻渝、陕，地处秦岭地槽南缘、大巴山东段北坡，南水北调中线工程重要水源——堵河的源头，是我国地势第二阶梯和第三阶梯及亚热带和暖温带过渡区，也是我国区域划分的东、西部结合部。地理坐标为东经109°43′～109°57′，北纬31°31′～31°43′。保护区总面积为25604.95hm²。保护区区域内为亚高山森林生态系统，保存有诸多珍稀濒危和国家重点保护野生动植物种群，是秦巴植物区系核心组成之一，是我国生物多样性保护的关键地区。保护区属野生生物类别中的野生植物类型自然保护区，主要保护对象为极度濒危和国家重点保护野生动植物的种群及其栖息地、亚高山森林生态系统及北亚热带大面积常绿阔叶林。1988年建立县级自然保护区，2003年晋升为省级自然保护区，2013年经国务院批准晋升为国家级自然保护区。

高山草甸（赵璞玉摄）

天池（赵璞玉摄）

峡谷景观（赵璞玉摄）

◎ 自然概况

十八里长峡自然保护区属大巴山—青峰断裂带，处秦岭褶皱系与扬子地台地区结合部。在地质构造上属于新生代以来喜马拉雅地壳构造运动强烈隆升地区。地质成分以古生界寒武系的鳞块岩、砂岩、页岩、石灰岩为主，南部有奥陶系、志留系和二叠系，最南部的葱坪及轿顶山一带为中生代的三叠系。保护区为典型的亚高山—峡谷地貌，是我国中东部地区地貌深切最剧烈的地区。保护区周边环山，内有大河和向坝河两大流域，整体地势呈西南向东北倾斜。区内最高山峰为南部的葱坪，海拔2740m，最低处为东部的双河口，海拔仅570m，相对高差2170m。中部山体切割剧烈，岩溶地貌现象相当发育，为典型的喀斯特地貌。山脉与地层走向一致，河谷曲流发育，峡谷与盆地相间，构成了丘陵、盆地、低山、中山等多种地貌类型。

十八里长峡自然保护区地处北亚热带向温带过渡地带，为亚热带湿润季风气候区，具有长春无夏、春秋相连、雨量充沛、中山温和、低山湿润等特征。年辐射总量为806J／cm²。年平均气温14.4℃，年降水量1250mm，年蒸发量仅为687mm，降水量为蒸发量的1.82倍。

十八里长峡自然保护区是南水北调工程重要的水源涵养地之一，区内有大河和向坝河两大流域，径流量3.13×10⁸m³，经堵河汇入汉江，注入丹江水库。区域内地下水较为丰富，暗河、泉流较多，最大的暗河有九江洞、干龙洞，具有流量稳定，四季不断，落差较大的特点。在保护区北部的小禾田有一眼间歇泉，致使小禾田河谷常处呈现"一日三潮"奇特景观。

十八里长峡自然保护区属于黄棕

瀑布（关良福摄）

峡谷景观（关良福摄）

壤、棕壤、暗棕壤大区。土壤分布的垂直带谱非常明显，随着海拔升高依次出现泥质黄棕壤带、山地黄棕壤带、山地棕壤带、山地暗棕壤带。黄棕壤主要分布在保护区海拔 570 ~ 1500m 的山地、丘陵地带；棕壤分布于区内海拔 1500 ~ 2200m 中山地带；暗棕壤主要分布于保护区核心区葱坪 2200m 以上的山体上部；在向坝河谷一带分布有潮土、水稻等类型土壤。

十八里长峡自然保护区生态系统复杂、森林植被保存完好、生物多样性极为丰富。植被类型划分为 5 个植被型组、13 个植被型、51 个群系，能够代表北亚热带特点的植被类型基本上在保护区均有分布。现已查明维管植物 204 科 1004 属 2915 种。其中蕨类植物有 34 科 75 属 213 种；种子植物有 170 科 929 属 2702 种（裸子植物 6 科 22 属 38 种，被子植物 164 科 907 属 2664 种）。列入国际公约或国家重点保护、珍稀濒危植物共 153 种（不重复统计），其中国家重点保护野生植物 27 种（国家一级保护植物 5 种，国家二级保护植物 22 种）。一度被认

为灭绝的小勾儿茶等物种在保护区内均有种群分布，是我国小勾儿茶野生资源分布最集中的地区。保护区动物资源十分丰富，具有以东洋界种为主、南北混居和过渡的特点。初步查明脊椎动物 28 目 98 科 218 属 318 种。其中鱼类 3 目 6 科 12 属 14 种；两栖类 2 目 8 科 10 属 21 种；爬行类 2 目 11 科 26 属 33 种（亚种）；鸟类 14 目 50 科 114 属 180 种（亚种）；哺乳类 7 目 23 科 56 属 70 种（亚种）。有国家重点保护动物 39 种，其中国家一级保护动物 3 种，国家二级保护动物 36 种。已记录到 15 目 87 科 355 种昆虫。

十八里长峡自然保护景观资源十分丰富。特别是以峡谷硬叶常绿阔叶林群落为代表的植物景观，以干龙洞、九江瀑为代表的地质水文景观，以王冠山、七彩古城为代表的地貌景观，以双桥为代表的遗迹景观，以及以向坝民歌为代表的地域文化，具有极高的生态旅游开发价值。

◎ **保护价值**

十八里长峡自然保护区的保护价

值体现在几个方面：一是生态系统具有高度的代表性。保护区地貌为我国第二阶梯和第三阶梯的结合带，包括大巴山区所有地貌类型，是大巴山脉自然景观的代表。区内植被包罗了从亚热带到暖温带的多数物种和植被类型，典型地带性植被分布带谱明显，保存的完好程度在该生物地理区内较为罕见，是区域原生性植被的典型代表。二是生物多样性显著。保护区地质地貌复杂、小气候环境多变、生境类型多样，是许多古老属种的保存地和现代植物区系的重要分化场所，拥有中国种子植物属的全部分布区类型和多种变型，与世界各区联系程度较高。作为我国第三纪植物区系重要保存地之一，古老和原始的科属分布较为集中，且包含有大量的单型属、少型属以及孑遗树种，区内的特有和新纪录种群数量多达 124 个，未经科学记载的新种（存疑种）14 个（已发表 2 个），是华中地区特有属的重要聚集地。同时，区内种子植物区系与我国西南的共有种数较多，其中包含众多的川东—鄂西区域分布种，进一步印

樟木寨（关良福摄）

八角莲（关良福摄）

峡谷景观（王玺摄）

证了我国川东—鄂西植物亚区的存在基础。三是稀有性突出。区内狭域分布物种众多、古老孑遗物种丰富、特有种属相对集中，典型反映了该生物地理区的物种资源水平，使其成为秦巴植物区系核心，是川东—鄂西生物多样性保护关键地区。列入国际公约或国家保护的珍稀濒危保护物种多达153种；列为国家或湖北省重点保护的珍稀保护动物及国际保护组织特别关注的动物有130余种。部分珍稀濒危植物已形成大面积的稳定群落，区内珙桐群落面积143.7hm^2，最大胸径为100cm，群落年龄结构完整；红豆杉分布群落面积273.6hm^2，最大株基径达192.3cm，最大冠幅300m^2，较为罕见。特别是百年绝迹的小勾儿茶，分布极度狭窄、数量极度濒危，属世界性濒危残遗类型，作为全球范围内的野生植株集中分布地，具有极高的保护价值。四是生态系统脆弱性。区内喀斯特地貌发育，切割剧烈，地势陡峻，岩石成土存留难度较大，植被一旦破坏，极易造成水土流失，导致生境恶化和生态系统的逆向演替，恢复难度

极大。小勾儿茶、陕西羽叶报、大鲵、巴鲵春等濒危物种地理分布狭窄，对生境条件变化极为敏感，如果该区域受到扰动，将对其生存构成严重威胁，保护控制难度很高。五是区位重要性。保护区是大巴山地东段最重要的物种资源库，在整个大巴山地物种资源保护中具有极其重要的地位。同时，保护区地处汉江最大支流堵河的源头，其独特的地貌，截留了更多的大气水分，增加了地表水资源。在鄂西北地区整体上气候偏干热，对过境的汉江水源求大于供的大背景下，保护区在截流降水，维持区域水资源平衡，增加南水北调中线工程水源供给发挥重要作用。

◎ 功能区划

十八里长峡自然保护区按功能区划为核心区、缓冲区和实验区3个区域，每个区域各一片。其中：核心区是红豆杉、珙桐、秦岭冷杉等珍稀植物群落的主要分布区，也是小勾儿茶株系的主要分布区，是整个保护区内植被和动植物资源最具代表性的区

红豆杉果实（段昌林摄）　　穗花杉（张安平摄）　　紫斑牡丹（关良福摄）

石生树（赵璞玉摄）

珙桐花开（张安平摄）

域。位于保护区南部，其东接堵河国家自然保护区核心区，南连重庆阴条岭自然保护区核心区，均以自然山脊线为界。北部、西部以地形和珍稀植物群落集中分布下限为界，与保护区缓冲区相连。其面积9683.90hm²，占保护区总面积的37.82%。缓冲区位于保护区中部，自西向东贯穿整个保护区。面积4008.95hm²，占保护区总面积的15.66%。是核心区与实验区的过渡地段，国家重点保护和珍稀濒危植物有零星分布或小型群落分布。实验区位于保护区北部，西部与重庆市巫溪县毗邻，东部与湖北堵河源自然保护区交界，北部与竹溪县桃源乡、向坝乡接壤，以自然山脊和河谷为界，南部与保护区的缓冲区相连。面

积11912.10hm²，占保护区总面积的46.52%。

◎ 科研协作

十八里长峡自然保护区常年坚持资源调查和科学考察工作，基本查清了保护区内植物种类、数量和分布范围，并拍摄了植物照片，制作了植物标本，出版了《竹溪植物志》（彩版），收录植物3000余种。先后邀请植物、生态、地质等多方面专家进入保护区开展科学考察和专题研究，积累了丰富的资源数据。同时，先后开展了红豆杉、小勾儿茶、珙桐等珍稀植物人工繁育试验和大鲵、野猪等野生动物驯养繁殖研究活动。2007年，小色勾儿人工播种育苗获得突破；2009年大

鲵人工繁育成功；2013年，破解珙桐播种育苗难关，当年生产苗木15000株。2010年，聘请国家林业局调查规划设计院、中国地质大学、华中师范大学等单位再次对保护区进行了综合科学考察，编制了科学考察报告。

（十八里长峡自然保护区供稿）

湖北 洪湖
国家级自然保护区

湖北洪湖国家级自然保护区位于湖北省东南部，地处长江中游北岸，系江汉平原四湖流域的下游，是长江与汉水支流东——荆河之间的河间洼地。保护区四周以洪湖围堤为界，属于荆州市辖区，地跨洪湖市和监利县。地理坐标为东经113°12′～113°26′，北纬29°49′～29°58′。保护区总面积为41412hm²，其中核心区12851hm²，缓冲区4336hm²，实验区24225hm²。保护区属生态系统类别的淡水湖泊湿地生态系统类型的自然保护区，主要保护对象是以保护洪湖水生和陆生生物及其生境共同组成的湖泊湿地生态系统、未受污染的淡水环境、湿地生态系统和物种的多样性。2014年12月经国务院批准晋升为国家级自然保护区。

东方白鹳（张翼飞摄）

洪湖湿地是我国重要的雁鸭栖息地之一（温峰摄）

◎ 自然概况

洪湖自然保护区所在的四湖地区属我国东部新华夏系第二沉降带的江汉沉降区，其地貌类型比较单一，主要是冲积、湖积平原，但由于基本上是一系列河间洼地组成。河间低湿平原是洪湖自然保护区主要的地貌类型，其内部又为湖泊和湖垸所构成，湖泊所占的面积是保护区总面积的82%。

洪湖自然保护区位于温暖的北亚热带中纬度南缘，属北亚热带湿润季风气候区常年为季风环境所控制。保护区内四季分明，冬季寒冷干燥，盛行东北季风；夏季气候炎热多雨，多为东南季风或西南季风控制；春、秋两季为过渡季节，两种季风交替出现。7月平均气温28.9℃，1月平均气温3.8℃，年平均气温15.9～16.6℃，平均日照数1987.7h，无霜期长，一般为250天以上。

洪湖自然保护区年降水量平均在1000～1300mm之间，且4～10月份总降水量约占全年总降水量的77%，年均蒸发量为1354mm；保护区平均径流深度为360mm，径流量为$37.35 \times 10^8 m^3$；现有湖泊可调蓄容量为$8.16 \times 10^8 m^3$。

洪湖是江汉平原四湖流域地势最低、面积最大的湖泊。多年平均入湖水量$19.6 \times 10^8 m^3$，年平均最大水位变幅为24.0～26.5m，洪湖水位的涨落变化，主要取决于四湖流域降水与上游地区的来水；由于江湖隔断，洪湖水位变化趋向平缓，一般年份的水位差在2m左右，而在出现严重洪涝年份，最高水位在27m以上，年内水位差则超过3m。

洪湖湿地地势低洼，三面临水，分别由长江、汉水和东荆河环绕。每年5～10月为江水上涨期，大部分地面高程低于江河水位，其中5～8月

洪湖湿地是我国重要的雁鸭栖息地之一（温峰摄）

洪湖湿地（张翼飞）

大部分地面径流不能自排入江。在江河涨水时期，流域内正值雨季，大暴雨多出现在5～8月份，而且往往强度大，范围广，降雨过程长。这样，洪湖流域经常形成外洪内涝，成为长江中游地区名副其实的"水袋子"。这是洪湖流域重要的自然地理特征之一。

洪湖湖周土壤母质单一，种类较多，土层深厚，土质偏碱，由于受气候、地形、母质和人为生产的影响，具有脱沼泽化的成土过程、水耕氧化还原过程和旱耕熟化过程的特征。土壤类

型除在湖洲滩地有小面积的草甸土分布外，主要为水稻土和潮土。

洪湖自然保护区鸟类资源有138种，隶属16目38科。洪湖作为重要的湿地水禽越冬栖息地，每年在这里栖息的雁、鸭等水禽有数万只，堪称"鸟类的天堂和乐园"。洪湖鸟类中属于国家一级保护动物的有东方白鹳、黑鹳、中华秋沙鸭、白尾海雕、白肩雕、大鸨6种；属于国家二级保护动物的有白额雁、大天鹅、小天鹅等13种。

洪湖自然保护区两栖类隶属1目2科6种，其中虎纹蛙为国家级重点保

洪湖湿地（温峰摄）

洪湖自然保护区是须浮鸥的主要繁殖地之一（温峰）

大白鹭（温峰摄）

护蛙类。

洪湖自然保护区爬行类隶属 2 目 7 科 12 种。其中王锦蛇、黑眉锦蛇、乌梢蛇和银环蛇为湖北省重点保护野生动物。

洪湖自然保护区记录的兽类隶属 6 目 7 科 13 种。包括黑麂和獐均为国家重点保护动物。

洪湖自然保护区浮游动物和底栖动物种类较多，包括原生动物、轮虫、枝角类、桡足类、底栖无脊椎动物共计 477 种。以软体动物、水生昆虫和水栖寡毛类三大类群为主，另有水蛭和几种虾、蟹是本区的一大特色水产，资源非常丰富。

据调查，保护区水生昆虫共有 8 目 46 种，以摇蚊科的种类占优势，其中大红永摇蚊是东亚地区各淡水水体典型的富营养化指示种类。洪湖地区的农作物害虫与天敌中，主要粮食作物害虫有 267 种，棉麻作物害虫 101 种，油料作物害虫 96 种，蔬菜作物害虫 144 种。作为昆虫天敌的昆虫包括 12 目，其他昆虫天敌包括线虫纲、蜘蛛纲和两栖纲。

洪湖鱼类资源丰富，是湖北省主要产鱼区，产量居全国县、市第二位。现有鱼类隶属 7 目 18 科 62 种，其中鲤科鱼类占 58.5%。历史上记录的有国家一级保护鱼类中华鲟、白鲟（江湖隔断后未再发现）；国家二级保护鱼类有胭脂鱼、鳗鲡。在众多的鱼类资源中，凶猛和肉食性鱼类占 57.4%，如乌鳢、鳜等；杂食性鱼类，占 22.2%，如鲫、胭脂鱼等；以水草为食的仅占 7.4%，如草鱼、鳊鱼；以藻类和腐屑为食的有鲴类等 7 种，占 13%；而食浮游生物的仅鲢、鳙 2 种。

洪湖自然保护区有维管束植物 472 种 21 变种 1 变型种，浮游植物 7 门 77 属 280 种（包括变种、变型种），植物资源十分丰富。在维管束植物中，有水生高等植物 158 种 5 变种；区内有国家二级保护植物粗梗水蕨、野莲、野大豆、野菱等 8 种；水生高等植物有 158 种 5 变种，共 163 个分类群，隶属于 44 科 91 属。其中蕨类植物 5 科 5 属 5 种，裸子植物 2 科 2 属 4 种，双子叶植物 25 科 44 属 68 种 1 变种，单子叶植物 12 科 40 属 81 种 4 变种。

在这 163 个分类群中，湿生植物有 89 种 2 变种，挺水植物有 22 种 5 变种，浮叶根生植物有 12 种，漂浮植物有 13 种，沉水植物有 20 种，它们分别占洪湖水生植物区系的 55.83%、16.56%、7.36%、7.98% 和 12.27%。

◎ 保护价值

洪湖自然保护区是以保护水生和陆生生物及其生境共同组成的湖泊湿地生态系统、未受污染的淡水环境、湿地生态系统和物种的多样性为保护对象。特别是保护国家级重点保护鸟类、鱼类和植物，从而达到有效地保护湿地生态环境和拯救濒危野生动植物资源的目的。

洪湖自然保护区是长江中下游地区典型的保护完整的湖泊湿地生态系统，保护区内区系成分复杂，生物物种多样，拥有国家珍稀濒危野生动植物资源和丰富的自然景观。特别是作为北方水禽在南方重要的越冬栖息地、迁徙停歇地和夏候鸟重要繁殖地，具有很高的自然资源保护价值。

同时，洪湖自然保护区地处长江

洪湖灰雁（温峰）

中游和江汉湖群最下游，千百年来，承担着区域内3000多平方公里的蓄洪防旱任务，是上千万人的生命线。洪湖保护区发挥着保护生态环境、保护生物物种、净化空气、调节气候的重要作用；对区域内供水、养殖、旅游、航运作出了重大贡献。保护好洪湖湿地资源，是区域内上千万人的需要，是长江保护与发展的需要，是真正实现流域内人与自然和谐发展的需要，是中国生态文明建设的需要，是为广大人民谋福祉的需要。洪湖湿地的重要保护价值显而易见。

◎ 科研协作

为了加强洪湖自然保护区的资源监测和科学研究工作，提高保护区管理能力，管理局专门设立了湿地研究所。目前，保护区除了自己开展了一些简单的日常监测工作以外（如开展了鸟类、鱼类的日常监测），主要是依托中国科学院测量与地球物理研究所、中国科学院水生生物研究所、武汉植物园、武汉大学、华中农业大学、中南林业科技大学等有关科研单位或院校，把

他们作为保护区的科技支撑，开展一些基础研究工作。掌握了资源的动态变化情况，为保护区管理提供了依据，每年年底向上级主管部门提交《洪湖国际重要湿地监测与分析年度报告》。近年平均每年发表有关洪湖保护区的论文在5篇以上。

（温峰供稿）

湖北 大别山
国家级自然保护区

大别山五针松

湖北大别山国家级自然保护区位于湖北省黄冈市的英山县和罗田县北部，大别山南麓。地理坐标为东经115°31′08″～116°00′00″，北纬30°57′29″～31°12′45″，东接安徽鹞落坪国家级自然保护区，北接安徽省金寨县（安徽天马国家级自然保护区），西与麻城毗邻，南临英山、罗田县城。保护区总面积16048.20hm²，其中核心区面积5441.4hm²，缓冲区面积1925hm²，实验区面积8681.8hm²，属森林生态系统类型自然保护区，主要保护我国华中植物区系向华东、华北植物区系过渡的代表性植物类群和重要的珍稀动植物物种及基因资源。2014年12月经国务院批准晋升为国家级自然保护区。

◎ 自然概况

大别山自然保护区山体构造较为复杂，属淮阳山字型构造体系的脊柱，为秦岭褶皱带的延伸。保护区地势为北高南低，其地形自北向南呈阶梯状坡降，依次出现中山、低山、丘陵，并以中山山岳为主要特征，山势雄伟。湖北大别山自然保护区内有大量的酸性花岗岩出露，因受水蚀、风蚀等多种因素影响，发生球状风化，形成许多造型奇特的巨石。

大别山自然保护区属长江中下游北亚热带湿润季风气候。气候温湿，雨量充沛，四季分明。具有典型的山地气候特征，气温随海拔上升而递减，降水随海拔高度上升而增加。冬无严寒，夏无酷暑，气候宜人。保护区内年平均气温为12.5℃，年平均最高气温18.7℃，年平均最低气温8.8℃，极端最高气温37.1℃，极端最低气温-16.7℃。保护区内降水充沛，年降水量1433.40mm，是湖北省多雨区之一，年平均降水日数为156.7天，暴雨日数为6.5天。

大别山自然保护区土壤多由花岗岩、片麻岩风化而成。土壤以黄棕壤、

苍莽大别山（张新安摄）

化香－栓皮栎－茅栗林

大别山五针松

山地黄棕壤为主。

　　大别山自然保护区特殊的地形蕴藏着丰富的水资源，区内河网密布，山川河谷纵横交错，湖泊瀑布恢弘层叠，是很多河流的发祥地。保护区的水系属于长江流域的巴河和浠水水系，发源于保护区山脉峡谷中的水系或经过罗田境内的胜利河、新昌河、罗田河沿巴水干流进入长江，或经过英山的东河、西河流入白莲河汇入浠水水系直注长江。因此，保护区的建设对长江流域的水质保护具有深远意义。

　　大别山自然保护区景观资源十分丰富，以黄狮寨、薄刀峰、三省垴、青苔关、天堂寨和英山县的吴家山、五峰山、桃花冲等林场等自然景观为主，融民俗风情、农艺景观、现代人文景观于一体。河流景观主要分布在吴家山的龙潭河谷、樱桃沟和桃花冲、茅坪河谷、麒麟河谷及天堂湖景区的天堂河。但以天堂寨、吴家山、薄刀峰、桃花冲、青苔关的山地景观最具特色，观赏价值最高。

◎ 保护价值

　　大别山植物区系起源古老，不同地质历史时期的古老孑遗植物在这里得以保存、繁衍至今。如金钱松、鹅掌楸、蓝果树、香果树、牛鼻栓、天女花和独花兰等第三纪古老植物和第三纪以前的孑遗植物在此均有分布，大别山植物区系成分复杂，我国东西南北的不同地理成分在这里相互渗透、交融汇集，成为连接华东、华北和华中三大植物区系的纽带。

　　大别山自然保护区是我国特有珍稀濒危野生动植物的集中分布区。分布有中国植物种子特有属23属，包括金钱松属、杉木属、大血藤属、马蹄香属、血水草属、锥果芥属、山拐枣属、假贝母属、牛鼻栓属、山白树属、青檀属、枳属、金钱槭属、瘿椒树属、青钱柳属、通脱木属、秤锤树属、盾果草属、知母属、独花兰属、香果树属等，占湖北分布总量（74属）的31.1%。分布有国家重点保护的野生植物18种，其中国家一级保护植物有南方红豆杉；国家二级保护植物有大别

山五针松、金钱松、榉树、金荞麦、厚朴、凹叶厚朴、鹅掌楸、香樟、楠木、巴山榧树、连香树、野大豆、黄皮树、喜树、秤锤树、香果树、金毛狗脊等17种，占湖北省分布的国家重点保护的野生植物总数（51种）的37.21%。还有列入国家重点保护野生植物范围的兰科植物23种，包括头序无柱兰、细莛无柱兰等。此外，列入《中国植物红皮书》的有10种濒危植物。重点保护野生动物中，有国家一级保护动物7种，国家二级保护动物20种。

　　大别山自然保护区山峰林立、重峦叠嶂，沟壑纵横，地质历史悠久，地形复杂，加之交通不便，核心区和缓冲区人烟稀少，致使区内生态系统多样性至今保存完好。保护区现存植被保存完好，是北亚热带地带性植被的缩影。优越的地理位置、过渡性气候特点、复杂的地理环境，为植物的发生发展提供了良好的自然生态条件。各种植物类群在这里分化演替，构成了保护区丰富多样的植被类型。虽然经历了长期的自然和社会历史变迁，但大别山自然植被依然保存完好，森

655

救护国家二级保护动物穿山甲

天堂寨雪景

林覆盖率达95%以上，基本保存着亚热带地带性森林植被的特征和主要植被类型。

特别是保护区还集中分布了一些珍稀植物群落，如分布在保护区吴家山林场的大片香果树林、紫茎林、青檀林、榉树林；分布在桃花冲林场的大片白辛树林、香果树林、白辛与香果混交林。并且这些群落呈现出世代交替现象，即：由幼苗、小树、成年植株和百年古树等构成稳定的顶极群落，足以表明保护区森林植物群落处于极度原始状态。

更值得一提的是，2013年在保护区内罗田天堂寨大峡谷科考发现分布有国家一级保护植物南方红豆杉群落面积4.8hm²，南方红豆杉数量有105株（丛），树龄在100年以上的有34株，平均树高5m，平均胸径14.1cm，树龄在5～99年的有71株，南方红豆杉一般分布在长江以南，在大别山地区呈块状分布是第一次发现。另在吴家山林场的龙潭河谷地发现的极为罕见的百年古树短柄泡栎和檵木群落。短柄泡栎一般为小乔木，但在吴家山地区发现有高大植株，高达20m、胸径约60cm，树龄在百年以上；檵木通常为低矮灌木，而在这里已演替为单

马尾松林

薄刀峰卧龙谷

青冈栎－槲栎－栓皮栎林

黄山松林

彩谷

种优势古树群落，树高约20m、胸径达30cm、树龄百年以上的古檵木占据60%，面积达10hm²，且林相整齐。这些现象在华中地区乃至全国都极为少见。檵木作为华东区系的代表物种，这里很可能是它的起源地以及分布与扩散中心。

大别山自然保护区地处大别山森林生态系统核心地带，特殊的地理位置、过渡性气候特征、优越的生态环境、孕育和保存了北亚热带典型的地带性森林植被及其生物多样性。其物种丰富，起源古老、孑遗成分多，是我国东西南北植物区系的交汇过渡区和特有珍稀濒危植物的集中分布地，是不可多得的宝贵自然遗产。

◎ 科研协作

大别山自然保护区目前科研基础较为薄弱，设备相对落后，定位观测站点缺乏，由于缺乏资金，经济基础差，保护区很难引进专业人才，在对生物资源的开发利用、科学研究及保护管理上，还处于较低水平，难以完成较深层次的科研工作。近年来，与华中师范大学、武汉大学、华中农业大学、黄冈师范学院等高等院校共同开展野生动植物资源调查、有害生物普查、大别山五针松野外救护等项目，逐步提高自然保护区的科研实力。

（朴京兰供稿）

湖北

南 河

国家级自然保护区

　　湖北南河国家级自然保护区位于大巴山东延的两条支脉武当山山脉东南麓,荆山山脉北麓以及两山脉之间。分为南河部分和沈垭保护点2个部分。南河部分地理坐标为东经111°19′55.29″～111°30′56.6″,北纬31°53′11.9″～32°4′44.3″,面积为14775.6hm²。沈垭保护点地理坐标为东经111°15′7.9″～111°16′1.7″,北纬32°9′54.9″～32°10′25.4″,面积为58.1hm²。保护区总面积为14833.7hm²,其中核心区4385.5hm²,占29.56%,缓冲区3466.5hm²,占23.37%,实验区6981.7hm²占47.07%。保护区属森林生态系统类型,主要保护对象是北亚热带森林生态系统及其水源涵养林,种类繁多的古老孑遗珍稀濒危野生植物及其生境,种群丰富的珍稀野生动物及其繁衍栖息地。2014年12月晋升为国家级自然保护区。

石灰岩地貌

◎ **自然概况**

　　南河自然保护区地处昆仑－秦岭纬向构造体系东秦岭南亚带,淮阳山字型西翼反射弧构造,新华夏系第三隆起带、第二沉降带中段交接部位。保护区地质为远古时代武当变质岩和石灰岩。

　　南河自然保护区处于我国地理结构的第二阶梯和第三阶梯的过渡段。群山环抱,地势南高北低,区内山峦重叠,切割强烈,沟壑、谷涧纵横,地势起伏多变。区内有海拔900m以上的山峰20座,以青龙山为最高点,海拔1584m,最低点在南河大谷峪,海拔140m,相对高差1444m。

　　南河自然保护区地处我国南北气候交替带,属北亚热带季风气候区,为常绿阔叶混交林自然带,具有雨量充沛、光照充足、气候温和、四季分明、冬冷夏热,冬干夏湿、雨热同季的特点。全年平均气温在9～15.4℃。代表中山的沈垭为13.1℃。年降水量为354～1254mm,其分布由丘陵向山区逐渐增多,沿紫金、粟谷、南河一带的西南山区降水量最多。年最大降水量为1581mm。受地形影响,南河自然保护区夏季盛行东风和东南风,冬季盛行西风和西北风,南风极少。年均无霜期:沈垭为232天,韩家山为191天。

　　南河自然保护区水系发达。有大小河流7条,南河部分以两河口为西界,白水峪紧贴其北界。7条河流在保护区内总长达34.30km。

南河自然保护区内因地质复杂、海拔高低悬殊，水热状况不一，以及人类活动众多因素，形成土壤的多样性，并呈立体分布。根据土壤普查结果，保护区土壤共分为2个土类：黄棕壤土类和石灰土类；3个亚类：黄棕壤性土、山地黄棕壤和棕色石灰土，3个土属：粗骨性黄棕壤、山地泥质岩黄棕壤和碳酸盐类土。

南河自然保护区现有维管束植物共183科735属1574种，其中国家重点保护野生植物15种，国家一级保护植物2种，分别是银杏、红豆杉；国家二级保护植物13种，分别是巴山榧树、榧树、鹅掌楸、厚朴、樟树、楠木、野大豆、榉树、喜树、香果树、崖白菜、金荞麦、黄皮树。在这些国家珍稀濒危保护野生植物中，崖白菜在保护区东坪岩壁上呈小群落分布，共120株，这在全国范围内都是非常罕见的。保护区现有野生脊椎动物30目89科218属296种，其中国家一级保护动物5种，分别是金钱豹、云豹、林麝、金雕和黑鹳；国家二级保护动物49种，主要有猕猴、藏酋猴、穿山甲、黑熊、水獭、黄喉貂、大灵猫、小灵猫、金猫、斑羚、苍鹰、秃鹫、白冠长尾雉、红腹锦鸡、灰林鸮、大鲵、虎纹蛙、灰鹤等。有昆虫23目211科1303种。

青冈林

黑壳楠群落

◎ 保护价值

南河自然保护区主要保护对象是北亚热带森林生态系统及其水源涵养林，种类繁多的古老孑遗珍稀濒危野

栓皮栎群落

白冠长尾雉

金荞麦

崖白菜

银杏群落

生植物及其生境，种群丰富的珍稀野生动物及其繁衍栖息地。保护区地理区位特殊、自然环境复杂、生态系统独特，生物多样性丰富，具有极大地保护价值。

（1）保护区生态区位重要。保护区位于我国北亚热带向暖温带过渡，南北植物在这里交汇，是一些植物分布的边缘，保护区植物区系复杂，具有古老、原始和残遗性质，是我国第三植物区系重要保存地之一。保护区地处大巴山东部边缘，我国地势第二阶梯向第三阶梯过渡区和中西结合部，山高坡陡，中山、低山、丘陵、河流等多种地形为野生动植物生长繁衍提供了适宜的场所。同时，保护区所在

的谷城县紧邻丹江口水库，是坝下第一山区县。保护区丰富的野生动植物资源和独特的生态系统形成了良好生态，对中下生态保护和恢复将起到关键示范作用，流经保护区的汉江最大支流——南河对汉江中下游的供水起着重要的补充作用。

（2）保护区生态系统独特脆弱。保护区森林生态系统和河流湿地生态系统共存，并相交织形成了以森林生态系统为主，河流湿地生态系统为辅，相互作用，良性发展的局面。代表性的森林植被类型有亚热带常绿阔叶林、常绿落叶阔叶混交林、落叶阔叶林、针叶林、竹林等。主要河流有南河、东河、棋彦河等7条，总长36.5km。

保护区北部石灰岩分布广泛，喀斯特地貌发育充分，山体受强烈的风化作用和流水的侵蚀作用，岩石裸露，森林植被生长缓慢，生态系统十分脆弱。

（3）保护区植物群落众多。保护区有保护价值的植物群落众多达20余种50余处，其中最具有代表性的有东坪的崖白菜群落，沈垭的麻栎群落，渔坪的青冈林群落，白水峪的黑壳楠群落，青龙山油松群落，韩家山的大叶栎群落、槲栎群落，白水峪的楠木群落和南河沿岸的水竹林群落。

（4）保护区自然风貌保护完好。保护区人烟稀少，交通不变，生态系统保存完好，地质历史悠久，山石千奇百怪，景观变化万千，古树分布广泛，核心区自然景观基本呈原始状态。

（5）保护区是秦巴山保护区群的组成部分。保护区地处秦巴山区东缘，北与丹江口湿地近邻，西与化龙山、阴条岭、赛武当、堵河源、神农架、十八里长峡，南与后河、五道峡，东南与漳河源等国家级和省级保护区遥相呼应，既各具特色，又互为补充，成为秦巴山保护区群的组成部分。

◎ 科研协作

为了加强南河自然保护区的保护和管理，2012年，南河自然保护区管理局委托湖北大学资源环境学院负责，联合华中师范大学生命科学学院、湖北生态工程职业技术学院的专家组成综合学科考察队，对该区域的自然地理环境及动植物资源进行了深入系统的科学考察，出版了《南河自然保护区生物多样性及其保护研究》。委托国家林业局林产工业规划设计院对保护区进行了全面详细的总体规划，出版了《南河自然保护区总体规划（2012～2020）》。 (陈伟供稿)

大果榉

榉树林

湖南 八大公山

国家级自然保护区

　　湖南八大公山国家级自然保护区位于湖南省张家界市桑植县西北部，地处云贵高原古陆块东北边缘的武陵山脉北端，为武陵山北系中支山脉。地理坐标为东经 109°41′～110°09′，北纬 29°39′～29°49′。保护区东西长45km，南北宽16km，总面积2万 hm²，属保护亚热带常绿、落叶阔叶林和珍稀野生动物为主的森林生态系统类型自然保护区。保护区始建于1982年，1986年经国务院批准晋升为我国首批国家级自然保护区。

林海（常绿阔叶林景观）（鲁承虎摄）

◎ 自然概况

八大公山自然保护区在地质上属于扬子准地台地八面山褶皱带。山地岩石主要为寒武系黑色碳质页岩,灰绿色板岩和板页岩,寒武奥陶系石灰岩和白云岩。区内海拔 1000m 以上的山峰有 264 座,1300m 以上的山峰有 87 座,主峰斗篷山海拔 1890.4m,最低点为楠木坪溪与黄连台溪交汇处,海拔 395m。土壤类型主要有山地黄壤和山地黄棕壤,海拔 1000m 以上为山地黄棕壤,是保护区分布面积最广的土壤类型。海拔 1000m 以下为山地黄壤。

八大公山自然保护区属亚热带山地湿润季风气候,年平均气温 11.5℃,最冷月(1月)平均气温 0.1℃,最热月(7月)平均气温 23.3℃。年降水量 2105.4mm,年平均相对湿度 90% 以上,全年有雾日 145 天。该区由于山高谷深,地理环境独特,雨量十分丰沛,是湖南省三大暴雨中心之一,年径流量为降水量的 80%。区内有大小溪流 352 条,是湖南澧水发源地。

八大公山自然保护区保存了完整的森林生态系统,其动植物区系组成既有古老的我国特有种,也有现代区系成分,新老兼蓄,南北相承,形成该区丰富的动植物资源。据调查统计,区内共有高等植物 216 科 2408 种;陆生脊椎动物 21 目 64 科 237 种,包括:兽类 8 目 20 科 45 种,鸟类 9 目 27 科 135 种,爬行类 2 目 10 科 39 种,两栖类 2 目 7 科 18 种;此外,还有昆虫 22 目 177 科 4175 种。

◎ 保护价值

由于八大公山自然保护区内的资源古老、完整、孑遗及特有性突出,被国内外专家誉为"天然博物馆"和"物种基因库",是我国华中地区不

可多得的生物基因库。区内有国家一、二级保护野生植物 24 种,其中国家一级保护野生植物 6 种:珙桐、光叶珙桐、南方红豆杉、伯乐树、红豆杉、银杏。有中国特有种 1120 种,华中特有种 347 种。许多珍稀濒危植物如珙桐、南方红豆杉、水青树、鹅掌楸等在这里呈群落分布。朱兰、石豆兰等 45 种

金丝桃(鲁承虎摄)

亮叶水青冈群落(鲁承虎摄)

被列入《濒危野生动植物种国际贸易公约》(CITES)。还是桑植椴、桑植大竹等 7 种植物新种的模式标本产地和主要分布区。此外,还有很多观赏植物金丝桃、石蒜等。

八大公山自然保护区有国家一、二级保护野生动物 40 种,其中国家一级保护野生动物 5 种:豹、云豹、金雕、林麝、白颈长尾雉。有珍稀濒危动物及特有种 105 种,新种 11 个,如桑植蛙、琴形隙蛛等。据调查统计,黑熊、林麝、白冠长尾雉、红腹角雉、大鲵等分布数量之多居湖南之冠。该区 1993 年被纳入中国"人与生物圈保护区";被《中国生物多样性保护行动计划》列为中国生物多样性优先保护生态系统名录;由联合国环境规划署(UNEP)资助完

成的《中国生物多样性国情研究报告》将其列为我国具有全球意义的 17 个生物多样性关键地区之一;被世界自然基金会列为全球 200 个重要生态地区之一;在《中国生物多样性现状及其保护对策》中列为"具有国际意义的陆地生物多样性关键地区";还是国家级科技攻关课题"我国亚热带森林生态系统生物多样性保护技术研究"基地;是芬兰赫尔辛基大学的教学实习基地和全球环境基金赠款实施的"林业持续发展项目"区之一。

◎ 功能区划

八大公山自然保护区核心区面积为 8975hm²,占保护区面积的 44.6%。其中,天平山核心区 5933hm²,斗篷山、

杉木界核心区 3042hm²；缓冲区面积为 7534hm²，占保护区面积 37.7%hm²；实验区面积为 3491hm²，占保护区面积的 17.5%。

◎ 管理状况

八大公山自然保护区经过 20 年的建设，各个方面取得了长足的发展。

一是基础设施日臻完善。保护区自建立以来，共完成投资 1200 多万元，保护区的保护设施与基础设施已粗具规模。

二是资源得到有效保护。保护区管理处成立 16 年以来，基本实现了"保护亚热带常绿阔叶林及珍稀野生动物"的建区宗旨。主要体现在：珍稀物种得到有效保护，区内动植物分布数量比建区初期逐渐增多；天然林得到良好管护，森林蓄积量由原来的 67 万 m³ 增加到现在的 110 万 m³，森林覆盖率由原来的 87% 增加到现在的 94.1%，森林质量也得到进一步提高；澧水得到有效治理，每年将有 4.5 亿 m³ 的清澈水流入澧水，10 个县 1000 多万人 8 万 hm² 稻田，大小 20 座水库受益，洪水发生的次数也明显减少。

三是科研监测不断进步。保护区十分注重科研监测工作，把科研建设

春兰（鲁承虎摄）

石蒜（鲁承虎摄）

重点放在改善科研条件，提高科研技术队伍素质，购置必要的科研设备等方面，并坚持以长久性科研为主，不断加强生态监测和专项课题研究，都取得了较好的成效。保护区先后营造了实验林 400hm²，建立珍稀植物实验苗圃 2.4hm²，培育珍稀苗木 50 万株，出口珙桐等苗木 5 个品种 3 万株，接待国内外专家、科研单位、大专院校考察 450 余次，承担了国家二级科研课题"生物多样性研究"的外业考察任务。特别是近几年，保护区对森林进行了全面调查，进一步摸清了全区森林资源的分布、特征、活立木蓄积及地类分布现状；与中南林业科技大学、吉首大学等合作完成了全区的生物环境和生态本底图调查工作，进一步掌握全区的大型真菌、昆虫、兽类、鸟类、两栖类、爬行类、珍稀植物资源的分布格局及资源变化情况。

四是项目建设成效显著。保护区成立了专门的机构，负责项目的申报和实施。由于该区工作扎实，项目建设凸现出明显成效。例如一、二期工程和珍稀苗圃建设项目，为该区资源保护和科研监测打下了坚实的基础。尤其是 2002 年 10 月由全球环境基金（GEF）资助的"林业持续发展项目"的实施，为该区引进资金 400 多万元，在改善基础设施、保护条件、推动当地社区持续发展等方面都发挥了重要

真菌（鲁承虎摄）

珙桐花（鲁承虎摄）

作用；同时也为保护区带来了先进的管理理念和方法，提高了工作人员的素质，促进保护区更好更快的发展。

八大公山自然保护区建区 20 年，在管理上也形成一套适合该区建设和发展的成功经验，促进各项工作的有序开展。在保护管理方面，该区主要采取以下措施：不断完善界碑标桩，实行规范化管理，保持了核心区相对封闭、稳定的环境；对区内的一些濒危动植物如珙桐、细痣疣螈的生境进行严格保护和恢复；积极开展林业分类经营工作，区划国家重点公益林面积，建立健全管理制度，及时发放林农补助资金，区内天然林得到了更加

有效的保护；大力实施退耕还林工程，营造厚朴、红豆杉34hm²，形成了珍稀濒危种的混交林；对区内古树名木进行GPS定位、编号、造册登记，实行挂牌保护；不断加强干部培训，提高保护队伍业务素质和执法水平，建立了处—科—站—班四级防护体系，明确各级管护任务和责任，着力完成资源管护任务；始终坚持"预防为主，积极消灭"方针，加强森林防火工作；积极开展预测预报和加强对外来林产品严格检疫，有力地控制了病虫害的发生。

在社区共建管理方面，2003年来八大公山自然保护区开展大量的社区实践活动，不断探索保护区和社区共同发展，资源保护和利用的新路子，现已呈现出良好的发展局面。一是与周边相关部门和单位搭建资源保护信息共享平台；二是组建县长任组长，相关部门领导和当地政府主要领导加入社区共管领导小组，负责解决社区共管中出现的矛盾和问题；三是以项目为载体，对社区进行资源保护意识教育；四是组建村级森林资源共管委员会，签订森林共管协议；五是大力开展能源保护示范，推广农业新技术、新产品等活动，促进社区经济与保护区建设协调发展。

生态旅游业正逐步成为该区及其社区发展的重要途径之一。在旅游管理方面，保护区依托资源优势，始终坚持"合理利用"的原则，走出了一条适合自己的好路子。主要方式：一是注重认知与实践的互通。积极宣传保护区独特的自然景观，宣传生物多样性保护知识及其管理规定，使游客认识到保护生态环境的重要意义。二是重软件与硬件的互补，双管齐下，加强管理。保护区将旅游管理制度和野生动植物资源保护法律法规作为生态旅游的"软件"，为游客提供了"指路灯"，把各项旅游配套设施建设作为生态旅游的"硬件"，营造有助于游客遵循有关管理规定的环境。三是注重宣传与执法的齐头并进。在开展宣传教育，加强游客自律的同时，建立了强有力的执法监督机制，努力推进各项管理制度落到实处。

（八大公山自然保护区供稿）

鹅掌楸花（鲁承虎摄）

湖南壶瓶山

壶瓶山
国家级自然保护区

湖南壶瓶山国家级自然保护区位于湖南省石门县境内，地处武陵山脉的东北端。地理坐标为东经110°29′～110°59′，北纬29°50′～30°09′。保护区总面积66568hm²，属森林生态系统类型的国家级自然保护区，主要保护华南虎、金钱豹等濒危动物物种及其栖息地和珙桐、红豆杉等珍稀植物及群落。保护区始建于1982年，1994年4月经国务院批准晋升为国家级自然保护区。

◎ 自然概况

壶瓶山自然保护区地处云贵高原向东部低山丘陵过渡带，区内气候受太平洋暖流气候的影响明显，属亚热带山地气候，年平均气温9.2℃，极端最高气温38.2℃，极端最低气温−15℃，年平均日照1509.9h，年降水量1898.5mm，具有气温偏低、春迟冬早、雨量充沛、湿度较大的特点。壶瓶山大地构造属武陵山脉背斜的一部分，地形起伏较大，悬崖陡壁，具有显著的山地岩溶地貌特征，相对高差较大。地层主要为古生代的寒武纪、志留纪、泥盆纪和二叠纪的地层，基岩主要为石灰岩、板岩和页岩；土壤可分为6个土类，12个亚类，22个土属。土壤地带大致划分为：红壤、红色石灰土、旱耕土和水稻土，山地黄壤、黄色石灰土，山地黄棕壤、黑色石灰土，山地草甸土。

壶瓶山自然保护区内水资源丰富，境内河流年径流量19亿m³。大小河流汇入溇水，经澧水入洞庭湖，是长江中游地区重要的水源涵养区。

壶瓶山自然保护区具有丰富的自然资源，植物属泛北极植物区、中国—日本森林植物亚区、华中植物区系、湘西北片，与川东、鄂西同属中

湖南第一峰——壶瓶山顶峰

国—日本植物亚区的核心部分，其植物区系特征明显。保护区现已记录维管束植物228科1026属2836种，分别占湖南省的科、属、种的89.06%、72.39%、54.41%。其中蕨类植物39科92属367种，裸子植物9科23属37种，被子植物180科911属2432种。

动物资源也相当丰富，现已记录陆生野生脊椎动物315种，隶属4纲28目82科。其中两栖纲2目8科25种，爬行纲3目9科47种，鸟纲15目39科179种，哺乳纲8目26科64种。另有鱼类5目12科30种，昆虫24目260科4145种。大型真菌约150种，隶属

长果安息香

落叶阔叶林

22科61属。

壶瓶山主峰海拔2098.7m，素有"湖南屋脊"之称，它北望长江，南携武陵源，200多座奇峰卓立如林。区内沟谷深切，8条主要峡谷各具特色，令人叹为观止。由丁山高坡陡，形成了姿态各异、大小不同的瀑布近30处，有的气势磅礴、声如惊雷，有的从悬崖峭壁飞流直下，似银河落九天，如卷帘，如暴雨，如细珠，在夕阳的照射下，彩虹飞舞，变化万千，甚是壮观。而壶瓶山的溶洞景观也极为壮丽：山中河谷深切，溶洞成群，洞口或藏或掩，异彩纷呈；洞中石笋倒挂，晶莹剔透，石笋如林，幻比蓬莱，处处迷宫，洞洞相连；下雨时节，游鱼涌出洞外，晴天丽日，百鸟栖息洞中。无怪乎唐代大诗人李白曾在此留下了"壶瓶飞瀑布，洞口落桃花"的千古绝唱。

同时，壶瓶山是土家族的聚居区，

鸽子树

至今还保留大量的传统文化和民族风俗。大革命时期，贺龙元帅率领红军在此浴血奋战，建立了不朽的功勋，是开展爱国主义教育的理想场所。

◎ 保护价值

壶瓶山自然保护区西北方向有秦岭、大巴山的屏蔽作用，受第四纪冰川期影响相对较小，使得壶瓶山保护区成为第三纪动植物的"避难所"。不仅蕴藏着大量的野生动植物物种，还有不少古老、孑遗、稀有、特有物

种及其群落，是中国特有物种的集中分布地之一。1992年林业部与世界自然基金会（WWF）召开的"中国自然保护优先领域研讨会"将壶瓶山自然保护区确定为具有国际意义（Ⅰ级）的自然保护区之一；《中国生物多样性国情研究报告》将壶瓶山列为我国具有全球意义的17个生物多样性关键地区之一；《中国生物多样性现状及其对策》将包括壶瓶山在内的"湘鄂川黔边界山地地区"列为"具有国际意义的陆地生物多样性关键地区"；《世界自然基金会－中国4512项目华南虎现存野外物种的调查》证实，壶瓶山是"目前仅有的两处具有合适面积的华南虎栖息地之一"。因此，壶瓶山被国内外专家学者誉为"华中地区弥足珍贵的物种基因库""欧亚大陆同纬度中物种谱系最完整的一块宝地"，具有极高的科学研究价值和全球性重要意义。

壶瓶山自然保护区内分布有东亚特有的珙桐、杜仲等植物，中国特有的单型属和少型属以及原始的多心皮类柔黄花序的代表在区内也多有发现。目前区内保存有国内规模较大的珙桐

大岭瀑布

石门杜鹃

水青树

连香树

篦子三尖杉

群落、水青树群落和蜡梅群落等原生植物群落。有珙桐、光叶珙桐、银杏、红豆杉、南方红豆杉、伯乐树共6种国家一级保护植物，有长果安息香、鹅掌楸、连香树等26种国家二级保护野生植物。列入CITES公约附录的植物有朱兰、石豆兰等69种。有新种长果安息香、湖南花楸、石门鹅耳枥、石门葡萄、湖南菝葜、石门小檗、石门杜鹃等7种；保护区还拥有1000多种中国特有种，是石门小檗、石门鹅耳枥、石门杜鹃、长果安息香、石门葡萄、湖南菝葜等物种的模式产地和主要分布区。

壶瓶山自然保护区内有国家重点保护动物42种，其中国家一级保护野生动物有金雕、林麝、云豹、豹、华南虎共5种，国家二级保护野生动物有大鲵、斑头鸺鹠、赤腹鹰、松雀鹰、红腹锦鸡、白冠长尾雉、红腹角雉、穿山甲、小灵猫、大灵猫、猕猴、斑羚、苏门羚等49种，列入CITES附录的有穿山甲、黑熊等52种。列入国际公约的昆虫有双尾褐凤蝶等。

◎ 功能区划

壶瓶山自然保护区属集体林区，其核心区面积22800hm^2，缓冲区面积19500hm^2，实验区面积24268hm^2。

◎ 管理状况

在管理方面，壶瓶山自然保护区优化保护区的生物多样性结构，维护森林生态系统的稳定功能，结合社区经济发展开展保护、科研、监测活动，实现"保护区与社区的持续协调发展"作为我们的总目标。开展了确立管理模式、争取地方政府支持、加强周边联防、壮大社区经济、强化巡护执法、规范旅游开发等方面的活动，融入了参与式的社区共管理念，在全球环境基金（GEF）项目的资助下，开展了

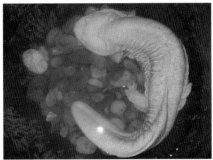
红色大鲵

红腹锦鸡

金钱豹

云豹（张斌摄）

PRA（参与式乡村评估）调查，在社区开展了公共意识教育、社区保护基金、能源保护示范、生产技能培训等活动，努力实现保护区管理局与当地社区在资源管理方面的共管与互利共赢。

◎ 科研协作

壶瓶山自然保护区自建立以来，一直把科研和监测放在各项工作的重中之重，先后与中南林业科技大学、

湖南师范大学、中国科学院武汉植物研究所、湖南省林业科学研究院、长沙理工大学、中国科学院南京地质古生物研究所等国内大专院校和科研机构以及世界自然基金会（WWF）、欧洲自然与国家公园联盟、拯救华南虎国际基金会等国际组织建立了良好的关系。先后邀请了美国爱达荷大学、瑞典农业大学、芬兰赫尔辛基大学等国外院校和科研机构的专家学者到保护区考察。目前与中南林业科技大学合作开展了保护区生物多样性监测，与拯救中国虎国际基金会开展了华南虎及其大型猫科动物种群及其栖息地状况监测，与长沙理工大学开展了大

鲵栖息地状况评估与性腺发育机理研究，此外，还开展了红豆杉、珙桐等珍稀树种繁育的研究。

（壶瓶山自然保护区供稿）

针阔混交林

常绿落叶阔叶混交林

湖南 莽山
国家级自然保护区

　　湖南莽山国家级自然保护区是南岭山脉北麓一颗璀璨的明珠，位于湖南省宜章县南部，东、南、西三面分别与广东省乳源、阳山、连州3县（市）交界，北与宜章县莽山乡、东风乡、天塘乡、白沙乡毗邻。地理坐标为东经112°43′～113°0′，北纬24°52′～25°23′。保护区总面积19833hm²，属森林生态系统类型自然保护区，主要保护典型南岭植物区系的原生型常绿阔叶林生态系统、生物多样性。莽山于1984年设立省级自然保护区，1994年4月经国务院批准晋升为国家级自然保护区。

黄腹角雉（陈远辉摄）

◎ 自然概况

　　逶迤的南岭山脉，有着湿润的季风气候，独特的地形地貌和多变的气候特性。这到处是悬崖绝壁，山峰尖削、溪河纵横、峡谷幽深，山露地层为寒武纪地层，岩石属燕山期花岗岩侵入体，最高峰猛坑石海拔1902.3m，最低点兑子冲海拔436m。1000m以上的山峰有126座，山势雄伟，坡陡路险，常年云雾缭绕。这里还是我国冬季有冰雪的最南端地区之一，其气候特征是：夏无酷暑、冬有冰雪、春夏湿润多雨、秋冬雨少多雾。年平均气温17.2℃，年降水量2300mm。

　　莽山自然保护区内复杂的地形、丰沛的降水、较大的相对高差，使得莽山的土壤、植物呈现出明显的垂直带状分布。保护区自山脚到山顶依次分布着红壤、山地黄壤、山地黄棕壤、山地草甸土等土壤类型，孕育出复杂多样的植被类型：

　　(1) 低山常绿阔叶林：分布在海拔700m以下的深山峡谷地段，是植物种类最多，组成较复杂的地区。群落常

核心区

含有热带雨林成分和华南型的蕨类。优势树种以常绿的槠类、栲类为主。

　　(2) 中山常绿阔叶与落叶阔叶混交林：分布于海拔900～1200m，常绿阔叶树种占绝对优势，落叶阔叶树种约占6%，林内部分种的叶具革质，或有鳞毛光泽，标志其适应高山环境的生理特征。主要树种有：硬斗石栎、金叶白兰、木莲、交让木、五列木等。

　　(3) 中山针阔混交林：分布于海拔1200～1600m的山腰以上的山脊，山顶陡坡地段。长苞铁杉、华南五针松等高大乔木，常常如鹤立鸡群般地挺于林冠上层，疏齿木荷、甜槠、亮叶水青冈等中型乔木紧随其后，第三层则有厚皮香、五列木、厚叶杨桐、冬青等小型乔木，而南华杜鹃、鹿角杜

鹃、莽山苦竹等小乔木或灌木树种组成了第四层，地被麦冬、薹草等草本植物，结构严谨，层片井然，外观优美，林分稳定，每公顷森林蓄积量高达196m³，可谓莽山森林之精华。

　　(4) 中山矮林、灌丛：分布于海拔1500～1900m的中山顶部。这里夏凉冬寒、风速大、云雾多、湿度高、日照少、紫外线强、土层浅薄、砾石含量高、林分层次不明显。特殊的自然环境，形成了别具特色的山顶矮林植被。特别是天台山的杜鹃花科植物最为壮观，每到春末夏初，南华杜鹃、云锦杜鹃、吊种花、猴头杜鹃等10余种杜鹃花、繁花绽放，绿枝竞秀，宛如绚丽的百花园，令人心旷神怡，流连忘返。

　　(5) 湿地植被：由于山高谷深，溪流纵横，许多沼泽、湿地散布于海拔1000m左右的山间洼地中，为群山所包围，给水生植物提供了良好生存环境，其中的宽叶泽薹草属湖南新发现的珍稀濒危物种。

　　莽山位居南岭山脉中段，面向华中，背倚华南，东邻闽赣，西接黔桂，成为华南、华中植物过渡，华东、西

南植物交汇的一个"十字路口"，植被不仅在垂直带谱上具有明显区别，在纬度地带上也具有植物区系差异。经科学考察发现，莽山现已记录到维管束植物2659种，分属218科929属，其中蕨类植物42科93属324种；裸子植物8科24属39种；被子植物168科812属2296种。丰富多彩的植物种类，复杂多变的林相类型，为各种动物搭建了一个美好的栖息乐园。保护区内现已记录陆生野生脊椎动物318种，分属4纲27目79科，其中两栖纲2目7科34种；爬行纲2目13科65种；鸟纲15目36科151种；哺乳纲8目23科68种。保护区内现已记录大型真菌244种，分属4纲18目46科107属，其中以鹅膏属菌类种数最多，已记录32种，虽多为毒菌，含有毒肽毒素、毒伴肽毒素、蟾蜍素、异鹅膏胺等，却在医药上抗癌功效显著。

广袤的森林，不仅为各种动物、微生物的繁衍生息提供了理想场所，同时也为这一地区的水源涵养发挥了巨大作用。莽山自然保护区境内有大小河流13条，水质清澈，已开发出多处矿泉水、山泉水。总集雨区面积达200km²，水利资源非常丰富。据水能资源调查表明，境内水能资源蕴藏量达29470kW，年理论发电量可达1.48亿kW·h。其中最具潜能效益的东部林区乐水河流域，目前已建成1座库容为1131万m³的中型调节水库及五级、7个电站，总装机17520kW，年发电量8600万kW·h，发电所产生的良好经济效益，又很好地反哺了森林保护，使"青山常在、永续利用"的美好愿望在莽山得以初步实现。

◎ 保护价值

莽山自然保护区是一个以保护典型南岭植物区系的原生型常绿阔叶林生态系统、生物多样性及珠江支流北

莽山杜鹃（陈远辉摄）

江源头自然生态环境为主要目的，保护与合理开发利用水资源、景观资源相结合，集自然保护、科研、教学、生态旅游多种经营于一体的多功能国家级自然保护区。莽山还是南岭山地原生型常绿阔叶林保存面积最大、保护最完好的地区之一，被誉为"天然动植物基因库"，更有人深情地把她赞为"原始生态第一山"。

莽山不仅是美丽风景集中之地，也是珍稀、特有物种和模式标本的集中产地。境内分布有大规模的华南五针松群落、长苞铁杉群落、福建柏群落等原生植物群落。有南方红豆杉、伯乐树、莼菜共3种国家一级保护植物；福建柏、华南五针松、白豆杉、长柄双花木、半枫荷等国家二级保护的植物14种。在保护区内现已知的国家重点保护的陆生野生动物有32种，其中国家一级保护的有蟒、黄腹角雉、云豹、豹、华南虎、梅花鹿共6种；国家二级保护的陆生野生动物有虎纹蛙、蛇雕、白鹇、雕鸮、水鹿、红面猴、穿山甲、黑熊等26种。

莽山自著名植物学家高锡朋教授发现湖南杜鹃、湖广杜鹃以来，莽山新物种或模式种记录已有50种，其中植物有：大果安息香、莽山野橘、莽山绣球、莽山紫菀等22种；动物有：莽山烙铁头蛇、陈氏后棱蛇、莽山角蟾等3种；大型真菌有：莽山刺皮、莽山银耳等9种；昆虫有：莽山象白蚁、莽山蝎蛉、莽山绒毛花金龟等16种。

莽山烙铁头蛇是由莽山林管局科

珍稀植物莼菜（陈远辉摄）

技人员陈远辉1989年新发现的一种剧毒蛇，也是继眼镜王蛇之后地球上发现的第二种大型剧毒蛇。这种蛇个体粗壮，头似烙铁，成年蛇体长在2m以上，体重3kg以上。它的发现引起了生物界的高度关注，因其原始特殊的解剖特征，在蛇类演化中有特殊的地位，具有很高的研究价值。1994年被列入《中国生物多样性保护行动计划》，1998年《中国濒危动物红皮书》将其列为"极危"等级的物种，其分布范围仅在莽山保护区内的约100km²之内。数量仅存300～500条，是我国乃至全球最濒危的蛇种之一。

◎ 功能区划

莽山自然保护区属国有林区，其功能区划为：核心区7372hm²，缓冲区2835hm²，实验区9626hm²。

◎ 科研协作

莽山自然保护区自建立以来，就十分重视科研、教学及环境监测工作，现已建立了莽山烙铁头蛇保护研究基地，生态环境监测站等专门的研究、监测机构，积极主动地与中国科学院成都生物研究所、中国科学院华南植物研究所、湖南师范大学、湖南农业大学、中南林业科技大学等科研机构、大专院校建立长期的良好的合作关系，并设立了环境教育基地。2005年，保护区陈远辉的"莽山烙铁头蛇人工繁育技术"荣获郴州市科技进步特等奖。

（莽山自然保护区供稿）

湖南 东洞庭湖
国家级自然保护区

　　湖南东洞庭湖国家级自然保护区位于长江中下游荆江段南侧，地处湖南省东北部岳阳市境内，北起长江湖南、湖北两省主航道分界线，南至磊石山，东至京广铁路，西与南县交界，主要分布在岳阳县、华容县、湘阴县等4县3区。地理坐标为东经112°43′～113°15′，北纬28°59′～29°38′。保护区总面积19万hm²，核心区面积2.9万hm²，缓冲区面积3.64万hm²，实验区面积12.46万hm²，属湿地生态系统类型自然保护区。1982年经湖南省人民政府批准建立省级自然保护区，1992年经国务院指定，首批列入国际重要湿地名录。1994年经国务院批准晋升为国家级自然保护区。

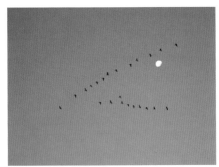

雁群飞过月亮（姚毅摄）

◎ 自然概况

　　东洞庭湖是保护区的主体范围，也是洞庭湖的主体湖盆，最大湖水面积为1328km²，约占洞庭湖的一半，是一个调蓄过水型湖泊，她汇集湖南湘、资、沅、澧四水，吞纳长江部分水量，对长江水量有巨大调剂作用，是洞庭湖唯一保存完整的本底湖。

　　由于受东亚季风和（长）江（洞庭）湖庞大水体的影响，东洞庭湖自然保护区具有湿润的大陆亚热带季风气候特征，具有湿润温和、光热充足、多风多雨、四季分明的气候特点。

　　东洞庭湖自然保护区土质肥沃、透水性高；其平原土壤可分为湖潮土和河潮土两个种类；湖盆滩涂土壤依高程可分为潮土、沼泽土、沼泽化草甸土和沙滩等土壤种类。

◎ 保护价值

　　洞庭湖生态条件十分优越，保存了极其丰富的生物资源。区内有淡水鱼类117种，其中属国家一级保护的

牛背鹭（姚毅摄）

反嘴鹬群（姚毅摄）

灰雁（姚毅摄）

有中华鲟、白鲟共2种，国家二级保护的有胭脂鱼、鳗鲡2种。淡水哺乳动物有国家一级保护的白暨豚和国家二级保护的江豚。其他水生动物68种，野生植物和归化植物1186种，其中水生植物近400种，属国家一级保护的3种，国家二级保护的31种。区内记录到鸟类315种，其中国家一级保护的有东方白鹳、黑鹳、白鹤、白头鹤、大鸨、中华秋沙鸭、白尾海雕共7种，国家二级保护的有灰鹤、小天鹅、白额雁等38种。世界濒危物种小白额雁在北极和西伯利亚繁殖，每年10月迁徙来到洞庭湖，于翌年3月迁回繁殖地。其全球记录不超过35000只，东洞庭湖最多曾记录到近20000只，为世界上最大的小白额雁越冬区。洞庭湖湿地生物多样性资源，堪称世界巨大的基因宝库，被国际权威人士誉为"人与自然和谐共处的典范""长江中游的明珠""拯救世界濒危物种的主要希望地"。

东洞庭湖湿地位于我国冬候鸟和夏候鸟迁徙的重叠区域，是亚太鸟类迁徙线路上的主要停歇地和越冬地，具有极其重要的保护和科研价值。又因其处于长江和"湘、资、沅、四水澧"交汇处，是鱼类及江海洄游鱼类的洄

洞庭春（姚毅摄）

游区，淡水鱼类十分丰富。

洞庭湖在国际国内享有很高的知名度，生物多样性保护价值重大。其在政治、文化上的象征意义无可替代，对三峡截流后的长江中下游生态安全、调蓄、航运、物种保全以及经济社会的可持续发展均具有举足轻重的作用。

东洞庭湖也是我国湿地保护工作的一个里程碑式的区域所在。1994年在岳阳举行的"中国湿地保护研讨会"中，我国政府第一次公布了《21世纪中国湿地保护行动计划》；1998年召开的"第六届东北亚及北太平洋地区

环境论坛"，形成的《岳阳宣言》又进一步将洞庭湖的影响推向了世界。鉴于洞庭湖在中国历史、文化、政治、地理、水利、资源、人口、体制等诸多领域具有的独特意义和作为湿地管理矛盾的集大成者，有专家曾坦言，洞庭湖湿地的保护与可持续发展问题的解决将极大地推动中国湿地保护与可持续发展问题的解决。

◎ **管理状况**

东洞庭湖自然保护区建立20多年来，得到了中央、省、市各级政府和

红胁蓝尾鸲（姚毅摄）

天鹅湖畔（姚毅摄）

主管部门的高度重视和大力支持。特别是晋升为国家级保护区和加入国际公约成为国际重要湿地以来，各级政府和社会对东洞庭湖湿地的保护和投入力度逐年增加，保护区的各项建设都取得了长足的发展。一是全市爱鸟护鸟意识明显提高。通过加强科普宣传，广大市民普遍增强了生态环境意识，特别是中小学校经常组织开展"绿色小卫士""保护环境、保护鸟类"等活动，区内乱捕滥猎野生动植物案件逐年下降，经营、猎食野生动物现象逐渐减少。二是鸟类资源基本稳定。随着管理力度加大，湿地保护范围内生态环境进一步改善。洞庭湖新发现了 65 个鸟种，在此分布的鸟类种数达 315 种。三是开展了较好的基础科研工作。先后完成"丁字堤鸟类栖息地生态环境改造对比研究""白鹳栖息地生态环境研究"等课题，并与世界雁类保护组织开展积极合作，进行了小白额雁栖息、迁徙研究。

在管理工作中，主要采取了以下措施：

（1）全民宣传教育。几年来，在岳阳城乡近 30 所大中小学分别组织了自然保护科学考察、夏令营、冬令营、文艺宣传队和建立"地球村"等活动，组织了 60 多万人次青少年进行宣传教育。同时，每年举办一次声势浩大的"爱鸟周"宣传活动，采取电视讲座、征文比赛、图片展览、发布公告、案件曝光、散发宣传品等多种形式，进行湿地法律法规教育，保护湿地、爱护鸟类在全市形成了共识，也涌现了一大批自觉维护湿地生态安全和保护生物多样性资源的好典型。

（2）构建社区共管网络。东洞庭湖自然保护区在周边政府、社区和管理

部门的支持下，经常联合召开乡、村、渔场负责人和公安派出所所长会议。并与周边七个公安派出所签订了联防协约，形成了警民联手，地方和部门齐抓共管的网络，构建了比较完整的社区共管体系，有效地扼制了破坏资源的犯罪行为。同时，在保护区内聘请了16名渔民组长担任资源保护兼管员，负责对辖区渔民进行宣传教育和监督管理。在保护区周边13个乡镇、渔场、芦苇场挑选了38名有影响、有威望的干部群众，组建了资源保护联防队伍，定期交流信息，研究管理措施，协助保护区制止损害资源的行为，在湿地资源保护中发挥了十分重要的作用。

(3) 打击违法犯罪行为。建区以来，在林业主管部门和市县公安、检察、法院、工商等有关部门的大力配合下，加强湖区巡逻督查，发现案件及时进行侦破，并公审公判了一批大案要案。历年来共查处各类案件238起，有力地震慑了犯罪分子，刹住了滥捕滥猎之风。

(4) 扩大对外交流。积极与国际组织建立合作关系，共同进行东洞庭湖湿地资源保护管理技术的研究工作，在信息、技术、学术交流等方面进行了广泛的探索和研究。东洞庭湖自然保护区被全球环境基金列为中国湿地生物多样性保护与可持续利用项目援助示范点，有效地增强了保护区管理和科研能力，提高了工作人员的技术素质。

(5) 成功创立并举办了"中国岳阳洞庭湖观鸟大赛"。2002年12月，国家林业局保护司、中国野生动物保护协会、湖南省林业厅、岳阳市人民政府联合举办中国岳阳洞庭湖首届观鸟大赛，以及随后举办的三届观鸟赛共吸引了全国50余支高水准省、市代表队和香港、澳门、台湾等观鸟组织参赛。中央、省、市50多家新闻媒体进行了千余篇次的宣传报道。结合大赛，还举行了自行车环城游、书画漫画比赛、市鸟评选近万人签名、洞庭湖湿地鸟类风筝赛等活动，激发了广大公众"保护湿地、保护鸟类"的巨大热情，赢得了社会各界的广泛关注和重视，在国内外形成了强烈反响。

(东洞庭湖自然保护区供稿)

白鹤（姚毅摄）

水琵鹭（姚毅摄）

小白额雁（姚毅摄）

黑鹳（姚毅摄）

水雉（姚毅摄）

湖南 **都庞岭**
国家级自然保护区

湖南都庞岭国家级自然保护区位于湖南省南部永州市境内西南端，与广西壮族自治区交界处，南岭山地中部、都庞岭主脉。东与道县清塘镇、江永县千家峒乡相连，南与江永县允山镇相接，西与广西壮族自治区灌阳县为界，北与道县寿雁镇、仙子脚镇相邻。地理坐标为东经 111°5′～111°23′，北纬 25°15′～25°36′。保护区总面积 20066hm²，属森林生态系统类型自然保护区，主要保护对象是中亚热带向南亚热带过渡地带上最具典型和代表的植被类型及森林生态系统。2000 年 4 月经国务院批准为国家级自然保护区。

阔叶林

◎ 自然概况

都庞岭自然保护区地处东南地洼区的中部，为赣桂地洼系中段西侧，山体呈联合弧形构造，为一褶断中山，呈侵蚀构造地貌，最高峰韭菜岭海拔 2009.3m，为永州境内最高峰。从山顶到山麓，水平距离不及 7km，高差达 1700m，在东坡沿线下部，坡度多在 35°左右。东西两坡沟谷切深多在 700m 以上，谷地下部多呈峡谷，分水岭也多呈刀脊状。

都庞岭山脊为长江水系和珠江水系分水岭。其中，东西属长江水系，西面广西境内属珠江水系；江永县境内都庞岭以南部分属珠江水系，其北面属长江水系。区内山溪落差大，水流十分湍急。

都庞岭自然保护区属中亚热带季风湿润性气候区，冬寒期短夏热期长，雨量充沛，气温垂直差异大。年平均气温 14～17.5℃。海拔每上升 100m，气温下降 0.55℃，其中，海拔 610m，年平均气温 16.2℃，海拔 1800m 处年平均气温 10.9℃。海拔 900m 以上山地霜冻期约 3 个月，年平均雾日约为 200 天。

都庞岭自然保护区主要成土母岩有石英砂岩、粉砂岩、砂岩、砂质板岩、硅质页岩以及黑云母花岗岩等；土壤垂直分布带谱明显，海拔 500m 以下为红壤，海拔 500～700m 为山地红壤，700～1550m 为山地黄壤，1550～1950m 为山地黄棕壤，在海拔 1950m 以上为山地灌丛草甸土。另在千家峒海拔 1700m 左右的谷地，有集中连片的山地泥沼泽土分布，面积约 66.7hm²。

都庞岭自然保护区地处我国中亚热带向南亚热带过渡地带，整个山体都有保存比较完整的常绿阔叶林生态系统。区内野生动植物资源丰富，区系成分过渡性明显，物种相对丰度极高。据 1982 年和 1997 年两次综合考察，区内现已发现维管束植物 214 科 861 属 1949 种，其中国家一级保护植物有资源冷杉、南方红豆杉、伯乐树共 3 种，国家二级保护植物有福建柏、长苞铁杉、长柄双花木、白豆杉、华南五针松、黄枝油杉、南方铁杉、天女花等 35 种，保护植物种数占湖南省国家级保护植物总种数的 66.7%。保护区还有 49 种植物为湖南省境内唯一分布地域，其中，道县野橘、江永茶杆竹、粘质杜鹃、长果皂荚为本区特有种。特别值得一提的是，福建柏和长苞铁杉在本区分布广泛，为亚热带常绿阔叶林区面积较大的一块。珍稀保护野生动物物种也十分丰富多样。据考察，境内已发现脊椎动物 226 种，其中，

月岩风光

远眺都庞岭

陆生脊椎动物 202 种,分属 4 纲 23 目 62 科 146 属,占全省陆生脊椎动物 621 种的 32.5%。具体包括:两栖纲 2 目 8 科 32 种、爬行纲 2 目 12 科 40 种、鸟纲 11 目 21 科 88 种、哺乳纲 8 目 21 科 42 种;水生脊椎动物 24 种,主要为鱼纲,共 3 目 8 科。属国家重点保护的野生动物有 20 余种,占全省国家重点保护野生动物的 25.3%。其中,国家一级保护野生动物有云豹、豹、林麝共 3 种。国家二级保护野生动物有短尾猴、猕猴、穿山甲、水獭、大灵猫、小灵猫等 9 种兽类,鸢、凤头鹃隼、松雀鹰、白鹇、红腹角雉、勺鸡等 9 种鸟类,虎纹蛙、大鲵等 2 种两栖类。同时,保护区还分布有省级重点保护陆生脊椎动物 76 种;昆虫 21

月岩大江源小溪风光

目 163 科 1500 余种。区内的高山湿地为我国南方所特有,具有十分重要的科研与保护价值。

都庞岭自然保护区是一个以保护自然环境与保护生物多样性为主要目标,保护与合理利用相结合的国家级森林和野生动物类型自然保护区。主要保护对象是我国中亚热带向南亚热带过渡地带上最具典型和代表性的植被类型及森林生态系统。

◎ **功能区划**

都庞岭自然保护区总面积 20066hm²。其核心区分为两处,即杉木顶核心区和大畔核心区,面积 7497hm²;缓冲区面积 6195hm²,其中,杉木顶缓冲区面积 5363hm²,大畔缓冲区面积 832hm²;实验区面积

6376hm²。核心区、缓冲区、实验区面积分别占总面积的 37.4%、30.8% 和 31.8%。

◎ **管理状况**

《都庞岭国家级自然保护区总体规划》将都庞岭保护区定位为一个集保护、科研、生产、教学、实习、生态旅游于一体的多功能国家级自然保护区。根据这一定位,近期规划是突出植被及森林生态系统保护体系和以基础科研、科普教育为主的科研体系建设,从而使保护区内珍稀濒危物种的种群和种群数量初步得到恢复,维护生物多样性;后期规划是在重点抓好保护与恢复的基础上,进一步完善各项基础设施,努力满足社会和当地

长苞铁杉

社区对保护区科研、保护、教育等不同方面的需求,与此同时,结合本地资源,积极开发生态旅游,促进区域经济持续、健康发展。根据规划要求,近几年来,特别是管理局成立以来,全局上下始终坚持认真贯彻执行"以保护为目的,以发展为手段,通过发展促进保护"的指导思想,在采取措施严格资源管护的同时,多渠道、多形式筹措建设资金,加快保护区建设。一是完成了一批与保护、生产生活及旅游相关的项目设施建设,包括修建管理站(所)6 处、新建护林点 6 个,修建、修复巡护道路 174km、防火线 490km,新建业务综合楼两栋和一批永久性宣传牌(栏),新建和完善了一批生态旅游景点与设施等,一期基础设施项目建设进展顺利。二是进一步

加大了法律法规宣传力度,在保护区内全面禁止了各种经营性采伐和捕猎活动,尤其是通过在进山路口设立宣传牌、书写永久性宣传标语,组织人员进村入寨发放宣传资料、面对面讲解国家关于保护区和野生动植物保护方面的法律法规等,不断增强了周边社区群众的保护意识,为全区全面禁止各种经营性采伐和捕猎奠定了良好的基础。三是切实加强了对保护区内的巡护保护管理力度,严厉打击了偷砍盗伐、乱砍滥伐、乱捕滥猎、乱征滥占林地等各种破坏保护区资源的违法犯罪行为。全局建立了两支共 95 人的专业护林队伍,实行分片负责,每个责任区都有公安干警带队巡逻或驻点守护,对每一起破坏森林资源的案件都保证做到了依法及时处理,有效地保护了森林资源。四是切实加强了森林防火工作,严防森林火灾。全局认真落实"预防为主、积极扑灭"的指导思想,在广泛开展森林防火宣传教育、努力提高区内民众森林防火意识的同时,进一步建立健全了局、分局、管理所(站)、村组四级森林火灾预警预报体系和分局、管理所(站)、村组三级护林防火联防机制,落实了护林防火责任制和野外用火管理制度,取得了较好效果。自保护区建立以来,全区未发生一起森林火警火灾事故,未出现一起毁损保护野生动植物资源的案件,也未出现周边村民毁林开荒和伐薪烧炭的现象,全区植被和环境得到了有效恢复与保护。近年来,随着国家生态公益林、退耕还林及保护区基础设施项目建设等重点工程在都庞岭保护区的实施,给保护区的发展带来了无限生机,保护区的变化日新月异。

(都庞岭自然保护区供稿)

湖南 小溪
国家级自然保护区

　　湖南小溪国家自然级保护区位于湖南省西北部，永顺县的东南角，东与湖南省沅陵县交界，南与湖南省古丈县接壤，西与永顺县长官乡相连，北与永顺县的回龙乡、朗溪乡毗邻。地理坐标为东经110°6′～110°21′，北纬28°42′～28°53′。保护区东西长23.5km，南北宽20km，总面积24800hm²，属森林生态系统类型自然保护区，森林覆盖率81.59%，主要保护对象是武陵山脉中段亚热带低海拔常绿原始次生林生态系统，珍稀野生动植物及其生物多样性。1982年经省人民政府批准建立省级自然保护区，2001年6月16日经国务院批准晋升为国家级自然保护区。

◎ 自然概况

　　小溪自然保护区位于云贵高原、武陵山脉西北与鄂西山地交界处，属中山地貌，由武陵山脉的人头山为主体组成，海拔1000m以上的山峰有39座，山体多呈北南走向，地势呈东西北三面高，南面低的不规则"册"字形，最高海拔人头山1327.1m，最低海拔162.6m，相对高差1164.5m，溪谷发育多呈"V"字型，开阔度小，800m以下的山坡陡峭，坡度多在35°以上，是常绿阔叶原始次生林的主要分布区域，海拔800m以上具有山原地貌特点，坡度较平缓，是当地农民农耕、居住的主要地方。地层为元古代的板溪群、震旦系。基岩主要有板岩、砂岩。

　　小溪自然保护区属亚热带湿润季风气候，全年平均气温12～14℃，海拔每上升100m，年平均气温递减0.5～0.68℃，≥10℃年积温5196.7℃，年降雨日170多天，年降水量1300～1600mm，多集中在4～7月，属永顺县多雨中心，年相对湿度79%；海拔800m以上山地无霜期262天，海拔

长基潭

800m 以下无霜期 290 天。

土壤垂直带谱明显，海拔 400m 以下为红壤，海拔 400～500m 为黄红壤，海拔 500～800m 为山地黄壤，海拔 800m 以上为山地黄棕壤，土壤深厚肥沃，呈酸性，pH 值多在 5～6 之间，适宜多种植物生长。

小溪自然保护区内山高谷深，溪河纵横，主要有小溪、鱼泉溪、茶园溪、大明溪、杉木溪等呈掌状分布，贯穿全区，长度 64km，水系由北往南流入沅江，具有径流量大，冬不结冰，水质优良等特点，是当地居民生产、生活主要的水源。季节性降水是本区河水的主要来源。由于降水分配不均，导致河流年内水位差异大，最高水位一般出现在 4～7 月，在此期间暴雨频

繁，7 月以后降水较少，河流流量最小，水位最低，为枯水季节。

小溪自然保护区植被属泛北极植物区系的中国－日本森林植物亚区的华中区。植物种类繁多，根据历年来许多大专院校、科研单位专家教授的考察及多次调查统计，本区有植物 222 科 974 属 2702 种，其中属国家一级保护的野生植物有珙桐、光叶珙桐、红豆杉、南方红豆杉、伯乐树、银杏共 7 种，有银鹊树、黄杉、香果树、楠木等国家二级保护野生植物 36 种，有药用植物 985 种，芳香植物 306 种，是湘西青冈、湘西石栎等 21 种植物模式标本的产地。同时植物区系构成复杂，有 13 个地理分布类型，含 3 个植被型组，8 个植被型，31 个群系。且植被

小溪人家

垂直分布明显，海拔 800m 以下为常绿阔叶林带，海拔 800m 以上为常绿落叶阔叶混交林带。

中国科学院吴征镒教授考察小溪后认定："小溪是中南十三省亚热带低海拔遭受第四纪冰川侵袭而唯一幸存的常绿阔叶原始次生林天然资源宝库"和"植物资源基因库"。

小溪自然保护区内植物区系成分

清风藤

潺潺的流水

密林深深

的古老、完整、残遗及特有性突出，单种、少种的植物科、属多，具华中植物区系的典型性。如单种、少种的科中有珙桐科的珙桐和光叶珙桐、伯乐树科的钟伯乐树、杜仲科的杜仲等，还有古老的子遗植物银杏等，另有中国特有的属39个，特有植物21种，最近发现的新种11种。

小溪自然保护区还保留了许多药用植物，并分布有大面积的珍稀植物群落，如珙桐、红豆杉、黄杉、银鹊树、巴东木莲等原始群落和大量的参天古树。这些原生型的珍稀植物群落具有极高的保护和科研价值。

小溪自然保护区在动物地理区划上属东洋界华中区西部山地高原亚区与东部丘陵亚区的过渡地段。据初步统计，该区现有脊椎动物208种，隶属23目70科，其中兽类7目21科46种，有东洋种34种，古北种7种，广布种5种。鸟类12目34科111种，有东洋种62种，古北种22种，广布种27种。爬行类2目8科29种，有东洋种26种，古北种1种，广布种2种。两栖类2目

7科22种，有东洋种18种，古北种3种，广布种1种。昆虫19目144科738种，其中天敌昆虫9目27科159种。

小溪自然保护区内属国家一级保护的动物有豹、云豹、白颈长尾雉共3种，属国家二级保护的有穿山甲、大灵猫、小灵猫、猕猴等33种。

小溪自然保护区因其地形复杂、地貌奇特、生态与环境丰富多样，加之受第四纪冰川影响较小，保留、繁衍了大量的生物资源。

小溪自然保护区的主要保护对象是武陵山脉中段亚热带低海拔常绿阔叶原始次生林生态系统，珍稀野生动植物及其生物多样性。

小溪自然保护区内有植物2700余种，保存了大量古老孑遗植物及其群落如珙桐、伯乐树、红豆杉、黄杉群落等，有国家一、二级保护野生植物43种。有野生脊椎动物208种，属国家一、二级保护的有36种，有昆虫738种，是一个名副其实的物种基因库。

小溪自然保护区不仅为野生动植物的栖息、繁衍创造了良好的生存环境，成为我国重要的物种"基因库"和天然植物园，同时，保护区内丰富的动植物资源也为广大青少年学生提供了接受自然生态教育的场所，为大专院校、科研单位提供了科学研究实验基地，促进了保护事业的良性循环。此外，良好的生态条件、丰富的自然、人文景观，还为人们提供一个回归自然、陶冶情操的精神家园。

◎ 功能区划

小溪自然保护区分为1个核心区，面积9133hm²；1个缓冲区，面积为7218hm²；3个实验区，面积为8449hm²。区内土地权属均为集体所有，由保护区统一管理。

密林深深（常绿阔叶林）

◎ 管理状况

为了更好地保护和建设保护区，湘西土家族苗族自治州州委、州政府决定由保护区率先实行全州生态移民试点工作。管理局将生态移民当做保护区的大事来抓，在全面细致调查的基础上，聘请州规划设计院对移民方案进行了详细规划，计划分6年完成。第一步，搬迁以乡政府为主的乡直机关及核心区公路沿线的村民，计204户、682人。目前安置地征收工作基本完成，搬迁资金基本落实。下一步将搬迁村民390户1685人。

为了提高广大村民对禁伐林木、保护资源的认识，保护区通过县政府发布了《湖南小溪国家级自然保护区资源环境保护管理暂行办法》、出台了《关于小溪河流域实行禁渔的通告》，并将《中华人民共和国自然保护区条例》及有关林业、林政方面的法律、法规摘要编印成册，采取多种形式进行宣传。此外，保护区还加大对了破坏资源环境案件的查处力度。仅2005年就受理查处各类案件250余起。

自小溪自然保护区建立以来，把森林防火工作当做大事来抓。一是广泛开展森防工作宣传，使"森林防火责任重于泰山"意识做到家喻户晓，人人皆知；二是认真落实森防工作责任制，县、乡、村层层签订森防工作责任状；三是局、乡、村各级成立义务扑火队，全区共成立义务扑火队21支500余人。

小溪自然保护区有以原始次生林、峡谷、峰林地貌景观为特色的生态旅游区，区内林海浩渺，树木葱郁，负氧离子浓度高，空气清新，环境宜人。保护区内草木四季不凋零，时时处处有美景。林海缝隙中险峡深涧，飞瀑流泉，奇峰拔地，鸟鸣猿啼，间或偶现一两栋土家木楼，鸡鸣犬吠，民风淳朴，是中南地区理想的休闲度假、探险旅游胜地。保护区在大力保护的前提下组建了小溪生态旅游开发建设有限责任公司，投入资金开发了150多个大小景点，组建了导游队伍，编撰了导游词，制作了小溪风光宣传画册及宣传光碟，购置了豪华游船和快艇，并在王村古镇设立了小溪风光宣传窗口，印制了精美的门票，同时，在《湖南林业》杂志及《武陵风光》一书中刊登了宣传文章及风光照片。

（小溪自然保护区供稿）

黄心夜合

炎陵桃源洞
国家级自然保护区

湖南炎陵桃源洞国家级自然保护区位于湖南省东南部，炎陵县的东北隅，东与江西井冈山国家级自然保护区毗邻，南与湖南省炎陵县下村乡相连，西与炎陵县的十都镇、策源乡相接，北抵江西宁冈县武功山。地理坐标为东经113°56′～114°06′，北纬26°18′～26°35′。保护区南北长32.25km，东西宽13.50km，面积23786hm²，区内活立木蓄积161.47万m³，森林覆盖率达98.75%，属森林生态系统类型自然保护区。保护区是湖南省建立最早的省级自然保护区之一。自1982年经省人民政府批准成立，2002年7月经国务院批准晋升为国家级自然保护区。

杜鹃花

◎ **自然概况**

炎陵桃源洞自然保护区位于南岭山地向湘中丘陵过渡的边缘地带，属中山地貌。由南岭山脉的万洋山为主体组成，海拔1000m以上的山峰有103座，山体呈南北走向，地势由东南向西北倾斜，东南地势高耸但地形开阔、属高山台地。西北地势较低，但山峦重叠，地势险峻，沟谷纵横。区内最高峰——神农峰（鄡峰）海拔2122.35m，为湖南省第一高峰，最低海拔420m，相对高差1700m。

炎陵桃源洞自然保护区内气候属中亚热带季风湿润气候区。海拔1000m以下，年平均气温14.4℃，1月最冷月平均气温3.9℃，7月最热月平均气温23.8℃，极端最高气温34.5℃，极端最低气温－9℃，年降水量1967.9mm，相对湿度86%，无霜期220天，年雾日170.7天。海拔1000m以上，年平均气温12.3℃，1月最冷月平均气温2.9℃，7月最热月平均气温为20.7℃，极端最高气温38.5℃，极端最低气温－9.3℃，年降水量2292mm，相对湿度88%以上，无霜期195天，年雾日200天以上。保护区日照少，气温低，云雾浓，降水多，空气湿度大，风速小，气候垂直变化大，具有典型的山地气候特征，区内使人感觉舒适的时间全年达114天，舒适旅游期长达196天，最宜避暑度假。

据2000年湖南省农林勘察设计规划院开展的自然资源综合考察资料，区内有维管束植物215科896属2019种，其中种子植物176科808属1804种，为湖南省植物资源最丰富的地区之一。根据《中国珍稀濒危保护植物名录》（1987）和1999年8月4日国务院批准《国家重点保护野生植物名录》（第一批），保护区共有国家重点保护野生

原始森林（炎陵桃源洞景观）

植物74种，其中国家一级保护野生植物6种，包括：资源冷杉、银杏、银杉、南方红豆杉、伯乐树、莼菜；国家二级保护野生植物68种，包括：福建柏、樟树、闽楠、花榈木、厚朴、凹叶厚朴、毛红椿等，此外，还包括45种兰科植物。

炎陵桃源洞自然保护区内植物区系表现为复杂、过渡与交汇的基本特征。桃源洞位于华东、华中、华南的交汇及过渡地带，与华南植物区系有着共同的渊源历史，尤其是受南岭区系植物的影响深刻，但华南植物区系成分亦占有相当比重，同时也受华东、华中和黔桂等植物区系成分的渗透。植物区系起源古老，单型属和少型属丰富，保存有残遗种。由于保护区优越的地史条件和古地理背景，有利于第三纪古老植物的保存和繁衍，所以，区内植物古老、并在分类上孤立、形态上特殊的植物颇为丰富。如单型科中有银杏科、大血藤科、伯乐树科等；单型属和少型属（2～3种）植物更多，裸子植物中有银杉属、穗花杉属等，被子植物中青钱柳属、青檀属等。另外有资源冷杉（大院冷杉）、南方红豆杉、南方铁杉等残遗种，尤其是大院冷杉，它是以保护区的当地地名命名的树种，属十极度濒危物种，分布在保护区的香菇棚等地，总株数仅有1170株，最大的一株胸径110.4cm，树高26m，冠幅18.1m，树龄约200年。

炎陵桃源洞自然保护区内陆生脊椎动物共有212种，隶属4纲25目70科，其中两栖动物24种，爬行纲40种、鸟纲106种，哺乳动物42种，东洋界种类占了71.7%，动物地理区划属东洋界华中区东部丘陵平原区。区内动物区系具有典型性和过渡性特点。国家重点保护野生动物种类多、价值大。据调查，保护区现有国家重点保护野生动物29种，其中国家一级保护野生动物4种，包括：云豹、豹、华南虎、

白鹇

黄腹角雉；国家二级保护野生动物25种，包括：藏酋猴、穿山甲、水獭、大灵猫、青鼬、小灵猫、金猫、白鹇、勺鸡、红腹锦鸡、褐翅鸦鹃等。有19种野生动物被列入《濒危野生动植物种国际贸易公约》，包括：水獭、金猫、云豹、金钱豹、华南虎、苏门羚、黄腹角雉、大鲵、穿山甲、豺、豹猫、凤头鹃隼、鸢、松雀鹰等。

炎陵桃源洞自然保护区景观资源丰富，规划为甲水、田心里、九曲水、平坑、横泥山、桃花溪等六大景区，有一级景点6个，二级景点12个，三级景点28个。整个桃源洞群峰漫舞，谷岭交错，且多为茂密的原始森林所覆盖，远望罗霄山脉，峰峦重叠，延绵起伏，空间层次异常丰富，轮廓优美的山体，姿态各异的水体，幽静的森林，奇险的深涧峡谷，恬静的田园风光相互渗透，紧密相连融合为一个完整的景观系统。

桃源洞的溪流纵横交错，出神入化，往往水湾急转，又是一番景象，多姿的水流则给之以生命和活力。"山得水而活，水因山更幽"，发源于区内的一百多条溪流山泉，在各种不同地形环境的约束之下，水流时而激越狂奔，时而平静娇羞；或从宽阔的河

资源冷杉

大鲵

床缓缓流过，或由石隙中夺腔而出，在空间上对比变化丰富，节奏明显。

原始美丽的净土，幽深无垠的原始森林，流光溢彩的迷人山水在这里应有尽有，显现出大自然无穷魅力，原始神秘的神农谷是越野、登山、溯溪、露营、烧烤等户外活动理想场所，在这里能够满足人们返璞归真的渴求，不愧为休闲旅游，野外探险、避暑疗养的胜地。

（炎陵桃源洞自然保护区供稿）

湖南 黄桑
国家级自然保护区

湖南省西南部，南岭山系八十里大南山与雪峰山南麓交接处，有一片被联合国教科文组织称之为"没有污染的神奇绿洲"，这就是湖南黄桑国家级自然保护区，是湖南省沅江上游二级支流莳竹水的发源地。地理坐标为东经109°45′~110°10′，北纬26°17′~26°35′。保护区总面积12590hm²，属森林生态系统类型的自然保护区，主要保护中亚热带天然次生林生态系统。2005年经国务院批准晋升为国家级自然保护区。

马尾松群落

◎ 自然概况

黄桑自然保护区地处云贵高原东侧边缘山地，属典型的中山地貌。其地势东南高，西北低，奇峰高耸，狭谷幽深，溪河纵横，地势险峻，地形复杂多变，境内海拔1000m以上山峰有16座，最高峰牛坡头海拔1913m，最大高差达1433m。山坡为直线坡或复式坡，坡度多在30°以上。区内水系发达，流水侵蚀和风化作用强烈，重力崩塌作用明显，八十里大南山主脉就坐落在保护区与城步县的分界线上。

黄桑自然保护区内地层由一套含粗碎屑的砂质、泥质及硅质沉积物组成。风化强烈，多为残坡积层覆盖，经受区域变质作用后普遍产生浅变质。境内土壤以黄壤、红壤为主，其次还有山地黄棕壤、山地草甸土四种类型。土壤肥厚，有机质含量较高。

黄桑自然保护区属中亚热带湿润气候区。温暖湿润、四季分明、降水均匀是保护区的气候特点。由于山脉纵横交错，地形切割明显，加上森林植被的影响，形成了以垂直变化为主的多层次多方向的沟谷气候、山岭气候和高地山坡立体气候，光、温、水、风随地形地势和植被状况的不同而变化明显。年平均气温15.7℃，最高月平均气温在7月，为25.5℃，最低月平均气温在1月，为4.6℃；无霜期270天。年降水量1536.3mm，5月最多，为512.6mm；12月最少，为141.2mm；年雾日86天，雾日最多达135天。

黄桑自然保护区山高谷深，溪河

纵横，境内河流年径流量在 25 亿 m³ 以上，有长度超过 5km 的大小溪流 14 条，水系呈树枝状分布，遍布全区。沅水二级支流莳竹水发源于此。区内各溪流具有径流量大、冬不结冰、水质优良、清冽可口等特点，其水质达到国家一级饮用水标准，是保护区及当地居民生产、生活的主要水源。季节性降水是本区河水的主要来源。

大门洞

黄桑自然保护区是一个不可多得的野生动植物资源基因库。因地处南岭山系八十里大南山北麓和雪峰山脉南端的交汇地带，境内垂直高差大、独特的地理气候使其还具有中亚、北亚及暖温带过渡综合型的特点。区内

青钱柳

植物属于泛北极植物区、中国－日本森林植物亚区、华中植物小区。区系成分以雪峰山成分为主，同时渗入大量的华南－南岭区系植物及黔桂植物，组成较复杂，属典型的中亚热带常绿阔叶林带。在保护区植物种类中，有中国特有属 23 个、中国特有种 735 种，占本区总种数的 39.5%，比例非常大，说明了保护区植物区系的特有现象比较丰富。其植物种类占湖南植物种类总数的 45.9%，具体有维管束植物 213

南方红豆杉

科 848 属 2029 种，其中种子植物 175 科 774 属 1863 种。

黄桑自然保护区有陆栖脊椎动物 223 种，分属 27 目 68 科，占湖南省陆生脊椎动物总数量的 35.3%。其中两栖类 2 目 7 科 16 种，爬行类 3 目 10 科 40 种，鸟类 14 目 33 科 114 种，兽类 8 目 18 科 53 种。野生动物的区系联系丰富，过渡性强。由于特殊的地理环境，野生动物具有华中动物区系的固有种类，还有一些华南区的种类

银杏

伸入。区内共记录有昆虫 482 种，隶属 14 目 96 科。

黄桑自然保护区是一个山多、溪多、林多、鸟兽多，空气新鲜，气候宜人，风景秀丽的天然林区。全境七大景区、十大溶洞、十大瀑布、耸立的奇峰异石、红军路、九溪冲、铁杉林、楠木林、马褂木林和上堡金銮殿等使人流连忘返；区内森林密布，丘陵起伏，奇峰怪石林立，溪流纵横，流水潺潺，空气洁净，富含负氧离子，是名副其实

黄腹角雉

白颈长尾雉

红腹锦鸡

白鹇

大鲵

草鸮

的"氧吧";夏季气温比区外低5～7℃以上,是湖南及其周边地区不可多得的避暑胜地;这里是历朝历代少数民族起义的多发地,也是中国工农红军长征走过的地方,具有极高的史料价值。保护区地处少数民族地区,聚居着苗、土家、侗、黎、汉、瑶、壮、布依、满共9个民族,少数民族人口占91%,也因此形成了独特的民族文化和浓郁的苗乡风情。

◎ 保护价值

　　黄桑自然保护区是近200年来恢复发展起来的天然次生林,森林群落进行着顺向演替,多层次、多树种的森林结构加上植物区系的交汇与过渡,构成了更为复杂的群落结构,是研究中亚热带森林演替规律的重要基地。

　　黄桑自然保护区主要保护我国中亚热带中心保存较完整,具有典型的华东－华中交汇和过渡色彩植物区系成分的天然次生林和原始次生林森林植被和珍稀濒危动植物资源以及生物多样性,拯救濒于灭绝的珍稀物种;此外,保护区珍贵稀有、数量众多、具有历史价值和纪念意义的古树名木、

少数民族聚住区珍贵历史人文景观和秀美自然景观也同样具有珍贵的保护价值。

　　由于受第四纪冰川的影响较小,区内多古老孑遗和国家重点保护野生植物得以在保护区生存和和繁衍,对于保护、拯救濒于灭绝的珍稀物种、维持生物多样性具有重要意义和价值。据调查统计,保护区保存有国家重点保护野生植物21种,其中国家一级保护野生植物3种,即银杏、南方红豆杉、伯乐树;国家二级保护野生植物18种,如篦子三尖杉、华南五针松、半枫荷等。保护区有国家重点保护野生动物37种。其中国家一级保护野生动物6种,包括:云豹、金钱豹、白鹤、林麝、黄腹角雉、白颈长尾雉;国家二级保护野生动物31种,包括:藏酋猴、红腹锦鸡、草鸮、大鲵、穿山甲等。

◎ 功能区划

　　黄桑自然保护区划分为3个功能区,即:核心区4155hm²、缓冲区3019hm²和实验区5416hm²。

◎ 管理状况

　　多年以来,黄桑自然保护区管理机构一面着力解决集体林区生态资源的保护与利用之间的矛盾,一面紧紧围绕生态保护与可持续发展利用这一主题与时俱进、积极探索、严格管理、合理开发,实现了生态环境的良好保护。目前保护区已经完成基础建设的设计工作,区内生态保护工程、科研宣教工程和基础设施建设工程将全面展开,生态环境保护状况将得到进一步改善。

　　24年来,为给保护区内的野生动植物提供适宜的生存环境,保护区实施了全面禁伐、多重保护的措施,这些措施包括护林巡护员制度的施行、退耕还林工程和生态恢复工程的实施

以及加强对进区人员的监管等。除此之外,保护区还与周边社区紧密联系,建立了火警火灾联防制度,并于2005年开始申报国家重点生态公益林以获得相关资金补助。上述措施使社区参与环境保护的热情迅速上涨,林农改变了以往靠山吃山的旧思想,他们积极地发展生态种养业,开发农家特色产业,而高山云雾制茶和鱼类水产的兴起也刺激了当地的经济,社区经济得以发展,社区群众也因此开始走上致富路。

◎ 科研协作

近年,黄桑自然保护区及时开展了黄腹角雉的引种繁殖工作,并与相关科研单位合作开展了保护区森林资源的科学考察工作。1999年,中南林学院黄桑自然保护区教学实验基地设立;2004年,中国科学院华南植物研究所科研基地设立;2006年5月,中国科学院武汉植物园黄桑自然保护区生态定位站正式设立。越来越多的科研院校和保护区结盟,再加上保护区科研工程的实施,保护区必将迎来科研领域的又一个春天。

(黄桑自然保护区供稿)

天然阔叶林

古杉群落

长苞铁杉群落

湖南 鹰嘴界 国家级自然保护区

湖南鹰嘴界国家级自然保护区地处雪峰山脉西支南段，与云贵高原向雪峰山倾斜交汇处。地理坐标为东经109°48′～109°58′，北纬26°46′～26°59′。保护区东西长20.4km，南北宽10.6km，总面积15900hm²，属森林生态系统类型自然保护区，主要保护典型的中亚热带常绿阔叶林、珍稀野生动物资源及其栖息地。保护区始建于1998年，2006年2月经国务院批准晋升为国家级自然保护区。

鹰嘴界天然林一角

◎ 自然概况

鹰嘴界自然保护区自然条件优越，属回春性侵蚀－构造中低山地貌，山峦叠翠，连绵起伏，奇峰高耸，溪河纵横，沟谷深邃，形成了千峰万壑的复杂地形，多见45°以上陡坡和悬崖峭壁。保护区最高海拔938m，最低海拔270m。地层为前寒武纪古老地层，出露岩石以硅质岩和板页岩为主。区内土壤以红壤和黄壤为主，土壤土层不厚，但养分含量较高，物理通透性能好，蓄水保肥保土功能强。保护区气候为中亚热带湿润季风气候，区内年平均气温13.4～16.6℃，年降水量1304～1603mm，空气相对湿度83%，无霜期303天。保护区内水系发达，主要有鲁冲溪、九洞溪、燕冲溪等，溪流沟谷狭窄，跌水落差大，水流湍急，各溪流分东西两侧分别注入洞庭湖、长江水系沅江一级支流渠水和巫水。自然保护区气候四季分明，降雨适中，夏无酷热，冬少严寒，充足的水热条件和肥沃的土壤，为林木生长发育提供了得天独厚的条件。

鹰嘴界自然保护区内森林景观千姿百态，有常年翠绿的常绿阔叶林景

硅质岩生态系统（硅质岩上的常绿阔叶林）

观和景色四季不同的常绿落叶阔叶林景观，林内绿树成荫，古树参天，四时有山花红叶点缀，色彩斑斓，景色迷人；地貌景观更是雄伟壮观，变化多端，癫子岩有栩栩如生的骆驼峰等

奇峰怪石，有气势磅礴的点将台石柱和幽深的洞穴，九洞溪有气势恢弘的绝壁深潭和飞瀑跌水等独特景观。林海碧涛，奇山秀水绘就的一幅幅美丽、迷人的自然画卷，让人流连忘返，加

鹰嘴界秋色

山顶矮林

上当地丰富的侗、苗族文化及风土人情，保护区已成为人们森林旅游和休憩的理想场所。

◎ 保护价值

鹰嘴界自然保护区内主要保护对象有：典型的中亚热带常绿阔叶林；珍稀野生动物资源及其栖息地。其重要的保护价值主要体现在以下几个方面：

一是特殊的地理位置和地质地貌影响着天然林的起源、生长和发育，形成了过渡交汇的植物区系。鹰嘴界自然保护区位于中国－日本亚区到喜马拉雅植被区东西过渡和中亚热带向南亚热带、热带南北过渡的交汇处，其植物区系过渡交汇特点十分明显，且地理成分复杂，起源古老。据考察，保护区植物区系共有 15 个分布区类型，其中热带分布占 20.78%，北温带分布占 16.71%，东亚分布占 12.97%，热带亚洲分布占 11.4%，东亚和北美间断分布占 7.97%，旧世界温带分布占 7.18%，中国特有分布占 3.75%，其他类型分布占 26.24%。

二是鹰嘴界自然保护区保存了许多国家珍稀保护物种。其中国家一级保护的野生植物有红豆杉、银杏、莼菜、伯乐树、南方红豆杉共 5 种，国家二级保护的有篦子三尖杉、鹅掌楸等 18 种。有国家重点保护属黄连属（含 1 种）和重点保护科兰科（21 种）。国家一级保护野生脊椎动物有云豹、白颈长尾雉、白鹤、白鹳共 4 种，国家二级保护的有大鲵、虎纹蛙等 21 种。国家重点保护的野生昆虫有彩臂金龟、宽尾凤蝶等 9 种。

三是鹰嘴界自然保护区常绿阔叶林群落和生物多样性具有地域代表性。区内保存了由山地系统、沟涧系统和森林群落组成的典型的常绿阔叶林群落和结构完整的天然森林生态系统，以及原始古老中亚热带中部常绿阔叶林的残遗斑块。据科学考察，区内共有常绿阔叶林、常绿落叶阔叶混交林、落叶阔叶林、山顶矮林、竹林、针叶林、沼泽、水生植被 8 个植被型的 33 个植物群系，其中常绿阔叶林有甜槠林、桢楠林、黔桂润楠林、钩栗林、薯豆林、青冈栎林等 16 个群系，占绝对优势，为地带性顶极群落。在排子口还保存了面积 1hm² 南方红豆杉野生群落，更新状况良好，其中最老的一株，树龄近 1000 年，树高达 25m，胸径达 123cm。区内有维管束植物 1798 种，隶属 216 科 860 属；有野生脊椎动物 226 种，隶属 5 纲 30 目 75 科；有野生昆虫 730 种，大型真菌 186 种。同时在区内还保存有我国南方主要造林树种杉木、马尾松等的野生种质资源，这对于我国南方森林生态系统的恢复与重建及人工用材林可持续经营是一个重要的种质基因库。

四是鹰嘴界自然保护区生态环境

的脆弱性。在地球的同纬度地区，大多为沙漠所覆盖，唯亚洲东部保存着绿色，鹰嘴界自然保护区就是其中的精华。但鹰嘴界自然保护区森林生态系统也是在特殊的硅质岩干旱、瘠薄环境下形成和保存下来的，自我调节恢复的功能较为脆弱，自然环境和资源一旦破坏，即难以恢复。

五是鹰嘴界自然保护区具有很高的科学研究价值。保护区生态系统、

植物群落类型丰富，是重要的物种基因库。为研究中亚热带湿润气候区森林生态系统发生、发展及演替规律，及研究中亚热带中部地带种群消长、群落的演替，特别是珍稀、濒危保护物种的生物学、种群生态学、群落生态学及其消长变化提供了极好的现场。保护区内硅质岩中发育着许多的洞穴，这些洞穴在科技文献中还未有记录。

◎ 功能区划

鹰嘴界自然保护区按功能分区，划为核心区、缓冲区和实验区3个区域，其中核心区面积6310hm²，占总面积的39.7%，核心区为保护区的精华，包含了主要的森林群落类型和珍稀野生动植物栖息环境等保护对象；缓冲区2830hm²，占17.8%。缓冲区位于核心区四周，是核心区和实验区这之

润楠林

卢冲飞瀑

原始次生林

间的缓冲地带；实验区 6760hm², 占42.5%, 实验区处于核心区、缓冲区外围, 为保护区的经营区, 是提供科研教学, 生态旅游、经营管理的地方。

◎ 管理状况

鹰嘴界自然保护区在严格保护自然资源和生态环境的基础上, 充分发挥区内自然资源优势, 合理规划, 适度开发生态旅游, 是搞好资源保护和开发利用并举的有效途径。近年来, 保护区逐步规划开发了一些旅游景点和线路。鹰嘴界国家级自然保护区这颗璀璨明珠, 已经越来越引起人们的关注。随着保护区建设步伐的加快, 这里必将成为一个融自然保护、科学研究、生态旅游持续利用于一体的综合性自然保护区, 必将对加快林业发展, 改善生态环境, 促进经济社会持续协调发展, 构建和谐社会起到重要作用。

◎ 科研协作

在加强基础设施建设的同时, 鹰嘴界自然保护区加强了科研监测工作, 与有关科研单位合作, 开展了一系列科研监测活动。1999 年, 邀请湖南省林业科学院、湖南师范大学、湖南省地质研究所的 10 多名专家、教授与县林业局组织的考察队一起对自然保护区进行了综合考察, 并编制了《会同雪峰山鹰嘴界天然林自然保护区自然资源综合科学研究报告集》；2003 年又邀请湖南省林业科学研究院、湖南师范大学的有关专家、教授和保护区管理站的技术人员一道进入保护区进行了补充调查, 增补了大型真菌和昆虫等考察内容, 形成了《湖南鹰嘴界自然保护区综合科学考察报告》。同时组织技术人员对保护区内的珍稀树种和重点保护对象进行清查、建档。与中国科学院会同生态定位研究站、

湖南省林业科学研究院等单位一起完成了多个课题的研究, 并取得一定的成果。配合中国科学院武汉植物研究所、华东师范大学进行了植物资源调查。开展了珍稀保护树种的就地保存与迁地保存技术的研究。

（鹰嘴界自然保护区供稿）

鹰嘴界云海

沟谷森林生态系统

乌云界
国家级自然保护区
湖南

　　湖南乌云界国家级自然保护区位于湖南西北部桃源县南部，地处雪峰山余脉的北坡，云贵高原向湘赣丘陵、湘西山地向洞庭湖平原过渡的典型地带，东与常德市鼎城区相连，南与益阳市安化县接壤，西邻桃源县太平铺乡，北与桃源县桃花源风景名胜区相望。地理坐标为东经 111° 07′ 20″ ～ 111° 29′ 20″，北纬 28° 30′ 40″ ～ 28° 39′ 47″。保护区东西长 36.0km，南北宽 16.5km，保护区范围涉及 4 个乡（镇）共 29 个行政村，1 个国有林场，占地面积 33818hm²。保护区属森林生态系统类型自然保护区，主要保护中亚热带低海拔原始次生林及其珍稀动植物。2006 年 2 月国务院批准建立湖南乌云界国家级自然保护区。

乌云界云山雾海

◎ 自然概况

　　乌云界自然保护区地处雪峰山脉的余脉，东西向构造明显，褶皱不断层均衡发育。出露地层古老，均为元古界的复理石浅变质岩系。区内地层发育良好，主要出露有元古界冷家溪群、震旦系以及下古生界寒武系、志留、中新生界白垩系和下第三系。

　　乌云界自然保护区处于雪峰山脉弧形构造东北端倾伏部位，同时受武陵弧形构造的影响，总体鸟瞰，呈东西向隆起的脊岭，总的格局具有区域的

过渡性、结构的多层性和侵蚀的深刻性等基本特点。第四纪时期区域性的继承式间歇性新构造运动，使西部五强溪拱形隆起，东部洞庭则不断沉降，本保护区正处于这一升降交替过渡部位，地貌格局从南部边缘山地到北侧沅水河平原，地势逐渐降低，形成一面坡态势。

　　乌云界自然保护区位于中亚热带向北亚热带过渡地区，属中亚热带季风气候。冬季天气冷凉干燥多大风，霜冻频繁；春季低湿阴雨，湿度大；夏季天气炎热，多暴雨；秋季风和日

丽，气候宜人。随着海拔高度的变化，气候差异较大。保护区地处东亚季风区，受季风环流影响十分明显。保护区多年平均气温为 14.2℃，最暖月为 7 月，月平均气温 25.4℃；最冷月为 1 月，月平均气温 3.2℃；极端最高气温 38.4℃，极端最低气温 −15.8℃。日平均气温稳定；保护区平均无霜期为 270 天左右。保护区太阳辐射平均年总量为 209.5kJ／cm²，太阳总辐射的年变化不大。保护区区域范围是桃源县雨水最丰沛的地区，也是湖南降雨中心之一，年降水量在 1800 ～ 2500mm

乌云界全景

之间。但分配不平衡，表现为春夏雨多，秋冬偏少。由于降水丰富，保护区空气比较潮湿，全年的相对湿度都比较大，年平均值为86%。

乌云界自然保护区森林覆盖率高达92.5%，涵养水源丰富，地表水系十分发达。发源于保护区内的大小河流有40余条，河流的特点是：落差大，河床坡降陡，降水量丰富，水能蕴藏量大。区内发源的河流呈树枝状分布汇聚，无外来水流，自成水系，随后分别注入澄溪、水溪、夏家溪和大洋溪后入沅江。汇入洞庭湖后流进长江，因此水系属长江流域洞庭湖水系。保护区内沅水的一级支流有4条，即水溪、澄溪、大洋溪和夏家溪。桃源气候湿润多雨，降水是地下水的主要补给来源。保护区的地下水完全符合国家饮用水标准的低钠、低矿化度、中性淡水等要求，同时适宜工业和农业用水。

乌云界自然保护区地处湘中丘陵平原向湿润的湘西、黔东山地过渡的地区，土壤有明显的红壤向黄壤、由红壤经黄壤向黄棕壤过渡的特点，所以在保护区内，既有红壤，又有黄壤和黄棕壤的分布。乌云界自然保护区地处中南热带，基带为红壤，土壤的垂直分布中既有红壤，又有黄红壤，还有黄壤和黄棕壤，表现出明显的过渡特征，保护区内土壤的垂直分布状

乌云界万顷芭茅山

况大致为：200～300m以下为红壤，300～400m为黄红壤，400～700m为黄壤，黄壤以上是黄棕壤。由此可见，虽然保护区内山地山体不高，但垂直带谱较全，只是带谱较窄；同时黄壤和黄棕壤带谱下限的海拔高度也比较低。保护区地带性土壤包括山地黄棕壤、山地黄壤和红壤。

王家湾水库风光

乌云界自然保护区内植被茂密，森林覆盖率为92.5%，是沅江流域的重要水源涵养区。保护区内生物多样性丰富，珍稀动植物较集中。据专家考察，保护区内国家一级保护物种11种，国家二级保护物种47种。该区有国家珍稀濒危保护植物和重点保护野生植物共27种，其中一级保护植物5种，有银杏、金钱松、红豆杉、南方红豆杉、伯乐树，二级保护植物22种，

狮镇乌云界

蝴蝶

大鲵

小灵猫

防火消灾的木荷

乌云界野生猕猴桃

乌云界树蛙

有川黄檗、篦子三尖杉、榧树、巴东木莲、鹅掌楸、香樟、杜仲、榉树等。同时在乌云界国家级自然保护区还发现大量新纪录种，其中国家新纪录种2种，湖南新记录种10种，待鉴定种12种，区内还保存了大片国家二级保护植物篦子三尖杉群落及众多古树名木，所以乌云界自然保护区不愧是雪峰山余脉一座巨大的天然基因库。乌云界良好的生态环境和特殊的地理位置，使其成为地理演进过程中生物的"天然避难所"。保护区动物分布的一个显著特点是有大型猫科动物种群保存，特别是濒危物种华南虎近年来频频显

露踪迹。现在乌云界保护区脊椎动物中珍稀濒危物种多、数量大，有华南虎（历史记录）、金钱豹、林麝、云豹和白颈长尾雉等一级保护动物5种，大鲵、虎纹蛙、地龟、鹰类、鸮类、红腹锦鸡、勺鸡、穿山甲、水獭、灵猫和金猫等二级保护动物22种。

乌云界自然保护区独特的气候条件和地质地貌特征，形成了具有乌云界特色的自然景观。其显著特点是林海莽莽、涛声阵阵；山清水秀、白练碧潭；盛夏无暑、气象变幻；飞禽走兽、鸟语花香；春花秋叶、处处是景。其中风景秀丽、气势雄伟的地质地貌景观就有明镜远照、五龙戏水、古寨凌霄、七娘竞眉、七凤起舞和猛虎跳涧；气象景观有瞬息万变、雾霭缭绕、婆娑缥缈的"云雾烟雨"以及每年的大寒至来年立春间那白雪皑皑、银装素

裹的"云岭积雪"等；水域景观有飞泻直下的龙洞春涨瀑布以及四周风景秀丽、如诗如画的王家湾水库和芦花水库；另外还有丰富的人文旅游资源，如"古镇风貌"（《铁牛镇》《竹山青青》《女儿船》等多部影视作品拍摄地）、净水庵、赛五龙庵以及喝擂茶、金牛溪传说和芦家山寨传说等民俗民情民谣。

◎ 保护价值

乌云界自然保护区的保护对象包括六个方面：一是我国中亚热带低海拔地区大面积的原始次生林生态系统；二是以华南虎为代表的大型猫科动物及其栖息地，包括华南虎、金钱豹、云豹、金猫和豹猫等；三是珍稀濒危的植物资源以及古树名木；四是古老残留物种和成片的篦子三尖杉群落；

五是中国特有物种；六是雪峰山余脉的生物多样性及遗传资源。

保护价值主要体现在：是保护生物多样性的需要，是保护低海拔常绿阔叶原始次生林、珍稀孑遗植物物种与古树名木的需要，是保护雪峰山脉最后一座基因库的需要，是保护湘西北重要水源涵养区的需要，是促进保护区持续发展的需要。

（乌云界自然保护区供稿）

鸟类的天堂

鸟云界王家湾水库

湖南

南岳衡山
国家级自然保护区

南方红豆杉（曹铁如摄）

湖南南岳衡山国家级自然保护区位于湖南省中部偏东，坐落于衡阳市南岳区，地理坐标为东经112°34′28″～112°45′36″，北纬27°12′10″～27°19′40″。保护区总面积11991.6hm²，是以南岳衡山生态圈为主体建立的自然保护区，属森林生态类型自然保护区。1984年5月经湖南省人民政府批准建立省级自然保护区，2007年4月经国务院批准晋升为国家级自然保护区。

◎ **自然概况**

南岳衡山是耸立在湘中盆地的一座孤山，其地质构造主要是花岗岩的断裂构造，花岗岩断块组成峰林状的垒形中山地貌，群峰突起。最低海拔80m，最高海拔1300.2m，属亚热带季风湿润气候区，具有冬无严寒、夏无酷暑、雨量充沛的气候特点。年均气温：山脚为17.5℃，山顶为11.29℃。绝对最高气温：山脚为40.8℃，山顶为32.4℃；绝对最低气温：山脚为−8.9℃，山顶为−16.8℃；年均降雨量：山脚为1440mm，山顶为2045.48mm。其地带性土壤是红壤，土壤类型垂直带谱明显，自下而上依次为海拔600m以下为山地红壤、600～800m为山地黄壤、800～1100m为山地黄棕壤、1100m以上为山顶草甸土，土壤pH值在4.2～5.1之间，呈强酸性反应，土层厚度一般为40～80cm，腐殖质厚度一般为10～20cm。

南岳衡山自然保护区已记录高等植物266科973属2149种（含种下等级），其中苔藓植物共计48科101属152种，蕨类植物35科71属221种。种子植物183科801属1776种。有野生动物种类1318种，其中鱼类4目11科30种，两栖动物2目8科23种，爬行动物3目9科44种，有鸟类13目38科148种，哺乳动物有7目18科39种，昆虫1034种。

南岳衡山是我国的五岳名山之一，文物古刹众多，具有三海、四绝、五峰、九潭、九池、九溪、十五洞、二十四泉、三十八岩和保存完好的原生植被等丰富自然景观，形成保护区自然景观与人文景观交相辉映、相得益彰的胜景。

南岳衡山自然保护区远景（康松柏摄）

方广寺450年生，胸径70cm的南方红豆杉（李明红摄）

福严寺1440年生，胸径152cm银杏树（李明红摄）

◎ 保护价值

　　南岳衡山自然保护区以保护云豹、林麝、黄腹角雉、大鲵、穿山甲、大灵猫、小灵猫等珍稀濒危野生动物及其栖息地和南方红豆杉、伯乐树、绒毛皂荚等珍稀濒危植物及其群落，以及我国亚热带少数地区保存较为完整的森林植被和森林生态系统为主要保护对象。是目前我国亚热带地区森林植被保存比较完好的少数地区之一，其植物区系成分复杂、多样，具有典型的华东－华中过渡色彩。国家一级保护兽类有云豹、林麝等2种，国家二级保护兽类有穿山甲、

衡山荚蒾（喻勋林摄）

南岳凤丫蕨（喻勋林摄）

衡山金丝桃（喻勋林摄）

绒毛皂荚果枝（喻勋林摄）

大叶榉，550年生，胸径130cm（李明红摄）

山斑鸠（邓学建摄）

大泛树蛙（刘松摄）

白鹇（邓学建摄）

短尾蝮（徐永福摄）

灰胸竹鸡（邓学建摄）

虎纹蛙（刘松摄）

竹节人参，2007年在南岳衡山首次发现，湖南省重点保护野生植物（喻勋林摄）

伯乐树（钟萼木）（喻勋林摄）

红椿（喻勋林摄）

华严湖景观（康松柏摄）

雾凇景观（李明红摄）

大灵猫、小灵猫、金猫等4种；有国家一级保护鸟类黄腹角雉1种和二级保护鸟类黑耳鸢、苍鹰、普通鵟、大鵟等27种，国家二级保护两栖类有大鲵和虎纹蛙2种。此外，还有国家重点保护野生植物16种，其中国家一级保护植物3种，国家二级保护植物13种，古树名木46科83属124种4800多株。

◎ 科研协作

先后有湖南大学、华南大学、湖南师范大学、南华大学、中南林业科技大学、湖南环境生物学院、中国科学院植物研究所、湖南林业科学研究院等120个单位的专家学者来此进行科研调查，出版5本学术专著，发表了1769篇论文，有效地查清了自然保护区内的动植物资源，提出了保护措施，当地村民爱护森林，有力地配合了保护区的建设工作。

（南岳衡山自然保护区供稿）

广济寺植被——甜槠、缺萼枫香、水丝梨林（李明红摄）

方广寺金钱松、大叶青冈林群落（李明红摄）

石涧潭瀑布（康松柏摄）

湖南 八面山
国家级自然保护区

　　湖南八面山国家级自然保护区位于湖南省东南部，桂东县西部，地处罗霄山脉中南段，南岭山脉北端，东连湘赣边界的万洋山和诸广山，南抵洪水山，东、东南与桂东县四都乡和青山乡交界，北与炎陵县相连，西与资兴市毗邻。地理坐标为东经133°37′39″～113°50′08″，北纬25°54′02″～26°06′59″。保护区南北长24km，东西宽为21km，总面积10974hm²，其中核心区面积3137hm²，缓冲区面积2141hm²，实验区面积5696hm²，属森林生态系统类型自然保护区。1982年成立桂东八面山省级自然保护区，2008年1月14日经国务院批准晋升为国家级自然保护区。

八面山远景

◎ 自然概况

八面山自然保护区属于湘中、湘东南"华夏古陆"的边缘古海槽沉积区，出露地层有元古代震旦系和古生代奥陶系、寒武系等最古老的老层，较新地层有第四系下更新统。区内岩石的组合主要有花岗岩类，砂岩类和变质岩类三大类。花岗岩类主要分布在桃寮、军营铺和小屋溪等地，约占全区面积的10%；砂岩类主要分布在桃寮与小桃寮间山脉及八面山主峰周围，约占全区面积的12%；其他以外

的广大地区为变质岩类，约占全区面积的78%。地质构造类型可分为：东西向构造，南北向构造，华夏系构造，新华夏系构造，旋转构造。

八面山自然保护区的地形是以纵谷岭脊和横谷岭脊为主的中山地貌，海拔1000m以上的山峰有1600座，最低海拔800m，最高海拔2051m，高差达1200m。山岭谷纵横相间，呈现出"U""V"型峡谷的地貌特征。其具体表现为东西两边高中间低，中部突起，向南北倾斜，呈现"H"形轮廓；地表切割强烈，沟谷纵横，山陡坡度大，

八面山生态

地势起伏大，背风和向风、阴坡和阳坡差异明显。

八面山自然保护区基带属中亚热带季风湿润气候区。气候特点是冬、夏季长，但冬无严寒，夏无酷暑，春、秋季短，而秋温高于春温；雨量充沛，但季节分配不匀，年际变化大。年平均气温15.8℃。极端最高气温出现在7月或8月，其极端值为32.8℃，极端最低气温为-5.5℃，出现在1月或2月。无霜期240~280天。≥10℃活动积温为5174℃，持续日数240天。年降水量1900mm以上，但全年降水季节分配不匀，以春夏两季降水量最多，占全年降水量的71.46%，秋冬两季只占全年降水量的28.54%。全年相对湿度88%以上。具有南亚热带的气候特点。

八面山水系为湘水系的重要组成部分，是湘江一级支流洣水和耒水的重要发源地。桃寮水，脚盆寮水，水斜水向北方汇入炎陵县斜濑水，流入洣水，注入湘水。青山水、左溪、东水、西水、彩洞河向南方汇入淇水，流入东江水库，经耒水注入湘江。桃寮水、脚盆寮水、水斜水向北汇入炎陵县斜濑水，流入洣水，注入湘江。

八面山自然保护区成土母质母岩有变质岩（如砂质板岩）、沉积岩（如砂岩）和岩浆岩（如花岗岩）三大类。保护区内土壤根据湖南省土壤分类系

八面山阔叶林

八面山阔叶林

绿之源

白颈长尾雉

大鲵

黄腹角雉

统，可分为山地黄壤，山地黄棕壤、山地灌丛草甸土和水稻土4个土类，6个亚类，17个土属。保护区海拔1300m以下为山地黄壤的主要分布区，海拔1300～1800m以山地黄棕壤为主，海拔1800m以上为山地灌丛草甸土。

八面山自然保护区野生动植物资源丰富，是天然的物种基因库。已基本查明的植物种类：维管束植物共有217科922属2259种，其中种子植物178科834属2031种。发现陆生脊椎

动物共有240种，分属24目66科。

八面山自然保护区自然景观资源丰富。八面山主峰牛石仙八面悬崖峭壁，危石耸立，沟谷纵横，形成了鸡心石、金鸡叫天门、天宫神印、仙牛卧云、铜罗圈、小石林等极具欣赏价值的自然景观，区内气候宜人，生态环境清新优雅，各种古树名木、异兽珍禽、琪花瑶草充斥其间，有春季漫山遍野的杜鹃花，夏季翠绿如茵的柳叶箬草丛，秋季的红叶，冬季的玉树

琼枝。有"无山不绿，有水皆清，四时花香，万壑鸟鸣"的美妙意境。

◎ 保护价值

八面山自然保护区内野生动植物资源丰富，珍稀濒危物种多，有国家一、二级保护植物银杉、银杏、红豆杉、南方红豆杉、伯乐树、福建柏、毛红椿等21种；国家一、二级保护动物华南虎、金钱豹、云豹、白颈长尾雉、黄腹角雉等43种。区内有全国最大的

白鹇

伯乐树

银杉

原始次生林

伯乐树

银杉群

云锦杜鹃

生态林

阔叶林

银杉群落，另有南方铁杉纯林、穗花杉林等珍贵树种群落，其中的银杉、南方铁杉、穗花杉对研究地史、植物进化具有巨大的科学价值。

八面山山体高大，人烟稀少，连北达南，有动物南北走廊之称，区内山顶山脊1510hm²五节芒和柳叶箬草丛，是华南虎理想的藏身地和活动中心。

八面山自然保护区植物区系为华东、华南、华中的交汇和过渡之地，动物区系具有典型的东洋界华中区区系特征。

八面山自然保护区的天然植被是罗霄山山地植被小区的代表，是湘江水源的重要涵养地，且自然景观资源丰富，具有良好的旅游价值。

（八面山自然保护区供稿）

八仙下棋

南方铁杉

高山灌木

湖南 借母溪
国家级自然保护区

湖南借母溪国家级自然保护区位于湖南西北部，沅陵县的西北隅，与张家界市毗邻，是武陵山脉南支向东南方向伸展的中低山部分。保护区东与借母溪乡为邻，南与借母溪乡、明溪口镇相连，西与永顺县以武陵山锅锅垴支脉山脊线为界，北与张家界市永定区以武陵山南支脉山脊线分界。地理坐标为东经110°19′45″～110°29′16″，北纬28°45′51″～28°54′04″。保护区总面积13041.0hm²，属森林生态系统类型的自然保护区，主要保护中亚热带原始次森林，及白颈长尾雉、林麝、珙桐、南方红豆杉、伯乐树等珍稀濒危野生动植物。保护区建立于1998年，2003年晋升为省级自然保护区，2008年经国务院批准晋升为国家级自然保护区。

珙桐（刘科摄）

借母溪风光（刘科摄）

◎ 自然概况

借母溪自然保护区内出露地层有晚元古界板溪群五强溪组，震旦系南沱组、陡山沱组、留茶坡组，下古生界寒武系下统牛蹄组、杷榔组、清虚洞组、中统敖溪组、花桥组，新生界第四系。从大地构造部位属扬子地台江南地轴武陵复背斜。

借母溪自然保护区地貌表现为背靠武陵山脊，地倾东南，层峦交叠，众溪辐奔的山间复式槽状盆谷。最高峰锅锅垴海拔1294m。沟谷地貌为区内的主要地貌类型。岩溶地貌在借母溪也十分发育。

借母溪自然保护区气候属中亚热带湿润性季风气候。年平均气温14.6℃，绝对最高气温36.9℃，极端最低气温−14.1℃，无霜期263天，年日照时数1280.6h，年降水量1613.8mm。

借母溪自然保护区内水系属沅水水系，位于沅水与澧水分水岭以南，山高谷深，溪河纵横，主要有借母溪及支流大洞溪，有深溪及支流熊溪，自北向南流经全区，前者注入沅水一级支流酉水，后者则流入沅水。季节性降水是本区溪河水的主要来源。地下水有浅变质岩裂隙水区、碳酸岩夹碎屑岩裂隙岩溶水区和碳酸岩裂隙岩溶水区三种。

借母溪自然保护区土壤类型主要有地带性的红壤、山地黄壤、山地黄棕壤和非地带性黑色石灰土、红色石灰土、紫色土等6个土类、10个亚类、20个土属、66个土种。

借母溪自然保护区内动植物资源极为丰富，分布有大片黄心夜合群系、乌冈栎群系、钩栲群系等中亚热带常绿阔叶林、常绿与落叶混交林34个群系，共有维管束植物206科894属2368种（包括变种、栽培种）。其中蕨

借母溪风光（刘科摄）

甜槠栲群落（刘科摄）

类植物38科85属311种，裸子植物7科19属28种，被子植物161科790属2029种。有国家重点保护野生植物23种，属国家一级保护的有4种：珙桐、南方红豆杉、银杏、伯乐树；属国家二级保护的有19种：黄杉、篦子三尖杉、白豆杉、巴山榧树、榉树、红豆树、鹅掌楸、凹叶厚朴、樟树、闽楠、野大豆、喜树、花榈木、红椿、伞花木、香果树、黄皮树、金荞麦、中华结缕草。另外还有兰科植物61种。保护区内的中国特有科有银杏科、杜仲科和大血藤科，中国特有属有银杏属、杉木属、白豆杉属等22属，湖南特有种12种，其中沅陵长蒴苣苔、沅陵悬钩子、沅陵葡萄、湖南马蓝为该区特有的植物

黄心夜合（刘科摄）

新种。

借母溪自然保护区发现陆生脊椎动物共有 4 纲 27 目 73 科 242 种。其中两栖纲 2 目 8 科 24 种；爬行纲 3 目 7 科 39 种；鸟纲 15 目 36 科 133 种；哺乳纲 7 目 22 科 46 种。另记录水生脊椎动物鱼类 3 目 7 科 19 种。有国家重点保护的野生陆栖脊椎动物 35 种，其中属于国家一级保护的珍稀动物有白颈长尾雉、林麝 2 种；属于国家二级保护的动物有虎纹蛙、大鲵、鸢、凤头鹃隼、松雀鹰、赤腹鹰、苍鹰、苏门羚等 33 种。借母溪自然保护区是白颈长尾雉湖南省的首次发现地。

借母溪自然保护区自然景观突出，生态环境优美。春天山花烂漫、峰青峦秀、翠谷鸟鸣；夏日里绿树成荫、清新幽静、凉爽宜人；秋季层林尽染、繁花似锦、林果飘香；寒冬白雪皑皑、山舞银蛇、原驰蜡象；沿借母溪与熊溪而上，公狮岩、母狮岩、猴脑山、卧象山等各形状的奇山异石似人似物，栩栩如生。锅锅堖、茶园山、双尖堖等群峰争戟苍天，地下溶洞鬼斧神工，令人拍手叫绝。

◎ 保护价值

借母溪自然保护区内的主要保护对象为：中亚热带原始次森林、白颈长尾雉、林麝、珙桐、南方红豆杉、伯乐树等珍稀濒危野生动植物。

主要保护价值为：

（1）保存完整的原始次生石灰岩森林植被和颇具特色的以乌冈栎、岩栎、巴东栎为主的类似硬叶常绿阔叶林的山顶矮林，对我国西部石漠化地区的造林绿化具有很好的参考意义。

（2）保护区有我国中亚热带典型的常绿阔叶林、常绿与落叶阔叶混交林群落分布，共计 34 个群系，尤其是常绿阔叶林海拔分布(200m)为我国最低，对研究低海拔石灰岩地区常绿与落叶

金鞭鱼（李义摄）

大百合（刘科摄）

篦子三尖杉（李义摄）

大鲵（李义摄）

借母溪沟谷风光（刘科摄）

竹荪（李义摄）

血皮槭（刘科摄）

伯乐树（李义摄）

白颈长尾雉（刘科摄）

706

借母溪风光（刘科摄）

神秘的借母溪（刘科摄）

原始次森林（钟玉胤摄）

借母溪骆驼山（刘科摄）

原始森林一角（刘科摄）

阔叶林群落分布特点具有十分重要的意义。

（3）保护区内野生动植物资源丰富，物种相对丰度较高，特有、珍稀、古老性种类多，确实是与鄂西川东地区相联系的我国特有植物分布中心之一，也是张宏达先生提出的华夏植物区系起源的"摇篮"。

（4）分布有伯乐树林和桂花树林等独特资源。

（5）独特的岩溶、沟谷地貌和原始次森林景观。借母溪自然保护区森林覆盖率高能释放植物精气的植物种类丰富，空气中微生物含量低空气洁净，水质优良，土壤无污染，生态环境质量优良，自然景观资源类型较为丰富。

（6）生态环境极其脆弱，破坏后不易恢复。由于保护区地势陡峭险峻，切割强烈，坡度均在35°以上，甚至达到90°，悬崖陡坡上的成土母岩形成土壤非常浅薄，境内沟谷地貌和岩溶地貌的生态状况极其脆弱，其上的原始森林植被遭到破坏后很难恢复。

（7）沅江的水源涵养地，下游生态农业的重要依托。

◎ 科研协作

借母溪自然保护区建立以来，有条不紊地开展了科研监测活动。2003年县政府委托中南林业科技大学对保护区进行了综合考察，北京林业大学、中国科学院昆明动物研究所、湖南师大、中南林业科技大学的专家教授多次到保护区进行科学考察。管理局组织现有的技术人员开展了经常性的科研活动，2007年在生物多样性补底调查中发现湖南马蓝这一植物新种。

（借母溪自然保护区供稿）

湖南六步溪国家级自然保护区位于湖南省安化县西北部，湘西山地雪峰山北麓。地理坐标为东经110°44′56″～110°58′08″，北纬28°17′54″～28°25′53″之间。保护区总面积16727hm²，属森林生态系统类型自然保护区。保护区始建于2001年，2009年经国务院批准晋升为国家级自然保护区。

◎ 自然概况

六步溪自然保护区地处湘西山地雪峰山北麓，位于扬子陆缘与华夏陆缘之间的雪峰山加里东弧形褶皱隆起带中段。地貌为褶断侵蚀—剥蚀中低山型地貌，海拔高度500～1000m，属中低山地；最高峰王尖1254.7m，最低点位于壤溪河水面232.7m，"V"型河谷、冲沟极发育；出露岩层为浅变质碎屑岩。保护区的成土母岩主要是板页岩，主要土壤类型有山地黄红壤、山地黄棕壤和山地黄壤。

六步溪自然保护区位于中亚热带季风气候区。气候温暖湿润，四季分明。由于山多且高，受地形地势等诸种因素的影响，小气候特征明显。

◎ 保护价值

六步溪自然保护区主要保护对象有典型的中亚热带中低山阔叶林和低山暖性落叶针叶林生态系统，以及白颈长尾雉、金钱松、兰科植物、楠树、榉木等珍稀野生生物资源。保护区超

过 60% 的森林为天然林，核心区大部分森林基本处于自然状态，人为干扰很少。生物资源丰富，生态系统的组成成分与结构复杂，植被类型多样，珍稀濒危植物繁多。保护区内共有维管束植物 205 科 678 属 2067 种，其中国家一级保护植物 3 种，国家二级保护植物 18 种，野生兰科植物 35 种；国家一级保护动物 3 种，国家二级保护动物 21 种。因此，六步溪自然保护区具有很高科研价值和保护价值。

（六步溪自然保护区供稿）

阳明山
国家级自然保护区

湖南阳明山国家级自然保护区位于具有国际意义的陆生生物多样性关键地区——南岭山脉的范围内。地理坐标为东经 111° 51′ 36″ ～ 111° 57′ 36″，北纬 26° 02′ 00″ ～ 26° 06′ 15″。保护区总面积为 12795hm²，属森林生态系统类型自然保护区。2009 年经国务院批准建立国家级自然保护区。

◎ 自然概况

阳明山自然保护区处于双牌、宁远、祁阳三县交界处，为南岭山脉北部的独立山地，主峰海拔 1625m，整个山势沟谷深切，陡峭奇峻，当海拔上升到 1000m 以后，地形突变，形成若干狭长盆地，相对高差仅 100 ～ 150m，状似"山原地貌"。母质多为砂岩，偶有花岗岩露头。山坡土层浅薄，角砾几乎遮遍地表。坡度一般在 35° 以上。

阳明山自然保护区雨水全年分配均匀，无明显伏旱和秋旱，年降水量达 2000mm，年平均气温 12℃ 左右，无霜期仅 150 天。

◎ 保护价值

阳明山自然保护区具有独特复杂的生物群落、生态系统和丰富的生物多样性。它保护着大面积完整的亚热带森林生态系统，其中分布着大面积我国特有的国家二级保护植物黄杉。区内共有维管束植物 219 科 849 属 1917 种，其中国家重点保护野生植物 60 种，43 个湖南新记录种。保护区黄杉是我国现存最完好、面积最大的区域，分布面积达 2800hm²。保护区分

阳明山漂流九九弯（胡明高摄）

布有 220 种陆生脊椎动物，动物地理区划属东洋界华中区东部丘陵平原亚区。在保护区采集到昆虫标本约 1500 种，根据现有资料，可鉴定到属种的昆虫有 557 种，分属 21 目 153 科。区内有 3 种国家一级保护动物，25 种国家二级保护动物，另有 159 种陆生脊椎动物，属于"国家保护的有益的或者有重要经济、科学研究价值的陆生脊椎动物"。因此，阳明山自然保护区具有重要的生态保护价值。

（阳明山自然保护区供稿）

长菅湾瀑布

沧桑

阳明山（周昌俊摄）

湖南 舜皇山
国家级自然保护区

湖南舜皇山国家级自然保护区位于湖南省新宁县。地理坐标为东经110°28′53″~110°18′34″，北纬26°15′06″~26°55′22″。保护区总面积21719.8hm²，属森林生态系统类型自然保护区。保护区始建于1982年，2009年经国务院批准晋升为国家级自然保护区。

舜皇峰晴岚

◎ 自然概况

舜皇山自然保护区位于东南构造地洼区湘干地洼系湘中地穹列邵阳地穹内的西南部。出露地层主要为震旦系上统含砾砂绢云母板岩、含砾砂质千枚岩、板岩、千枚岩；含砾砂质绢云母板岩。地貌主要分为剥蚀构造地貌和侵蚀剥蚀构造地貌。土壤主要以花岗岩和板页岩发育而成的山地红壤和山地黄壤。土壤的垂直分异明显，分为山地红壤、山地黄红壤、山地黄壤、山地黄棕壤、山地草甸土5个土壤亚类。

舜皇山自然保护区属于中亚热带季风湿润气候类型，年平均气温15.0℃，最热月7月平均气温25.9℃，最冷月1月平均气温3.4℃，年平均降水量为1360.6mm，年平均相对湿度91%。发源于保护区内的大小河流有66条之多，呈树状分布，无外来水流，自成水系，南面水流入湘江，北面水流入资江，属长江流域洞庭湖水系湘江和资江上游的重要支流。

舜皇山自然保护区植被属"中亚热带—常绿阔叶林南部植被亚地带—湘南植被区—越城岭和南岭山地植被小区"。植被可分为4个垂直带谱：常绿阔叶林分布在海拔1000m以下；常绿落叶阔叶林分布在海拔1000～1600m；针阔混交林分布在海拔1400～1750m；山顶矮林、灌丛分布在海拔1750m以上。

舜皇山映山红

多花含笑

伯乐树（果）

篦子三尖杉

伯乐树

伯乐树（花）

红豆杉

冷杉

花榈木

金毛狗

华南五针松

金荞麦

黄腹角雉

林麝

榉树

湖南山核桃

南方红豆杉

榧子脚香榧

舜皇溪

◎ 保护价值

舜皇山自然保护区重点保护南岭山地典型原生性中亚热带常绿阔叶林森林生态系统及珍稀濒危物种，尤其是非常珍贵的银杉和资源冷杉。舜皇山处于南亚热带向中亚热带过渡的特殊地理位置，山高坡陡，植被垂直分布明显，生态环境多样，生物资源丰富，是第四纪冰川时期许多动植物的避难所，保存着距今 7000 万～2000 万年的第三纪、第四纪古老动植物，形成华中华南特色动植物区系，是中亚热带植被的典型代表。据初步调查，保护区有维管束植物 183 科 793 属 2233 种，鸟类 7 目 14 科 57 种，部分哺乳动物 4 目 7 科 22 种。其中国家一级保护植物有资源冷杉、南方红豆杉、伯乐树（钟萼木）、银杏、苏铁 5 种，国家二级保护植物有华南五针松、篦子三尖杉、香榧、桫椤等 23 种。国家一级保护动物有金钱豹、云豹、黑麂、黄腹角雉、白颈长尾雉、黑头角雉、巨蜥、蟒 8 种，国家二级保护动物有猕猴、短尾猴、林麝、猴面鹰等 28 种。发现有蕨类植物共 45 科 121 属 472 种（包括 28 个变种，5 个变形），蝴蝶资源 11 科 132 属 259 种，占全国已知蝶类种数的 20%，其中湘南荫眼蝶、舜皇环蛱蝶、东安燕灰蝶、娥皇翠蛱蝶和周氏何华灰蝶在世界上尚属首次发现，填补了世界昆虫学一项空白。舜皇山自然保护区堪称野生动植物博物馆。

（舜皇山自然保护区供稿）

银杉群落

湖南 高望界
国家级自然保护区

湖南高望界国家级自然保护区位于湖南省西北部，武陵山脉中段，东与高峰乡相连，南与岩头寨乡接壤，西邻罗依溪镇，北与永顺县相望于酉水河。地理坐标为东经 109°58′23″～110°14′38″，北纬 28°36′32″～28°45′39″。保护区总面积17169.8hm²，是以保护亚热带低海拔天然常绿阔叶林生态系统为主的森林和野生动物类型自然保护区。保护区始建于1993年，2011年4月经国务院批准晋升为国家级自然保护区。

◎ 自然概况

高望界自然保护区大地构造较复杂，位于我国东部新华夏系构造第三隆起带中段的古丈—凤凰新华夏亚带，江南地轴中段西侧（武陵山隆起），褶皱断裂均较发育。主要出露地层为中元古界冷家溪群和上元古界板溪群，东部、西部、西北隅边缘和外围主要出露上元古界震旦系和下古生界寒武系。保护区外东南部由零星分布到成片分布中生界白垩系。

全境属中低山地貌，最高峰顶堂峰为古丈县最高海拔，海拔1146.2m，山岭相接，蜿蜒数十千米，最低点在镇溪，海拔190.0m，相对高差956.2m。海拔800m以上的山峰有25座。溪谷发育多呈"V"字型，开阔度小，是天然常绿阔叶次生林的主要分布区域，海拔800m以上的山地具有山原地貌特点，坡度较平缓。

高望界国家级自然保护区核心区植被

雷公鹅尔枥林

高望界润楠林

次生榉木林

翅荚木上的雷公莲与兰花

高望界自然保护区气候属中亚热带季风湿润气候类型，四季分明，温暖湿润。年平均气温12.5℃，相对湿度82%，年降水量1140～1640mm，无霜期240天，年平均日照1300h，大于10℃以上活动积温4000～5000度，总体上呈现出气候温和、雨量充沛、光照充足、热量丰富、小气候显著的特征。

成土母岩主要是板页岩和紫色砂岩。土壤垂直带谱分布明显，海拔460m以下为黄红壤，海拔460～1146m为山地黄壤。山坡下部土壤较薄，山坡中上部土层深厚。土壤肥沃，呈微酸性，pH值多在5～6之间，适宜多种植物生长。

作为沅水上游重要的水源涵养林区，高望界自然保护区境内山高谷深，溪流纵横，主要溪流有石血溪、大溪、哈洞溪、铁匠溪、麻溪、葛竹溪等，呈掌状分布，水系由南向北流入酉水，汇入沅江，具有径流量大、冬不结冰、水质优良等特点。

高望界自然保护区的地带性植被为中亚热带常绿阔叶林，植被类型多样，共划分为3个植被型组、6个植被型、33个群系；植被的垂直分布特征明显：海拔500m以下为利川润楠、猴欢喜、细叶青冈、樟叶槭等树种构成的常绿阔叶林带；海拔500～750m为多脉青冈、包石栎、麻栎、板栗、雷公鹅耳枥、榉木、青檀、红椿、枫香等树种构成的常绿落叶阔叶林带；海拔750～900m为水青冈、雷公鹅耳枥、响叶杨、檫木、湖南槭、钟萼木等树种构成的落叶阔叶林带；海拔900m以上多为杉木、马尾松等针叶林带和厚朴、鹅掌楸等落叶阔叶林带。

高望界自然保护区是巍巍武陵，神秘湘西中的一片净土，境内森林植被和自然景观非常优美，物种极为丰富，夏季非常凉爽，加上地形复杂，素有"天然氧吧""放大了的山水丛林盆景"和"动植物基因库"之美誉。

原始枞林、杉木样板林、竹海、高望界雾海、顶堂日出、九天瀑布、黑洞峡谷、张广墓等是高望界自然保护区森林景观、自然景观和人文景观的典范。区内以林称著，以藤见奇，以水映美，以静显雅，以凉诱人，是长沙—张家界—猛洞河—天下凤凰黄金旅游线上的璀璨绿珠。

◎ 保护价值

高望界自然保护区是湘西土家族苗族自治州的第二个国家级自然保护区，主要保护对象是亚热带低海拔天然常绿阔叶林及生态系统，国家一级保护植物有：钟萼木、红豆杉、南方红豆杉、银杏；国家一级保护动物有：云豹、林麝、白颈长尾雉。

高望界自然保护区地理位置独特，气候适中，雨量充沛，水热条件好，

717

甜槠

伯乐树果枝

银杏

白颈长尾雉

使其具有生物多样性、物种稀有性、位置特殊性、生态脆弱性、科研价值重要性、功能区划适宜性等六大特征，是研究我国亚热带常绿阔叶原始次森林生态系统的生物遗传多样性及其自然演替规律和水源涵养功能与作用的优良基地，是研究恢复与重建退化森林生态系统的天然参照系统。保护区丰富多样的森林生态环境给野生动物提供了良好的栖息、繁衍的理想之地，为大型真菌的生长繁殖提供了适宜的场所。据调查，区内现有维管束植物204科846属1883种，脊椎动物有279种，其中国家一、二级保护植物36种、国家一、二级保护动物31种，有大型真菌7目16科38属61种，其中有16种为湖南省新记录。高望界自然保护区动植物本底资源调查发现核

黄心夜合

心区中天然分布有2种国家二级保护植物群落青钱柳和青檀，这在全国属于罕见。

高望界自然保护区内已鉴定定名的昆虫有804种。昆虫区系结构包含3个主要成分：东洋界种、古北界种、广布种。

高望界自然保护区内有优美的森林植被和自然景观，形成了良好的森林生态环境。

境内丰富的森林景观、自然景观和人文景观，构成自然保护区独特的生态旅游资源，成为野生动植物保护专家与游客进行科学考察、生态旅游的理想之地。

◎ 功能区划

高望界自然保护区根据功能区划分为核心区、缓冲区、实验区3个功能区。核心区总面积7497.5hm²，占总面积的43.7%，是高望界多样性山地混合森林生态系统保存比较完整的区域，也是高望界珍稀濒危动植物的集中分布区域。其主要任务是保护和恢复，以保持区内森林生态系统不受人为干扰而自然生长和发展下去，达到保持生物多样性和自然状态。核心区实行绝对保护，严禁任何形式的采伐、狩猎和旅游等活动。任何人未经批准，均不得进入核心区。

缓冲区面积5624.3hm²，占总面积的32.8%，位于核心区的周围，连接着试验区，该区由一部分原生性生态系统、次生生态系统和少部分人工生态系统组成。缓冲区的功能是，一方面防止和减少人类、灾害因子等外界干扰因素对核心区造成破坏；另一方面在避免生态系统逆行演替的前提下，可进行试验性或生产性的科学研究工作；第三方面是如果其保护完好，系统演替进展到核心区的水平，未来可以考虑划为核心区。缓冲区的管理

润楠林

红腹锦鸡

豹猫

措施是采取封育等人工促进更新方式恢复、重建生态系统，使其向具有原生生态系统功能的方向发展。缓冲区内禁止狩猎和经营性的采伐活动。但可以用于某些试验性的科学试验研究，可以从事教学实习、参观考察和标本采集活动，但不得破坏缓冲区内的植物群落环境。

实验区面积 4048hm²，占总面积的 23.5%，是保护区内除核心区和缓冲区以外的区域，位于缓冲区和保护区边界外围。该区主要是由次生生态系统和人工生态系统组成。其功能是在保护区的统一管理下，开展科学研究，采取人工措施恢复和建立新的自然植被；供区内农户利用本地资源适度开展种植业、养殖业和生态旅游等多种经营生产活动。

◎ **科研协作**

高望界自然保护区地质构造古老，其山地气候垂直变化大，森林植被类型多样，植被垂直带谱明显，森林植被保存完好，自然资源丰富，森林环境原始，特别是自然保护区大面积的原生性中亚热带常绿阔叶林在我国自然保护区中占有极其重要的地位，是研究我国亚热带常绿阔叶林森林生态系统的生物遗传多样性及其自然演替规律和水源涵养功能与作用的良好基地，是研究恢复与重建退化森林生态系统的天然参照系统，是科学考察、科普教育和教学实习的理想场所。

高望界自然保护区管理局克服高望界国家级自然保护区初成立的短肘，立足实际，着眼发展，多方协调努力，与数所科研院校建立了深度互信合作关系，主要开展了如下系列科研工作：一是，2012 年与吉首大学携手，被定为吉首大学实习基地，已正式挂牌。保护区管理局工作人员参与了吉首大学环境生物学院在高望界自然保护区的历次实习。2013 年 3 月，《湖南高望界国家级自然保护区蝶类图谱》一书出版，该书记录了湖南高望界国家级自然保护区蝴蝶 11 科 88 属 16 种，高于周边的国家级自然保护区，是高望界自然保护区生物多样性长期有效保护的体现。二是，2013 年与武陵山动植物研究所合作，全力进行保护区境内动植物本底资源调查，目前已做植物样方 100 个，全境内安置红外线

相机 70 部次，观测动物分布和活动规律。回收相机数据显示：高望界丛林中白颈长尾雉、果子狸、豹猫、毛冠鹿、野猪、红腹锦鸡等动物活动频繁。2013 年公布湖南高望界国家级自然保护区动植物本底资源调查成果。

（张自亮供稿）

青钱柳群落

湖南 白云山
国家级自然保护区

湖南白云山国家级自然保护区位于我国十七个生物多样性关键地区之一的武陵山区湘西北保靖县境内，东与碗米坡镇相连，南与大妥乡、毛沟镇接壤，西与野竹坪镇交界，北与清水坪镇、比耳镇毗邻，范围包括原白云山林场和白云山农垦场以及白云山周围6个乡30个村的部分区域。地理坐标为东经109°16′35″～109°32′52″，北纬28°37′42″～28°50′58″。保护区东西长23.5km，南北宽24.4km，总面积20158.6hm²。保护区是以珍稀雉类为主要保护对象的野生动物类型自然保护区。保护区始建于1998年，2005年9月晋升为省级自然保护区，2013年6月经国务院批准晋升为国家级自然保护区。

红腹锦鸡（红外相机）

◎ **自然概况**

白云山自然保护区位于云贵高原东端，武陵山脉南坡中段，为沅麻盆地向云贵高原过渡地带，为湘西北侵蚀溶蚀构造山原区，其出露的地层主要有下古生界的志留系、上古生界的泥盆系、二叠系和中生界的三叠系，土壤主要有由砂岩、砂页岩、石灰岩风化物发育而成的黄红壤、黄壤、黄棕壤；白云山自然保护区为武陵山中支的一部分，自印支—燕山运动以来长期处于隆升状态，元古代古老地层断裂褶皱，特别是新构造运动的持续缓慢上升与亚热带温湿气候和流水作用的共同影响，塑造了本区以中低山为主体的地貌特征，由白云山、香火山、青峰山、大盖顶、杀鸡坡等为主体山脉组成，海拔1000m以上的山峰有18座，山脉多由东北向西南延伸，地势呈中部高，东、南、北低的不规则"放射"

核心区（宿秀江摄）

状，最高海拔白云山 1320.5m，最低海拔（碗米坡电站酉水水位）250m，相对高差 1070.5m。

白云山自然保护区溪谷发育多呈"V"字型，山高谷深，溪河纵横，有大小溪流 49 条，所有溪河汇入酉水，是沅水源头一级支流，溪河两侧大多悬崖峭壁，深度 300～700m，海拔 900m 以下的山坡陡峭，海拔 900m 以上具有山原地貌特点，坡度较平缓。

白云山自然保护区内四季分明、气候温和、雨量充沛、高湿多雾、垂直差异显著，属典型的中亚热带山地季风湿润气候。

白云山自然保护区是湘西土家族苗族自治州植被保护较完的地区之一，是渝、黔、湘交界区石灰岩生境难得的一片绿洲，保存有丰富的动植物资源。经多次调查考察发现，保护区共有维管束植物 198 科 938 属 2494 种，其中蕨类植物 45 科 106 属 396 种，裸子植物 7 科 18 属 28 种，被子植物 146 科 814 属 2070 种。白云山自然保护区峰峦叠嶂，群山起伏，切割强烈，地势多变，沟谷交错，高差悬殊，形成了不同的植被类型，主要植被类型可划分为 3 个植被型组，10 个植被型，

12 个植被亚型，59 个植物群系组，83 个植物群系；保护区复杂多样的生境为野生动物提供了一个理想的繁衍生息的环境，保护区内已知的陆生脊椎动物 4 纲 29 目 87 科 323 种，占全国野生陆生脊椎动物种类（2400 余种）的 13.5%，占全省野生陆栖脊椎动物种类（610 余种）的 53.0%；鱼类有 4 目 8 科 33 属 38 种，昆虫有 18 目 137 科 695 种。

◎ 保护价值

白云山自然保护区的保护价值突出表现在以下三个方面：

（1）中国特有雉类的集中分布地。雉类是与人类关系非常密切的野生动物类群，其保护工作受到中国政府和国际自然保护组织的广泛关注。在全国野生动植物保护和自然保护区建设工程规划中，珍稀濒危雉类拯救工程被列为十五个重点工程之一。白云山自然保护区分布有 9 种雉类，占湖南省雉类总数（13 种）的 69.23%，占武陵山雉类总数的 100%。分别是白颈长尾雉、白冠长尾雉、红腹锦鸡、黄腹角雉、红腹角雉、勺鸡、灰胸竹鸡、雉鸡和鹌鹑，其中 5 种属于中国

特有雉类（包括白颈长尾雉、白冠长尾雉、红腹锦鸡、黄腹角雉、灰胸竹鸡），占中国特有雉类总数（20 种）的 25%。

（2）珍稀濒危动植物避难所。保护区内有国家重点保护动物 57 种，其中国家一级保护动物有金钱豹、云豹、白颈长尾雉、黄腹角雉、林麝、金雕等 6 种，国家二级保护动物有穿山甲、大灵猫、小灵猫、金猫、白冠长尾雉、红腹锦鸡、大鲵等 51 种；国家重点保护植物 28 种，其中国家一级保护植物有伯乐树、珙桐、红豆杉、南方红豆杉 4 种，国家二级保护植物有金毛狗、黄杉、闽楠、花榈木、任木、香果树、榉木等 24 种，省级重点保护植物有福建观音座莲、铁坚油杉、天师栗、五

勺鸡（红外相机）

石灰岩景观（宿秀江摄）

常绿阔叶林（宿秀江摄）

棱苦丁茶、沉水樟、青钱柳、巴东木莲、大花枇杷、银鹊树、尾囊草等44种，兰科植物有多花兰、斑叶兰、兜被兰、大花杓兰、绿花杓兰、银兰、金兰、独蒜兰、春兰等42种。

（3）特有、稀有植物中心。白云山自然保护区位于中国三个特有现象中心之一的川东—鄂西特有现象中心的范围，全国十七个具有国际意义的陆地生物多样性关键地区之一的武陵山区，也被世界自然基金会"全球200"计划列为生物多样性优先保护区域。川东—鄂西特有现象中心共59个中国特有属，白云山就有39属，占整个中国特有属的15.18%。蕨类植物有中国特有属3个，其中黔蕨属的分布中心就在白云山所处的武陵山区一带。另外，该地拥有众多的中国特有种，是保靖淫羊藿、偏斜淫羊藿的模式产地。有黑鳞铁角蕨、毛轴铁角蕨、川滇假复叶耳蕨、对叶兰、毛黄堇、川山橙、黔蚊母树、南川斑鸠菊等25种湖南新记录植物。白云山有12个东亚特征科和中国特有科杜仲科。由此可知，中国特有科、属在白云山区的植物区系组成中是具有相当重要的位置，成为湖南植物区系富于特色而又极为重要的成分之一。

◎ **功能区划**

白云山自然保护区范围包括大妥乡、毛沟镇、野竹坪镇、清水坪镇、比耳镇、碗米坡镇；涉及拔茅、磋比、

毛冠鹿（红外相机）

焱吾、迎丰、驼背、马蹄、美足、利湖、且湖、卡湖、亚鱼、大坝、马王、三溪、夕东、客寨、中溪、杰坳、野竹、电棚、田家、鱼车、科乐、民主、山河、王家、巴科、卧当、田冲等30个村的部分以及白云山农场和林场。

根据保护区的自然地理及植被状况，将白颈长尾雉、黄腹角雉等雉类和猫科动物集中活动和珙桐、钟萼木、红豆杉等孑遗物种集中分布的白云山、香火山两大主山脉组成的山地中上部林区划为核心区，海拔多在750m以上，面积6605.7hm²，占保护区面积的32.8%。

为防止核心区受到外界的影响和干扰，同时方便开展正常的科研、观测和实验活动，根据生物资源现状、自然地理条件等实际情况，将核心区外围的横贯山、龙家湖、白岩洞、江家坪可乐洞、神仙包、川洞等部分地域区划为缓冲区，面积6007.5hm²，占保护区总面积的29.8%，主要为天然阔叶林、次生林、人工林及撂荒地，生物资源较丰富的地区。

除核心区和缓冲区之外的区域为实验区，主要为天然阔叶林、次生林、人工林及部分农地和水域，面积7545.4hm²，占保护区面积的37.4%。实验区在立足保护的前提下，可进行生态旅游、教学实习、多种经营及适度开发利用。

◎ **科研协作**

科学研究是保护区一项重要工作，是保护区的活力之源。白云山自然保护区本着"立足本地，放眼国内、服务社会"的原则，采用引进来与走出去相结合的方法，积极参与科研工作。

（1）积极参与自然保护区标本平台项目。自2006年以来，在科技部自然保护区标本平台项目支撑下，白云山自然保护区管理局在保护区及周边

尾囊草（尾囊果）

大花枇杷

偏斜淫羊藿

毛黄堇

华南紫萁

白颈长尾雉（红外相机）

保靖淫羊藿

地区组织了多次科学考察，采用样线与样方以及红外相机相结合的方法，共设置、调查了 50 余条样线、151 个面积为 400m² 的样方，共采集动植物标本 14000 余份，拍摄动植物及生境照片 3 万余张。同时通过设置红外相机陷阱，开展野生动物长期监测工作，5 年来，共设置红外相机 300 余台次。

（2）积极与科研院校建立科研合作关系。2006 年，白云山自然保护区与中国林业科学研究院、中国科学院会同生态站、吉首大学建立了科研教学合作关系，在白云山保护区建立了科研、教学、实习示范基地。与中国林业科学研究院合作完成了白云山雉类栖息地生境调查、土壤微生物与植被的关系研究、湖南高望界国家级自然保护区本底资源调查、神农架国家级自然保护区植被与景观调查等工作；与中国科学院会同生态站合作开展了白云山土壤动物调查、会同杉木人工林长期监测、湘西北森林碳调查等工作，与吉首大学合作开展了保靖县中草药资源调查工作。

（3）便利本地人民认识自然、亲近自然。先后有保靖县中医院、林业局、农业局、畜牧局、教育局的工作人员来保护区参观、查阅标本以及保靖县民族中学、雅丽中学、花桥中学、毛沟中学、梅花中学等学校的老师、学生来保护区参观学习，还有许多养殖、种植专业户、民间医生来标本室查阅标本。

（宿秀江供稿）

南川斑鸠菊

华南紫萁

东安舜皇山
国家级自然保护区

湖南

湖南东安舜皇山国家级自然保护区位于湖南省西南部，南岭山系越城岭山脉中段，地处湖南、广西2省（自治区）的东安、新宁、全州县毗邻地界。地理坐标为东经110°59′45″～111°8′16″，北纬26°19′30″～26°37′33″。保护区总面积13139.9hm²，是以保护亚热带常绿阔叶林植被和资源冷杉、南方红豆杉、林麝、黄腹角雉等珍稀野生动植物为主的森林生态系统类型自然保护区。保护区始建于1982年4月3日，2013年6月4日经国务院批准晋升为国家级自然保护区。

◎ 自然概况

东安舜皇山自然保护区区域地质位于湘干地洼邵阳地穹内，地壳运动形成美丽壮观的奇山异峰山岳地貌。区内有舜皇山、金鸡岭、紫云山、雷公殿、大界岭、雷劈岭、高挂山、轿子顶山八座主峰遥相呼应，山脊脉络明显，山脉呈南北走向，山体自西、北向东、南呈阶递状逐级递降，地势呈西、北高，东、南低，平均坡度多在30°以上。最高海拔舜皇山主峰1882.4m，最低海拔两岔江325.3m，相对高差1557.1m。海拔1500m以上的山峰有19座，海拔1000m以上的山峰有60座。保护区属中亚热带季风湿润气候，同时受海拔高度、山地地形和森林等地理环境因子的综合影响，表现出明显的亚热带山地气候特征，具有"春之岚，夏之瀑，秋之云，冬之雪"奇特而明显的四季变化，年均气温16.8℃，无霜期270天左右，年均相对湿度78%～81%，年均降水量1490mm。山地土壤分为4个土类，5个亚类，12个土属，37个土种，土壤垂直分布带谱明显。红壤分布在海拔500m以下，黄红壤分布在500～800m，山地黄壤分布在海拔800～1200m，山地黄棕壤分布在海拔1200～1500m，山地草甸土分布在海拔1500m以上。区内山高谷深，溪河纵横，有大小溪河共46条，总长128km。北部高挂山海拔1672.7m，是湘江一级支流紫水河和二级支流夏丰江的发源地，南部舜皇山是湘江二级支流杨江的发源地。主要河流有紫江、塘家江、大龙江、茶山江、杨江、桐木源、御陛源等，所有溪河流经紫水注入湘江。

东安舜皇山自然保护区的自然植被类型多样，可划分为针叶林、阔叶林、山顶矮林、灌木林和竹林5个植被类型组、34个主要群系。区内山地植被保护良好，垂直分布规律明显，从山脚到山顶，可以划分为3个植被带谱：1200m以下为常绿阔叶林带；1200～1700m为常绿、落叶阔叶林带；1700m以上的山坡上部为落叶阔叶林，沟谷地为常绿、落叶阔叶林，草甸植被已被灌丛取代。1990年，美国农业部研究署东南亚水果和坚果研究室布鲁斯·伍德等多位博士来舜皇山考察野生山核桃植物资源，称赞舜皇山是"大自然的生物基因库"。根据2006年和2010年综合科学考察调查资料：保护区现已记录维管束植物227科970属2415种，其中：蕨类植物45科118属510种，种子植物182科852属1905种；大型真菌52科148属482种；陆生脊椎动物79科269种；鱼类9科32种，昆虫1120种，已发表昆虫（待发表）新种13种。调查中还发现多荸唇柱苣苔为湖南省植物新记录、大菊头蝠为湖南省兽类新纪录，分别有2种和22种大型真菌为中国新纪录种和湖南省新纪录种。

◎ 保护价值

东安舜皇山自然保护区位于湖南省母亲河——湘江的上游，是"生态保护工程"的重点区域，对湘江流域生态环境、生物多样性保护和农业气候调节以及区域社会经济可持续发展具有重要的意义。其主要保护对象是亚热带常绿阔叶林生态系统及资源冷杉、南方红豆杉、钟萼木、林麝、云豹、黄腹角雉和白颈长尾雉等国家重点保护野生动植物资源和栖息地。

东安舜皇山自然保护区境内林木

茂密，森林覆盖率95.3%，因受人类活动影响少，生态系统基本保持在原始状态，有保存完好的原生和次生阔叶林8万余亩，植被的垂直地带性是湖南省最典型、最完整的。保护区内有国家重点保护植物39种，加上全部兰科植物42种，共有80种（兰科中天麻已列入名录），其中国家一级保护植物有5种：资源冷杉、银杏、南方红豆杉、钟萼木、报春苣苔；国家二级保护植物有20种：桫椤、金毛狗、华南五针松、篦子三尖杉、榉树、樟树、闽楠、连香树、水青树、花榈木、翅荚木、红椿、喜树、金荞麦、香果树、黄皮树、伞花木、榉树、野大豆、中华结缕草；有14种植物列入《中国植物红皮书》名录：铁杉、长苞铁杉、华榛、白桂木、白辛树、八角莲、天麻、沉水樟、银鹊树、银钟花、红花木莲、青檀、舌柱麻、紫茎。此外，区内树龄100年以上、胸径50cm以上的古树有2万余株，其中南酸枣、水青树、榉树的胸径为湖南省之冠，南方红豆杉的胸径为湖南省第二。

东安舜皇山自然保护区脊椎动物地理区划属东洋界华中区的南缘，处于东部丘陵平原亚区和西部山地高原亚区的过渡区域，具有较强的过渡性。昆虫属于江南亚热带稻茶区——江南丘陵黄壤省的范围，昆虫区系以东洋区系种为主。在301种脊椎动物中，有国家重点保护动物38种，其中：国家一级保护动物有4种：林麝、云豹、黄腹角雉和白颈长尾雉；国家二级保护动物有34种：藏酋猴、穿山甲、水獭、斑林狸、小灵猫、大灵猫、黑冠鹃隼、黑鸢、凤头蜂鹰、苍鹰、雀鹰、松雀鹰、赤腹鹰、普通鵟、白尾鹞、蛇雕、红隼、燕隼、灰背隼、勺鸡、白鹇、红腹锦鸡、褐翅鸦鹃、草鸮、领角鸮、红角鸮、雕鸮、领鸺鹠、斑头鸺鹠、长耳鸮、虎纹蛙、阳彩臂金龟、拉步甲、硕步甲；有42种动物被列入《濒危野生动植物种国际贸易公约》；有188种动物被列入《国家保护的有益的或者有重要经济、科学研究价值的陆生野生动物名录》。昆虫以蝴蝶资源最为丰富，记录到324种蝴蝶，占国内蝴蝶物种总数的20%以上，相当于"蝴蝶王国"云南省蝴蝶物种总数的50%。湘南荫眼蝶、娥皇翠蛱蝶、舜皇环蛱蝶、东安燕灰蝶和周氏何华灰蝶是以舜皇山为模式产地的新种。

东安舜皇山自然保护区位于南亚热带向中亚热带过渡的特殊地理位置，境内群山连绵，峰峦叠嶂，山高坡陡沟深，小生境及山地小气候复杂，气候温和，雨量充沛，是第四纪冰川时期许多动植物的避难所，现保存着距今7000万～2000万年的第三纪、第四纪古老动植物，形成华中华南特色动植物区系，为中亚热带植被的典型代表，是保护和研究生物多样性、典型性的理想地区。金鸡岭、龙王殿和马头山等核心区域分布的华南五针松群落，具有重要的科研价值；舜皇山主峰资源冷杉群落，对开展种群保护、最小生存种群、种群生态学等领域的研究具有十分重要的意义；境内报春苣苔是已知分布点中居群最大的一个分布点，对研究古气候、土壤和动植物演变具有重大的科研价值，对全球变化导致的植物生长适应性及生物进化研究具有重要意义；极稀有的垂枝斑叶兰为中国大陆第二个分布点，对于研究中国大陆、台湾和日本的植物区系意义重大；区内还有三大特色植被很具科研和应用价值：一是石灰岩

山地以湖南山核桃林、光皮树林、翅荚木为主的植被，非常稀有，很有独特性，不但具有经济价值，而且是绿化石灰岩山地的样板。二是竹林，保护区有竹类29种，是湖南竹类集中产区之一，许多竹类学者到此调查。三是海拔较高的中山山地常绿阔叶林，如：栲树林、栲、钩栗林、罗浮栲林、甜槠林、甜槠、银木荷林，在结构和组成等群落特征上均具独特性，对亚热带地区中山山地的生态林建设和造林有很大的指导意义。

舜皇山是一座历史名山，原名红云山。据《史记》记载："古舜帝南巡驻骅红云山，崩于苍梧之野。"后人为纪念舜帝将红云山更名为舜皇山。传说的舜是中华道德文化的鼻祖，《史记》所载："天下明德，皆自虞舜始。"舜帝文化以道德文化为内涵，其精髓为"德为先，重教化"，推动了中华文化由野蛮走向文明的历史性转折。舜皇山不仅是中华民族舜文化发祥地之一，也是我国古代道教封禅的七十二福地之一，以"秀水、奇石、物珍、古野"而蜚声湘粤桂，被誉为"人间仙境"。境内山、水、石、林巧合成景，岩、泉、树、藤自然成趣，有自然景点、景观108处，旅游资源十分丰富。1934年8月，红军长征的先遣部队红六军团翻越了俗称"老山界"的舜皇山，留下许多动人的故事。老一辈无产阶级革命家陆定一撰写的革命回忆录《老山界》，据考证：老山界实地就是舜皇山，为此，舜皇山被列为湖南省三十个重点红色旅游景区之一。近年来，以突出"绿色和红色"文化为主题，通过组织开展重走红军路、环保登山体验、大专院校教学实习、青少年生态夏令营等活动，充分发挥了社会各界的联动作用，为近万名大、中、小学生和社会公众提供了丰富多彩的生态科普教育。2012年保护区（大庙口林场）被国家林业局授予"全国生态建设突出贡献先进集体"，2013年被列为"湖南省生态文明教育基地"。

◎ 功能区划

东安舜皇山自然保护区划为核心区、缓冲区和实验区3个功能区。核心区分布在保护区人为活动较少的西、南部，是保护区的重点保护区域，生态系统保存良好，生物种类繁多，生物多样性丰富。核心区分为舜皇山核心区和雷霆岭核心区两部分，面积5032.8hm²，占保护区总面积的38.3%；缓冲区分布在核心区与实验区之间，对核心区起到保护和缓冲作用，保护区西部与湖南舜皇山国家级自然保护区的核心区、缓冲区相连，因此与核心区相连的边界地段没有区划缓冲区。缓冲区面积 3797.3hm²，占保护区总面积的 28.9%；实验区分布在保护区人为活动较频繁的东、北部和中部，是为各种实验活动和开展生态旅游提供的区域，分为大江边—大坳实验区和御陛源实验区。实验区面积 4309.8hm²，占保护区总面积的 32.8%。

◎ 科研协作

东安舜皇山自然保护区丰富的生物多样性在我国众多自然保护区中是不多见的，一直以来被中外生态与保护生物学家视为开展教学、科研的天堂。自 20 世纪 80 年代开始，国内外许多高等院校和科研机构到保护区进行教学实习和科学研究，如：湖南师范大学、湖南科技大学（原湘潭师范学院）、美国农业部研究署东南亚水果和坚果研究室、中南林业科技大学（原中南林学院）、美国 Kansas 大学自然历史博物馆、加拿大皇家博物馆、广西师范大学、南开大学、中南大学、北京林业大学、中国科学院上海辰山植物园、中国科学院昆明植物研究所、东安县第一中学等。东安舜皇山自然保护区通过同高等院校开展广泛的科研合作，促进了保护区科研型保护人才的不断涌现，在国内外的知名度也不断提升。与此同时，依托于科学研究的保护管理活动也卓有成效，发表了 30 多篇介绍保护区自然资源和保护管理的学术论文，已出版《湖南东安舜皇山自然保护区综合考察报告集》专著 1 部，编印了《湖南东安舜皇山自然保护区科学研究论文集》，充分发挥了自然保护区物种保护、科学研究和人才培养的综合功能。

（唐隆平供稿）

湖南 西洞庭湖 国家级自然保护区

湖南西洞庭湖国家级自然保护区位于湖南省常德市汉寿县境内，东与南洞庭湖（沅江市）接壤，东南至安乐湖、龙池湖南沿，西沿沅水上至围堤湖北拐，北抵西湖农场与南县隔水相望。地理坐标为东经111°55′16″～112°17′13″，北纬28°47′52″～29°07′21″。保护区总面积30044hm²，属湿地类型保护区，以黑鹳、白鹤等珍稀濒危物种及湿地生态系统为主要保护对象，是我国淡水湿地生物多样性最丰富的区域之一，也是长江流域湿地生物多样性保护的关键区域之一。保护区始建于1998年，2002年1月列入国际重要湿地名录，2013年12月经国务院批准晋升为国家级自然保护区。

◎ 自然概况

西洞庭湖湿地呈河网切割状平原地貌，河间碟形洼地内分布着一些星散的小型湖泊和沼泽，地貌特征为典型的以陆上复合三角洲占主体的冲积、淤积平原，其组成物质主要是泥质沙、沙质泥和黏土质泥，地面高程一般为35～40m。湖区湿地土壤的组成主要为河湖相沉积物和河湖相冲积物，厚10m至数十米。

西洞庭湖地处沅、澧二水尾闾，通江达海，它不仅承接沅、澧二水，而且吞吐长江松滋、太平二口洪流，汉寿县南部低山丘陵区沧水、浪水等8条溪流也由南向北入湖，西洞庭湖多年平均过境水量为1503.6亿m³，每年能够补给地下水约4.7亿m³，调蓄洪水52.5亿m³，总容积为21.2亿m³，占整个洞庭湖容积167亿m³的12.6%。

西洞庭湖自然保护区属中亚热带季风湿润气候区，由于受东亚季风和（长）江（洞庭）湖庞大水体的影响，具有大陆亚热带季风气候的湿润、温和、光热充足、多风多雨，四季分明的气候特征。湖区太阳辐射相当丰富，年辐射总量418600～456274J/cm²。年平均气温16.7℃，1月气温最低，月平均气温4.5℃，7月气温最高，月平均气温28.8℃。年降水量1200～1350mm，4～8月是降水较为集中时期。

西洞庭湖自然保护区是湘西北及洞庭湖湿地生态系统保护较为完好的地区之一，为东亚候鸟迁徙途中重要的停歇、栖息地和野生鱼类繁殖地，生物多样性非常丰富，记录到鸟类15目50科205种，其中，属古北界鸟类114种，东洋界鸟类66种，广布种25种；底栖动物2纲4目9科65种，其中螺类6科32种，蚌类3科33种，鱼类9目20科111种，两栖动物13种；爬行动物20种；哺乳动物26种；维管束植物87科259属414种，其中蕨类植物14科16属19种，裸子植物1科2属2种，被子植物72科241属393种。

一望无际的芦苇洲滩

◎ 保护价值

西洞庭湖自然保护区的保护价值主要表现在以下三个方面：

（1）独特的湿地生态系统：西洞庭湖海纳沅、澧，吞吐长江，对调节长江及沅澧二水径流、防洪减灾、保护生态安全等方面发挥着极其重要的作用，区内水系发达，洲滩密布，"涨水成湖、落水为洲"为其主要特征，是典型的江湖复合湿地生态系统的代表，具有很强的区域性，独特性和不可复制性。

（2）珍稀濒危动植物避难场所：西洞庭湖自然保护区内珍稀濒危野生动植物资源丰富，全球关注和濒危物种如白鹤、黑鹳、东方白鹳等在保护区广泛分布，共记录到国家一级保护动物6种，即白鹤、黑鹳、东方白鹳、白尾海雕、麋鹿和中华鲟；国家二级保护动物26种，即小灵猫、河麂、穿山甲、小天鹅、白额雁、鸳鸯、小鸦鹃、褐翅鸦鹃、白枕鹤、灰鹤、鹊鹞、白腹鹞、白尾鹞、苍鹰、雀鹰、普通鵟、大鵟、灰背隼、游隼、红隼、卷羽鹈鹕、虎纹蛙和胭脂鱼等；国家重点保护植物有6种，其中国家一级保护植物有水杉1种（栽培种），国家二级保护植物有粗梗水蕨、水蕨、野菱、三裂狐尾藻和野大豆5种。此外，保护区内黑鹳、白琵鹭、罗纹鸭等物种数量均超过全球数量的1%。

西洞庭湖自然保护区列入《濒危野生动植物种国际贸易公约》附录 I 的有白鹤、白枕鹤、白尾海雕、东方白鹳4种，附录 II 的有虎纹蛙、舟山眼镜蛇、鹗、游隼、白琵鹭、黑鹳、穿山甲、豹猫8种。

西洞庭湖自然保护区为各种珍稀濒危动植物提供了避难场所，被誉为"物种基因库""候鸟天堂"。

（3）科研价值高，经济潜力大：西洞庭湖自然保护区涵盖了内陆湿地的多种湿地类型，具备较好的湿地生态环境条件。区内植物、动物及景观资源丰富，生物多样性在亚热带内陆湿地类型中具有典型的代表意义，可为湖泊变迁、江湖生态平衡、内陆淡水湿地演替研究、保护生物学、生态过程监测、湿地保护、生物多样性监测、洞庭湖综合开发、物种栖息地管理、湿地生态系统恢复等一系列研究提供较好的支撑平台，具有重大保护和科研价值。

西洞庭湖湿地经济价值巨大，且价值类型全面，采用国际上较为通行的生态系统服务价值评估模型，估算出其生态系统营养循环、固定和释放CO_2、涵养水源、调蓄洪水、保护土壤、降解污染、生物栖息等生态系统服务价值为 60.95 亿元／年。

◎ 功能区划

根据西洞庭湖自然保护区自然地理和动植物分布状况，结合有利于保护湿地生态系统的典型性、完整性和自然性，有利于保护白鹤等珍稀濒危鸟类和水生动物等因素，将保护区划分为核心区、缓冲区、实验区 3 个功能区。

核心区面积 9061hm²，占总面积的 30.16%，主要包括目平湖、大连障、永安障和东注等区域；缓冲区面积 6165hm²，占总面积的 20.52%，主要包括永顺洲、百益洲、永安障和与南洞庭湖接壤地带等区域；实验区面积 14818hm²，占总面积的 49.32%，主要包括沅水洪道、澧水入湖口、坡头至柳林嘴附近大堤的狭长水域、围堤湖、安乐湖、龙池胡等区域。

◎ 管理状况

西洞庭湖自然保护区自成立以来，在湖南省林业厅和汉寿县委、政府的高度重视下，其行政管理职能得到了进一步强化，湿地保护管理规章制度也日臻完善，在宣传教育、巡护执法、生态监测和社区共管等方面开展了有效地工作，并取得了较好成绩。

从 2000 年开始，西洞庭湖自然保护区与世界自然基金会(WWF)合作，在青山垸实施退田还湖湿地恢复示范项目，引导 200 多户原居(农)渔民对青山垸内湿地资源进行社区共管，2010 年，保护区创新"社区共管模式"，与周边 11 个乡(镇)签订了社区共管协议，建立了西洞庭湖湿地保护联系协调机制，成立了西洞庭湖湿地生态环境保护协会，逐步使西洞庭湖的湿地资源管理社会化。2011 年，汉寿县第十五届人大常委会第 26 次会议通过了《湖南省汉寿西洞庭湖自然保护区管理办法》，为湿地资源的保护和管理提供了有力保障。

◎ 科研协作

西洞庭湖自然保护区自 1998 年成立以来，不仅重视区内湿地生态资源保护和宣传，同时也十分重视区内湿地生态系统及鸟类、鱼类、植被等湿地资源的科学研究与监测工作。长期以来，保护区积极与 WWF、全球环境基金会(GEF)等国际环保组织进行广泛的科研协作，并于 2004 年建立健全了科研监测制度，常年对保护区内鸟类、鱼类、植被等湿地资源进行监测；2011 年，北京林业大学自然保护学院与保护区合作在西洞庭湖建立了野外教学、科研、实习基地。

历年来，西洞庭湖自然保护区积极与湖南师范大学、中南林业科技大学、中国科学院水生生物研究所、广

州华南濒危动物研究所等高校和科研院所进行科研协作，对保护区内本底资源进行调查与动态监测，先后采集西洞庭湖鱼类标本 75 种，修建了鸟类、鱼类标本馆，并在鸟类、鱼类、植被及湿地保护与恢复等方面的科学研究有了新的突破，保护区科研人员先后在省级、国家级学术期刊上发表科研论文 20 余篇，为西洞庭湖湿地的保护与科学研究奠定了基础。

(彭平波供稿)

湖南 金童山
国家级自然保护区

湖南金童山国家级自然保护区位于湖南省西南边陲的城步苗族自治县境内，地处越城岭山脉与雪峰山脉交汇地带、南岭山脉北缘。地理坐标为东经110°07′48″～110°33′36″，北纬26°07′39″～26°20′06″。保护区包括明竹老山和金童山两个片区，总面积为18466hm²，主要保护对象为中亚热带常绿阔叶林森林生态系统和珍稀濒危野生动植物及其栖息地。保护区始建于1981年，2009年12月22日经省人民政府批准建立省级自然保护区，2013年12月经国务院批准晋升为国家级自然保护区。

红花木莲

◎ **自然概况**

金童山自然保护区在大地构造上属新华夏构造体系第三隆起带的南端，系湘桂经向构造体系。在漫长的地质历史中，保护区经历了雪峰山运动、燕山运动和喜马拉雅山运动三期比较显著的地质构造运动。由于构造变动的多期性和相互叠加，形成复杂的构造形迹，使境内构造基本骨架呈北北东向展布。保护区广泛分布元古界地层，其发育良好，明显地可以划分为两个单元层系，上部为震旦系，下部为板溪群。

金童山自然保护区及其邻近地区属中山深谷地貌，主要分为侵蚀构造地貌和剥蚀构造地貌两种类型。侵蚀构造地貌细分为中山峰脊深涧、中山齿峰峡谷和中山峰脊峡谷三种形态类型；剥蚀构造地貌细分为中山台原洼地、中山垄脊峡谷和中低山驼脊谷地

资源冷杉

银杉

湖南楠（湘楠）

三种形态类型。

金童山自然保护区属于中亚热带季风湿润气候区山地气候类型。保护区年平均气温 16.1℃，最热月 7 月平均气温 26.7℃，最冷月 1 月平均气温 4.7℃，年较差 22℃ 左右。极端最高气温 38.5℃，极端最低气温 -8.1℃。年平均降水量 1218.5mm，其中 4～6 月的雨量更集中，约占全年降水量的 44%；而 7～9 月，气温高，雨量少，约占全年雨量的 23%，日照多，蒸发大，常有规律性的夏、秋干旱发生。全年日照时数 1134.6～1601.5h，多年平均无霜期为 271 天，相对湿度各月相差不大，多年平均在 75%～83% 之间。

金童山自然保护区以山地为主，垂直气候明显，海拔每升高 100m，冬季递减 0.33℃，夏季递减达 0.62℃，因而形成县境北部和中部地区年平均气温在 15℃ 以上的暖区和东、南、西部山区年平均气温在 12℃ 以下的冷区。降水量随海拔高度的升高而递增，县境北部和中部为少雨区，年降水量少于 1300mm，而东部、西南部海拔 800m 以上的地区，则各形成一个大于 1500mm 的多雨带。随着海拔高度的升高，不仅雨量增加，而且湿度增大，

雾日增多；不同坡向和地形气候差异明显。

金童山自然保护区的水平地带性土壤是红壤。保护区内的土壤先后经脱硅富铝化过程、黄化过程、生物累积过程和隐灰化过程，形成了山地红壤、山地黄壤、山地黄棕壤和山地草甸土 4 种主要的土壤类型。

金童山自然保护区系湘西南边陲河源区，地表切割强烈，河川水系发育，且呈树枝状分布。发源于保护区境内的巫水、渠水与浔江等主要水系，有大小溪河 816 条，总长 4063km，其中河长 5km、流域面积 10km² 的干流及一至四级河流 77 条，长 1122km。河流呈辐射状从南、西、北 3 个方向流往境外，分属长江与珠江两大水系。河网密度 6.56km／km²，年均径流总量 24.89 亿 m³。

金童山自然保护区有维管束植物 230 科 878 属 2277 种（含变种及变型），分别占湖南全省 263 科的 83.7%，1459 属的 60.2%，5577 种的 40.8%。其中：种子植物 185 科 760 属 1822 种（土著种子植物 172 科 740 属 1781 种）；蕨类植物 45 科 118 属 455 种，占我国现有蕨类植物科的 71.4%，属

的 52.7%，种的 17.5%。可见该保护区植物多样性十分丰富，是湖南境内植物多样性程度最高的区域之一。

据综合科学考察和资料统计，金童山自然保护区发现有脊椎动物 31 目 92 科 278 种。其中哺乳动物 7 目 19 科 34 种；鸟类 15 目 44 科 142 种；爬行动物 3 目 9 科 46 种；两栖动物 2 目 8 科 28 种；鱼类 4 目 12 科 28 种。保护区现有昆虫 880 种，分别隶属 16 目 107 科 598 属。以鳞翅目和鞘翅目昆虫居多。大型真菌 158 种，分属于 35 科 65 属，其中有中国新记录种 2 种，湖南省首次记录种 18 种。

◎ **保护价值**

金童山自然保护区位于越城岭山脉与雪峰山脉交汇地带、南岭山脉北缘，地质构造多期多变，地貌复杂多样，河川水系发达，形成了独特的区域性气候、水文和土壤环境。保护区的植被区系位于华中、华南植物区系交汇过渡的区域，区系成分丰富、类型完整多样、湖南省少有、全国也不多见。天然植被可分为 6 种类型，44 个群系，动物分为 46 种生态类型，我国中南部的山体生态类型，这里都有分布。

生长于金童山自然保护区的许多珍稀动植物具有极高的保护价值。现有国家Ⅰ级保护生物7种（植物：资源冷杉等4种，动物：林麝等3种），Ⅱ级保护生物44种（植物19种，动物25种）；有37种动物系《濒危野生动植物种国际贸易公约》中提及的保护物种，其中鱼类有1种，两栖动物2种，爬行动物4种，鸟类22种，哺乳动物8种；有30种动物是《中国濒危动物红皮书》中提及的保护物种，其中两栖动物4种，爬行动物12种，鸟类7种，哺乳动物7种；有178种动物是"国家保护的有益的或者有重要经济、科学研究价值的陆生野生动物"。其中两栖动物有26种，爬行动物46种，鸟类91种、哺乳动物15种；有中国特有植物属33个和中国特有脊椎动物43种（鱼类12种、两栖动物

15种、爬行动物8种、鸟类5种、哺乳动物3种）。除此之外，保护区还有湖南省重点保护野生动物167种、国际候鸟保护物种46种、中国新记录物种2种、湖南省新记录物种48种、兰科植物39种。

丰富的物种和独特的地理环境使金童山自然保护区构成了越城岭山脉与雪峰山脉交汇地带与南岭山脉北缘一座巨大的天然基因库，蕴藏着难以记数的遗传基因资源，是我国南方重要的"生物种质资源库"，具有极高的保护价值，对遗传多样性的保护、保存具有重要的现实意义和深远的历史意义。

◎ 功能区划

金童山自然保护区总面积为18466hm²，其中核心区面积为6961hm²，缓冲区面积为4710hm²，实

验区面积为6795hm²，其中土地国有土地10491hm²，占56.8%；集体土地7975hm²，占43.2%。

金童山自然保护区分为明竹老山和金童山两个片区，二者直线距离约19km。明竹片区东西长14.8km，南北宽9.6km，面积8149hm²；金童山片区南北长22.8km，东西宽17.4km，面积10317hm²。

◎ 科研协作

金童山自然保护区树木和植物资源早在20世纪60年代就有了调查记录，先后有湖南师范大学、中南林业科技大学、中科院华南植物研究所、四川大学、中科院植物研究所、湖南科技大学等多家科研教学单位的专家、学者到保护区开展动植物资源调查和科学考察，采集标本并发表过多篇专

猫儿屎

江南桤木

红白鼯鼠

华榛

叶榧

业学术论文,发现中国新记录物种2种、湖南省新记录物种48种。

近年来先后有湖南师范大学、中南林业科技大学、中科院华南植物研究所、四川大学、中科院植物研究所等单位在城步采集标本并发表过多篇专业论文。1982年由城步苗族自治县林学会牵头组织对明竹老山开展了一次较全面系统的资源调查,编制了《明竹老山考察资料汇编》。1997年,以北京大学方精云教授为主的考察组重点对明竹老山亮叶水青冈、资源冷杉的群落分布开展了专题调查。2005～2006年,为申报金童山森林公园,中南林业科技大学的专家教授对该区域的动植物资源进行了详细的调查。2007～2008年在南山牧场的风力发电机对鸟类影响的调查中,湖南师范大学的专家对城步县的鸟类做了专项调查。2009年8月至2010年11月,由湖南师范大学、湖南科技大学、中南林业科技大学等单位的专家学者对金童山自然保护区开展了有史以来最为全面系统的综合科学考察。

(金童山自然保护区供稿)

银木荷群落

香椿(左为化香)

南方铁杉

钟萼木(伯乐树)

亮叶水青冈

湖南 九嶷山
国家级自然保护区

　　湖南九嶷山国家自然保护区位于湖南省宁远县南部，南北宽11.0km，东西长15.5km，东南与蓝山境内的蓝山国家森林公园接壤，西南与江华县湘江乡为邻，西面与道县洪塘营乡相邻，东北、西北分别与本县九嶷乡交界。地理坐标为东经111°54′19″～112°03′25″，北纬25°12′34″～25°18′34″。保护区总面积10236hm²，核心区面积3825hm²，缓冲区面积3019hm²，实验区面积3392hm²，占宁远县总面积的4.1%，占湖南省总面积的0.05%。保护区保存有最完整、面积较大的原生性亚热带常绿阔叶林，是一个以保护亚热带常绿阔叶森林生态系统及其区内栖息的珍稀生物物种为主要保护对象的森林生态类型自然保护区，同时，也兼具生物多样性保护、科学研究、宣传教育、生态旅游和可持续利用等多种功能。保护区始建于1982年，2013年12月经国务院批准晋升为国家级自然保护区。

九嶷山

◎ 自然概况

九嶷山地区位于南岭东西向构造岩浆带的北缘，其地质构造复杂，断裂构造十分发育，尤其以北东向为最重要。出露的地层以边缘海盆相沙泥质岩石为主的震旦系—志留系和以浅海台地相碳酸岩为主的泥盆系—中二叠统，在一些断陷盆地中发育上二叠统—侏罗系和白垩系的陆相沉积岩。花岗质岩体出露广泛，除雪花顶岩体属于加里东期外，九疑山岩体的主体属中生代构造—岩浆活动的产物。

九嶷山自然保护区属花岗岩中山地貌，地势南高北低，从南向北沿剥夷面呈多级阶梯逐渐倾斜。区内山脉连绵起伏，脉络清晰，山势雄伟，重峦叠嶂，谷深坡陡，切割深度为400～1000m。海拔1000m以上的山峰有60座，1500m以上的山峰有32座，最高峰粪箕窝海拔1959m，为湖南省第四高峰，最低海拔382m（三亩田），垂直高差达1577.2m。羊岩坪，猴子坳之陡壁，出露面积大，岩表呈球状风化明显，绝壁生辉，景观独特。

位居湿润气候区的九嶷山自然保护区内山峰逶迤，溪河多达60余条，流程长逾400km，水源丰富充足。发源于三分石北麓的母江河、牛头江从南向北流经保护区，是潇水支流九嶷河的源头，系湘江水系。母江河、牛头江分别有较大的支流纵横分布于区内，组成保护区均匀发达的水网体系，构成九嶷山山清水秀，风景如画的壮丽景观。高山飞瀑、跌水，流水深潭，山涧涌泉等奇特景观比比皆是。小东江、黄河的高峡平湖，更是美不胜收。

九嶷山自然保护区是一个森林生态类型的自然保护区，保护区属南岭山脉的萌渚岭山地，处于中亚热带向南亚热带的过渡地带。境内群山环抱，群峰起伏，溪涧河流，纵横交错，复杂的地形条件和水系条件形成了丰富多样的小生态环境，不同的生态环境孕育着不同的植被类型，保护区内生物资源十分丰富。

九嶷山自然保护区的旅游资源，从整体上看，人文景观和自然景观互相交错，融为一体，自然和谐；从个体上看各种景观又类别清晰，各具特色，互相衬托。突出地表现了九嶷山古雅、神奇、秀丽、险峻、独特的美感。

◎ 保护价值

（1）生态系统多样、完整、稳定性好。通过调查、整理、总结，九嶷山自然保护区内生物多样性丰富，具有极高的保护价值。目前共发现生物物种3445种。维管束植物214科905属1910种，其中蕨类植物32个科80属168种，种子植物182科825属1742种。已调查到大型真菌28科48属84种。调查到昆虫17目160科875属1206种，鱼类4目10科23属27种，两栖动物2目9科33属45种，爬行动物3目7科18属27种，鸟类15目47科92属120种，哺乳类16科23属26种。保护区山高坡陡林密，人口稀少，核心区内无人居住，调查极为困难（需搭帐篷野营），肯定有不少种类未能调查记录到，如果能再进行不同季节的深入调查研究，九嶷山自然保护区的生物多样性将更丰富。

九嶷山自然保护区内不仅物种丰富，而且区系成分也很复杂。现已查明种子植物属有14个分布型（中国共15个，保护区仅缺中亚分布类型）；保护区内的鱼类可划归为5区12亚区

黄山松（台湾松）

主峰粪箕窝东侧的阔叶林

南方红豆杉

铁杉（南方铁杉）

含南方铁杉的阔叶林

（全国共5区21亚区）；昆虫和其他陆生脊椎动物都具有全国各大地理区系的代表，说明保护区在地理区系组成上除具有东洋界、华中、华南成分外，其他地理区的成分渗透和混杂现象也比较突出，极具研究和保护价值。

（2）植物类型和植被区系具有南岭山脉的典型性和代表性。南岭山脉是横亘于我国南方呈东西走向的大山脉，既是重要的气候分界线，也是生物分布的重要走廊和通道，很多山地植物，由云贵高原甚至滇藏地区，沿南岭山脉向东，分布至华东甚至台湾山地。南岭山脉的植被类型有其自身的特点，如福建柏林、华南五针松林、大果马蹄荷林、薯树（阿丁枫）林、多种栲树林、石栎林、木荷林等，都是南岭山脉最为典型的森林类型，特别是分布于较高海拔的福建柏林、华南

五针松林、大果马蹄荷林等，仅在南岭山脉有分布，其北部或南部的低海拔地区不见踪迹。这类典型的南岭山脉植被（森林群落），在湖南九嶷山自然保护区都有分布。特产于南岭山脉的植物种类众多，其中以生长于中山地貌原生阔叶林中的湖南茶藨子、广西越橘、岩生蒲儿根、湖南参、银杉等最具代表性，湖南九嶷山自然保护区除银杉外，这些南岭山脉特有植物都有分布。九嶷山自然保护区地处南岭山脉中段，其保存完好的大面积天然阔叶（包括蓝山县境内荆竹林场等相邻部分连成一个整体），系南岭山脉中段常绿阔叶林保存面积最大的山体，以前一直未引起高度重视，很少为外界所知。其山地植被及植物种类，具有南岭山脉的典型性和代表性，极具保护价值。

（3）植被类型凸显南岭山脉的特殊性。九嶷山自然保护区与同属南岭山脉的其他山体相比，其植被方面表现出较明显的特殊性。南岭山脉的诸多山体，大都极为陡峭，山脊较薄，既有大量花岗岩岩体，又有板岩、页岩等，花岗岩节理较密，如莽山、都庞岭、舜皇山、武夷山、（湘东南）八面山等，这些陡峭的山体上，都有较多的中山针叶林群落，如华南五针松群落、福建柏群落、长苞铁杉群落等，前二者可以说是南岭山脉特有的群落类型。而唯独九嶷山山体较为浑圆，尤其是九嶷山的南部，地势抬升非常平缓，北部稍陡，但远不及上述其他山体陡峭。九嶷山仅海拔1800m以上的最高峰处较陡，花岗岩节理稀疏，有部分石瀑存在，中下部相对来说，平缓得多。这种立地条件不适合

华南五针松、福建柏、长苞铁杉等中山针叶林生长，代之以大面积的常绿阔叶林，这些南岭山地的中山针叶林树种，在九嶷山都散生于常绿或常绿—落叶阔叶林中。同样是中山针叶树种的铁杉（又名南方铁杉），一般仅生长于地势较平缓的山顶云雾阔叶林中，由于九嶷山自然保护区地势较平缓，山顶云雾林保存面积大，因而，保护区的铁杉资源较多，在海拔 1600m 以上的阔叶林中，很常见，呈散生状分布于阔叶林中。由于上述原因，虽然保护区内最高海拔 1959.2m，最低海拔 382.0m，垂直高差达 1577.2m，但其植被垂直不明显，大面积的原生常绿阔叶林覆盖大部分山体，这种南岭山脉的特殊植被类型极具保护价值。

（4）珍贵稀有物种比例高。九嶷山自然保护区的生物种类不但数量众多，构成南岭山脉重要的基因库，而且具有许多珍贵稀有的物种，比例高，数量大，具有极高的保护价值。自然保护区有国家一级保护生物种 4 种（植物 3 种，动物 1 种），二级保护生物 41 种（植物 19 种，动物 22 种）。自然保护区有 80 种动植物系《濒危野生动植物种国际贸易公约》中提到的保护物种，其中植物 49 种（兰科植物 46 种及南方红豆杉、金毛狗、粗齿桫椤），两栖动物 1 种，爬行动物 5 种，鸟类

16 种，哺乳动物 9 种。保护区有 161 种动物是"国家保护的有益的或者有重要经济、科学研究价值的陆生动物"，其中两栖动物 26 种，爬行动物 45 种，鸟类 77 种，哺乳动物 13 种。九嶷山自然保护区发现的中国特有物种比例较大。保护区内种子植物中，中国特有属 25 个（占当地植物属数的 3.61%），1616 种土著植物中，中国特有种 673 种，占 41.65%。发现的中国特有鱼类 8 种（占当地物种的 29.63%），中国特有的两栖动物 14 种（占当地物种的 51.85%），中国特有的爬行动物 11 种（占当地物种的 24.44%），中国特有鸟类 3 种（占当地物种的 2.5%），中国特有哺乳动物 4 种（占当地物种的 15.38%）。

（5）环境的脆弱性。九嶷山自然保护区境内地势险峻，沟谷深切，如果不加强保护，甚至稍有疏忽，山林受到破坏，植被恢复非常困难，必须过历漫长的演替过程才能达到生态效益、生物多样性效益、社会效益最佳的地带性常绿阔叶林顶极群落，其后果是非常严重的。

◎ 科研协作

2011 年，九嶷山自然保护区邀请湖南师范大学、中南林业科技大学的专家学者，在保护区进行全面的本底资源调查，已完成了综合科学考察，内容包括地质地貌、土壤、水文、气候、植物、动物、昆虫、大型真菌、旅游资源和社会经济等，收集了比较完整的动植物等标本材料，比较系统掌握了资源、环境本底现状，编制完成了较详细的综合科学考察报告和总体规划。

（九嶷山自然保护区供稿）

广东省

广东内伶仃福田国家级自然保护区
广东车八岭国家级自然保护区
广东南岭国家级自然保护区
广东湛江红树林国家级自然保护区
广东象头山国家级自然保护区
广东石门台国家级自然保护区
广东罗坑鳄蜥国家级自然保护区
广东云开山国家级自然保护区

广西壮族自治区

广西花坪国家级自然保护区
广西猫儿山国家级自然保护区
广西千家洞国家级自然保护区
广西木论国家级自然保护区
广西九万山国家级自然保护区
广西大瑶山国家级自然保护区

广西岑王老山国家级自然保护区
广西金钟山黑颈长尾雉国家级自然保护区
广西大明山国家级自然保护区
广西弄岗国家级自然保护区
广西十万大山国家级自然保护区
广西雅长兰科植物国家级自然保护区

华南篇

广东 内伶仃福田
国家级自然保护区

广东内伶仃福田国家级自然保护区由内伶仃岛和福田红树林两部分组成，是全国唯一地处城市腹地及面积最小的森林和野生动物类型国家级自然保护区。内伶仃岛位于珠江口伶仃洋东侧，地处深圳、珠海、香港、澳门4城市之间，距深圳蛇口17km，地理坐标为东经113°47′～113°49′，北纬22°24′～22°26′。面积554hm²；福田红树林位于深圳湾东北部，长约9km，平均宽度约0.7km，地理坐标为东经113°45′，北纬22°32′，毗邻《湿地公约》国际重要湿地——香港米埔保护区（最近距离约300m），面积368hm²。保护区总面积约922hm²。保护区始建于1984年10月，1988年5月经国务院批准晋升为国家级自然保护区。

国家二级保护动物猕猴 （钟瑾芳摄）

◎ 自然概况

内伶仃岛属大陆型岛屿，地势东高西低，最高的尖峰山海拔340.9m。岛内地势起伏较大，坡度在20°～50°之间，局部岩石裸露，怪石嶙峋，海岸线长约11km。全岛虽然陆地面积不大，但因为有良好的天然植被，大大提高了环境的水容量，因而岛上淡水资源较为充足，成为常年有溪流的岛屿。内伶仃岛内峰青峦秀，翠叠绿拥，秀水长流，保存着较好的南亚热带常绿阔叶林，植物种类繁多，有高等植物619种。岛内野生维管束植物569种，约占广东全省数量的10.2%，其中白桂木、野生荔

福田红树林 （徐华林摄）

内伶仃岛 （何贵先摄）

枝和野生龙眼为国家二级保护植物；森林类型多为南亚热带常绿阔叶林、针阔混交林；岛内野生动物资源也很丰富，有 626 种，其中昆虫类 447 种、两栖爬行类 47 种、鸟类 113 种、兽类 19 种，属国家保护的动物有 22 种，其中国家一级保护动物有蟒、白鹳、白肩雕等；国家二级保护动物猕猴，总数达 900 多只；还有水獭、穿山甲、黑耳鸢、虎纹蛙等国家保护动物共 22 种。

◎ 保护价值

内伶仃岛在野生动植物及其栖息环境方面具有特殊的保护价值。岛上具有高温、多雨、风大等热带海洋性气候特点，四季常花，空气清新，风光旖旎，林木茂盛，藤蔓绕树，苔藓附石，溪水潺潺，鸟鸣猴叫，景色宜人；年平均气

温 22℃左右，年降水量达 2000mm，从未出现过低温霜冻的现象。此外，内伶仃岛地理位置独特，岛上不仅可以监测到珠江流域的环境变化，预警生态与自然灾害的发生，而且是研究岛屿自然生态系统规律与自然保护的理想场所，在监测珠三角生态环境的变化中具有特殊的价值。

福田红树林地处深圳湾河口西北侧，它与香港米埔红树林只有一水相隔，共同组成了深圳湾红树林湿地生态系统，为我国最重要的湿地之一。该处河海相互作用，咸淡水混合，并伴有潮汐现象发生，还有丰富的细物质沉积和肥沃的水质，为红树林湿地的发育提供了良好的地貌与物质环境。本区域属东亚季风区，南亚热带海洋性季风气候。年平均气温 22.4℃，年

降水量 1700～1900mm，集中在 4～9 月，常年风力较大，主导风向为东南风，夏秋多台风。由于东南方香港大雾山减弱了海风的袭击，使深圳湾红树林湿地成为鸟类理想的栖息地。这里有鸟类 194 种，其中卷羽鹈鹕、海鸬鹚、白琵鹭、黑脸琵鹭、黄嘴白鹭、鹗、黑嘴鸥、褐翅鸦鹃等 23 种为珍稀濒危鸟类。每年有 10 万只以上南北迁徙的候鸟在此歇脚或过冬。秋冬季节，成百上千只水鸟在沿海滩涂水面集结成群，浩浩荡荡，场面蔚为壮观。红树林区内有高等植物 172 种，其中红树植物 9 科 16 种，主要是秋茄、木榄、桐花树、白骨壤、海漆、鱼藤等。在潮水中时隐时现的红树林，集群飞翔的水鸟，林下色彩艳丽的螃蟹，活蹦乱跳的弹涂鱼，及其他各种鲜活的底

红林飞鸟 （钟瑾芳摄）

黑脸琵鹭 （王勇军摄）

红树植物优势种——秋茄（李喻春摄）

狝 猴 （钟瑾芳摄）

栖生物，共同组成了一幅幅生机勃勃的美丽画卷，成为深圳这座现代化都市中一道独特的美丽风景。

红树林是生长在热带亚热带海岸潮间带的一类特殊木本植物群落。红树林既为人类防风防浪，护堤抗潮，同时又净化大气和水体的环境，是不可多得的海岸防护林和生态公益林，具有特殊的生态保护价值。福田红树林不仅为鸟类提供了丰富的食物来源，同时也是鸟类良好的栖息地和繁殖场所，这里是国际候鸟迁徙途中的重要驿站，也是我国重要湿地之一，具有重要的保护价值。2006年全球黑脸琵鹭同步调查结果显示，全球共有黑脸琵鹭1681只，其中福田红树林有341只，约占总数的20.3%。

◎ 科研协作

内伶仃福田自然保护区认真贯彻落实《中华人民共和国自然保护区条例》，认真实施总体规划的要求，始终坚持以管护为根本，以科技为龙头，开展红树林海上育苗和海上造林的研究，成功地在自然保护区范围内营造红树林约10hm²；保护区还外引内联，与中国林业科学研究院热带林业研究所合作，开展"八五""九五"攻关课题，并获得国家、省、市级科技进步奖3项。2003年保护区与香港城市大学合作成立了国内第一家自然保护区系统红树林科研平台——福田—城大红树林研发中心。该中心与中山大学、厦门大学及中国科学院植物研究所等单位合作开展了近40个科研项目的研究，把

科普活动 （徐华林摄）

自然保护区的科研工作推向了更高的层次和水平。

（徐华林、吴自华、麦少芝供稿）

广东 车八岭 国家级自然保护区

广东车八岭国家级自然保护区位于广东省北部始兴县东南部，东与江西省全南县交界，南连始兴县司前镇，西邻始兴县刘张家山国有林场，北接始兴县罗坝镇都亨片。地理坐标为东经114°09′04″～114°16′，北纬24°40′～24°46′。保护区总面积7545hm²，属森林生态系统类型自然保护区，主要保护对象为中亚热带常绿阔叶林及境内珍稀野生动植物。保护区始建于1981年7月，1988年5月9日经国务院批准晋升为国家级自然保护区，1995年9月加入中国"人与生物圈"保护区网络。2005年12月被中国生物多样性保护基金会专家委员会评选为"中国生物多样性保护示范基地"。

核心区内的树木，缠满了各种嫩绿的苔藓和地衣

◎ 自然概况

车八岭自然保护区地形复杂，地势西北高东南低，山体古老，区内最高峰天平架海拔1256m，最低处樟栋水海拔330m。西北部为东北—西南走向的变质砂页岩中山，山高谷深坡陡；中部和南部为南北走向的变质砂页岩低山；北部和中部为南北走向的中性和中酸性的火山岩低山，经新构造运动的间歇性抬升及地表流水侵蚀，形成"V"型河谷。车八岭地处亚热带季风气候区，全年热量充足，冷暖交替明显，春季低温阴雨寡照，夏季高温多雨炎热，秋季昼暖夜凉，冬季寒冷有霜稀雨，年平均气温19.6℃，年降水量1468mm。受地形和降水影响，区内山地切割强烈，坡陡谷深，形成多处溪流，伴有数处深潭。车八岭附近由于地势略有隆起，发育了东西两支流，一支向东经区内主要河流——樟栋水注入都亨罗坝河，一支向西南流入清化河。区内各土壤类型随海拔呈垂直分布：海拔350～550m为山地红壤；500～700m为山地暗红壤；600～800m为山地黄红壤；700～800m为山地黄壤；860～1000m为山地表潜黄壤；海拔1000m以上为山地草甸土；低地和谷地分布有由坡积物和冲积物发育而成的水稻土。

车八岭自然保护区的地带性植被为中亚热带典型常绿阔叶林，起源古老，保存有不少古代孑遗植物。在植物区系上属南亚热带过渡的区系类型，为华南植物亚区系的一部分。植物种类繁多，共有290科1928种，其中有3新种、1新变种，广东新分布1属10种。大型真菌42科243种，其中有6新种，新组合5种，国内新纪录60种。野生动

雨后车八岭（饶纪腾摄）

山峦叠翠（吴智宏摄）

物种类丰富，共有 255 科 1558 种，其中有 9 新属 123 新种。区内野生动物中列为国家一级保护的动物 5 种，国家二级保护动物 41 种。

车八岭自然保护区森林茂密，景观资源丰富，既有奇峰林立、怪石嵯峨、飞瀑流泉、温泉等自然景观，又有奇花异草、古树名木、珍禽异兽等生态景观，还有瑶族山寨、民俗民谣和自然博物馆等人文景观。区内溪流纵横，樟栋水河贯穿整个自然保护区，水清鱼翔，绿树掩映，5 ～ 11 月气温都在 20℃ 以上，极适宜漂流，乘舟顺流而下，穿梭在绿意盎然的林海之中，别有一番情趣。人们在欣赏自然美景同时还可以陶冶情操、净化心灵。素有"天然氧吧"之美誉的车八岭，是人们休闲度假，亲近自然，探索自然奥秘的胜地。

◎ 保护价值

车八岭自然保护区有兽类 15 科 38 种，其中国家一级保护兽类有华南虎、豹、云豹、黑麂 4 种；国家二级保护兽类有穿山甲、水獭、斑林狸、小灵猫、金猫、水鹿、鬣羚、斑羚 8 种；有鸟类 42 科 223 种，其中国家一级保护鸟类有黄腹角雉，国家二级保护鸟类有海南虎斑鳽、鸳鸯、黑翅鸢、黑冠鹃隼、鸢、赤腹鹰、凤头鹰等 32 种。此外，列入国家二级保护的两栖类动物有虎纹蛙 1 种。重点保护植物有：国家一级保护植物伯乐树；国家二级保护植物伞花木、观光木、红椿、花榈木、樟树、任豆、闽楠、金毛狗、黑桫椤 9 种；珍稀濒危植物有白桂木、观光木、舌柱麻、青檀、巴戟、伯乐树、伞花木、红椿、野茶树、

任豆、闽楠 11 种；广东省重点保护植物有三尖杉和秀丽椑 2 种。由于动植物资源丰富，车八岭自然保护区被誉为"物种宝库""南岭明珠"。

车八岭自然保护区的地带性植被——中亚热带常绿阔叶林是南亚热带向中亚热带过渡的森林生态系统，是南岭南缘保存较完整、面积较大、分布较集中、原生性较强、我国特有的原始季雨林区，也是全球同纬度地区森林植被的典型代表，被许多外国专家学者赞誉为"北回归线荒漠带上的绿洲"，在生物进化史上具有特殊的地位和作用。据国内外专家考证，保护区内目前栖息有曾销声匿迹 60 多年的海南虎斑鳽 5 ～ 6 只。在生态环境问题备受关注的今天，加强车八岭自然保护区建设，保护好区域珍稀野生动植物资源，具有重要意义。

林 相（饶纪腾摄）

漫山红叶（饶纪腾摄）

车八岭自然保护区所在粤北地区基岩节理较为发育，地面破碎，加之降水丰富，极易造成水土流失，生态系统呈现出一定脆弱性。区内森林茂密，植被覆盖率高，对于保持水土、防止水土流失、改善生态环境具有极其重要作用。同时，广袤的森林可吸收大量的 CO_2、SO_2 等有害气体，阻滞粉尘，驱菌消毒，净化空气，并释放人类和其他生物所需的氧气。据测算，区内森林每年可释放氧气12万t，集落粉尘140万t，可称得上是巨型的空气净化器和新鲜空气制造厂。

车八岭自然保护区是广东省北部重要的水源涵养地之一。保护区内山高谷深，溪流密布，森林茂密，地表覆盖良好，能大量截留和涵蓄降水，是北江上游东北支流的发源地。北江是广东省三大水系之一，是珠江的最大支流，也是珠江三角洲的重要水源。区内南北两条河流，为享有"粤北粮仓"美名的始兴县的 $6600 h m^2$ 良田灌溉和人民生活用水提供了丰富的水资源，并被利用于水力发电，支持地区生活用电和工农业生产。

车八岭自然保护区在生物种源保护、学术研究上具有很高的价值。尤其在生态系统和环境演变规律、南亚热带向中亚热带过渡的森林生态系统等领域的科研价值十分显著。其丰富、独特的自然资源，为科学研究和宣传教育提供了理想的场所，目前车八岭自然保护区已被命名为"广东省环境教育基地""广东省青少年科技教育基地"。今后随着总体规划实施的不断推进，车八岭自然保护区必将成为地球北回归线荒漠带森

广东第一杉树王（吴智宏摄）

樟叶槭形似龙杖　（饶纪腾摄）

瀑 布（饶纪腾摄）

林生态系统和珍稀动植物研究、教学实习、科学普及、宣传教育的重要基地。

◎ 功能区划

根据《中华人民共和国自然保护区条例》规定，结合保护区建设的性质、任务、植物群落、动物分布与活动区域等，车八岭自然保护区划分为核心区、缓冲区和实验区3部分：核心区分为东西两部分，东部以保护中亚热带丘陵低山常绿阔叶林和中亚热带低山常绿阔叶林为主；西部以保护中亚热带针阔混交林、中亚热带低山常绿阔叶林为主，面积2512.49hm²，占保护区总面积的33.3%，是区内森林资源最好、景观最完整的区域，也是华南虎、豹、海南虎斑鸭等珍稀濒危野生动物的重点活动区域，具有典型性和代表性，实行封闭式保护管理。缓冲区面积2331.41hm²，占保护区总面积的30.9%，区内有管理局组织开展的监测项目，通过各项保护工程，力求达到改善生态环境，维持生态系统稳定的目的。实验区面积2701.10hm²，占保护区总面积的35.8%，是保护管理设施配置、科学实验活动的集中区域。车八岭自然保护区管理局在坚持自然资源和生态环境不受破坏的前提下，利用区域独特的气候和地理条件，依法依规、因地制宜地在实验区开展了种茶、种柑果、生态旅游和教学实习等多种经营活动。

◎ 管理状况

规模宏大、设计新颖的车八岭自然博物馆，占地面积2279.2m²，建筑面积3474.62m²，主楼四层，分别有图文资料、植物、两栖爬行动物展厅，昆虫展厅，兽类展厅和鸟类展厅，收藏动植物标本达2万多件（号）。车八岭自然博物馆是目前广东省乃至全国自然保护区中规模最大的自然博物馆，是标本收藏、科学研究、教学实习、学术交流及会议召开的理想场所，又是生态旅游、环境和科普教育的重要基地。

（吴自华、麦少芝供稿）

海南虎斑鸭（饶纪腾摄）

原始森林漂游（生态旅游）（饶纪腾摄）

自然博物馆（饶纪腾摄）

中亚热带常绿阔叶林绿意盎然

广东 南岭 国家级自然保护区

广东南岭国家级自然保护区坐落于广东、湖南两省交界的粤北南岭腹地，广东省北部南岭山脉中心地带，东与乳源瑶族自治县大桥镇、大坪、南水水库接壤，南与乳源瑶族自治县洛阳乡、古母水镇连接，西靠连州潭岭水库，北与湖南莽山国家级自然保护区相邻。地理坐标为东经112°30′～113°04′，北纬24°37′～24°57′。保护区总面积58400hm²，是目前广东省面积最大的国家级自然保护区，属森林生态系统类型保护区，主要保护对象为中亚热带常绿阔叶林及珍稀濒危动植物。1994年，在原有的乳阳、大顶山、阳山龙潭角、阳山秤架、连州大东山5个省级自然保护区基础上，经国务院批准合并组建了广东南岭国家级自然保护区。

迎客松（华南五针松）

◎ 自然概况

南岭自然保护区位于南岭山脉中段南坡，为珠江支流北江的发源地。构造上属华南褶皱带的一部分，在地史上属华夏古陆和杨子古陆的华南地台，海浸盛期的泥盆世，以大瑶山海岛露于海面。中生代以来，经过几次强烈的华南地台上升，海相沉积，砂岩、石灰岩、泥炭岩和白云岩侵入，形成了从连州市潭岭向东南经莽山、秤架、天井山的西北—东南走向山脉。保护区最低处海拔200m，最高峰石坑崆为海拔1902m"广东第一峰"，区内1000m以上高峰30多座，属中山地貌，重峦叠峰，地形峻峭，山高谷深，山地坡度一般在25°～50°之间，局部可达60°以上，山峰多呈浑圆形式。南岭自然保护区成土母岩有花岗岩、砂页岩、变质岩等。海拔900m以下，分布着山地红壤，土层深厚质稍黏；海拔900～1800m为山地黄壤，是保护区主要土壤类型，土层较薄，有机质含量高；海拔1800m以上，局部形成山地灌丛草甸土，其母岩风化程度低，土层浅薄，但有机质含量极高。

南岭自然保护区属典型的亚热带温湿气候，兼具亚热带季风气候特征，因地势较高，又兼具山地气候特色。年平均气温17.7℃，极端最高气温34.4℃，极端最低气温-4℃（1954年）；冬季霜期较长，最长可达100天，年均通常有10天左右的降雪期，山顶伴有结冰，中山云雾多，日照率40%。降水量充沛，年平均达1705mm，最高年份可达2495mm，降水量多集中在3～8月份，

广东第一峰

神奇迷人的云雾

年相对湿度84%。

南岭自然保护区由于水热条件优越，气候宜人，各类植物生长繁茂，动植物资源十分丰富。区内分布的国家重点保护植物、鸟类和兽类分别占广东省总数的43.9%、51.4%、88.5%，其中蝶类等昆虫资源更是广东之最。据调查，在南岭自然保护区中，有陆栖兽类25科86种，其中国家一级保护兽类有熊猴、云豹、豹、华南虎、黑麂、梅花鹿6种，国家二级保护兽类17种有鸟类42科218种，其中15种（或亚种）为广东新记录种，国家一级保护鸟类有黄腹角雉、白颈长尾雉2种，国家二级保护鸟类35种（世界极度濒危鸟类海南虎斑鳽最近见于保护区）；有蝶类11科314种，其中金斑喙凤蝶列为国家一级保护物种；有国家一级保护爬行动物蟒蛇1种；有种子植物171科2138种，

其中国家重点保护的珍稀濒危植物有40多种，国家一级保护植物有南方红豆杉、水杉、伯乐树。

南岭自然保护区具有丰富多样的自然旅游资源和良好的森林生态环境，地质、地貌、气象、水文、植物和动物等旅游景观俱全，具有较高的观赏价值和科普教育价值。区内还有广东省的最高峰——石坑崆，更显保护区的特色。大面积的原始森林，奇特的地下森林，众多的瀑布群和清新洁净的空气等，使旅游者都能感觉到与大自然零距离接触的快乐，在获取身心怡悦的同时，也激发了人们热爱大自然的情感。

◎ 保护价值

南岭自然保护区是广东北部的天然屏障，是南方生物物种的发源地和集中

地，其物种起源古老，种类繁多，南北动植物交错渗透，孕育着丰富的森林和野生动植物资源，是我国生物多样性关键地区之一，在生物进化史中具有特殊的地位。保护区内安息香科植物有8个古老的属分布在南岭，专家们认为南岭是安息香科植物的发源地；另外还有半枫荷属、红花山茶属、石笔木属等植物也以南岭为分化中心。南岭还保存着许多孑遗种和特有种植物，如樱井草、双花木、广东松、乐东木兰、长苞铁杉、大果马蹄荷等。同时还保留着许多古树名木，如杉木、紫杉、锥树、红豆杉等，粗者胸径达1.7m。

南岭自然保护区地势北高南低，地形复杂，山地、峡谷、盆地、平原俱全。森林类型多样，是广东目前保存面积最大的原始林和原生性较强的次生林分布区域。这一得天独厚的自然环境为

白 鹇

金斑喙凤蝶

群山叠翠

各种野生动植物提供了良好的栖息繁衍条件。

南岭具有悠久的生物发展历史，是古热带动植物的避难所和近代东亚温带、亚热带植物的发源地。南岭自然保护区保留下来的原生林是生物进化史中形成的珍贵遗产。目前世界上与南岭同纬度的地区大多成为了稀树草原或热带沙漠，南岭是仅存面积最大的绿洲，并保存着南亚热带季风常绿阔叶林、沟谷雨林、针阔叶混交林、针叶林和山地矮林等森林植被类型。

这些宝贵的森林资源是人类不可多得的自然遗产。广东南岭国家级自然保护区作为众多濒危野生动植物赖以生存的家园，加强保护区建设，对维护生态平衡、拯救珍稀濒危物种、开展科学研究、发展经济等有着重要意义。

◎ 科研协作

南岭自然保护区重视与高等院校和科研院所的交流合作，组织国内外专家学者对保护区的自然资源进行了深入调查研究，出版了《广东南岭国家级自然保护区生物多样性研究》，为保护区的发展提供了科学依据。南岭自然保护区在经费和技术有限的情况下，积极开展各项科研工作，每个管理处都建立了珍稀树种的培育基地，对自然保护区内珍稀濒危植物进行培育，以拯救和扩大其种群。

（南岭自然保护区供稿）

瀑布群

广东 湛江红树林
国家级自然保护区

广东湛江红树林国家级自然保护区位于我国大陆最南端，呈带状散式分布在广东省西南部的雷州半岛沿海滩涂上，地跨湛江市的徐闻、雷州、遂溪、廉江4县（市）及麻章、坡头、东海、霞山4区。地理坐标为东经109°40′～110°35′，北纬20°14′～21°35′。保护区总面积20259hm²，其中红树林面积7256hm²，约占全国红树林总面积的33%，占广东省红树林总面积的79%，是我国红树林面积最大、种类较多、分布最集中的区域。保护区属湿地生态系统类型自然保护区，主要保护对象为热带红树林湿地生态系统及其生物多样性，包括红树林、滩涂、水面和栖息于区内的野生动物。1990年经广东省人民政府批准建立湛江红树林省级自然保护区，1997年晋升国家级保护区，2005年3月广东湛江红树林国家级自然保护区管理局挂牌成立。2002年1月保护区被列入《湿地公约》国际重要湿地名录，成为我国生物多样性保护的关键性地区和国际湿地生态系统就地保护的重要基地。2005年被确定为国家级陆生野生动物（鸟类）疫源疫病监测点、国家级沿海防护林监测点，并先后建立了红树林采种基地和苗圃基地。

人工造林

来自红树林的采海收获

◎ 自然概况

湛江红树林自然保护区地处雷州半岛，三面环海，东临南海、西濒北部湾、南隔琼州海峡与海南岛相望。成土母质为玄武岩和浅海沉积物，玄武岩形成黏性较重的砖红壤，浅海沉积物风化形成砂壤质砖红壤。海涂滩多为浅海沉积物或河流冲积物发育而成的盐积土，纵深程度不一，这里淤泥深厚、土壤肥沃，是红树林的理想生长地。保护区地处北热带和南亚热带季风气候区，气温高，年平均气温23℃，年均水温为25～27℃；年降水量1534.6mm，集中在4～9月，与强光、高温时期基本一致。

绿色卫士

湛江红树林自然保护区由于区位优势、气候特殊，区内形成了有别于其他类型湿地的、自然资源十分丰富的红树林湿地生态体系。区内有真红树和半红树植物 15 科 24 种，主要伴生植物 14 科 21 种，是我国大陆海岸红树林种类最多的地区。其中分布广、数量多的植物种类有白骨壤、桐花树、红海榄、秋茄和木榄，主要森林植被群落有白骨壤群落、桐花树群落、秋茄群落、红海榄纯林群落和白骨壤＋桐花树、桐花树＋秋茄、桐花树＋红海榄等群落，林分郁闭度在 0.8 以上。湛江红树林国家级自然保护区既是留鸟的栖息、繁殖地，又是候鸟的加油站、停留地，也是国际候鸟途经主要通道。

区内记录鸟类达 194 种，是广东省重要鸟区之一，其中列入国家保护名录 7 种，广东省保护名录 34 种，国家"三有"保护名录 149 种，中日保护候鸟条约 80 种，中澳保护候鸟条约 34 种，中美保护候鸟条约 50 种，《濒危野生动植物种国际贸易公约》附录鸟类 8 种，列入《国际自然和自然资源保护联盟红色名录》易危鸟类 4 种。此外，区内有贝类 41 科 130 种，鱼类有 60 科 139 种。贝类以帘蛤科种类最多，达 20 种，其中我国大陆沿海首次记录的有皱纹文蛤、绿螂、帽无序织纹螺、鼬耳螺 4 种。鱼类以鲈形目占绝对优势，共 27 科 65 种。有重要经济价值的贝类 28 种，鱼类 32 种。

湛江红树林也是大自然赋予人类的宝贵生态旅游资源。红树林群落星罗棋布，形态婀娜多姿，潮起潮落中时隐时现，变幻莫测，与海涛交相叠映，令人叹为观止。呼吸根、支柱根和板根奇形怪状，胎生、泌盐现象独一无二。林下浮游生物丰富，栖息着鸟类及鱼、虾、蟹、贝类，具有较高的观赏性、知识性、趣味性、娱乐性。其中又以廉江高桥、良垌鸡笼山、雷州九龙山、霞山特呈岛、麻章通明港等红树林小区最具代表性。

◎ **保护价值**

湛江红树林湿地生态系统具有美化环境、涵养水源、净化水质、调节气候、促淤造陆、保护海岸、控制土壤流失、保护生物多样性等多种生态功能,是维护国土生态安全的重要屏障,是名副其实的"地球之肾""生命之源""海上森林""特种基因库"。

研究表明,湛江红树林自然保护区具有重要的生物多样性保护价值,它在生物物种及其遗传基因等方面所具有的多样性是我国红树林自然保护区乃至世界不可多得的,保护区完整的湿地生态系统对维护区域生态平衡具有不可估量的作用。其次,湛江红树林自然保护区具有重要的保护和科研价值。湛江红树林湿地生态系统既具热带特色,又是亚热带类型的代表,是国内外为数不多的典型湿地生态系统之一,为红树林生物生态学、环境保护学、海洋滩涂生物及鸟类的研究提供了优越的自然条件。尤其是保护区内一片约270hm²的红海榄+木榄+桐花树群落,保存完好,林木平均高达6m,已有80年的生长历史,覆盖度在95%以上,是研究我国大陆红海榄分布和生长条件的宝地。红树林根系发达,枝繁叶茂,盘根交错,牢固地扎根于海滩淤泥,形成一道与海岸线相平行的天然屏障,阻挡了狂风恶浪的侵袭,同时具有明显的净化海水作用。既改善生态环境,又减少自然灾害,构筑了沿海虾池、农田、村庄的天然生态屏障。红树林湿地资源的合理利用还增加了当地群众的经济收入,有效地促进了社区发展。

◎ 功能区划

为了规范和指导湛江红树林国家级自然保护区的建设管理工作,2003年2月保护区管理局编制了《广东湛江红树林国家级自然保护区总体规划》,科学界定了自然保护区的功能区划。核心区面积6613hm²,占保护区总面积的32.6%,主要分布于廉江市高桥、遂溪县界炮、雷州市企水湾、麻章区太平镇至东海区民安镇海域。该区红树林湿地生态系统稳定,均为天然林或天然次生林,红树林种类多、生长茂盛且集中连片,是湛江红树林生态系统的精华所在,区内没有居民点,人为干扰极少。缓冲区面积1712hm²,占保护区总面积的

8.4%,除沿海滩涂外分布有一定面积的天然或人工更新的有林地,林龄尚幼,树种较单纯,分布较分散,生态功能较脆弱,区内无居民点。实验区面积为11954hm²,占保护区总面积的59%,其主要功能是人工促进红树林生态系统的修复、恢复,开展科学实验,培育红树苗木,开展红树林旅游、多种经营和教学实习活动。

◎ 管理状况

湛江红树林自然保护区约由68个红树林小区组成,红树林零星分布在雷州半岛1556km的海岸线上,单位面积小,与当地社区高度融合,人为活动频繁,保护管理难度大。保护区管理局从实际出发,创造性地开展各项工作,在红树林保护管理、科学研究、环境教育等方面取得了明显成效。近年来,自然保护区在种植红树林"乡土树种"的同时引种了5个优良树种。人工种植红树林超过2000hm²,使红树林面积从1985年的5800hm²增加到目前的7000hm²。红树林资源总量逐步回升,

生物多样性

红树林——潮汐林

共生共赢

环境教育

社区共管活动

林分质量逐年提高，林下海生动植物数量逐年增加，有效遏制了红树林湿地生态系统功能退化的趋势。保护区管理局还开展了红树林、底栖水生动物、鸟类等本底资源调查，摸清家底，掌握了大量第一手材料。

◎ 科研方面

先后与广东省林业科学院、华南植物园、中山大学、厦门大学、广东海洋大学、华南濒危动物研究所等科研院校共同完成多项红树林专题研究课题，发表有关红树林生态系统、湿地鸟类、优良品种培育、采用优良树种实施营造林等方面的论文10多篇。

广东省最大的林业外援项目——中荷合作雷州半岛红树林综合管理和沿海保护项目（IMMCP）于2001年启动实施。项目实施5年来，共投入资金500万美元，进行本底资源调查、人工种植红树林、基础设施建设、人员培训、意识教育、社区共管等基础性工作，有效地恢复和保护了红树林湿地及其生物多样性，提高了保护区的管护能力，增强了社区群众的生态保护意识，扩大了对外交流，为湛江红树林自然保护区的可持续发展夯实了基础。

（吴自华、麦少芝供稿）

象头山
国家级自然保护区

广东象头山国家级自然保护区位于惠州市北部博罗县境内，距惠州市区 18km。地理坐标为东经 114°19′21″～114°27′06″，北纬 23°13′05″～23°19′43″，紧靠北回归线南侧。保护区总面积 10696.9hm²，森林覆盖率 88.4%，主要保护对象为南亚热带常绿阔叶林和野生动植物，属森林生态系统类型自然保护区。1998 年 12 月，广东省人民政府批准建立象头山省级自然保护区，2002 年 7 月经国务院批准晋升为国家级自然保护区。

蓝宝石

◎ 自然概况

象头山是中生代侏罗纪和白垩纪燕山运动期形成的花岗岩山地，山体宏大雄伟，多陡峭山崖和裸露石壁，怪岩奇石多见。保护区地处南亚热带湿润季风气候区，热量丰富、降水充沛、湿度大、无霜期长，年平均气温为 21.8℃，降水量大于蒸发量。区内发育有小金河、榕溪沥、良田河 3 条主要河流。其中小金河流域因地势倾斜，水流落差大，水力资源丰富，现建有七级阶梯式电站，年发电量 4500kW·h。

高温多雨的气候，使象头山自然保护区成为了南亚热带天然动植物园。区内植物起源古老，人为破坏少，地带性植被保存完整，植被垂直分布较为明显，类型复杂（有 5 个群组、24 类群系、31 类群丛组），其中常绿阔叶林面积达 5007.6hm²，占总林地面积的 56.1%，根据其组成、结构和生态特征可分为 3 个植被类型和 10 个群系。据统计，区内共有植物 1627 种，其中珍稀保护植物 56 种，华南特有种 360 种，广东特有种 18 种，发现新种 2 个、变种 1 个。野生动物 305 种，鱼类 72 种，其中国家一级保护动物 2 种，国家二级保护动物 32 种，国家保护有益的或具有重要经济、科学研究价值的陆生野生动物 210 种，有重要经济价值的鱼类 30 种，生物多样性极为丰富。

在保护区的 1627 种植物中，国家重点保护植物有格木、半枫荷、白木香、粘木、巴戟天、长叶竹柏、华南栲、观光木、黑桫椤、金毛狗、樟、红椿、白观木、苏铁蕨、毛茶等 56 种；区内热带和南亚热带性植物有假苹婆、蓝树、

爱心石

象头山远眺

红花荷、两广梭椤等 420 种；因临近罗浮山，罗浮山的模式标本植物如罗浮路蕨、罗浮槭、罗浮杜鹃、罗浮粗叶木等也有大量生长；1994 年华南植物研究所陈邦余先生在象头山自然保护区内发现了 2 个新种和 1 个变种，分别为博罗红豆、柳叶冬青和光果金樱子。

在保护区的 305 种野生动物中，有国家一级保护动物蟒和云豹 2 种；国家二级保护动物有虎纹蛙、鸢、雀鹰、褐耳鹰、松雀鹰、凤头鹃隼、红隼、白鹇、绿皇鸠、褐翅鸦鹃、小鸦鹃、草鸮、栗鸮、斑头鸺鹠、红角鸮、领角鸮、雕鸮、穿山甲、青鼬、小灵猫、水獭、鬣羚等 32 种。

本底资源调查显示，象头山自然保护区在植物区系成分和群落类型特征上均体现出南亚热带性质自然生态系统典型特征。区内森林覆盖率高，"凉伞"效应明显，生态环境优越，空气质量达到国家一级标准，地面水环境质量有 26 项指标符合国家一级标准，水质优异，细菌含量少，空气负离子浓度高，环境噪声小，森林小气候舒适，许多生态因子都具有很强的保健功能。

象头山自然保护区内景观资源丰富，山高林密、怪石嶙峋、溪谷清幽、飞瀑急倾、高山平湖、玉带明珠，呈现出一幅宁静优美、自然酣畅的风景画卷。主峰蟹眼顶海拔 1024m，其周围群峰作拱，万壑伏臣；海拔 1023m 的风云顶，山顶巨石突兀，乱石挡道，百丈崖远观如刀削斧劈一半，立于崖上极目远眺，苍山林海尽收眼底。密林中孕育着数处山泉、溪流、清潭和碧塘，由于山势陡峭，形成多处跌水瀑布，使象头山更具灵气和活力。受山地小气候和海洋季风性气候影响，象头山常为云雾所笼罩，云飞雾来时飘飘渺渺，云蒸霞蔚，峰在云间动，人在雾中游，"象山云海"更被誉为惠州八景之一。

据生态旅游专家定量分析，象头山自然保护区内有一级景点 1 处，二级景点 15 处，三级景点 14 处，其他 8 处。不同季节，保护区的景色各有千秋：春季踏春，看万物复苏，一片生机；夏季观瀑溯溪，享受大自然的清凉；秋观枫叶，看万物葱茏，尽显华贵；冬赏梅花之傲骨清香和红花荷之艳丽绚烂。由于区内人为破坏较少，原始状态保持良好，珠三角地区城市旅游和户外运动爱好者经常到保护区观景、野营。

◎ **保护价值**

象头山自然保护区以保护珍稀濒危动植物物种及森林生态系统、恢复天然植被及野生动物栖息地、保护水源林为宗旨，集生物多样性保护、科学研究、科普教育、生态旅游于一体，是华南南亚热带常绿季雨林森林生态系统类型国家级自然保护区的典型代表。

象头山自然保护区岩石出露地表面积多达 30%，局部地区更高达 70% ~ 75%，土层极薄，有些地段，岩石堆积如山，林木从石缝中挣扎求存，虽然树龄已有 100 年以上，但树体矮小，呈灌木状，这些植被一旦破坏，极难恢复。象头山自然保护区的建立对维护区内脆

象头山天池

岩壁森林

弱生态发挥着重要作用。

象头山自然保护区内森林茂密、地表植被覆盖良好，加之山地陡峻，沟谷深切，地形比降大，境内溪流纵横，数十条溪流汇入小金河、良田河、榕溪沥再汇入东江，是东江沿河两岸居民及深圳、香港居民的饮用水源。由于东江是国务院重点保护的五江之一，所以加强对象头山水源涵养林的保护和管理具有重要的生态意义和社会意义。

◎ 功能区划

象头山自然保护区总面积为10696.9hm^2，其中核心区、缓冲区、实验区的面积分别是3635.6hm^2、3996.6hm^2、3064.7hm^2，分别占保护区总面积的33.99%、37.36%和28.65%。

◎ 科研协作

象头山自然保护区优越的地理环境和丰富的生物多样性吸引着国内外专家、学者前来进行科学考察、科研

光果金樱子（保护区特有种）

色彩斑斓的南亚热带季雨林

红花荷（保护区内大片分布种）

教学，并逐渐成为青少年进行生态环境保护教育的第二课堂。自保护区成立以来，已多次组织不同学科专家到象头山自然保护区进行科学考察，对区内野生动植物资源、生态环境、水文、地质、气候、土壤、社区经济等进行了全面调查和评价。并与华南濒危动物研究所联合建立哺乳动物观察点，与中山大学生命科学院联合建立候鸟观测点，与中国科学院华南植物园联合进行兰科植物、蕨类植物、药用植物调查。目前正与华南濒危动物研究所开展广东省省鸟白鹇野外放飞试验，对其野外环境适应能力进行观察和研究。

（杨毅、吴宏道供稿）

金河幽瀑

广东 石门台
国家级自然保护区

广东石门台国家级自然保护区位于英德市北部，地处南岭东南支脉。地理坐标为东经113°05′00″～113°30′50″，北纬24°22′29″～24°30′41″，属北回归线北缘。保护区总面积33555hm²，主要保护对象是南亚热带与中亚热带过渡地带的森林生态系统和珍稀濒危野生动物资源。

◎自然概况

石门台自然保护区地层古老，地层从老到新依次为震旦系，主要岩层有硅质岩、板岩、石英片岩和长石石英砂岩等；泥盆系，主要岩层有变质硅质石英砂岩夹页岩、砾石砂岩和绢云母板岩等；第四系，主要有残积层、坡积层、洪积层和冲积层等；燕山第一期（早侏罗世）主要有粗粒黑云母花岗岩，中、细粒花岗闪长岩和细粒角闪石花岗岩等。地质构造主要有：褶皱构造——英德弧形构造和伴随英德弧褶皱而产生的断裂构造。

石门台自然保护区地貌可划分为山地、丘陵和平原3大类，由于保护区地处英德弧形构造的北部，地块以上升为主，所以保护区地貌以中山地貌最为发育，面积29448hm²，占保护区总面积的87.8%，主要由泥盆系变质砂岩及页岩等组成，也有少量的震旦系的硅质岩、片岩、板岩及变质砂岩、页岩。在保护区内的中山海拔800～1500m，保护区北缘船底顶最高海拔为1586m，是保护区的最高峰。因岩性不同中山地貌

伯乐树（李远球摄）

又分为占保护区中山地貌的96.7%的变质砂岩中山和占3.3%的花岗岩中山

锦潭湖（李远球摄）

九旗峰（孔明摄）

两大类。丘陵地貌，海拔在500m以下，主要由变质砂岩组成，主要分布在中山地貌外围，或河谷附近，面积不大，仅有27.69km²，占保护区总面积的8.25%。平原地貌地势低平，海拔一般＜100m，主要由第四系的沙、砾和黏土层松散堆积物组成，土层深厚。主要分布在保护区的山地河流两岸和坡麓地带，故称溪谷平地，仅有13.38km²，占保护区总面积的3.99%，组成物质以沙、砾和粉砂为主，透水性较强。

石门台自然保护区地处中亚热带向南亚热带上的过渡地带，年平均气温20.9℃，极端最低气温－3.6℃，极端最高气温为40.1℃，≥10℃年积温为7576℃。年平均风速为1.7m/s，夏季主导风向为南风、西南风，冬季主导风向为北风、西北风。年日照时数1670.5h，无霜期319天。年降水

量1882.8mm，为广东五大降水中心之一，雨量充沛，相对湿度大，全年相对湿度为78%。降水期长，降水强度大。四季气候差异明显：春季平均气温为16.4℃，平均降水量为481.2mm；夏季平均气温为27.1℃，平均降水量为847.8mm；秋季平均气温为26.2℃，平均降水量为349.3mm；冬季平均气温为13.8℃，平均降水量为143.4mm。

石门台自然保护区为北江中游的水源地，北江干流从保护区东部由北向南流过。年径流系数约为0.63，径流模数111.8万m³/（年·km²）。保护区土壤垂直地带性分布，自低至高依次为赤红壤、山地红壤、山地黄壤。

石门台自然保护区的山体海拔高低悬殊，植被也随海拔升高而形成明显的垂直变化，形成11种植被类型：沟谷

季风常绿阔叶林主要分布在海拔400m以下的沟谷；常绿阔叶林主要分布在海拔700m或800m以下的山坡地；山地常绿阔叶林主要分布在海拔800～1000m的山坡地；石灰岩常绿落叶阔叶混交林主要分布在云岭和波罗的石灰岩地区；常绿针阔叶混交林在保护区各海拔高度均有分布，其中海拔700m以下，主要由马尾松、杉木与木荷、红背锥、米锥及黧蒴等混交而成，海拔900～1400m的山地由华南五针松（广东松）、南方铁杉、福建柏与阔叶树的疏齿木荷、大果马蹄荷、五列木、甜锥及青冈等混交而成；山顶常绿阔叶矮林主要分布在海拔1000m以上的山脊和山顶；崖壁矮林主要分布于保护区内峡谷的悬崖峭壁上；丘陵山地竹林主要分布丘陵山地，以单轴型散生竹种毛竹为主；常绿针叶林主要分布在海拔500m以下的

苏铁蕨（王厚麟摄）

保护区边缘地带；山地灌丛草坡主要分布于海拔 700～1200m 的阳坡或山脊；山地草坡主要分布在保护区西北部海拔 600～730m 的山坡。

◎保护价值

石门台自然保护区是华南地区面积较大的自然保护区，保护区内有国家重点保护野生植物 17 科 19 属 22 种。国家一级保护野生植物有伯乐树 1 种；国家二级保护野生植物有白豆杉、桫椤、黑桫椤、苏铁蕨、华南五针松、福建柏、闽楠、华南锥、凹叶厚朴、普陀樟、花榈木、半枫荷、红椿、伞花木、紫荆木等 21 种。保护区内蕴藏着多种多样的经济植物资源。据最新调查统计，药用植物有 1179 种，占石门台植物总数的 47.7%；观赏植物有 328 种，占石门台植物总数的 13.3%；用材树种有 280 种，占石门台植物总数的 11.3%；纤维植物有 190 种，占石门台植物总数的 7.7%；野生水果有 117 种，占石门台植物总数的 4.7%；油脂植物有 111 种，占石门台植物总数的 4.5%；饲料植物有 98 种，占石门台植物总数的 4.0%；芳香植物有 87 种，占石门台植物总数的 3.5%；鞣料植物有 67 种，占石门台植物总数的 2.7%；淀粉植物有 57 种，占石门台植物总数的 2.3%。保护区植物区系以热带亚热带类型为主，也有相当多的世界广布种及温带种。

石门台自然保护区内植物单属科和寡属科占有明显优势，共占 75.4%，而以含 10～15 属的大科最小，仅占 3.8%。对于一个地区性的植物区系来说，若以所含属数超过 16 属的为特大科，则石门台种子植物有特大科 11 个，16 种以上的特大科有 34 科。属内种的组成以单种和寡种为主，两者之和占全部属数的 87.9%；而大属和特大属之和仅占 3.2%。

石门台自然保护区内野生动植物资源十分丰富，调查结果显示，保护区有野生高等植物 271 科 998 属 2471 种，野生脊椎动物有 33 目 104 科 394 种。其中国家一级保护野生动物有蟒、黄腹角雉、金雕、云豹和豹 5 种，国家二级保护野生动物虎纹蛙、地龟、水獭、大灵猫、小灵猫、斑林狸、水鹿、中华鬣羚、穿山甲、黑冠鹃隼、黑翅鸢、燕隼、褐翅鸦鹃、长耳鸮等 43 种。

石门台自然保护区内陆栖脊椎动物以东洋型和南中国型为主，而在东洋型和南中国型种类中，纯粹的热带物种或北亚热带物种不多，热带至中亚热带分布的物种所占比例最大，充分体现了华中区和华南区动物成分互相渗透和混杂的特点。

常绿阔叶林（肖金海摄）

广东含笑（李远球摄）

伯乐树种子（李远球摄）

棕背伯劳（李远球摄）

绯胸竹鸡（张华摄）

英德睑虎（张天度摄）

英德大峡谷（孔明摄）

石门台自然保护区内的动物物种具有重要的科研价值，如角烙铁头是广东省特有属、特有种。1996年7月在广东南岭自然保护区采到1尾标本，并被定为新属新种（现模式标本已经找不到了）。2003年8月14日在石门台保护区的老屋场采到1尾，经鉴定是角烙铁头，是该种的第二号标本；刺猬是主要适应于中温带至暖温带的物种（张荣祖，1998），过去在广东阳山县捕获过标本，是有文献记录的最南分布（广东省林业厅，华南濒危动物研究所，1987），现今在石门台的保护区分布将这个物种的分布界限又南移了30'。

◎功能区划

石门台自然保护区总面积33555hm²，划分为核心区、缓冲区和实验区3个功能区。其中核心区面积为13917.9hm²，占保护区总面积的41.5%；缓冲区位于核心区外围宽度约为1000m的范围，面积8855.0hm²，占保护区总面积的26.4%。保护区北面与曲江罗坑自然保护区和乳源大峡谷自然保护区相边，因而不用设缓冲区。实验区面积为10782.1hm²，占保护区总面积的32.1%。

◎科研协作

由于有一些物种在本区濒危程度极高，如国家一级保护植物伯乐树在保护区内仅记录到雌雄各1株，国家二级保护植物半枫荷，在保护区内也仅发现一株，我国华南地区特有种福建柏，在本区仅发现约10株，我国特有属特有种的白豆杉，在本区也仅发现20余株。为拯救这些珍稀物种，科研宣教科开展人工繁育工作，在成功繁育了伯乐树、广东含笑、华南五针松等珍稀植物物种，对濒危物种实行拯救性保护区。与华南植物园合作开展森林"林冠模拟N沉降"研究。"CAN"平台是目前世界上首批尝试从自然森林冠层模拟N沉降的野外控制实验设施，它克服了以往对森林生态系统施氮控制试验过程中忽略了森林林冠吸附、吸收和截留等过程的缺陷，更真实地模拟N沉降格局改变过程，是目前全球变化研究领域方法学上的重要突破。与华南农业大学、广州大学合作开展了多个课题的专题研究，发表了《石门台自然保护区蝶类多样性研究》等近十篇学术论文，编辑印制了《广东石门台自然保护区鸟类图册》。制作了一大批动植物标本。

（石门台自然保护区供稿）

保护区管理站（张华摄）

广东 罗坑鳄蜥
国家级自然保护区

广东罗坑鳄蜥国家级自然保护区地处广东省北部，南岭山脉中段南麓，南向和西南向与广东英德石门台国家级自然保护区接壤，西向与广东乳源大峡谷省级自然保护区相邻，北向与曲江区龙归镇相连，东向与曲江区樟市镇毗邻。地理坐标为东经 113° 12′ 20″ ~ 113° 25′ 45″，北纬 24° 28′ 30″ ~ 24° 36′ 30″。保护区总面积 188.136km²，主要保护对象为瑶山鳄蜥、仙湖苏铁等珍稀动植物及其栖息地。保护区始建于 1998 年 12 月，2013 年 6 月经国务院批准晋升为国家级自然保护区。

◎自然概况

罗坑鳄蜥自然保护区地处南岭山脉中段南麓，中地貌属粤北韶关三列弧形山地的中列西翼山地，西翼山地区域内地势高峻，山岭连绵，重峦叠嶂。罗坑镇总体上属于中低山山地地貌，地势呈现为四周高、中间低、略向东倾斜的盆地地形特征。保护区最高峰船底顶，海拔 1586.8m；最低点为罗坑水库坝下，海拔 196.5m；相对高差 1390.3m。

罗坑鳄蜥自然保护区内千峰万嶂、河溪极为发育，属北江水系上游的次级支流。罗坑河（樟市河）、龙归水（新洞河）、蒋公水、江湾河，是保护区内主要的 4 条河流。保护区内的地表水主要表现为河流溪水。受地形影响，区内河流溪水的坡降变化较大，一般在 8.11‰ ~ 38.7‰ 之间，主河道急滩险滩较多。由于保护区内森林植被茂密，经检测，地表水水质普遍良好。无色、无味、无异嗅、透明度好；pH 值 6.87 ~ 7.32，属中性；矿化度 0.03 ~ 0.08g/L，为低矿化的淡水；总硬度 5.39 ~ 14.31 德国度，为软水—微硬水；水化学类型为重碳酸

桫椤（钟振杨提供）

水，宜于饮用、灌溉。

罗坑水库位于保护区东部。水库 1977 年竣工蓄水，集雨区面积 115km²，多年平均产水量 12010 万 m³，河床平均比降为 0.018，正常库容 8225 万 m³。罗坑水库水质达到了国家地表水水质标准（GHZB1—1999）Ⅰ 类～Ⅱ 类水质标准。

罗坑鳄蜥自然保护区成土母岩主要是花岗岩、砂岩，仅在保护区中部偏东的里鱼山分布约 2km² 的碳酸岩。在高温多雨、植被覆盖良好的成土环境条件下，土壤的淋溶作用强烈，碱金属及碱土金属淋失现象严重，土壤普遍呈酸性反应，盐基饱和度普遍较低，山地土壤腐殖质层深厚、有机质含量较丰富，肥力水平较高，适宜林木生长。保护区山地土壤所受人为活动干

红草地（阳艮生摄）

龙脊（阳艮生摄）

扰较小，土壤形态和土壤结构较为完整，是研究南岭南麓山地土壤发育和形成条件的理想场所。罗坑自然保护区地带性土壤为红壤，从山麓至山顶，依次垂直分布着：红壤、山地黄红壤、山地黄壤、山地灌丛草甸土。土壤垂直带谱较明显。主要土壤类型有：红壤、山地黄红壤、黄壤、山地灌丛草甸土、红色石灰土等。

罗坑鳄蜥自然保护区地处北回归线以北，南岭南麓，属中亚热带湿润性季风型气候区。罗坑全年盛行南北气流，春秋季风中偏南风与偏北风互为交替，夏季偏南风为主，冬季偏北风为主，冷暖交替明显，夏季长、冬季短，春秋不长，形成温暖、热量足，雨量丰富、湿度大，无霜期长的特点。由于受地势高差悬殊、盆地地形的双重

影响，保护区气候具有明显的山地气候特点，与周边区域相比，保护区温和湿润的气候特征更为明显。据曲江区气象资料：多年平均气温为20.4℃，极端最低气温－4.3℃，极端最高气温

40.3℃。最冷的月份为12月至翌年3月，平均气温不足5.0℃，最热的月份为5～9月，平均气温超过26.6℃。

秋意正浓（阳艮生摄）

767

◎保护价值

罗坑鳄蜥自然保护区记录到野生脊椎动物有341种,隶属29目96科221属。其中:鱼类23种、两栖类32种、爬行类55种、鸟类164种、兽类67种。

保护区内有国家一级保护野生动物有鳄蜥、豹、云豹、林麝、黄腹角雉、蟒蛇6种;国家二级保护野生动物有穿山甲、短尾猴、豺、黑熊、青鼬、水獭、大灵猫、小灵猫、斑林狸、金猫、水鹿、鬣羚、斑羚、黑冠鹃隼、黑鸢、蛇雕、凤头鹰、赤腹鹰、松雀鹰、苍鹰、普通鵟、林雕、红隼、燕隼、游隼、白鹇、褐翅鸦鹃、黄嘴角鸮、领角鸮、雕鸮、虎纹蛙、三线闭壳龟、山瑞鳖等33种。保护区有广东省重点保护动物20种;列入中国濒危动物红色名录物种49种;列入世界自然保护联盟(IUCN)物种红皮书物种26种;列入国际贸易公约(CITES)濒危野生动物物种35种。

鳄蜥隶属鳄蜥科鳄蜥属,为单科单属单种,是国家一级保护野生动物。主要分布在广东、广西地区,罗坑自然保护区是鳄蜥的重要分布区之一。目前,

由于过度猎捕和栖息地破坏等原因,我国的鳄蜥种群数量已经大为减少,现存已知种群数量只有1000余只,而罗坑自然保护区的鳄蜥种群数量500～600只,这是目前国内已知最大的鳄蜥种群,具有重要的保护价值,且广东和广西的鳄蜥在形态特征上有一定的差异,这对于探讨鳄蜥种群的地理变异和物种进化等具有重要的科学研究意义。

罗坑鳄蜥自然保护区地带性植被为亚热带常绿阔叶林。保护区内植物种类丰富,分布野生维管植物205科698属1464种,占广东省野生维管植物5933种的24.7%。野生维管植物中,蕨类植物有40科82属163种;裸子植物7科9属13种;被子植物158科607属1288种(其中双子叶植物133科484属1088种;单子叶植物25科123属200种)。

保护区内有国家重点保护植物17种,其中:国家一级保护野生植物有仙湖苏铁、伯乐树2种;国家二级保护野生植物有金毛狗、桫椤、黑桫椤、大黑桫椤、粗齿桫椤、小黑桫椤、苏铁蕨、广东松、福建柏、白豆杉、樟树、伞花木、金荞麦、半枫荷、红椿子15种。珍稀濒危植物12种(已列入保护植物名录的3种除外),其中属濒危级别的植物1科1种,属渐危的3科3种,属稀有的7科8种。罗坑自然保护区有兰科植物18属31种,全部为濒危野生动植物种国际贸易公约附录Ⅱ物种。

罗坑鳄蜥保护区仙湖苏铁种群,保存在罗坑水库东南侧,苏铁高大粗壮,叶刺较多。仙湖苏铁在广东省的野生植株主要分布在深圳塘朗山、深圳梅林、广东罗坑、曲江樟市和鹤山,种群数量分别为2500、67、11、12和4。所有居群的年龄结构均呈倒金字塔形,老年

崇山峻岭(阳辰生摄)

国家一级保护动物——鳄蜥(钟振杨提供)

国家一级保护植物——仙湖苏铁(钟振杨提供)

蝾螈(保护区提供)

一眼洞天(钟振杨摄)

个体多，尤其缺少由种子萌发的一二年生幼苗；具孢子叶球的植株少，深圳的2个居群无雌性植株，而曲江和鹤山的3个居群无雄植株。产种子少，且种子常被采摘；自然情况下，种子萌发率低，有的甚至不能萌发，导致有性繁殖力低。仙湖苏铁已处于严重受威胁状况，急需保护和拯救。

保护区内的门洞高山湿地是省内独特的山地湿地，海拔约1000m，生态系统十分独特，既是部分鸟类迁徙途中必经之地，也是保护区内众多物种赖以生存栖息地。罗坑水库是韶关重要的水源涵养地，在地形地貌研究、物种保护等方面亦有着重要的价值。

◎功能区划

罗坑鳄蜥自然保护区功能区划为核心区、缓冲区和实验区3个功能区：核心区位于保护区西部、西南、北部，总面积6904.6hm²，占保护区总面积的36.7%。这里地形地貌最为复杂，山高谷深，生态环境自然性强，森林植被原生性强，保全了罗坑自然保护区的生物垂直带谱，区内珍稀濒危动植物资源分布最为集中，是保护区重点保护区域。沿核心区外围划出缓冲区，面积4059.7hm²，占保护区总面积的21.6%，形成宽度300～1500m保护缓冲地带，这部分多处在高山峻岭，所受人为干扰较少，森林植被茂密。实验区分布于罗坑盆地的盆底低山区（局部为丘陵区），面积7845.6hm²，占保护区总面积的41.7%。

◎科研协作

罗坑鳄蜥自然保护区十分重视科研工作，先后与广西师范大学、华南濒危动物研究所、广州大学、台湾屏东科技大学等科研院所开展合作研究完成了14个科研项目，在《生态学报》《生态学杂志》《四川动物》等重要学术刊物发表论文21篇，在对保护区内珍稀动植物的研究上取得了一系列的科研成果。2007年，保护区成立了鳄蜥研究中心，积极开展鳄蜥的人工繁育与放归的科学研究，成功人工繁育了子二代、在子三代鳄蜥累计300多只，野外放归鳄蜥150只，标志鳄蜥人工繁育取得成功。

欢迎大家到保护区参观、旅游、观光，共享这里纯净幽美的绿色世界，同时也希望每一个游人热爱这里的一草一木和所有的野生动植物，积极参与我们的保护行动，支持自然保护区事业的发展。

（罗坑鳄蜥自然保护区何南供稿）

鳄蜥研究中心（钟振杨提供）

高山湿地仙境（阳艮生摄）

云开山
国家级自然保护区

　　广东云开山国家级自然保护区地处广东省西南部云开山脉腹地，位于广东省信宜市和高州市境内。地理坐标为东经111°08′19″～111°23′48″，北纬22°13′58″～22°21′24″之间。保护区总面积12511.3hm²，其中核心区面积4854.8hm²，占保护区总面积的38.8%，缓冲区面积3615.4hm²，占保护区总面积的28.9%，实验区面积4041.1hm²，占保护区总面积的32.3%。保护区的主要保护对象为南亚热带常绿阔叶林生态系统、珍稀濒危野生动植物资源和水源涵养林，是广东保存最完整和最具代表性的森林生态系统类型的自然保护区之一。2014年12月经国务院批准晋升为国家级自然保护区。

水映林

◎ **自然概况**

　　云开山自然保护区内地质经历早古生代震旦纪、寒武纪、晚古生代泥盆纪、石炭纪，中生代三叠纪、侏罗纪、白垩纪的地壳运动，造成了复杂的地层结构和断裂构造。在大地构造上属华南加里东褶皱系粤西隆起带（复背斜带），地质构造在后加里东时期受到新华夏构造体系改造。区内地形以中山为主，地势大致为中间高，四周低，区内最高峰大田顶1704m，为粤西最高峰。

　　云开山自然保护区成土母质以花岗岩风化的残积坡积物为主，石英砂岩、粉砂岩、片岩、泥质绢云母岩、含卵砾砂夹黏土等次之。保护区土壤以赤红壤和山地黄壤为主，并具有较明显的垂直分布规律。

　　云开山自然保护区属亚热带湿润季风气候。地理上的南亚热带与中亚热带的分界线即从区内穿过。春季多雾，夏季清凉，多年年平均气温约17℃，最高气温30.3℃，极端最低气温－8℃；多年平均降水量3119.5mm，区内受台风影响较大，降水多集中在4～8月；多年平均相对湿度85.6%；多年平均日照时为1390.3h。

　　云开山自然保护区及周边是粤西的大部分河流的发源地，主要有：①鉴江，是高州水库最主要的河流，高州水库是我国十大水库之一；②罗定江，旧称南江，发源于保护区内鸡笼顶，向北穿越罗定市境，于郁南县南江口注入珠江一级支流—西江，西江是珠江三角洲地区重要的水源地；③黄华河，发源于保护区内棉被顶，向北流至加塘村出广西，于藤县与北流江汇合；④潭水河，漠阳江最大支流，发源于区内鸡笼顶。

　　云开山自然保护区的植被类型复杂，地带性森林植被为南亚热带季风常绿阔叶林，依据区内植被外貌、结构、种类组成和生境的差异，将植被划分为

大田顶天池

多彩林

林层春色

林间瀑布

6 种类型；包括热带季雨林、南亚热带季风常绿阔叶林、南亚热带常绿阔叶林、南亚热带针阔叶混交林、南亚热带山地常绿灌丛和常绿灌草丛 6 种。其中南亚热带季风常绿阔叶林是分布在我国南亚热带沿海丘陵台地砖红壤性红壤上的一种常绿性的季雨林，也是南亚热带的地带性代表植被类型。它既非典型的季雨林，也不是中亚热带的常绿阔叶林，而是两者之间的过渡类型。其植物组成成分的热带性不如热带季雨林强，但又强于亚热带常绿阔叶林。在种类组成上主要以樟科、壳斗科、山茶科、桃金娘科、五加科、大戟科、茜草科、豆科、棕榈科、山矾科为主，板根、附生、绞杀等热带常见的现象在此少见。本类型植被的组成种类成分较为复杂，区系多样，以"华南植物省"的成分为特征，兼有马来亚区系成分，优势种类以壳斗科、樟科的热带属、种以及金缕梅科、山茶科的种类为主。

云开山自然保护区属森林生态系统类型的自然保护区，是粤西天然森林植被保存最为完好的地区，是一座珍贵的绿色资源库和基因库。由于该地区的地势起伏较大，地形复杂，高温多雨，气候和土壤垂直分布明显，许多热带、亚热带甚至温带的动植物都荟萃于此。

云开山自然保护区至今保存有较大面积完整的次生南亚热带常绿阔叶林和沟谷雨林，区内生物多样性丰富，据初步统计，保护区拥有维管束植物物种数 2131 种，隶属 220 科 870 属，国家重点保护野生植物共 17 种，其中国家一级保护植物 1 种，约占广东省总量的 12.5%，伯乐树。国家二级保护植物 16 种，有金毛狗、福建柏、香樟、土沉香、格木、红椿子、毛红椿子、华南锥、紫荆木和 7 种桫椤科植物。

云开山自然保护区同样蕴藏着丰富的野生动物资源，现已记录到的昆虫种类超过 1500 种，陆生野生脊椎动物 337 种，其中哺乳动物 8 目 24 科 56 种，鸟纲 16 目 48 科 196 种，爬行纲 3 目 16 科 59 种，两栖纲 2 目 8 科 26 种；另外记录到鱼纲 4 目 15 科 43 种。国家一级保护动物有豹、云豹、白肩雕、金雕、鳄蜥、蟒蛇、巨蜥、黄腹角雉；国

海南粗榧

心叶异药花（特有植物）

大雾岭风光

家二级保护动物有大灵猫、小灵猫、中国穿山甲、斑灵狸、金猫、地龟、大壁虎、山瑞鳖、大鲵、细痣疣螈、虎纹蛙、黑鸢、蛇雕、苍鹰、普通鵟、燕隼、游隼、原鸡、小鸦鹃、草鸮、黄嘴角鸮、黑冠鹃隼、长耳鸮、凤头鹰、松雀鹰、红隼、白鹇、褐翅鸦鹃、领角鸮、仙八色鸫。

平胸龟

鳄蜥

细痣疣螈

◎ 保护价值

云开山自然保护区所处的云开山脉是广东省第二高地和重要的地理分界线，是岭南地区自然保护的重要补充，对粤西气候、生物、水文等都有着重要的生态影响，是粤西地区重要的生态屏障，与南岭山脉相呼应，有助于构建区域生态安全体系。从全球角度看，北回归线附近地区几乎全为沙漠，故有"回归沙漠带"之称，保护区位于北回归线以南，北纬22°附近，在地理、气候和生态上具有热带的特点并保存有大面积较完整的南亚热带季风常绿阔叶林，这一地带的亚热带季风常绿阔叶林为我国热带季雨林向亚热带常绿阔叶林过渡类型中的"孤岛"，具有典型性、稀有性和不可替代性，亟须加大保护和科研力度。

云开山自然保护区是目前国内发现鳄蜥的新分布地之一，保护区内鳄蜥暂时只发现在排东一带4.16km²的区域内有分布，分布区约占保护区面积的3.83%。整个云开山保护区的野生鳄蜥种群密度为0.18～0.20只/km²，现

保护区内鳄蜥的总数量为 56 ～ 59 只，对于鳄蜥这一极为珍稀的物种来说，这一数目的种群数量已经具有十分重要的保护和科研价值。

◎ 自然景观

云开山自然保护区景色优美，气候宜人，冬暖夏凉，风光秀丽，古树名木千奇百怪，云山雾海变幻莫测，山间瀑布飞泻，密林无际，奇花漫野。云开山保护区主峰大田顶又是观日出、日落、云海等气象景观的最佳之处；在大田顶东南面山下有一泓镶嵌在绿林中的"天池"，被苍山环抱，湖面清澈如镜，每当云雾四起时，峰峦若隐若现，如身处仙境；此外，区内的大雾岭顶、炉塘顶、棉被顶、鹿湖顶、阿婆髻等山峰竞秀、风景各异；保护区连绵起伏的群山，逶迤腾浪，莽莽林海，郁郁葱葱，使人心旷神怡、胸怀广阔；云开山保护区四季风景变化明显，初春，山樱红艳欲滴，山楂花白如雪，各种杜鹃姹紫嫣红先后竞相开放；盛夏，山溪欢唱、乔木葱郁，野藤婆娑；深秋，红枫似火，槭叶金黄、野果遍地，清香飘逸，隆冬，群峰跌宕，苍翠依然。在这里，人们漫步林间小径，观赏森林奇观，大自然美景让人流连忘返。

◎ 保护区历史沿革和机构设置

云开山自然保护区的前身是国有大雾岭林场，1994 年 4 月，茂名市人民政府以茂府办 [1994]26 号文批准建立自然保护区，1996 年经广东省人民政府批准晋升为省级自然保护区。2002 年广东省同意成立广东大雾岭省级自然保护区管理处，副处级事业单位，由省和茂名市共管，核定事业编制为 15 名，其中主任 1 名，副主任 1 名，人员经费由省财政核拨。2006 年省保护区办批准管理处设立综合科、保护管理科和科研宣教科 3 个内设机构。 2010 年 8 月经省政府批准整合相邻的茂名鹿湖顶市级自然保护区扩大面积更名为广东云开山省级自然保护区，2011 年事业单位分类改革，确定云开山保护区管理处为财政补助一类事业，核定省财政一类补助编制人数 15 名 。2014 年 12 月年经国务院批准晋升为广东云开山国家级自然保护区。

◎ 获得荣誉

云开山自然保护区丰富的野生动植物资源，多样的自然景观，四季宜人的气候，成为科学考察、生态旅游、休闲度假、科普教育的良好去处。先后被命名为"全国林业科普基地""广东青少年科技教育基地""广东省森林生态旅游示范基地"，区内主要景点"雾岭天池"被评为茂名十大景点之一，2002 年管理处被国家林业局授予"全国自然保护区先进集体"称号，2015 年 12 月入选为"广东十大最美森林"。

保护区管理处位于广东省信宜市大成镇大雾岭，南距茂名市区 135km，东距广州 373km。 （李友余供稿）

宣教中心

云海景观

广西 花坪
国家级自然保护区

广西花坪国家级自然保护区位于广西东北部，东西宽15.2km，南北长16km，最高峰——蔚青岭海拔1807.5m，属南岭山地越城岭支脉。地理坐标为东经109°48′54″～109°58′20″，北纬25°31′～25°39′。保护区处于大桂林旅游圈中的"桂林—龙胜—资源"金三角旅游黄金线上，是广西名胜景点之一，素有"花的世界""瀑布之乡""动物王国"之美称。植物"活化石"银杉最先在花坪发现并命名。保护区于1999年11月加入中国"人与生物圈"自然保护区网络。保护区总面积15133.3hm²，有林地面积15005hm²，森林覆盖率达98.2%，活立木蓄积量为117.89万m³，属森林生态系统类型。保护区始建于1961年，1978年经国务院批准晋升为国家级自然保护区。

◎ 自然概况

花坪自然保护区地质古老，属江南古陆南部边缘地区，褶皱明显，构造复杂，下古生代寒武纪地层分布很广，砂页岩相互交替，元古代震旦纪、前震旦纪变质岩也有一定面积，属中山地貌类型。保护区是柳江水系源头，主要有小江口河、粗江河、平野河，总长65.5km，所有河流均向北流，河流两岸陡坎多，河道比降大，河水含沙量很少，常年流水，森林植被瞬时水源涵养能力为14064.6万m³。保护区属中亚热带季风气候，日照短，多雾，霜期10月至翌年4月，雪期为12月至翌年4月，风向变换显著，夏多东南风、南风，秋多北风、东北

高山湖泊（在保护区的安江坪，海拔1400m）

风，山顶阵风性强；年平均气温12～14℃，1月平均气温4℃，7月平均气温23.5℃；年降水量2000～2200mm，雨季3～8月，相对湿度85%～90%。保护区土壤垂直带明显：海拔600m以下为山地红壤，但不是本保护区的主要土壤；600～1300m为山地黄壤和山地生草黄壤，1300～1800m为山地腐殖质黄棕壤。土壤质地疏松，含石砾多，pH值4.5～5.0，土壤剖面发育不完整，枯枝落叶层和腐殖质层较浅薄，有机质含量较高。

花坪自然保护区动植物资源丰富，类型多样，已知有维管束植物214科537属1117种、74个变种。国家一级保护植物有银杉、南方红豆杉、伯乐

田园风光

华南五针松

树 3 种，国家二级保护植物有福建柏、鹅掌楸、银鹊树、马尾树、马蹄参、香果树等 20 种；野生动物有哺乳动物 30 余种，鸟类 86 种，两栖类 31 种，爬行类 19 种，鱼虾类 15 种，其中国家一级保护动物有金钱豹、黄腹角雉、白颈长尾雉、蟒、林麝等 5 种，国家二级保护动物有猕猴、鬣羚、红腹角雉、白鹇、大鲵等 28 种。

花坪自然保护区地貌景观雄伟险峻，原始森林景观神秘奇特，溪瀑景观清灵壮丽，气象景观绚丽多姿。区内的水与山共同组成一幅幅秀丽、灵动的山水画，独特的生态环境，浩瀚无边的苍翠林海，五彩缤纷的奇花异草，珍稀罕见的珍禽异兽和崇峻白绢的险峰飞瀑，

协奏出花坪自然迷宫的多彩情韵。辅以具有地方特色的民族风情和山地田园风光，形成了保护区内红毛河、粗江、红滩、广福四大自然景区的 62 个景点。花坪自 1998 年开发生态旅游以来，吸引了无数专家学者、科研人员和关爱大自然的人士前来参观旅游。

◎ 保护价值

花坪自然保护区主要保护对象是：珍稀孑遗树种银杉及典型常绿阔叶林森林生态系统，包括各种珍稀动植物，各类自然景观资源和人文景观资源。

花坪自然保护区的生物多样性丰富，自然性保存完好，是我国中亚热带典型常绿阔叶林保护得较完整的林区，

其生态系统类型及保护的物种在全国生物界和地理界内具有突出研究价值。

花坪自然保护区是一个具有多种功能的自然－社会－经济实体。保护区保护了大量重要的生物资源，是一座巨大的生物基因库。该储库对人类提供的不仅是直接的物质效益，而且还有巨大的生态效益以及保存生态天然本底和物种遗传资源的潜在价值。

花坪自然保护区的生态功能所带来的社会效益和生态效益，在维持人类经济活动和创造人类社会福利方面发挥了重大作用，其产生的间接经济效益是无可估量的。在生态效益方面，花坪自然保护区有六大突出功能：一是涵养水源，花坪保护区为典型的亚热带常绿

云海

阔叶林，有林地面积达15005hm²，是天然的绿色水库，系柳江乃至珠江水系的发源地之一，据有关专家测算，每公顷森林每年有效涵水量9855t，按每吨水0.1元计，价值达1430.3万元。保护区是龙胜、临桂、三江、融安、融水等县灌溉及水资源开发的支柱水源。二是释放氧气，据计算，每公顷森林每年供氧2.023t，花坪保护区年供氧29368t，按每吨氧气700元计，价值达2055.7万元。三是净化大气，据测定，每公顷阔叶林可散发5kg的植物杀菌素，保护区共有阔叶林11097.9hm²，可散发的植物杀菌素达55489.5kg(55.5t)，因此，保护区中空气清新，含菌量少，人的抵抗力增强，疾病减少，对人的身体健康极为有益。四是调节气候，保护区内年均相对湿度为82.2%，夏季平均气温22.2℃，相对湿度比龙胜县、桂林市分别高出1.1和1.6个百分点，而夏季气温则分别低3.7℃和5.1℃，舒适凉爽的夏季气候，是人们消夏避暑的理想胜地。五是防止水土流失，据测算，每公顷森林每年防止水土流失量244.2m³，花坪保护区每年森林防止土壤流失量达354.4万m³，按3元／m³计，价值达1063.2万元。六是为开展科学研究和教学实习提供了良好的基地，花坪自然保护区具有完整的森林植被群落、丰富的动植物种类和变幻的气象景观，为人们开展自然科学、生物科学研究和教学实习提供了良好的基地。

◎ 功能区划

花坪自然保护区于1997年编制了《广西花坪国家级自然保护区总体规划》，将保护区功能区划为核心区、缓冲区、实验区，其中核心区面积4891.3hm²，缓冲区面积3668.1hm²，实验区面积6573.9hm²。

花坪银杉（国家一级保护植物）

广福杜鹃（在保护区的广福顶山脊，海拔1800m）

鼯鼠（国家二级保护动物）

花坪短尾猴

◎ 科研协作

在结合实际开展科学研究方面。20世纪80年代，在广西植物研究所的支持配合下开展银杉繁殖试验工作，繁殖银杉260株，曾获广西壮族自治区3项科研成果奖。近年来，新建生态观测站1处，与广西植物研究所共同在保护区境内建立国家特种植物监测样地，定期对保护区的濒危物种进行永久性监测；与广西林业科学研究院开展"银杉病虫害应急技术研究"课题，按森防站的要求，完成森林病虫害设点调查和森林病虫害测报、预报工作；与广西师范大学联合对花坪人工培植银杉进行土壤调查研究，完成了第一期"土壤的化学成分分析"，并撰写科研报告；配合中国科学院开展"银杉种群的生态和遗传适应性与种群复壮的有效途径"的国家重点基础研究项目等。现正在开展第二次本底资源综合考察。

（韦建璋供稿；张定亨提供照片）

森林小屋

红滩峡谷（该峡谷有多处瀑布）

广西 猫儿山
国家级自然保护区

　　广西猫儿山国家级自然保护区位于广西东北部。地理坐标为东经110° 19′～110° 31′，北纬25° 44′～25° 58′。东西宽20km，南北长23km，地跨兴安、资源、龙胜3县，处于大桂北旅游区的中心位置。猫儿山属南岭西段山系越城岭山脉，主峰海拔2141.5m。猫儿山自然资源保护历史悠久，清朝道光元年（1821年）就曾刻立石碑封禁山林，对这一区域进行保护；1976年经广西壮族自治区人民政府批准建立猫儿山自然保护区；2003年经国务院批准晋升为国家级自然保护区，属森林生态系统类型的自然保护区。辖区总面积17008.5hm²，有林地面积16409.8hm²，森林覆盖率96.48%，活立木蓄积量为134.6万 m³。猫儿山自然保护区是14个具有国际意义的陆地生物多样性关键地区——南岭山地的重要组成部分。保护区主要保护对象是：国家保护的野生动植物物种；漓江、资江、浔江等江河源头水源涵养林。

猫儿山四大奇观之——日出（雷志岚摄）

◎ 自然概况

　　猫儿山地质构造属华南加里东地槽褶皱带，为古生代加里东晚期斑状花岗岩石地层，中生代燕山运动又产生断裂，大量花岗岩侵入二次岩浆活动，形成了庞大的越城岭花岗岩山地。局部地段夹有板岩和砂页岩。主脉自东北走向西南

猫儿山四大奇观之——雾凇（蒋得斌摄）

猫儿山秋韵（蒋得斌摄）

猫儿山四大奇观之———云海（蒋得斌摄）

（华夏走向），地貌属中山类型，地形中间高，四周低，由北部向东南部倾斜，境内地形多变，局部有山间盆地存在。猫儿山山势雄伟，地势陡峭，沟壑纵横，到处都有高达百米以上的悬崖峭壁，沟谷中常形成数十米的瀑布或瀑布群。猫儿山的水平地带性土壤类型是红壤，由于亚热带季风气候和复杂多变的地形、母质、生物等多因素的综合作用，从山谷到山顶依次形成山地黄红壤、山地黄壤、山地黄棕壤、草甸土等土壤种类。八角田一带主要为泥炭土，形成罕见的、面积数百公顷的高山湿地。猫儿山从山脚到山顶相对高差超过 1500m，温差近 10℃，山地气候特征明显。在山脚海拔 280m 的华江瑶族乡，年平均气温 18.6℃；在海拔 1110m 的九牛塘，年平均气温 12.5℃，而猫儿山山顶年平均气温仅 7℃。整个保护区年平均降水量在 2500mm 以上，2～7 月为雨季，一年中有将近 3/4 的时间云雾弥漫，空气湿度大。在海拔 1500～2000m 之间常形成云雾带，该地带冰霜期一年有 100 多

天，是冬季观雪景的好地方。猫儿山常年风力较大，且随海拔的升高而增强，除盛夏南风较多外，其余季节以西北风为主。保护区植被类型丰富多样，主要有竹林、灌丛、草丛、亚热带针叶林、亚热带落叶阔叶林、常绿落叶阔叶林、高山矮林等。区内有维管束植物 215 科 782 属 2120 种，其中蕨类植物 40 科 83 属 157 种，裸子植物 7 科 17 属 29 种，被子植物 168 科 682 属 1934 种；已查明的陆生野生脊椎动物有 29 目 89 科 311 种，其中两栖类 26 种，爬行类 22 种，鸟类 136 种，哺乳类 71 种；已查明的昆虫 566 种，分属 17 目 117 科 399 属；已查明的真菌有 264 种，其中有 3 种是全国新记录种。

猫儿山自然保护区是广西主要水源林区，保护区森林植被瞬时水源涵养量为 4738.32 万 m^3，地表年径流量 3.14 亿 m^3，39 条河流发源于此，其中 19 条河流从兴安县流入漓江；有 4 条河流从资源县流入资江；有 16 条河流从资源、龙胜县流入浔江。猫儿山是漓江、资江、

浔江的主要发源地，连接着长江、珠江两大水系。保护区为周边地区人民生活、工农业生产、水运提供了丰富的水资源，滋润着山水"甲天下"的桂林，发挥着巨大的生态效益、社会效益和经济效益。因此，猫儿山又享有"漓江的心脏""桂林山水的命根子"之美称。

猫儿山负氧离子含量高，空气清新，是天然的氧吧。春季 40 余种杜鹃花竞相开放，汇成花的海洋；夏季万绿吐翠，峡谷幽幽，处处飞瀑；秋季晴空万里，金秋红叶、红果赏心悦目；冬季银装素裹，玉树临风，山茶花与雾凇相伴，云海、日出、佛光、雾凇，被誉为猫儿山四大自然奇观。猫儿山具有雄、险、秀、奇、幽等不同特色的景点约 100 处，被老一辈无产阶级革命家陆定一誉为集"泰山之雄、华山之险、庐山之幽、峨眉之秀"于一体的神奇之山。除丰富的自然资源，秀丽的山水风光外，保护区还蕴藏着悠久的革命传统文化资源。《老山界》一文中所描写的红军长征翻越的老山界就在猫儿山保护区境内；八角田附近的仙愁崖，是第二次世界大战期间，援华抗击日

华南之巅——猫儿山国家级自然保护区主峰（银福忠摄）

本法西斯的美国空军"飞虎队"B-24重型轰炸机撞崖之处。因此，猫儿山已成为青少年进行革命传统、爱国主义、国际主义教育的重要场所。猫儿山又被称为"一座改变了中国工农红军命运的革命之山！一座联结中美两国人民的友谊之山！一座连接中国两大著名水系的桥梁之山！一座孕育了桂林人民母亲河的源泉之山！一座高凌八桂、秀甲华南的神奇之山！"

猫儿山自然保护区周边居住着苗、瑶、侗、壮、汉等多个民族，悠久的历史和丰富的民族风情，构成了猫儿山亮丽的人文景观。

◎ 保护价值

猫儿山属于中国16个生物多样性热点地区之一，同时也是14个具有国际意义的陆地生物多样性关键地区——南岭山地的重要组成部分。区内主要保护对象是：国家保护的野生动植物物种；漓江、资江、浔江等江河源头水源涵养林。

猫儿山植物区系在世界植物区系区划中位于泛北极域和古热带域的交接地区，区系成分复杂，是华夏植物区系起源的腹地和许多古老生物的衍生地和物

水青冈英姿（蒋得斌摄）

种再分化的中心发源地之一。世界上最具典型特征的常绿阔叶林原生植被在区内得到完好保存，是我国南方（南岭山地）生态系统恢复建设的理想模板，也是研究我国南部地区中山针阔叶混交林如何向亚高山针叶林过渡的重要科研场所。八角田一带同时分布有常绿落叶阔叶混交林、针阔混交林、针叶林、山地矮林和灌丛，其生境十分稀有罕见。猫儿山自然保护区山地气候垂直变化大，森林植被类型多样，植被垂直带谱明显，是我国湿润亚热带的典型，其常绿阔叶林和南方铁杉针阔混交林生态系统在我国中亚热带南部范围内具有突出的代表性。植被和生境的多样性、典型性和代表性决定了保护区珍稀物种丰富，保护价值极高。

猫儿山自然保护区是华南地区生物多样性最为丰富的地区之一。由于地处

特有的猫儿山杜鹃

南岭西部，是连接中国中部和南部（岭南区）生物栖息和基因交流的天然保障生境。生物物种富集程度极高，生态系统复杂而稳定。植被类型丰富多样。从广西种子植物属的地理成分分析，广西种子植物属的13个分布区类型在猫儿山都有它们的代表，且有南方铁杉林、罗浮栲林、银木荷林、铁椎栲水青冈林、青冈钟萼木林、多脉青冈枫香林、毛竹林等19种森林植被类型，波缘冬青灌草丛、广西越橘蚝猪刺灌草丛等4种灌丛植被类型，五节芒草丛、五节芒野古草草丛等7种植被类型。据综合考察，区内有野生维管束植物2120种，野生陆生脊椎动物311种，昆虫新记录100余种。国家一级保护植物有南方红豆杉、红豆杉、伯乐树、银杏4种，国家二级保护植物有鹅掌楸、香果树、闽楠、广东五针松等19种；国家一级保护动物

云 海（蒋得斌摄）

猫儿山日出（蒋得斌摄）

铁杉荟萃

有豹、云豹、林麝、黄腹角雉、白颈长尾雉5种，国家二级保护动物有鬣羚、藏酋猴、猕猴等32种。猫儿山还是许多生物标本的模式产地，以"猫儿山"冠名的动植物物种有60多种，有些是中国或广西的特有种。保护区内动植物区系的地理成分多样，其生态系统的组成成分与结构极为复杂。鱼类和野生哺乳动物区系具有较强的华南动物区系特征，又有大量的过渡性种类；爬行动物区系具有较强的华南、华中、华西的过渡性特征。保护区还保存有许多具有全球保护价值的中国特有孑遗植被群落（水青冈林、南方铁杉林、长苞铁杉林、高山杜鹃矮林等）。在系统分类位置上处在相对独立的单种属和少种属的植物较多。

猫儿山自然保护区因山高坡陡，多有岩石裸露，尤其是海拔1000～1600m的中山山地，也是猫儿山山地坡度最大的地段，平均坡度在40°左右，局部达50°～60°。土层较薄，一般在60cm，有的甚至小于40cm。岩石裸露率达10%～30%，局部更高。如果原生森林植被遭受破坏，极容易引起水土流失，生态环境将会迅速恶化，林草植被就难以恢复。每年秋后风高物燥，有时连续五六十天无雨，极易发生森林大火，其脆弱的生态系统需要得到全面保护管理。

◎ **功能区划**

猫儿山自然保护区功能区划：核心区面积7759hm²，占保护区总面积的45.6%；缓冲区3635.4hm²，占21.4%；实验区5614.1hm²，占33.0%。1998年猫儿山自然保护区加入中国"人与生物圈"自然保护区网络。

◎ **科研协作**

科研、监测是保护管理的一项重要工作。保护区管理局组织科研人员对保护区生物多样性资源进行了多次调查；经过多年努力，铁杉人工繁殖和低海拔造林实验喜获成功；对柄天牛生活习性的观察研究和防治，有效地抑制了天牛危害；加强科研的横向联系和对外交流，与华南植物园建立了生物多样性永久性观测样地，与华南农业大学进行了昆虫生物多样性资源调查，与中国科学院昆明植物研究所合作开展水青冈研究，与桂林工学院合作进行高分辨率卫星遥感和GIS资源环境信息系统的开发与利用。

（猫儿山自然保护区供稿）

保护区内的传统民居（蒋得斌摄）

广西 千家洞
国家级自然保护区

广西千家洞国家级自然保护区位于广西东北部灌阳县境内，地理坐标为东经 111°11′~111°20′，北纬 25°22′~25°31′。南北长 17.2km，东西宽 15.4km，东与湖南都庞岭国家级自然保护区交界，总面积 12231.0hm²，森林覆盖率 83.9%，属森林生态系统类型保护区，主要保护亚热带常绿阔叶林生态系统及红豆杉、长苞铁杉和黄腹角雉等珍稀动植物。千家洞自然保护区的前身是广西灌阳千家洞国有林场，1982 年经广西壮族自治区人民政府批准建立千家洞水源林自然保护区，2006 年 2 月经国务院批准晋升为国家级自然保护区。

◎ 自然概况

千家洞自然保护区地处南岭山地都庞岭山系，为一褶皱中山，主峰韭菜岭海拔 2009.3m。大地构造属东南地洼区的中部，即赣桂地洼系中段西侧。区内主要为古生代加里东早期的花岗岩地层，山脚周围显露的地层更早，有元古代震旦系和古生代的寒武、奥陶纪。千家洞在上元古代至下元古代是滨海沉积，经寒武、奥陶、志留纪漫长的地质年代，到志留纪末的加里东运动隆起上升，使震旦至下古代沉积的地层褶皱、断裂，伴随着大量的花岗岩侵入，形成现代千家洞的花岗岩地质构造。千家洞地处中亚热带季风气候区，受季风影响十分明显。境内主要山脉成东北－西南走向，大气南北流动畅通，东西之间的

长苞铁杉

交换受阻，属亚热带季风湿润山地气候，具有以下明显的气候特征：气候的海洋性强于大陆性；热量丰富，"两寒"明显；湿润多雾，日照较少，气温垂直变化明显。年平均气温 11.0~17.1℃，极端最高气温 38.2℃，极端最低气温 −4.6℃，无霜期 287 天。年降水量 1800~2260mm，相对湿度 82%。千家洞的水平地带性土壤为红壤。但由于山体高大，生物、气候的垂直差异明显，从而产生不同的土壤类型：在海拔 500m 以下主要是红壤；500~700m 之间是黄红壤；700~1400m 之间是山地黄壤；1400~1600m 则是山地黄棕壤；在海拔 1600m 以上区域分布着较大面积的山地灌丛草甸土和山地泥炭沼泽土。千家洞自然保护区地表水十分发育。发源于保护区内的大小

清澈的溪流

地形地貌（千家洞景观之一）

河流有 37 条，呈树枝状分布，无外来水流，自成水系，无污染源，水质良好，各种有害生物指标都未超过国家规定的标准。这些河流分别汇入主干流灌江的一级支流潇江和秀江后入灌江，再注入湘江，属长江流域洞庭湖水系湘江支流。据测定，保护区范围内每年的河流径流量达 1.58 亿 m³，堪称"绿色天然水库"。保护区的水资源直接关系到灌阳及灌江流域社会经济发展的兴衰。保护区内森林生态系统的完整和稳定及其涵养水源功能的正常发挥，可促进灌阳及灌江流域社会经济的可持续发展。

千家洞森林植被有常绿阔叶林、常绿落叶阔叶混交林、针阔混交林、落叶阔叶林、山顶矮林、竹林等 6 个类型。千家洞自然保护区内的野生动植物资源十分丰富。已查明的种子植物共有 170 科 710 属 1653 种。其中：裸子植物 8 科 14 属 24 种；被子植物中双子叶植物 139 科 543 属 1343 种，单子叶植物 23 科 152 属 286 种。已发现的野生脊椎动物 235 种，占广西脊椎动物种类的 28%，隶属 5 纲 27 目 79 科 146 属，其中：鱼类 24 种，两栖类 32 种，爬行类 37 种，鸟类 100 种，哺乳类 42 种。已鉴定昆虫 922 种（已定名发表的新种 2 个），隶属 23 目 208 科 702 属，其区系以东洋区居多，种群具有以林栖昆虫为主、有害昆虫种类丰富但种群数量不大和天敌昆虫较多的特点。

保护区内峰峦叠嶂的地形地貌，多姿多彩的森林植被以及众多的溪流、涌泉、瀑布相得益彰，形成了千家洞独特的自然景观。随气候条件的变化而产生的各种气象景观、随季节变化而产生的林相及水体大小、形状的变化，更增添了自然景观的多样性。著名的"牛鼻孔出水瀑布""三峰烟雨""三峰霁雪"，风景瑰丽，蔚为壮观。千家洞遗址是一处南北走向的狭长盆地，海拔在 1600～2000m 之间，面积约 3780hm²，盆地四周山势平缓。雄关古道——永明关因中国工农红军红八、红九军团长征至此，在三峰山山巅悬崖上刻有"中国工农红军"几个大字而更具历史意义。历史上，千家洞是瑶族重要的祖居地和纪念地，是海内外瑶胞向往的圣地，更显千家洞的神秘，具有重要的民族文化遗产保护价值。传记记载，"千家峒"在历史上是瑶族先民的聚居地,曾有上千户瑶民在这里居住,人们过着与世隔绝的世外桃源生活。在元大德年间,"千家峒"被官府发现,因税收问题,瑶民与官府发生战争,"千家峒"瑶民遭受残酷杀戮。为了生存,瑶民被迫逃离"千家峒",并以牛角为记,相约500年后重回"千家峒"。自20世纪以来,不断有海内外瑶民和专家学者在寻找和研究"千家峒"。1998年5月,在"中国灌阳县都庞岭千家峒研讨会"上,与会专家学者讨论了中南民族学院宫哲兵教授的研究结果,确认"千家峒在以都庞岭主峰韭菜岭为中心,包括广西灌阳县东部、湖南省道县西部、江永县西部",并认为"千家峒"是瑶族的发祥地(祖居地)之一,其主要范围在灌阳县东部的都庞岭西坡,即千家峒自然保护区。

◎ 保护价值

千家峒自然保护区主要保护对象为:原生性亚热带常绿阔叶林森林生态系统;国家重点保护的动植物物种;水源涵养林。

千家峒原生性常绿阔叶林森林生态系统保存完好,植被垂直带谱明显。完整的原生性亚热带常绿阔叶林森林生态系统在我国自然保护区网络中占有极其重要的地位,是研究我国亚热带森林生态学、生物学的良好基地,是研究恢复与重建已退化森林生态系统的天然参照系统。

千家峒自然保护区是生物资源和遗传基因资源的天然宝库。区内种子植物共计710个属,占广西1451个属的48.9%。有国家一级保护植物红豆杉、南方红豆杉、伯乐树、银杏、资源冷杉

5种,有国家二级保护植物长苞铁杉、福建柏、香果树、白豆杉、花榈木、鹅掌楸、伞花木等18种。在野生脊椎动物中:有国家一级保护动物黄腹角雉、白颈长尾雉、林麝3种,有国家二级保护动物藏酋猴、水鹿、灵猫、大鲵、虎纹蛙等24种。

长苞铁杉和福建柏是典型的南岭山地植物,是南岭山地森林植被的主要建群种。保护区内集中保存有国内罕见的大面积长苞铁杉和福建柏原生性群落。在道江河、黑山坳至千家峒海拔1200~2000m的山岭分布着400hm²面积长苞铁杉林,树龄都在百年以上,样地中有长苞铁杉9株,林木高大挺拔,林冠高出下面阔叶林很多,远远望去格外壮观。主林层基本为长苞铁杉,平均高度22m,平均

牛鼻孔出水瀑布

福建柏

福建柏群落（千家洞景观之二）

胸径60cm。第二层林木种类比较多，平均高15m，基本为阔叶树种，同时也有南方红豆杉、白豆杉、福建柏等针叶树种混生其中。

福建柏主要分布在南岭山脉中山山地。千家洞是现存福建柏面积最大、树种分布最集中的地区之一。连片分布面积最大的地区是在十八井至沙岗河一带，达500hm²，海拔在800～1500m之间。600m²的样地中有大小福建柏17株，胸径最大50cm，高18m，平均胸径20cm，高15m，普遍高出其他阔叶树的林冠。与福建柏混生的阔叶树高10m左右，主要有水青冈、细叶青冈等。

◎ 功能区划

千家洞自然保护区划分为核心区、缓冲区和实验区3个功能区。核心区面积6470.2hm²，占保护区总面积的52.9%，核心区与湖南都庞岭国家级自然保护区的核心区相连，自然资源、自然环境和森林生态系统呈原生状态，珍稀濒危动植物资源分布集中；缓冲区面积1999.0hm²，占总面积的16.3%，保存有较完好的原生性森林植被、常绿阔叶林森林生态系统和人工林生态系统；实验区面积3761.8hm²，占总面积的30.8%，除有部分原生性森林植被外，主要是次生林、人工林、灌木、草地、竹林等植被。

◎ 科研协作

千家洞自然保护区积极同国内外有关单位、专家学者合作开展科研监测活动。1982年与广西农学院林学分院合作采集植物标本；1992年在保护区内进行杉木良种选优；1993年与桂林林业科学研究所合作进行杉木种源对比试验；1999年参与法国昆虫学家Deuve和华南农业大学的田明义教授到千家洞考察步甲类昆虫，发现并鉴定新种2个；

长苞铁杉群落

2000年与华东师范大学合作，对保护区内的林麝和毛冠鹿的种群数量及其生境选择进行了观测研究。

（千家洞自然保护区供稿）

广西壮族自治区

广西 木论
国家级自然保护区

广西木论国家级自然保护区位于广西河池市环江毛南族自治县西北部，东濒古宾河上游，西近打狗河，北与贵州茂兰国家级自然保护区相连。地理坐标为东经107°53′29″～108°05′，北纬25°06′～25°12′，地处北回归线北侧。保护区东西长20.6km，南北宽11.6km，总面积10829.7hm²，属森林生态系统类型自然保护区，主要保护具有全球意义的中亚热带喀斯特森林生态系统和植物界"大熊猫"——单性木兰。木论自然保护区相对较年轻，1991年始建县级自然保护区；1996年4月晋升为自治区级自然保护区；1998年8月，经国务院批准建立国家级自然保护区。1999年11月加入中国"人与生物圈"自然保护区网络，现在是广西大学、河池学院的教学实习基地和科研基地。

单性木兰（国家一级保护植物）

◎ 自然概况

木论自然保护区喀斯特地貌发育显著，地势西北高、东南低，地形多样，景观奇特。以锥形山、塔形山及其间的洼地构成的峰丛洼地和峰丛漏斗为主，这里锥峰连绵，四周封闭。洼地中常有地下河、天窗、消水竖井，边缘有洞穴，漏斗底部常有落水洞。山体中多发育岩洞，因洞中化学沉积物发育不同，而呈现出不少石钟乳、石笋、石柱、石瀑布、石幔、石盾和一些鹅管石、壁流石等构造，形态奇特，具有较高的观赏价值。保护区石山裸露面积80%～90%，土壤覆盖面积不足20%，且多分布于岩石缝隙间，只有洼地或谷地才有成片土壤。土壤类型简单，主要为石灰土和零星分布的硅质土，均属非地带性土壤，分为棕色石灰土、淋溶黑色石灰土和硅质土3个土种。木论自然保护区地表水不发育，以碳酸盐岩类裂隙喀斯特水为主，占保护区面积的95%以上，有少量的碎屑岩类孔隙裂隙水及第四系松散堆积区的孔隙水。地下水主要靠大气降水垂直分散渗入补给，补给随季节交替有规律地变化。地下水埋藏深度因地势高低而异，西北部和中部地区埋藏较深，裂隙发育，渗漏严重；东南部较浅，夏季低洼地涌涝成灾，但很快泄尽。然而保护区植被密布，地表可截滞蓄水，根系发达，可伸入很深的缝隙吸取水分，形成了喀斯特林区独特的水文状况。保护区东缘有条古宾河，流经保护区有10km，河床平均宽20m，平均流量30.1m³/s，河水清澈，适宜漂流。保护区属中亚热带季风气候区，年

巍巍群山

奔腾的古宾河

平均气温 15.0 ~ 18.7℃，极端最高气温 36℃，极端最低气温 -5℃。区内湿热的气候条件，多样的喀斯特地貌生境，封闭的岛状环境，十分有利于生物的生长和繁衍。据调查，保护区森林面积 10010.1hm²，森林覆盖率 92.4%（不含灌木林）；森林总蓄积量 69.57 万 m³。保护区的森林植被类型主要有原生性的常绿、落叶阔叶混交林和落叶阔叶林。

木论自然保护区已知有维管束植物 176 科 530 属 910 种，其中蕨类植物 67 种，裸子植物 13 种，被子植物 830 种，列为国家一级保护的植物有南方红豆杉、单座苣苔、掌叶木、单性木兰 4 种，列为国家二级保护的植物有黑桫椤、篦子三尖杉、翠柏、华南五针松（广东松）、短叶黄杉、樟树、润楠、任豆、香木

莲、喜树、伞花木 11 种。近年来调查还发现区内生长有丰富的兰科植物，初步统计有 38 属 108 种，其中珍稀濒危种有麻栗坡兜兰、白花兜兰、小叶兜兰等。据调查，保护区有苔类 3 科 3 属，藓类 6 科 6 属，蓝藻类 3 目 9 科 30 属，绿藻类 2 目 2 科 3 属，子囊地衣类 6 目 8 科 8 属。苔藓植物是森林植被的组成部分，与其他高等植物共同起到涵养水源、保持水土的作用。保护区还生长有大型真菌 12 目 30 科 46 属 68 种，其中，有可食用的木耳、鸡油菌等，有保健药作用的灵芝、云芝等，还有口感和风味独特、在欧美被誉为"地下的黄金""厨房里的钻石"的地下块菌。

木论自然保护区动物资源丰富，已知有陆生脊椎动物 260 种，隶属于 4 纲 26 目 70 科。其中两栖类 17 种，爬行类

47 种，鸟类 148 种。列为国家一级保护的动物有金钱豹、蟒、林麝 3 种，列为国家二级保护的动物有猕猴、藏酋猴、黑熊、虎纹蛙等 25 种。1994 年综合考察发现并命名一个鸟类新亚种——短尾鹩鹛环江亚种，发现两个广西新记录种——短嘴金丝燕和白鹇榕江亚种。

木论自然保护区昆虫资源也很丰富，统计有 20 目 123 科 408 种，其中药用昆虫 28 种，观赏昆虫仅蝶类就有100 多种，此外还有天敌昆虫 86 种。由于天敌昆虫的大量存在，有效地控制了森林虫害，对维持生态平衡起着重要的作用。

人文景观方面，有一条穿越保护区境内相传建于汉代的古栈道，是历代兵家必争之路，也是当年中国人民抗击日军的重要线路。古栈道始于广西环江下

麻栗坡兜兰

寨屯，终于贵州荔坡板寨（红七军会师纪念馆所在地），全长25km。它用青石、花岗石一块一块铺砌，宽1.2m左右，共有9个关隘，被誉为南方的"丝绸之路"，民间流传着与之相关的各种神秘的故事和迷人的传说，令人神往。环江是全国唯一的毛南民族聚居县，保护区周边就是毛南族居住地。毛南族具有独特的民族风情，木面舞、分龙节为本民族独有，凤腾山墓碑是毛南族祖先的"陵园"，它们用大理石砌成，雕龙刻凤，笔力雄浑，是毛南山乡艺术宝库。

◎ 保护价值

木论自然保护区保存着原生性很强的中亚热带石灰岩常绿、落叶阔叶混交林。其主要保护对象和保护价值：第一，保护具有全球意义的中亚热带喀斯特森林生态系统。木论自然保护区与已加入国际"人与生物圈"自然保护区网络的贵州茂兰国家级自然保护区相连，共同构成目前世界上岩溶地区已知的连片面积最大、保存最完好的石灰岩常绿落叶阔叶混交林生态系统，具有明显的全球代表性和典型性。它是生物学、生态学、生态地理学不可多得的科研试验基地，是研究恢复与重建退化喀斯特森林生态系统的天然参照系统，对治理石漠化具有十分重要的参考价值。第二，保护被誉为植物界里的"大熊猫"——单性木兰。单性木兰又称细蕊木兰，常绿乔木，因花单性而得名。其树木生长迅速，材质优良坚韧，纹理美观大方，花白果红，香气浓郁，是优良的庭院绿化和用材树种，是环江毛南族自治县的县树。1928年，植物分类学家秦仁昌教授最先在广西罗城唐家埔采到标本，由于人为活动，原产地已变为耕地，单性木兰一度被认为"灭绝"了。50年后，人们才又在广西罗城鱼西、贵州荔波和云南马关等地重新发现零散分布的单性木兰。1993年，在木论林区综合考察中，科学工作者在

小叶兜兰

白花兜兰

保护区森林景观

洞穴景观　　　　　　　古宾河漂流峡谷　　　　　　　汉代古栈道　　　　　　汉代古栈道第一关

保护区的西部及南部均发现有单性木兰分布，更为可喜的是，保护区南部板南屯后山生长着一片茂密的单性木兰林，经调查核实，面积达 18.7hm²。这是目前世界上已知的面积最大、树木最高的单性木兰林。单性木兰林是木论自然保护区的骄傲，是环江人民的自豪，也是全人类的宝贵财富。第三，保护珍稀濒危植物白花兜兰、麻栗坡兜兰为代表的岩溶地貌兰科植物重要物种基因库。第四，保护喀斯特地貌景观及其丰富的多样性生物。木论自然保护区由于人为活动少，原生植被保存完善，生物多样性丰富。2005 年，英国专家托尼先生来保护区考察时，随机抓一把表土检查，居然发现 3 个蜗牛新种。第五，保护奇特的岩溶洞穴及丰富的洞穴生物。木论保护区是一个石灰岩洞穴分布比较密集的区域，目前人为破坏较少，洞穴景观较完整，洞内生物多样性丰富。这些年来，不断有发现新种的报道，其中的盲鳅、盲鱼、盲虾、盲虫等已吸引世界上相关领域权威人士的关注。法国洞穴生物专家露易斯·德哈文先生考察后说：木论自然保护区地貌独特、洞穴生物的丰富性为亚洲第一。红峒发现的一个洞穴，被国外专家确认为是中国境内继湖南飞虎洞之后拥有东亚及东南亚地下生物多样性最丰富的洞穴。

◎ 功能区划

在木论自然保护区总面积中，国家级保护区面积有 8969hm²，另有保护小区 1860.7hm²。在国家级保护区面积中核心区面积 5482hm²，占 61.12%，缓冲区面积 1647hm²，占 18.36%，实验区面积 1840 hm²，占 20.52%。

◎ 科研协作

木论自然保护区管理局成立后，非常注重科研工作，先后完成了《广西木论国家级自然保护区总体规划》的编制，完成了木论保护区森林经营分类区划界定工作，使木论自然保护区成为广西首批森林经营分类试点单位；完成了广西木论国家级自然保护区项目建设和功能建设可行性报告评审和立项；进行了单性木兰采种繁育试验，初步掌握了单性木兰种子不同处理方法的发芽情况，为保种繁育提供科学数据；在保护区域内开展了兰科植物调查，发现保护区内有硬叶兜兰、小叶兜兰、铁皮石斛、麻栗坡兜兰和白花兜兰等珍贵种；对国家二级保护动物猕猴进行投食、引驯工作；编写了《木论森林公园可行性研究报告》，对木论自然保护区森林生态旅游开发进行规划、论证；进行了地下块菌调查；争取了 GEF 项目在木论自然保

护区落户，努力提高保护区管理水平；进行了洞穴专项调查工作，发现木论自然保护区洞穴生物多样性丰富，编写了《广西木论国家级自然保护区石灰岩洞穴调查报告》；与科研院所合作，共同开展课题研究活动。其中，与广西植物研究所合作，进行保护区兰科植物调查、鉴定；与广西水产研究所合作，对古宾河流域鱼类、地下洞穴鱼类进行调查、鉴别；华南植物研究所、河池学院对保护区域进行了蕨类调查；与广西大学生物实验中心合作，完成了单性木兰大田育苗试验；广西大学到保护区开展了对单性木兰的监测研究；与广西大学林学院签订了"木论自然保护区气象水文生态监测站项目协议书"等课题研究。同时，制定有激励的奖励政策，鼓励专业技术人员撰写科技论文。目前已有 7 篇论文在不同学术刊物发表。

（木论自然保护区供稿）

广 西 壮 族 自 治 区

广西 九万山
国家级自然保护区

广西九万山国家级自然保护区位于广西北部，属苗岭山脉南缘，地跨柳州、河池两市，处在融水苗族自治县、罗城仫佬族自治县、环江毛南族自治县3县交界处，地理坐标为东经108°35′32″~108°48′49″，北纬25°01′55″~25°19′54″。保护区南北长34.0km，东西宽19.5km，总面积25212.8hm²，其中核心区10488.6hm²，缓冲区6782.2hm²，实验区7942.0hm²，属森林生态系统类型保护区，生物资源异常丰富，特有种类繁多，是广西3个植物特有现象中心之一，是我国亚热带地区生物种类最丰富地区之一，也是全球同纬度地区生物多样性保护的关键地区。1982年设立为自治区级自然保护区，2007年4月经国务院批准晋升为国家级自然保护区。

◎ 自然概况

地质：在地质构造体系中，九万山自然保护区属于华南准地台桂北迭隆起的西端，四堡运动开始上升为陆地，地层古老而单一，仅见中元古界四堡群和上元古界丹洲群，总厚度≥7460m。主要的块状岩石为黑云母二长花岗岩，零星分布的有闪长岩、基性岩、基性——超基性岩等侵入岩。

地貌：保护区地貌主体是中山，地势高，山体大，山脉为南北走向，总地势由北向南逐渐降低，山峰海拔一般在1000m以上，谷底约400m左右，超过1500m的山峰有14座，最高峰无名高地海拔1693m。

气候：九万山自然保护区属中亚热带季风气候区，多年平均日照时数1000～1200小时，多年平均气温12.0～17.1℃，极端最高气温37℃，极端最低气温-8℃。最冷月（1月）平均气温4～6℃，最热月（7月）平均气温22～25℃；年降水量1600～2100mm，其中4～8月占全年总量的71.1%～72.7%；10月至翌年3月为少雨季节。相对湿度85%～95%，全年无霜期300天。

水文：发源于保护区的河流有74条，其中集雨面积≥50km²的河流有贝江河、中洲河、阳江河、东小江河4条，河流总长838.8km，其中保护区内长476.3km，河网密度0.40km/km²。主要河流的年均径流总量为1.92亿～26.06亿m³，其中4～9月占全年径流总量的82.5%～84.9%，这一变化趋势与降雨量的季节分配一致。

土壤：九万山自然保护区地带性土壤为红壤，全为酸性土，土壤肥力较高。

植物资源：九万山自然保护区已知维管束植物229科968属2735种，种类约占广西的1/3，其中国家重点保护植物22种，中国特有种100多种，以九万山或大苗山命名的植物有30多种。

已知大型真菌有4纲14目42科100属220种。

动物资源：共有脊椎动物5纲35目96科256属401种，其中国家重点保护野生动物49种，广西重点保护动物96种。保护区还是鸟类资源保护的重要地区，每年都有50万只以上的候鸟经过，种类多达109种。保护区已知昆虫有22目178科837属1285种，其中新种23种，中国新记录5种，广西新记录7种。

◎ 保护价值

九万山自然保护区的主要保护对象是以中亚热带常绿阔叶林及其垂直带谱为主的森林生态系统和伯乐树、南方红豆杉、合柱金莲木等珍稀濒危植物以及白眉山鹧鸪、鼋、蟒蛇、熊猴、林麝、金钱豹等珍稀濒危动物。尤其值得一提的是，这里保存有全球性濒危鸟类白眉山鹧鸪500～600只，为科学研究提供了宝贵的基地，也为复壮该物种保留了难得的种源。此外，九万山自然保护区处在东亚大陆中部候鸟迁徙的重要通道上，每年的4月中旬有成千上万的候鸟从这里飞过，在众多的候鸟中，有13

种列为国家重点保护物种，是鸟类资源保护的重要地区。

九万山自然保护区是目前广西森林生态系统最复杂、原生性最明显、保存最完整的保护区，区内森林茂密，枯枝落叶层深厚，能有效地防止水土流失、吸收二氧化碳、涵养水源，是西江水系柳江流域等众多重要支流的发源地和水量补给区，特别是秋冬枯水期，柳江80%以上的水量是依靠保护区森林涵养的水源得到补充。

保护区内林木葱茏，古树参天，山峦起伏，风景秀丽，空气清新，气候宜人，同时也是多民族聚居地区，适宜开展生态旅游和作为环境教育基地。

（九万山自然保护区供稿）

广西 大瑶山
国家级自然保护区

　　广西大瑶山国家级自然保护区位于广西中部，地跨金秀瑶族自治县、荔浦县、蒙山县（主体部分在金秀县），处于广西桂林、柳州、贵港、梧州、来宾 5 市范围的中心区域。地理坐标为东经 109°50′～110°27′，北纬 23°40′～24°28′。保护区总面积 25594.7hm²，属森林生态系统类型自然保护区，主要保护中亚热带向南亚热带过渡的常绿阔叶林生态系统及瑶山鳄蜥、银杉等珍稀动植物。大瑶山自然保护区的前身是金秀水源林区，建立于 1982 年；1987 年经自治区人民政府批准，更名为"大瑶山水源林保护区"，并成立了管理委员会；1994 年成立"大瑶山自然保护区管理处"；1999 年加入中国"人与生物圈"自然保护区网络；2000 年 4 月经国务院批准建立国家级自然保护区。

瑶山鳄蜥（国家一级保护动物）

云涌圣堂

保护区风光

◎ 自然概况

大瑶山自然保护区内地质形成古老，其发展历程最早可追溯到5亿多年前的寒武纪，经历了早古生代、晚古生代、中生代和新生代4个大的发展阶段。区内地形复杂多样，山体庞大高峻，景域空间丰富多样。有由莲花山组砾岩和砂页岩组成的圣堂群峰（由7个海拔1900m以上的山峰组成），最高峰圣堂山海拔1979m。由于地貌构造奇特，面积广，类型复杂，风景秀丽，形成了大瑶山奇特的类丹霞地貌风景带，独具一格，具有重大的科研价值、观赏价值及历史文化价值，是人类社会不可多得的自然遗产。保护区在金秀县境内发源的河流共有25条，河流总长1683.8km，集雨面积2009km²，为周边8个县（市）53个乡（镇）的耕地提供灌溉用水。

保护区内河流特点是：河流小，切割深，曲折多，落差大，水量丰富，水能蕴藏量大。其发源地集中于圣堂山、猴子山，呈辐射状流往周围鹿寨、荔浦、蒙山、平南、桂平、武宣、象州等7个县（市）。25条河流分属柳江、浔江、桂江三河系，统属珠江流域西江水系。保护区地处中亚热带向南亚热带过渡的季风气候区，具有显著的亚热带山地气候特征。冬暖夏凉，日照少，阴雨天多，湿度大，气候的垂直变化和水平变化明显；年平均日照仅1268.7h，日照百分率29%，属我国日照最少地区之一；年平均气温17℃；年降水量1380～2700mm，年均相对湿度83%。据《广西大瑶山自然资源综合考察》，大瑶山跨越中、南亚热带两个生物气候带，南麓属南亚热带，地带性土壤为赤红壤，北坡为中亚热带，地带性土壤为红壤。南麓土壤垂

直带结构的基带为赤红壤，北麓土壤基带为红壤。土壤通常呈酸性，pH值为4.4～5.6，土壤有机质含量丰富，表层可达10%～30%。由于成土母质主要是砂页岩、紫色砂岩风化坡积物，局部为花岗岩风化母质坡积物，土层一般较厚，质地偏砂，多为壤质土。保护区的主要植被类型有中亚热带常绿阔叶林和南亚热带季风常绿阔叶林，局部也存在季节性雨林。南亚热带季风常绿阔叶林类型与中亚热带常绿阔叶林类型呈现明显的交错的状态，这是大瑶山植被水平分布最突出的特点。在垂直分布上，海拔1300m以上为山地常绿阔叶林与中山针阔混交林带；海拔1500m的山顶或山脊有成片的、原始的、呈带状分布的杜鹃林。保护区内典型常绿阔叶林有9个群系，季风常绿阔叶林有11个群系，季节性雨林有2个群系，中山针

阔叶混交林有 3 个群系，山顶苔藓有 2 个群系，共 27 个植被群系。

大瑶山自然保护区生物多样性丰富，生物种类繁多，区系植物有 213 科 870 属 2335 种，植物种数占亚热带区系成分的 86%，占广西植物区系科、属、种的 70%、52%、36%。其中国家一级保护植物有银杉、伯乐树、南方红豆杉、瑶山苣苔、合柱金莲木、异形玉叶金花、猪血木 7 种，国家二级保护植物有长苞铁杉、观光木、闽楠等 17 种。保护区已知有陆栖脊椎野生动物 373 种，动物种类中，两栖类占广西两栖类总数的 75%，爬行类占 60%，鸟类占 60%。其中国家一级保护动物有瑶山鳄蜥、金斑喙凤蝶、蟒、云豹、林麝、黄腹角雉 6 种，国家二级保护动物有白鹇、毛冠鹿等 21 种。昆虫资源也较为丰富，有 21 目 168 科 570 属 853 种，其中珍稀种类有 14 种。

银杉（植物活化石、国家一级保护植物）

◎ 保护价值

大瑶山自然保护区地处中亚热带和南亚热带过渡的位置上，广西各地不同性质的区系成分都汇集在这里，具有典型性和突出的代表性，是保护珍稀濒危物种、维持生物多样性和地带性森林生态系统的宝地，也是从事科研、教育和开发试验的理想基地。主要保护：第一，中亚热带向南亚热带过渡的常绿阔叶林生态系统，包括保护区北部中亚热带常绿阔叶林地带和

保护区的森林

保存完好的森林

亚热带针阔常绿混交林

金斑喙凤蝶（国家一级保护动物）

保护区南部南亚热带常绿阔叶林地带。这些地带基本具备了广西植被类型的特点，是进行科学研究和教学的理想基地。第二，银杉、长苞铁杉、金毛石栎针阔混交林。大瑶山银杉恰好处在中亚热带和南亚热带过渡的位置上，垂直分布海拔最低，生境条件优越，植株高大，生长旺盛，在国内外和科学研究上具有特殊的价值和重要意义。第三，瑶山鳄蜥和金斑喙凤蝶等珍稀动物及其赖以生存的栖息环境。瑶山鳄蜥在动物分类上属独亚科独属独种，分布范围狭窄，处于高度濒危状态；金斑喙凤蝶是我国特有种，列为国家一级保护蝶类，处于高度濒危状态。第四，银杉、伯乐树、南方红豆杉等

国家保护植物和珍贵树种。

大瑶山是个神奇美丽的地方，这里群山连绵，重峦叠嶂，峡谷幽深，溪水潺潺，古树参天，气势磅礴；这里有变幻的云雾、壮观的日出、古松奇树、杜鹃花海等景观；这里动植物种类繁多，是一座巨大的物种基因库；这里生活着勤劳勇敢的瑶族同胞，民族风情异彩纷呈，是观光、游览、度假、避暑、疗养、登高、探险的胜地，具有很高的自然和人文景观价值。

保护区具有很强的蓄水保土、调节气候的功能。保护区因有了茂密的森林，复杂的林相，深埋的枯枝落叶层，使得境内 25 条河流水流不断、四季清澈，林内空气清新，气候舒适宜人。

◎ 功能区划

大瑶山自然保护区总面积 25594.7 hm²，其中，核心区面积 7707.9hm²，缓冲区面积 4817.4hm²，实验区面积 13069.4hm²；有林地面积 24605.3 hm²，森林覆盖率 96.1%。

◎ 科研协作

大瑶山自然保护区充分发挥自身的资源优势，积极与国内各院校和科研单位合作，开展科学研究工作，几年来完成了《广西大瑶山银杉种群样地环境调查和种群分布调查研究》《大瑶山昆虫调查》《金斑喙凤蝶生态调查》等项目。目前正在进行的科研工作有瑶山鳄蜥饲养、银杉人工繁育、大瑶山珍稀物种的生态保护和研究、森林资源监测等。

（大瑶山自然保护区供稿）

广西 岑王老山

国家级自然保护区

广西岑王老山国家级自然保护区是革命老区广西百色市的第一个国家级自然保护区，地跨百色田林、凌云两县的利周、浪平、玉洪三个乡，地处云贵高原和广西盆地接壤的斜坡地带，是中国阶梯地势第二级与第三级的过渡带，主峰岑王老山海拔2062.5m，是百色最高峰桂西之巅，广西第四高峰。保护区地理坐标为东经106°15′13″～106°27′26″，北纬24°21′45″～24°32′07″。保护区东西长20.48km，南北宽19.08 km，总面积18994hm²，属森林生态系统型保护区，主要保护对象为南亚热带中山常绿阔叶混交林及垂直带谱森林生态系统和黑颈长尾雉、叉孢苏铁、伯乐树等珍稀濒危物种。岑王老山保护区的前身是广西壮族自治区林业厅1955年建立的老山林业经营所，1982年被广西壮族自治区人民政府确定为自治区级自然保护区，2007年经国务院批准晋升为国家级自然保护区。

◎ **自然概况**

岑王老山自然保护区地处云贵高原和广西盆地接壤的斜坡地带，是我国阶梯地势第二级与第三级的过渡带，保护区范围内主要是三叠系砂页岩，其次是二叠系石灰岩，局部有辉绿岩侵入。地貌属云贵高原外围的桂西山原中山地形，主峰岑王老山海拔2062.5m，是桂西地区最高峰，广西第四高峰。

大桥瀑布

岑王老山自然保护区地处南亚热带东部山地湿润类型气候区，是热带与亚热带的过渡带，保护区气候温凉，雨量充足，冬冷夏凉，气候变化大。年平均气温13.7℃，极端最高气温29.7℃，极端最低气温−7.5℃。1月平均4.7℃，7月平均20.7℃，≥10℃积温4527.4℃；年均降水量1657.2mm，年蒸发量仅为578.2mm，降水量大于蒸发量，湿度大。雨季自2月至11月，降水量占全年的95.5%，降雨日达140天以上，是广西雨量最多的地区之一。霜期自11月份开始至翌年3月初止，长达95天，降雪期为30天左右，偶有冰雹，天气变化大，起风即冷，常出现雨雾。

浪平风光

土壤：具有明显的垂直地带性分布

森林景观

规律，从低海拔到高海拔，土壤依次为山地黄红壤、山地黄壤、矮林草甸土，在山地黄壤带谱中，局部有少量的灰化黄壤；而在石灰岩出露的地方，则发育成石灰性土。草甸土分布在1850m以上的山顶部分，山地黄壤分布在海拔1000～1850m之间，山地黄红壤海拔800～1000m之间，在保护区北部的岩溶地区还分布有少量棕色石灰土。土壤疏松，容重低，保水能力强。

水资源：丰富，是珠江水系的源头。共有44条河溪发源于保护区，河溪总长134km，年总径流量25亿m³，是澄碧河水库和凌云、田林、右江区的生产生活用水水源，是西部开发标志性工程龙滩水电站和百色水利枢纽重要的集雨区和重要的源头之一，是700多处引水工程、30多座大小水力发电站和5.4万亩农田灌溉的水源。据估算，岑王老山保护区水能蓄藏量为2.5万kW，森林涵养水源总量为6285.35万m³，相当于100万m³库容的小型水库63座，是名副其实的"天然绿色水库"。

野生生物资源：保护区内植被类型多样，生物多样性丰富。据调查，目前已发现维管束植物207科904属2391种，其中有国家一级保护植物叉叶苏铁、伯乐树、掌叶木等3种，国家二级保护植物有金毛狗、桫椤、粗齿桫椤、福建柏等14种；陆生脊椎动物7科364种，国家一级保护野生动物有云豹、林麝、黑颈长尾雉、蟒蛇等4种，国家二级保护野生动物有猕猴、短尾猴、穿山甲、宽尾凤蝶等48种。另外，面积达2万多亩的亮叶水青冈植物群落和面积达20万亩的小方竹植物群落均属国内罕见。

景观资源：保护区旅游资源丰富，是森林生态旅游和民族风情游览的好去处。保护区内森林茂密，古树参天，气候宜人，空气清新、水质清纯无污染。景观丰富，景点集中。春天赏花，夏天避暑，秋天登高，冬天看雪。著名的有猴子洞瀑布和大桥瀑布，还有神奇的天象景观、变幻莫测的云雾，既可参观瑶族民居，又可品尝瑶族食品。

◎ **保护价值**

岑王老山自然保护区的主要保护对象是南亚热带中山常绿阔叶混交林及垂直带谱森林生态系统和黑颈长尾雉、叉

枫 香

雾 凇

大 鲵

杜 鹃

林 下

伯乐树

枯 荣

猴子洞瀑布

溪 流

孢苏铁、伯乐树等珍稀濒危物种。保护区原始森林连片面积大，原生性强，垂直带谱明显，生物多样性丰富，代表性强，稀有性突出，自然性好，具有重要的保护价值、科学研究价值和生态价值。对开展科学研究、涵养水源、净化环境、保持水土、调节气候、维持生态系统良性循环方面具有重要意义，对促进区域环境、经济、社会的可持续发展发挥了不可替代的重要作用。是华南、西南地区乃至全国不可多得的生物资源宝库。

（岑王老山自然保护区供稿）

南亚热带季风常绿阔叶林

桦木林

瑶族群众

广西 金钟山黑颈长尾雉
国家级自然保护区

黑颈长尾雉（雄）

蓝额红尾鸲（雌）

广西金钟山黑颈长尾雉国家级自然保护区位于广西壮族自治区西部，云贵高原南缘，地处国家重点工程——天生桥水电站上游。地理坐标为东经104°46′13″~105°00′06″，北纬24°32′44″~24°43′07″。保护区范围地跨隆林县的金钟山乡、猪场乡和西林县的者夯乡与马蚌乡，总面积20924.4hm²，属野生动物类型自然保护区，主要保护对象是世界濒危雉类、国家一级保护野生动物——黑颈长尾雉。

◎ 自然概况

金钟山自然保护区内地层广泛发育于三叠纪，占保护区面积的80%以上，尤以三叠纪中的板纳组(T2b)和兰木组(T21)分布最广。区内及相关邻地区均未见前寒武纪岩层出露，并普遍缺失侏罗纪和白垩纪地层。三叠纪上纪龙丈组(T11n)仅见于保护区中部东瓜坪一带，出露面积约1km²。其岩性比较简单，为滨海相砂泥质、硅质沉质。

金钟山地区位于南岭东西复杂构造带的西段与滇越巨型旋扭构造体纪（或文山巨型旋扭构造体纪）的复合部位。金钟山一带在大地构造单元上属于喜马拉雅山运动隆起带，整体隆起于喜马拉雅运动，从地质方面来说是一座较新的山地。在喜马拉雅山运动以前，虽在历次构造运动中均有抬升，但大规模抬升还是新构造运动中，此后长期遭受侵蚀。

金钟山保护区临近北回归线，属于低纬度地区。由于太阳高度角大，所获得的太阳辐射强，保护区的热量资源丰富。保护区地处东亚季风气候区域，受季风环流影响十分明显。中心地带的兰电沟年均气温17.1℃，7月平均气温23.4℃，1月平均气温8.3℃，极端最高气温达37.7℃，极端最低气温为−4.8℃，≥10℃活动积温年均为5800.9℃，年日照时数1569.3h，年太阳辐射总量4329×10⁶J／m²，年降水量为1262.8mm，干湿季节分明，雨季从5月中旬开始，至9月中旬结束，相对

湿度年均为82%，无霜期年均329天。

金钟山自然保护区共有大小河流28条，以金钟山山脉为南北分水岭，北侧为南盘江水系，南侧为右江水系。西江干流红水河上游的南盘江流经保护区西北部边界，是广西与贵州的界河。金钟山山脉以北的坡西河、乌冲河等直接流入天生桥水库；金钟山山脉以南的溪水经西林县境内流入右江上游的驮娘江。保护区森林最大贮水能力为3447.4万t，其中森林土壤为3373.8万t，枯枝落叶层为73.6万t。相当于100万m³库容的小型水库34座。

金钟保护区的地带性土壤为红壤，由于区内垂直高差大，气候、植被分异明显，导致土壤垂直差异。保护区内共有红壤、黄壤和草甸土3个土类，红壤、山地黄红壤、山地黄壤、山地灌丛草甸土4个亚类。海拔700m以下为山地红壤，700～1100m为山地黄红壤，1100～1800m为山地黄壤，1600m以上山顶区域分布有山地灌丛草甸土。

◎ **保护价值**

（1）黑颈长尾雉种群的理想原生地。黑颈长尾雉不仅是国家一级重点保护野生动物，也被列为世界濒危雉类。金钟山自然保护区是黑颈长尾雉的主要原生分布区域，区内大面积的栎类林种子和云南松林种子为黑颈长尾雉提供了丰富的食物；境内地形复杂，山高谷深，沟壑纵横，是黑颈长尾雉种群的理想自然生存场所。自然保护区对加强这一世界级濒危物种的保护具有重大意义。

（2）成片大面积的贵州苏铁和隆林苏铁群落分布。苏铁为世界级的珍稀濒危残遗物种，是孑遗至今世界最古老的植物，被称为植物界的"活化石"，列为国家一级保护野生植物，起源于古生代，到中生代的侏罗纪达到鼎盛，曾与恐龙并驾称雄世界。其古老性对研究种子植物的起源、演化、区系及古气候、古地质、古地理变化具有重要意义。金钟山自然保护区现有天然成片贵州苏铁和隆林苏铁分布，面积达809.59hm²，3万多株，形成了明显的苏铁天然群落。自然保护区有利于濒危苏铁的拯救性保护。

（3）具有丰富的野生生物资源。金钟山自然保护区的生物资源十分丰

803

褐林鸮（幼体）

绿背山雀

白颊噪鹛

蓝喉拟啄木鸟

领角鸮

变色树蜥

大绿臭蛙

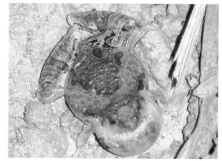

花姬蛙

鼬獾

富。据最近一次科学考察，保护区有陆生脊椎野生动物389种，隶属4纲31目97科；野生维管束植物1487种（含变种），隶属195科725属。

（4）国家重点工程——天生桥水电站的天然屏障。金钟山自然保护区地处国家重点工程——天生桥水电站的上游，森林面积18543.5hm²，森林覆盖率（含灌木林）92.1%，保护区森林最大贮水能力为3447.4万m³，涵养水源功能十分显著，对保护天生桥水电站具有极其重要作用。

（金钟山自然保护区供稿）

无声囊树蛙

饰纹姬蛙

泽陆蛙

白头蝰

中国小头蛇

戴胜

805

广 西 壮 族 自 治 区

广西 大明山
国家级自然保护区

广西大明山国家级自然保护区地处广西中南部，行政区域隶属南宁市，地跨武鸣、马山、上林、宾阳 4 县。地理坐标为东经 108° 20′～108° 34′，北纬 23° 24′～23° 30′，北回归线横贯保护区中部。保护区总面积 16994hm²，属森林生态系统类型自然保护区，其季风常绿阔叶林是全球北回归线上不可多得的绿洲。保护区于 1981 年经自治区人民政府批准成立，2002 年经国务院批准晋升为国家级自然保护区。

明山夕照

◎ 自然概况

大明山自然保护区位于广西山字形构造前孤西南翼，主峰龙头山海拔为 1760m，是广西中南部地势最高的山地和山峰，属典型的中山地形。保护区气候属南亚热带季风气候区，为副热带季风湿润气候类型。年降水量 2630mm，森林涵养水源丰富，地表水系十分发育。发源于大明山的河流有 33 条，分别汇流注入右江、红水河，属珠江水系。独特的山地景观和气候环境，使保护区一年四季各具特色，年平均气温 15.1℃，尤以夏季十分凉爽，成为桂南地区消夏避暑的首选之地，素有"广西庐山"的美称。

花瀑相映

神笔仙峰

不老松夕照

神女披纱

大明山自然保护区境内山体宏大、沟谷深邃、重峦叠翠、峡谷飞瀑、南国冬雪、云海佛光、奇特药河、神秘天书等神奇美丽的自然景观，集雄、险、野、奇、绝、秘、深、幽于一身。"春之岚，夏之瀑，秋之云，冬之雪"是大明山景观的生动写照。保护区内有保存完好的天然阔叶林和大片的原始森林，森林覆盖率达93%，负氧离子含量高达13万个／cm^3，是巨大的天然氧吧。环大明山地区居住有壮族等多个少数民族，具有多姿多彩的民族风情。据考证，环大明山地区是壮族龙母文化的发祥地。

◎ **保护价值**

大明山为桂中一座孤山，山体呈西北—东南走向，阻挡和削弱了北方寒流的袭击，形成大明山东北面和西南面的气候迥然有别的区域性山地气候特点，造成气温、降水和植被的明显差异，环境的多样性也丰富了植物群落的多样性。随着海拔的升高，大明山的植物群落依次发育为地带性南亚热带季风常绿阔叶林、常绿落叶阔叶混交林、针叶林、针阔混交林和山顶苔藓矮林。目前，在大明山自然保护区的核心区仍保存着近6000hm^2的原生植被，同时以桫椤、黑桫椤为代表的蕨类植物在大明山形成了较大面积的优势群落。在全球北回归线上的其他地区，基本都是干旱草原和沙漠，而大明山尚保存完整的山地常绿阔叶林，是北回归线上不可多得的绿洲。

大明山形成了小面积高密度的生物多样性区域，是广西不同植物区系的交汇点，动物区系特征上表现出明显的过渡性质。保护区内目前已知有维管束植物209科764属2023种（含种以下等级），占广西已知种数的28%；野生脊椎动物有31目90科208属294种，占广西已知种数的33%，其中：鱼类22种、两栖类19种、爬行类42种、鸟类151种、哺乳类60种。大明山野生植物中，属国家一级保护植物有伯乐树1种；国家二级保护植物有桫椤、白豆杉等15种，在其他地方很难见到的白豆杉在大明山里的峭壁上形成了优势群落。在294种陆生脊椎动物中，国家一级保护野生动物有黑叶猴、金钱豹、林麝、蟒4种；国家二级保护动物有鬣羚、黑熊等33种。黑叶猴在大明山的栖息地海拔高达1500m，这种现象在广西境内实属罕见，有很高的科研价值。在野生植物中除了有国家重点保护的植物外，分布于大明山的特有种就有30多种，蕨类植物尤为明显。

大明山自然保护区季风常绿阔叶林生态系统在全国范围内或生物地理上具

流云恋山

云海托日

明山锦绣

满山红叶

有突出的代表性。保护区地处北回归线上，境内保存着多样性山地森林生态系统和珍贵稀有生物物种资源，其森林植被保存之完好，植被类型之多样，在世界其他地区并不多见。1996年世界自然基金会认定这里为中国40处具有全球保护价值的自然保护区之一。

茂密的森林是一座天然的绿色水库。大明山自然保护区森林土壤的最大贮水能力为4211.7万m^3，每年可提供河流的径流量为3.1亿m^3，有效灌溉周围地区农田3.2万hm^2，提供周围4县18乡（镇）74万人口生活用水和62座水电站的用水。

◎ **功能区划**

大明山自然保护区于2002年编制了《广西大明山国家级自然保护区总体规划》，将保护区区划为核心区、缓冲区、实验区。核心区面积8377hm^2，缓冲区面积4358hm^2，实验区面积4259hm^2。

（农绍岳、黄武供稿）

广西弄岗国家级自然保护区地处广西崇左市的龙州和宁明两县境内，跨逐卜、武德、上龙、响水、上金、驮龙、亭亮等七个乡镇，由陇呼、弄岗、陇山三片组成。地理坐标为东经106°42′28″～107°04′54″，北纬22°13′56″～22°39′09″。保护区总面积10077hm²，属自然生态系统类中的森林生态系统类型。保护区于1979年5月经广西壮族自治区政府批准建立，1980年经国务院批准晋升为国家级自然保护区。1994年9月陇瑞保护区（1982年成立，区属）与弄岗保护区合并。1999年加入中国"人与生物圈"自然保护区网络。

◎ 自然概况

弄岗自然保护区地质构造主要是纬向构造与北西构造的交接复合位，还受新华夏系构造影响和龙州—凭祥弧形构造波及，地层主要分布有下石炭纪至下二叠纪，岩性为灰岩、白云岩等，属北热带湿热气候、裸露型岩溶地貌，地貌类型为峰丛深切圆洼地槽谷地形，有峰丛洼地和峰丛谷地。此外，在峰丛谷地和峰丛洼地间还常见由水溶蚀而成的微地貌个体形态，如溶沟、溶槽、溶孔、石牙、岩溶泉、地下河天窗等；还有由于碳酸盐的垂直节理发育、溶蚀、崩塌而成的陡直石峰，是一种北热带碳酸盐岩岩溶发育遍布的自然地貌。保护区地处北回归线以南，属热带季风气候。太阳辐射强，年平均气温22℃。空气相

绞杀（季雨林特有现象）

对风向受季风环流的影响，主导风向为东风，其次是西南风、南风，林区内平均风速0.2～0.5m/s。保护区土壤均属于石灰土，根据其所处地形部位和成土条件不同、性状的差异而划分为原始石灰土、黑色石灰土、棕色石灰土、水化棕色石灰土和淋溶红色石灰土五类。黑色石灰土主要分布在山顶和山体上部，山体中下部均为棕色石灰土，其中也有淋溶红色石灰土零星分布，谷地和洼地主要是水化棕色石灰土，原始石灰土分布于山顶和山体中上部裸露基岩的凹处，面积小，成斑状不连片。土壤pH值坡脚和谷地为6.5左右，山体中下部为6.8～7.2，山上部表层为7.0～7.5，山顶和上部裸露石凹处的原始石灰土可高达7.9。区内土壤活性腐殖质含量5.3%～10%，高处可达15%。区内由于岩溶发育，渗漏通道良

火果（季雨林特有现象——茎果现象）

弄岗云海

好，兼之地形有利于径流排泄，地表水系极不发达，只有一些季节性溪流，以及雨季谷地中一些短暂的壅水或池塘，但地下水资源丰富，已查明有陇呼地下河、石达地下河、弄水地下河等，枯水期水位深分别为 4～5m、18～20m、12m，均有天窗分布。

弄岗自然保护区生物资源丰富。据考察，区内共有野生动物 22 目 59 科 139 种，其中列为国家一级保护的动物有白头叶猴、黑叶猴、熊猴、云豹、林麝、蟒 6 种，其中白头叶猴为广西特有种，是世界珍稀动物之一；国家二级保护的动物有猕猴、黑熊、穿山甲等 21 种。保护区中兽类有 7 目 20 科 34 种；鸟类有 11 目 27 科 74 种；爬行类有 3 目 7 科 23 种；两栖类有 1 目 5 科 8 种。共有昆虫 14 目 101 科 565 种，昆虫中以蝶类最为丰富，达到 201 种。区内植物种类丰富，据统计有蕨类植物和种子植物共计 172 科 709 属 1454 种，其中蕨类植物 23 科 40 属 91 种，裸子植物 3 科 3 属 5 种，被子植物 146 科 666 属 1358 种。这些植物中属国家一级保护的有叉叶苏铁、石山苏铁、擎天树，属国家二级保护的有蚬木、桫椤、东京桐、海南风吹楠等 10 种。

弄岗的喀斯特地貌与北热带季节性雨林生态系统，构成了保护区独特的丰富多彩的自然景观，森林覆盖率达 98.8%，是广西森林覆盖率最高的保护区之一。境内峰丛林立，洼地相连，古树参天，峰丛森林、洼地森林、谷地森林和奇特的板根、茎花、绞杀等热带自然景观随处可见。莽莽的季雨林林海，重峦叠翠的群山，绚丽的丽江风光，珍稀的白头叶猴，苍劲挺拔的千年古树"蚬木王"，独特而美丽的壮乡风情，优越的自然条件，是开展森林旅游和生态科普教育的理想场所。

◎ 保护价值

弄岗自然保护区是桂西南石灰岩植物荟萃中心，是我国北热带蚬木林、肥牛树林、东京桐林等石灰岩季节雨林生态系统的生物基因库，是我国热带北缘岩溶森林生态系统的典型代表，是我国具有国际意义的陆地生物多样性 14 个关键地区之一，也是国家林业局与世界自然基金会共同选定的 40 个 A 级保护点之一。保护区主要保护对象为北热带石灰岩山地常绿季节雨林生态系统及珍稀动物白头叶猴、黑叶猴和珍稀植物蚬木、金丝李、金花茶等。其中白头叶猴为广西特有种，仅分布在广西崇左市的明江以北，左江以南的狭小区域内，是世界珍稀动物之一，列为国家一级保护

811

喀斯特峰林（弄岗风光）

叉叶苏铁（国家一级保护植物）

动物。保护区的另一主要保护对象黑叶猴同属国家一级保护动物，弄岗是黑叶猴在广西的主要栖息地，并存有广西最大的黑叶猴野外种群。区内生物不仅数量多，且特有物种丰富。这些年来以弄岗作为模式产地命名的物种也逐年增多，如弄岗金花茶、大样弄岗金花茶、弄岗石柯、弄岗叉柱花、弄岗通城虎等。

弄岗自然保护区的保护价值主要集中在生态价值和社会价值两方面，具体表现为：保护区内保存有较完整的生态系统、丰富的生物多样性和这些物种赖以生存的、较接近自然状态的生境，为进行各种生物学、生态学、地质学的研究提供了良好的基地。特别是由于弄岗自然保护区能提供生态系统的天然"本底"以及保护对象存在的长期性和天然性，为生态监测和各种定位研究提供了有利条件。另外，保护区景观资源多姿多彩，区内峰丛、峰林、溶洞、千年古蚬木、热带雨林、原始森林等景色琳琅满目，美丽如画，发展森林生态旅游极具潜力。区内森林覆盖率高，森林气候特征明显，空气清新，负氧离子含量高，

达到了环境空气质量功能一类区要求。区内植被茂密，自净能力很强，天然降水经净化、岩溶渗透后，形成丰富的地下水系，水质良好。在水土保持方面，区内有植被覆盖的地方，土层较疏松，土壤有机质含量丰富，少有冲刷，利于植物生长和土壤保水保肥。

龙州金花茶

蛛毛苣苔属

◎ 功能区划

在20世纪80年代后期，弄岗自然保护区将整个保护区进行功能区划，分为实验区、缓冲区、核心区三大区块，其中实验区面积4061.9hm²，缓冲区2910.8hm²，核心区3104.8hm²。严格

广西马兜铃

老虎须

黑叶猴（国家一级保护动物）

保护区主要顶级群落——蚬木群落

按照各区的功能，对其进行合理的利用。2001 年，《弄岗国家级自然保护区总体规划》制定并通过国家林业局的审核，为弄岗自然保护区的中、长期规划提供了理论依据。

地龟（国家二级野生保护动物）

石山苏铁（国家一级保护植物）

◎ 科研协作

弄岗作为喀斯特地区森林群落的典型代表之一，具有很大的科研价值。保护区与有关科研院所进行合作，共同开展各项科学研究，成果共享。目前，有中国林业科学研究院热带林业研究所、广西大学、广西师范大学、南宁师范高等专科学校将弄岗自然保护区作为教学科研基地，已合作完成的科研项目包括："白头叶猴、黑叶猴现状调查""黑叶猴栖息地与食物选择研究""白头叶猴自然管理规划、黑叶猴濒危现状研究"等。正进行的有与中国林业科学研究院热带林业研究所合作开展的"广西弄岗热带石山季雨林生态系统定位监测"，与香港嘉道理农场合作开展的"弄岗红外摄像动物监测研究"等科研项目。

（弄岗自然保护区供稿）

蚬木王（树高 48.5m，胸径 2.99m，材积 106m³）

蚬木王（树高 48.5m，胸径 2.99m，材积 106m³）

广西十万大山国家级自然保护区

广西壮族自治区

广西十万大山国家级自然保护区位于广西防城港市上思县与防城区交界处——北部湾，紧靠中越边境，是我国为数不多靠近大海和边境的森林生态系统类型的自然保护区。地理坐标为东经107°29′~108°13′，北纬21°40′~22°04′。保护区总面积58277.1hm²，森林覆盖率64.8%（不含灌木林）。保护区地处热带北缘，是全国林业系统自然保护区规划筛选的16个生物多样性保护热点之一，主要保护丰富的动植物资源和广西南部沿海地区主要的水源涵养林。保护区始建于1982年（省级），2003年6月经国务院批准晋升为国家级自然保护区。

◎ 自然概况

十万大山是我国南部近海的著名大山，地势险峻，峰峦连绵，全长约100km，宽约20~30km，中间横贯有捕龙山、白石牙顶、马射尿顶、久室山、米强后山、蒲良岭、板浅山、岸连山、焕鸡岭等海拔1000m以上的山峰82座，最高峰蒲良岭海拔1462.2m。十万大山是广西重要的水源林区，区域内有中小河流65条，其中流域面积在100km²以上的河流有10条，有大中型水库7座，总库容量8亿m³以上。区域内平均地表水径流深为887mm，地表水资源量55.521亿m³，地下水资源总量26.407亿m³。十万大山自然保护区属热带北缘季风气候类型，冬短夏长，温暖湿润，太阳辐射强，光照充足，热量丰富，霜少无雪，雨量充沛，植物生长期长，有"草经冬而不枯，花非春而常放"之说，

年平均气温20~21.8℃，年均降水量2000~2700mm。十万大山的土壤形成受当地气候、生物、母岩母质、地形、时间五大自然成土因素的综合影响，海拔300m以下分布丘陵赤红壤，300~700m分布山地红壤，700~1200m分布山地黄壤，1200m以上分布山地草甸土，部分地段分布紫色土壤。

据初步统计，保护区内共有维管束植物219科912属2233种，其中蕨类植物30科76属150种，裸子植物8科9属16种，被子植物181科827属2067种。在被子植物中双子叶植物154科648属1713种，单子叶植物27科179属354种。属中国大陆新记录的有4种，广西新记录的有10种。区内国家一级保护植物有狭叶坡垒、十万大山苏铁2种；国家二级保护植物有金毛狗脊、粗齿桫椤、黑桫椤、大桫椤、苏

铁蕨、福建柏、樟树、海南风吹楠、花桐木、半枫荷、华南椎、紫荆木、海南石梓13种。保护区内优越的自然环境为野生动物栖息和繁衍提供了得天独厚的生存空间，孕育了丰富的物种资源，是优良的天然基因库。据调查，保护区内陆栖脊椎动物有396种，隶属于4纲33目82科243属，其中两栖类29种、爬行类69种、鸟类217种、兽类81种；发现广西新记录鸟类3种；国家一级保护动物有云豹、金钱豹、林麝、巨蜥、蟒5种，国家二级保护动物有44种；昆虫种类繁多，资源丰富，已鉴定学名的有23目169科719种，其中有新属1种，新种27种，中国新记录种8种，特有昆虫27种，珍稀昆虫33种。

十万大山地处热带北缘，使热带植物区系成分因边缘效应而引起分化，在这里形成新种和新属，地区特有种相当丰富；兰科植物，已知的达70多种。保护区境内不但有较典型的季雨林、沟谷雨林，还有发生于垂直带上的山地常绿阔叶林，除局限分布于石灰岩构成的溶蚀地貌的擎天树林外，广西的沟谷雨林在这里都有分布，季雨林在海拔900m以下山地沟谷几乎随处可见，广西酸性土地区出现的季雨林约80%的类型都可以在这里找到，有的类型是本地区特有的或别的地方少有的。此外，十万大山植被的垂直分布也比较完整独特，从山麓到山顶，依次出现沟谷雨林（局部）、季雨林、山地常绿阔叶林和山顶矮林，有时不同的类型错综交织在一起，形成了它的特别之处。保护区内国家保护的物种和经济价值较高的物种较多，这些珍稀物种对于保护物种多样性，维持生态平衡，开展科学研究，促进学术交流均有较大的意义，是科研与教学的理想之地。

十万大山自然保护区景观资源丰富，境内群山绵延，峭壁林立，沟谷纵横，飞泉流泻，林海茫茫，云雾缭绕。

集"华山之峻峭、衡岳之烟云、匡庐之飞瀑、雁荡之巧石、峨眉之清凉、黄山之苍莽"和动人的神话传说于一身，呈现出幽静、神秘、峻险、古野的自然景观，是旅游观光，避暑度假，休闲娱乐、科研教学的理想场所。

◎ 保护价值

十万大山自然保护区的主要保护对象是：珍贵稀有动植物资源及其栖息地；广西南部沿海地区主要的水源涵养林；垂直带谱上的山地常绿阔叶林；不同自然地带的典型自然景观。

十万大山地区是全国林业系统自然保护区规划筛选的 16 个生物多样性保护热点地区之一。其植物种类繁多，主要是印度—马来西亚植物区系、中越边境植物区系的成分，特有种很多。具有全球意义的生物多样性保护价值。同时，保护区在水土保持、生态平衡的维护等方面也发挥着不可估量的作用。近年来，国际社会对生物多样性的关注热点已经转移到喜马拉雅山以东地区，特别是国

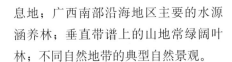

际社会在越南发现了 3 种从未见过的哺乳类新种后，引起轰动。十万大山自然保护区地处中越边境，自然成为国际社会关注的热点地区。

（十万大山自然保护区供稿）

广西雅长兰科植物国家级自然保护区

广西雅长兰科植物自然保护区位于广西壮族自治区西北部的乐业县境内，地跨乐业县花坪、雅长和逻沙3个乡镇9个行政村。地理坐标为东经106°11′31″~106°27′04″，北纬24°44′16″~24°53′58″。保护区总面积22062.0hm²，属野生植物类型自然保护区。保护区始建于2005年，2009年经国务院批准晋升为国家级自然保护区。

◎自然概况

雅长自然保护区地处云贵高原和广西丘陵接壤地带，是我国阶梯地势第二级与第三级的过渡带，也是我国热带和亚热带的过渡地带。区内海拔1000m以上的山峰共有89座，其中1500m以上的有19座，最高点为盘古王，海拔1971m，最低处位于一沟，海拔400m，相对高差达1571m。水系属珠江流域的西江水系，主要河流为白康河，主流全长35.5km，总流域面积307.5km²。土壤具有明显的垂直地带性分布规律，主要以山地红壤、黄壤及山地草甸土为主，土壤容重平均为1.5g／cm³。保护区内气候温和，冬无严寒、夏无酷暑，多年平均气温16.3℃，最高气温38℃，最低气温−3℃；多年平均降水量1051.7mm。

◎保护价值

雅长自然保护区野生兰科植物集中、森林连片分布，原生性较强，生物多样性丰富，代表性强，稀有性突出，

贵州地宝兰

自然性好，现分布有野生兰科植物44属115种，约占广西兰科植物总种数的三分之一，位居全区第一，一些珍贵、稀有的种类在全国罕见，具有重要的保护价值和科学研究价值。

雅长自然保护区内除兰科植物外，其他珍稀动植物种数也较多，且有不少古老、孑遗、稀有、特有种。保护区共有维管植物2432种，陆生脊椎动物320种，其中属国家重点保护野生植物18种，国家重点保护野生动物42种。

（雅长兰科植物自然保护区供稿）

硬叶兜兰

长瓣兜兰

多花兰

梳帽卷瓣兰

绿花杓兰

流苏贝母兰

广西 崇左白头叶猴
国家级自然保护区

广西崇左白头叶猴国家级自然保护区位于广西壮族自治区的西南部，地处江州区（原崇左县）和扶绥县境内。地理坐标为东经107°16′53″～107°59′46″，北纬22°10′43″～22°36′55″，东西长约75km，南北宽约48km，由间断分布的4片石山区组成，周边涉及10个乡（镇）、29个行政村、92个自然屯、14770户，保护区总面积25578hm²，属野生动物类型自然保护区，主要保护对象为白头叶猴、黑叶猴等野生动物及其赖以生存的喀斯特石山森林生态系统，是中国17个具有国际意义的陆地生物多样性热点地区之一。

白头叶猴母子（梁霁鹏摄）

◎自然概况

崇左白头叶猴自然保护区是由原广西板利自治区级自然保护区和广西岜盆自治区级自然保护区合并而成的。板利、岜盆两个保护区均建立于1980年10月；2005年3月，在这两个保护区的基础上，组建了广西崇左白头叶猴自治区级自然保护区；2005年5月，申报国家级自然保护区；2007年11月，保护区管理局批复成立；2008年7月，保护区管理局被核定为相当副处级事业单位。

白头叶猴自然保护区于成立之初就分别由保护区所在县设立保护管理机构，即扶绥岜盆保护区管理站和崇左板利保护区管理站，隶属当地县林业局管理，1987年成立保护区派出所。2000年经广西壮族自治区人民政府批准成立广西岜盆自然保护区管理处和广西崇左板利自然保护区管理处。

崇左白头叶猴自然保护区属典型的桂西南喀斯特地貌，峰丛海拔一般约为400m，峰林海拔为200～300m，谷底海拔为100m左右，峰谷海拔高差在100～300m。

崇左白头叶猴保护区属北热带季风气候，年平均日照时数变动在1634.3～1714.9h，平均值为1674.6h，比广西大部分县（市）年平均日照时数（1621.6h）偏高3.2%；日照时数随海拔高度增加呈递减趋势，其直减率为201.0h/km；日照时数的季节变化，显示夏季＞秋季＞春季＞冬季的变化规律。保护区年平均气温为22.0～22.3℃，最冷月（1月）均温13.8℃，最热月（7月）均温28.5℃，年平均降水量在1201.6～1222.2mm，季风气候较明显，冬季以东北风为主，夏季以东南风为主。

在热带季风气候的作用下，崇左白

在石壁上的白头叶猴（梁霁鹏摄）

保护区景观图（冯汝君摄）

黑叶猴（冯汝君摄）

头叶猴自然保护区的植被与所在地环境相适应，具有热带性，组成种类比较复杂，为岩溶石山季节性雨林。由于生境的多样性，形成了保护区内丰富的物种多样性，是中国17个具有国际意义的陆地生物多样性热点地区之一。据统计调查，保护区内脊椎动物34目97科381种，种数占广西已知陆栖脊椎野生动物884种的43%，其中国家一级保护动物5种，国家二级保护动物26种。昆虫15目103科558种，野生维管束植物144科503属848种，其中国家一级保护植物2种，国家二级保护植物6种，珍稀的兰科植物同色兜兰等15种，同时保护区还是广西

金花茶组植物的主要分布区，有柠檬黄金花茶等6种金花茶。

◎保护价值

崇左白头叶猴保护区其主要保护对象为白头叶猴、黑叶猴等野生动物及其赖以生存的喀斯特石山森林生态系统。

白头叶猴是全球最濒危的、我国特有的国家一级保护野生动物，在世界上仅分布在热带北缘的广西西南部的喀斯特地区。由于其种群数量少（目前种群数量仅约858只），分布狭窄，栖息环境特殊，仅以石山上的植物树叶为主要的食物来源等多方面的特点，白头叶猴备受人们的关注。在2002年召开的第十九届国际灵长类学术大会上，它被确定为世界上最濒危的25种灵长类之一。白头叶猴原有六个分布区，其中面积最大的陇瑞山区（弄岗国家级自然保护区内），其余的五个分布区在崇左白头叶猴自然保护区内，其中的弄官山区（板利保护区片）和弄廪山区（岜盆保护区片）还保留着具有发展希望的地方种群。所以，目前全球白头叶猴的主要分布区

在崇左白头叶猴保护区内，它是保护世界濒危物种白头叶猴的最重要基地，是恢复白头叶猴其他地方种群，重建集合种群结构的最重要种源。同时崇左白头叶猴保护区是中国17个具有国际意义的陆地生物多样性热点地区之一——桂西南石灰岩地区的组成部分。保护区的岩溶石山季节性雨林，虽然经历了长期人为活动的干扰和历史上的多方面原因影响，原生类型已罕见，次生林也很少，但是仍有若干季节性雨林的片断和代表树种存在，现存的植被还可划分为4个植被型组、6个植被型、8个植被亚型、32个群系，可见作为生态系统的主体的骨架还保留着，生态系统内其他各部分还是保存较好的。

目前保护区内野生维管束植物记录为848种（含种下等级），隶属于144科503属，其中蕨类植物有20科34属66种，裸子植物有2科2属3种，被子植物有122科467属779种。有一定经济用途的约540种，其中白头叶猴的食物源植物约107种。大型真菌种类102种，分属50属27科。真菌资源

有食用菌 30 种，药用菌 35 种，木腐菌 40 种，毒菌 6 种。野生动物种类丰富，单种的数量相当多。兽类有 58 种，分属于 8 目 23 科 41 属。鸟类 171 种，分别隶属于 15 目 39 科。爬行动物 26 种，分别隶属于 3 目 10 科 22 属。两栖类动物 13 种，分别隶属于 1 目 5 科。昆虫有 15 个目 103 科 558 种。鱼类 113 种，隶属 7 目 20 科。

崇左白头叶猴自然保护区因拥有白头叶猴以及黑叶猴、苏铁、金花茶等特有和珍稀的野生动植物种类而备受瞩目。白头叶猴作为仅分布我国广西西南部喀斯特地区的珍稀濒危灵长类动物，由于其种群数量少，分布狭窄，栖息地特殊以及它们复杂的社会行为和种化的问题，具有极高的科学研究价值。黑叶猴是石山生态系统的灵长类动物之一，

是亚洲叶猴分布最北的物种，它代表了叶猴分布上独特的适应类型，近 20 年来，广西黑叶猴数量急剧下降到不足 400 只，因此，对黑叶猴的保护和研究同样具有重要的保护和科研价值。白头叶猴自然保护区还是我国金花茶组植物的分布中心之一，同样具有很大的科学研究价值。

假苹婆的果实（梁霁鹏摄）

叉子股（梁霁鹏摄）

同色兜兰（梁霁鹏摄）

丰满凤仙花（梁霁鹏摄）

崇左金花茶（梁霁鹏摄）

淡黄金花茶（梁霁鹏摄）

蚬木（梁霁鹏摄）

石山苏铁（梁霁鹏摄）

七指蕨（梁霁鹏摄）

叉叶苏铁（梁霁鹏摄）

美花石斛（梁霁鹏摄）

◎功能区划

崇左白头叶猴自然保护区划分为核心区、缓冲区和实验区等3个部分进行有效管理。核心区面积为10093.3hm²，占保护区面积的39.46%，其根据明确的保护目的、对象，进行严格保护，只供进行观测研究；缓冲区属缓冲地带，面积为6950.7hm²，占保护区面积的27.17%，可进行调研、试验、教学实习、生态旅游等；实验区属边缘开放区，面积为8534hm²，占保护区面积的33.37%，可进行实验研究，结合生产，发展多种经营与传统利用，以增加收入，增强活力。

◎科研协作

近年来，保护区积极与有关科研院校开展科学研究合作，已经有中国科学院、北京大学、西南林学院、广西师范大学等单位在保护区建立了研究基地，白头叶猴的研究取得了丰硕的成果。据不完全统计，在国内外各类核心期刊发表的白头叶猴科学论文共70多篇，这些科学论文，对白头叶猴的种群生态学、行为生态学、社会生态学、遗传多样性等均有较为深入的研究，为保护区建立科学的白头叶猴监测体系提供了科学依据。

（崇左白头叶猴自然保护区供稿）

灰鼯鼠（冯汝君摄）

白头蝰蛇（韦善伟摄）

变色树蜥（梁霁鹏摄）

环颈雉（梁霁鹏摄）

领角鸮（冯汝君摄）

木棉（梁霁鹏摄）

蛤蚧（冯汝君摄）

捕鸟蛛（梁霁鹏摄）

广 西 壮 族 自 治 区

广西 大桂山鳄蜥
国家级自然保护区

广西大桂山鳄蜥国家级自然保护区位于广西壮族自治区东部的贺州市八步区境内，坐落于仁义、步头、信都、灵峰等4个乡（镇）行政区划范围内，保护区东部与广东省怀集县交界。保护区总面积3780hm²，其中北娄片（东经111°48′56″~111°53′07″，北纬24°04′26″~24°07′53″）面积1809.3hm²；七星冲片（东经111°35′54″~111°40′22″，北纬24°04′20″~24°07′58″）面积1970.7hm²，是以保护国家一级保护野生动物鳄蜥和其他珍稀野生动植物而建立野生动物类型自然保护区。2005年保护区经自治区人民政府批准建立，2013年6月经国务院批准晋升为国家级自然保护区。

大桂山鳄蜥

◎自然概况

大桂山鳄蜥自然保护区地质发育于古生代加里东褶皱带上。到中生代特别是燕山运动以后，这块古地层逐渐抬升、褶皱、断裂，形成现代的常态侵蚀山地。保护区以低山地貌为主，局部为中山，山势起伏，沟谷深切。保护区内山峰高程大多在600~800m。

保护区位于中亚热带南缘，属湿润亚热带季风气候，热量丰足，雨量充沛。根据气象材料，保护区年平均气温19.3℃，极端最高气温39.7℃，极端最低气温-2.4℃，年积温6243℃；年降水量2056mm，年蒸发量1257mm，平均相对湿度82.2%；年雾日数62天，有霜期12天。

保护区内主要成土母岩为砂岩、砂页岩，其次是紫色岩和花岗岩。土类以山地红壤为主，间有山地黄壤。

土壤的分布规律大致是：海拔<900m为山地红壤，≥900m为山地黄壤。土壤pH值5.0~5.5，石砾含量多为30%~40%，肥力偏低。

保护区境内的河流均属珠江水系，大小河流全部汇入贺江。发源于或流经大桂山鳄蜥自然保护区的大小溪流共23条。保护区内溪流的特点是：河面不宽，但落差大，水量充沛，瀑布、深潭多见。由于人迹罕至、森林覆盖率很高，区内河流水质清洁，即便在雨季，溪流仍十分清澈。

保护区森林群落呈现出山地地带性典型的植被类型。南坡的地带性森林植被为季风常绿阔叶林，偏北向坡地则为典型常绿阔叶林。保护区中以热带植物科的分布占主导地位，温带次之，乔木群落中可见少量板根现象，反映出了该区域亚热带植物区系地理成分的特点。保护区各地带性乔木群落的原生类型都是阔叶林；分布面积较大的马尾松群落

适宜鳄蜥生存的良好的生态环境

七星冲片山地山貌

都是在烧垦的阔叶林迹地或荒山草坡上，由人工散播种子发展而成。随时间推移，经针叶林—针阔混交林—阔叶林的演替，使得保护区的现状森林植被呈现出苍翠茂密的常绿阔叶林景观。

保护区内天然植被包括 5 个植被型组、8 个植被型、32 个群系。区内植物种类繁多，植被类型复杂多样，优越的自然环境为各种动植物的生长繁衍创造了得天独厚的自然条件。据调查保护区内野生动植物资源丰富，有维管植物 176 科 660 属 1384 种，有陆生脊椎动物 29 目 85 科 197 属 269 种，鱼类 3 目 10 科 22 属 25 种，昆虫类 17 目 159 科 888 属 1371 种。

◎保护价值

第一，生物多样性丰富，珍稀物种多。

大桂山鳄蜥自然保护区地处广东、广西交界处，处于中亚热带南缘，为低山地貌，地理位置特殊，地形、气候和生态环境复杂，使该地区孕育了丰富的动植物资源。据统计，保护区内维管植物共 1384 种，隶属于 176 科 660 属。其中蕨类植物 28 科 58 属 91 种（含 1 个变种），裸子植物 4 科 5 属 6 种，被子植物 144 科 597 属 1287 种，其中包括 36 个变种 5 个变型。其中列入国务院批准公布的《国家重点保护野生植物名录》的国家二级保护植物桫椤、金毛狗、凹叶厚朴、樟树、闽楠、花榈木、红椿、紫荆木、海南石梓、任豆树等 8 科 10 种。列入 IUCN 珍稀物种有 3 科 9 种，列入广西珍稀植物有 9 科 24 种，其中兰科 21 种。

大桂山鳄蜥自然保护区已经记录有陆生脊椎动物 269 种，分别隶属于 4 纲 29 目 85 科 197 属。其中两栖类 22 种，爬行类 50 种，鸟类 153 种，哺乳类动物 44 种。在陆生野生脊椎动物中，保护物种相当丰富，被列入国家重点保护名录中的有 35 种，包括国家一级保护物种有鳄蜥、蟒蛇、林麝等 3 种；国家二级保护物种有大鲵、细痣疣螈、虎纹蛙、黑冠鹃隼、红腹锦鸡、猕猴等 32 种。保护区内现有 74 种陆生野生动物被列入广西重点保护动物名录，占广西重点保护动物 147 种的 50.3%。

第二，主要保护对象鳄蜥是极度珍稀濒危种，保护价值巨大。

鳄蜥属蜥蜴目、蛇蜥亚目、鳄蜥科、鳄蜥属，在鳄蜥科中仅有鳄蜥一个物种，在分类上为单科、单属、单种。它是第四纪冰川时期后期残留在我国华南地区的孑遗种，是原始古老蜥蜴类。

鳄蜥是国家一级保护动物，是《濒危野生动植物种国际贸易公约》附录 II 物种。鳄蜥是第四纪冰川后期残留下来的原始爬行动物，素有"活化石"之称。鳄蜥在我国仅分布于广东和广西，国外仅越南东北部广宁省安图自然保护区有分布。由于近些年栖息地遭到较大

825

砂岩山地地貌

国家二级保护植物润楠

破坏，鳄蜥种群数量已极其稀少，许多原来有鳄蜥资源分布的地区鳄蜥种群已经灭绝。2004 年国家林业局组织的鳄蜥专项调查显示，全国仅有鳄蜥 950 只。

大桂山鳄蜥自然保护区通过几年来的有效保护，鳄蜥种群数量稳步增加，已成为这一极度珍稀濒危物种的集中分布地，据 2010 年调查，保护区内野生鳄蜥种群数量为 360～406 只。

第三，保护区是鳄蜥最适宜的栖息地，对保护鳄蜥种群发挥重要作用。

大桂山保护区地处广东、广西交界处，生态系统从总体上没有受到人为干扰破坏，处于原始的自然状态，生态系统功能正常。保护区处于我国所有鳄蜥分布区的中心位置。因此，大桂山自然保护区在历史上可能是各片区鳄蜥基因交流的重要枢纽。这对研究鳄蜥各片区地理种群的亲缘关系、地质历史演化关

光叶翼萼

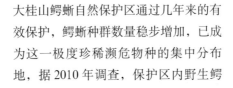

假苹婆

黄花倒水莲

流苏贝母兰

国家二级保护植物凹叶厚朴（木兰科）

猴耳环（含羞草科）

国家二级保护植物紫荆木（山榄科）

国家二级保护植物桫椤

系以及不同片区的环境梯度变化中，大桂山鳄蜥种群均有重要地位。大桂山保护区位于中亚热带南缘，属湿润亚热带季风气候，保护区以丘陵地带阔叶林为主，林下溪流清澈，植被覆盖度高，小溪的流速较缓，坡度较小。这些都是最适合鳄蜥栖息的典型生境。

保护区生态系统从总体上没有受到人为干扰，处于原始的自然状态，生态系统功能正常。目前，保护区内保存的各类天然常绿阔叶林类型中，以壳斗科种类为优势的占 50% 以上，也有以樟科种类和以茶科种类为主的类型。但其中有相当部分属于热带分布区系成分，以及由它们组成的森林群落主要分布在北亚热带和南亚热带地区。次生灌草丛中南亚热带林下的代表种类，在南坡边缘低山、丘陵上普遍分布，常成为森林群落或稀疏马尾松林下的优势种。而在北坡的马尾松林中，则以中亚热带喜温湿性的杜茎山、柃木为主。

◎**功能区划**

大桂山鳄蜥自然保护区划分为核心区、缓冲区和实验区 3 个功能区。核心区包括保护区内保护对象相对集中，生物多样性丰富，保护价值高的七星冲片的七星冲、大涩冲一带和北娄片的大石冲、德胜冲、双冲、清水尾一带两部面积共 1795.5hm²，占保护区总面积的 47.5%。核心区包括了鳄蜥的绝大部分分布点或生境适宜鳄蜥和保存最好的森林生态系统。在核心区外围设置缓冲区，缓冲区面积为 1721.4hm²，占保护区总面积的 45.5%。在保护区内划出 263.1hm² 的区域作为实验区，用于开展科研工作和建设必要的保护管理设施。

◎**科研协作**

通过人工繁育扩大种群，再放归到野外是濒危野生动物保护的重要手段，大桂山保护区自 2010 年开始与广西师范大学合作人工繁育及研究以来，保护区内现共建有鳄蜥繁育池 32 个，池内共有鳄蜥 73 条，其中成体 36 条，亚成体 18 条，新生幼体 19 条。大桂山保护区鳄蜥繁育中心的成立，不仅能为鳄蜥的科研及野外放归打好种群数量基础，还能成为科研院校的教学和科研基地。

（杨丽丽供稿）

野外调查时发现的新生幼蜥

国家一级保护动物鳄蜥

人工繁殖成功的小鳄蜥（徐治世摄）

环纹游蛇

小燕尾

大石冲地貌

广西 邦亮长臂猿 国家级自然保护区

广西壮族自治区

广西邦亮长臂猿国家级自然保护区地处云贵高原向桂粤中低山丘陵地区过渡的斜坡地带，位于广西靖西县境内，横跨龙邦、壬庄、岳圩等三个乡镇，其中壬庄乡是保护区面积分布最多的乡镇。保护区依地势由西北向东南倾斜，东南面与越南重庆县自然保护区相连，边境线长达24km，跨越28块界碑。地理坐标为东经106°22′29″～106°31′04″，北纬22°52′30″～22°58′50″。保护区总面积6530km²，主要保护对象是东黑冠长臂猿及其主要栖息地岩溶山地季雨林生态系统。属于"野生动物"类别的"野生动物类型"自然保护区。保护区建于2009年，2013年12月经国务院批准晋升为国家级自然保护区。

国家二级保护动物蛇雕（韦绍干摄）

◎自然概况

邦亮长臂猿自然保护区地处喀斯特石山，属Ⅵ桂西南峰丛峰林石山和丘陵州，ⅥA靖西石山山原山地区，ⅥA2睦边——靖西石山山原小区。主要地貌类型可分四级，第一级为峰丛洼地、峰林谷地地貌组合；第二级有峰丛、峰林、溶蚀洼地、溶蚀谷地、河谷等；第三级为洞穴、河流阶地与河漫滩、倒石堆等；第四级为石芽、溶沟、石芽劣地等微地貌。地势大体上由西北向东南倾斜，西部和北部高，东部和南部低。海拔高度在500～1000m之间，相对高度300～500m，最高峰位于保护区西部腾茂村古星屯东南侧，海拔971m，最低处位于邦亮村与越南交界处，海拔560m。

邦亮长臂猿自然保护区地处北回归线以南，属北热带季风气候类型。受东南季风影响明显，本应夏季炎热，冬季较冷，但保护区植被茂盛，山谷沟壑纵横，形成独特山地森林小气候，全年冬无严寒，夏无酷暑，气候宜人，季节变化不明显。无霜期平均为359天；平均年日照1521.8h，年平均日照百分率为34.1%，日照较充足；年均气温为18.3～21.5℃；日均气温≥0℃的年活动积温为6677.3～7863.1℃；雨热同季，雨量集中于5～9月份，年均降水量为1656.3mm，年均相对湿度80%，年均风速1.5m/s，雨量充沛、蒸发量较弱、湿度及风速适中。因保护区的小气候特征明显，对于调节保护区及周边地区气候变化，保护农业生产，净化空气等方面起到了极其重要的作用。

邦亮长臂猿自然保护区地表水系主要为南滩河、个宝河和其龙河，受断层等地质构造控制影响，自北西向南东方向径流。地下水类型主要是碳酸盐岩岩

国家一级保护植物云南穗花杉（韦绍干摄）

东黑冠长臂猿雌性带大仔（赵 超摄）

溶水，其次是基岩裂隙水。碳酸盐岩岩溶水赋存、运行在碳酸盐岩组的管道溶洞、裂隙溶洞中，以暗河和大泉形式的集中径流、泄流为主，以小泉形式的分散径流、泄流为次。保护区内有大泉出露的地方很多，每到雨季，名副其实的山泉水喷涌而出，清澈甘甜。

邦亮长臂猿自然保护区地处北热带季风气候条件下，水平地带性土壤属于赤红壤和红壤土壤带，由于受海拔高度的影响，不同地带分布不同类型的土壤，主要包括山地黄壤、紫色土、潮土、黑色石灰土和棕色石灰土。其中山地黄壤、棕色石灰土和潮土土层较厚。

邦亮长臂猿自然保护区蕴藏着丰富的野生动植物资源，被誉为"桂西南边境地区物种基因库"。由于生境的多样性，形成了物种的多样性，根据研究，本区共记录有陆生脊椎动物4纲25目

88科322种，种子植物129科538属956种。

邦亮长臂猿自然保护区现分布有国家重点保护野生动物46种。其中，国家一级保护动物属主要保护对象——东黑冠长臂猿外，还有蟒蛇、熊猴、黑叶猴、金钱豹和林麝等。"两岸猿声啼不住，轻舟已过万重山"，诗中的"猿声"就是长臂猿的鸣叫声。历史上，东黑冠长臂猿曾在我国长江以南广泛分布，但由于森林资源受到不断的破坏，今天，全世界的长臂猿所剩无几，很多地方已经绝迹。目前全球已知的东黑冠长臂猿仅分布在邦亮自然保护区和越南重庆县自然保护区的森林中，数量约110只，其中在中国有26只，越南有84只，极为珍稀！它们被世界自然保护联盟（IUCN）列为全球极度濒危物种。此外国家二级保护野生动物有虎纹蛙、大

壁虎、凤头鹰、白腹隼雕、原鸡、白鹇、褐翅鸦鹃、斑头鸺鹠、长尾阔嘴鸟、猕猴、短尾猴、穿山甲、巨松鼠、豺、黑熊、水獭、大灵猫、斑林狸和鬣羚等40种。

邦亮长臂猿自然保护区现分布有国家重点保护植物14种。其中，国家一级保护野生植物分别是云南穗花杉、单座苣苔和桫椤。国家二级保护野生植物有是金毛狗、短叶黄杉、华南五针松、地枫皮、樟树、蚬木、海南椴、任豆、蒜头果、紫荆木、董棕、广西火桐。以及数以千计的兰科植物。保护区内天然植被相当丰富，至少可以划分为3个植被型组，7个植被型和31个群系。区内森林景观比较繁茂，保存较完好，典型的植被是以肥牛树、灰岩棒柄花、大叶水榕、麻风树、蚬木、金丝李、毛叶铁榄等为优势种的岩溶山地季雨林。保护区内分布的蚬木林，具有层次分明的

浓密树冠和挺拔的树型，远远望去，郁郁葱葱，林海茫茫，甚是美丽。

邦亮长臂猿自然保护区属喀斯特地貌，典型的石灰岩山地造就了保护区奇特的自然景观。这里到处是幽谷深邃，峰峦叠嶂，奇花异草，古木参天，绚丽多彩；767 界碑旁的"蚬木王"硕大、苍劲，曾经记载着这里人们上千年的文化、历史和人间沧桑，见证着中越人民的兴衰历史；这里的黄连坳山崖名副其实，令人难以征服，她犹如一道天然屏障，将外面喧闹的城市和自然、古朴的原始森林隔开，默默地守护着边境地区上的一块净土；这里的长臂猿很守约，晨曦时分长空一啸，有如叫醒远方的人们，她的叫声总是那样的悠长，那样的清婉动人；这里壮乡的人们是那样的勤劳、纯朴……

◎保护价值

东黑冠长臂猿为世界极危物种，在我国仅分布于邦亮自然保护区，邦亮自然保护区是国家一级保护动物、世界极危物种东黑冠长臂猿在我国唯一的分布地，也是国内东黑冠长臂猿唯一的栖息地。保护区具有重要的国际区位性，保护区地处中越边境，是亚洲大陆与中南半岛生物交流的重要通道，汇集了繁多的生物种类，孕育了复杂多样的生物类群，是国际生物多样性热点地区之一。其中邦亮保护区南部、东南部直接与越南接壤，边境线较长，保护好边境现有的岩溶森林植被及其生态系统，不仅对我国生物多样性的保护和发展极为有利，由森林形成的天然屏障对国防安全和生态安全的保护也具有重要价值。同时，保护区位于大湄公河次区域生物廊道建设范围内，是靖西县生物多样性廊道建设的主体。保护区所在地桂西南石灰岩地区是我国 14 处具有国际意义的陆地生物多样性保护关键地区之一。

海伦兜兰（韦绍干摄）

带叶兜兰（韦绍干摄）

长臂卷瓣兰（韦绍干摄）

◎科研协作

每年坚持与大理学院等科研机构开展长臂猿种群动态监测。协助大理学院、野生动植物保护国际中国项目、广西大学、中国科学院广西植物研究所、贵州大学、广西林业勘测设计院等单位

邦亮保护区核心区（徐治平摄）

国家二级保护植物任豆（廖健村摄）

的专家学者进行的多项考察研究，完成了邦亮自然保护区内东黑冠长臂猿生态行为、野生动植物调查、植被资源调查、地质地貌调查、水文气候调查、土壤调查、保护区内威胁因素及其分布调查等多项内容。东黑冠长臂猿自 2006 年发现至今，已发表了十多篇文章，其中大理学院范朋飞教授带领的研究队伍自 2010 年至今发表了 14 篇文章，这些文章分别在《美国灵长类杂志》《保护生物学》和《兽类学报》上发表 。

◎功能区划

邦亮长臂猿自然保护区功能区划分为核心区、功能区、实验区三个功能区：核心区面积 2506hm²，占总面积的 38.4%，包括 2 个部分：大兴后山至邦亮后山（简称邦亮片）部分及腾茂后山至龙井后山（简称腾茂片）部分，两片

广西密花树（韦绍干摄）

核心区直接与越南重庆长臂猿国家级自然保护区及其拟扩大区域相连，核心区人迹罕至，原始森林密布，从生物地理分布的角度出发，为更好地保护东黑冠长臂猿提供保障。缓冲区环绕于核心区外围，面积 1113hm²，占 17.0%。余下的区域为实验区，面积 2911hm²，占 44.6%。

（邦亮长臂猿自然保护区供稿）

广西 恩城
国家级自然保护区

广西恩城国家级自然保护区位于广西西南部的大新县，分有恩城揽圩片、雷平片、堪圩安民片3个保护分区，范围地跨大新县桃城、恩城、雷平、那岭、堪圩、揽圩6个乡镇的34个村（居）委会。地理坐标为东经106°58.27′~107°15.6′，北纬22°36.48′~22°50.08′。保护区总面积25819.6hm²，是以保护黑叶猴及北热带石灰岩季雨林等珍稀濒危野生动植物及其生境为主的野生动物类型自然保护区。保护区始建于1982年，2013年12月经国务院批准晋升为国家级自然保护区。

◎自然概况

恩城自然保护区地处云南东部高原向东南的延续部分，属广西西南石灰岩地区，整个地貌从西北向东南略呈阶梯形态。一般海拔在300~600m，最高点位于那岭乡龙贺村山陇进，海拔768m，最低点位于恩城河与护国村交界河口，海拔288m。地貌类型按岩性与高度划分，主要有低山、喀斯特峰丛、洼地、谷地等；次一级地貌类型有地下河系统、伏流、洞穴系统、河谷、峡谷、隘谷等。

恩城自然保护区属于北热带季风气候，由于保护区内地形地貌复杂多变，低山、峰丛、谷地和洼地的气候差异较明显。其基本气候特点是：冬春微寒，夏季炎热，秋季凉爽，雨热同季，年均

黑叶猴

气温21.3℃。日平均气温20℃以上的日数，每年在209~243天之间，按照气候划分四季标准，保护区境内没有冬季，无霜期341天，年平均降水量1362mm，主要集中在5~9月。

恩城自然保护区内土壤母质主要由石灰岩风化物、第四纪红土母质、沙页岩母质、紫色沙页岩风化物和硅质页岩风化物发育而成。砂页岩赤红壤与第四纪红土分布于海拔300m以下的山地，砂页岩红壤分布于海拔300~600m山地，砂页岩黄红壤主要分布于海拔600m以上的山地，沼泽性水稻土主要分布于以恩城河为中心水系的近河床、水库的低洼区域。

恩城自然保护区境内的水系均属于左江水系，以桃城河为中心，分布有众多山溪与地下河系统。地面水有桃城河，又名利江，源自天等县龙茗镇苗村一

蚬木林

恩城保护区

带，流经龙桥村、全茗乡龙轻屯至桃城镇与龙门河汇合，经万礼村农沙屯、恩城乡新圩村格强屯注入黑水河，流经保护区部分为恩城河段，全长 63.99km，年平均流量 17.25m³/s。地下水比较丰富，但分布不均匀，主要有桃城地下河，以桃城河为中心的地下水系，发源于桃城镇东北侧峰丛洼地，汇水面积 33km²，枯期流量 100～110m³/s，暗河通道发育、溶洞，串珠状漏斗，年水位变幅 2～6m，是大新县三个富水地段之一。

恩城自然保护区植被分为阔叶林、竹林（竹丛）、灌丛、草丛 4 个植被型组，7 个植被型和 24 个群系。人工植被主要按途划分，可分为 4 个植被型和 13 个群系。根据调查统计，恩城自然保护区已知野生维管束植物 190 科 648 属 1007 种（含变种和亚种）。保护区有国家重点保护植物 11 种，其中有石

山苏铁 1 种国家一级保护植物；金毛狗、蚬木、海南椴等 10 种国家二级保护植物。同时，恩城自然保护区还分布着广西地不容、凹脉马兜铃等 62 种广西重点保护植物。

保护区已知陆生脊椎动物共有 261 种，隶属于 4 纲 25 目 79 科。

现有国家重点保护野生动物 28 种。其中有蟒蛇、黑叶猴、林麝 3 种国家一级保护动物；虎纹蛙、大壁虎、凤头蜂鹰等 25 种国家二级保护动物。此外，恩城自然保护区还分布有黑眶蟾蜍、沼水蛙、泽陆蛙等 76 种自治区重点保护野生动物。

恩城自然保护区位于大新县境内，处在北回归线以南，地形复杂多变，气候条件独特，特别恩城河段更是以"山水画廊"闻名于世。保护区境内奇峰林立，明暗水系纵横，洞穴广布，风光旖

旎。同时，保护区内世代生活着壮、汉、苗、瑶等多个民族，人文景观众多，是广西德天旅游圈的重要组成部分。

◎ **保护价值**

（1）中越边境黑叶猴保护网的重要节点。

恩城自然保护区位于中越边境，地处桂西南自然保护区群中，是连接亚洲大陆和中南半岛的重要生物通道。经过多年努力和发展，恩城保护区在黑叶猴及其栖息地的保护上取得了显著成效：在全球黑叶猴数量急剧下降的情况下，近几年，保护区内黑叶猴种群数量下降的势头得到遏制，黑叶猴种群处于比较稳定的状态。特别是最近已经监测到新生黑叶猴个体。保护区内天然植被保存较好，植被组成物种丰富，植被类型多样，分布着一系列反应不同演替阶段的

833

森林和灌丛，是适合黑叶猴生存的典型生境，是黑叶猴保护的重要支撑。

（2）桂西南石灰岩地区生物多样性保护的重要组成部分。

恩城自然保护区属桂西石灰岩高地向东南延伸区域，喀斯特峰丛、洼地和谷地广布于保护区范围内。恩城自然保护区珍稀物种资源不仅种类多，更重要的是一些关键物种还具有比较稳定的种群，有国家重点保护野生动物 28 种，其中国家一级保护野生动物 3 种，国家二级保护野生动物 25 种，另有自治区重点保护野生动物 76 种；国家重点保护植物 11 种，其中国家一级保护植物 1 种，国家二级保护植物 10 种，另有国家 15 大重点保护物种之一的兰科植物 34 属 53 种。保存着桂西南为数不多的大面积石灰岩季雨林和自然环境。

（3）北热带北缘过渡地带重要物种资源库。

恩城自然保护区位于北热带北缘，加上垂直环境梯度的存在，其动植物区系都呈现出北热带向北亚热带过渡的特征，可称为我国北热带北缘过渡地区的重要物种资源库之一。保护区植物区系

火果（雨林特有现象：茎花、茎果）

金花茶

石山苏铁

的过渡性特征突出。一方面蚬木、海南风吹楠、任豆等典型的热带成分在此繁衍；而华南地区亚热带科的代表也有不少属分布到该区，如樟科的樟属、山茶科的山茶属、清风藤科的清风藤属等。据统计，保护区有热带性质 449 属，温带性质有 102 属，R／T 值为 4.40，说明恩城自然保护区植物区系的热带性质极其明显。

恩城自然保护区植物区系非常丰富，计有野生维管束植物 190 科 648 属 1007 种（含变种和亚种）。以一片面积仅仅 2 万 hm² 的面积来讲，恩城自然保护区的植物丰富度是非常高的。在植被方面，恩城自然保护区石灰岩常绿

季雨林中的热带雨林的重要特征也是比较突出的，例如支柱根和板根现象、茎花和鞭花现象、绞杀现象。区内的天然植被可分为 4 个植被型组，7 个植被型和 24 个群系，具有很高的生态保护和科研价值，是极为珍贵的生物基因库。

蚬 木

恩城保护区景观

黑叶猴

狝猴

蟒蛇

蛤蚧

恩城自然保护区蕴藏着丰富的野生动物资源。其动物区系，古北界和东洋界，即南北的过渡现象也很明显。302种陆生野生脊椎动物中，东洋种177种，占总数的68%；古北种84种，占总数的32%。由于保护区是典型的喀斯特地貌类型，并混有季节性的湿地，湿热条件确定了动物的分布型明显具有东洋界物种的特点。

（4）左江水系重要的水源涵养地。

恩城自然保护区内桃城河段全长63.99km，年平均流量17.25m³/s，流经龙桥村、全茗乡龙轻屯至桃城镇与龙门河汇合，经万礼村农沙屯、恩城乡新圩村格强屯注入黑水河。黑水河属珠江流域左江支流，是流经桂西南地区生产生活的水源地。左江流域的安全，关系着区域的生态安全，因此恩城自然保护区的生态地位尤其显得重要。

◎功能区划

恩城自然保护区划为核心区、缓冲区、实验区3个功能区。其中核心区总面积7810.2hm²，占保护区总面积的30.3%，由宝贤片区、龙贺片区、护国片区、如龙片区、陆榜片区、维新片区、雷平片区、堪圩安民片区等八个片区组成。缓冲区面积为5401.8hm²，占保护区总面积的20.9%，位于核心区外围，由宝贤片区、护国片区、如龙片区、陆榜片区、维新片区、雷平片区、安民片区等七个片区组成。实验区面积为12607.6hm²，占保护区总面积的48.8%，位于缓冲区外围，包含了恩城河段风景区、护国村洼地、如龙村洼地、邕伏村洼地、维新村洼地、正隆村洼地、品现村的东律和西律洼地及石山、太平村陇盆和陇那洼地、安民村陇腾和安平村洼地，以及人口密集、耕地较多、人为生产经营活动比较频繁的区域。

（恩城自然保护区供稿）

835

广西 元宝山
国家级自然保护区

广西元宝山国家级自然保护区在广西融水县境内的东部。地理坐标为东经 109° 07′ 48″ ~ 109° 12′ 00″，北纬 25° 19′ 12″ ~ 25° 27′ 36″ 之间。保护区总面积 4220.7hm²。保护区的前身是广西壮族自治区人民政府以桂政发【1982】97 号文批准设立的自治区级元宝山水源林自然保护区，1986 年正式成立元宝山林管所作为其管理机构，属差额拨款事业单位，融水苗族自治县编制委员会以【1988】7 号文下达人员编制 5 人。2013 年 12 月经国务院批准晋升为国家级自然保护区。

◎自然概况

元宝山自然保护区在广西地貌区划上被划为九万山—元宝山变质岩山地区，属于侵蚀褶皱深切割中山地貌类型。主要是由花岗岩构成的山地，岩性为中—粗粒斑块状黑云母二长花岗岩。地貌的主要特征为山势高，山体庞大，沟谷密集、纵横交错，谷狭坡陡。地势中部高，山脉近南北走向，山顶海拔多在 1300m 以上，最高峰是元宝山的无名峰，海拔 2101m，为广西第三高峰；其他主要山峰包括元宝峰海拔 2081.3m，蓝坪峰海拔 2083m。

元宝山自然保护区地处中亚热带季风气候区，受地形地貌和森林植被的影响，气候特点表现为热量丰足，雨量充沛，湿度大，气温和热量具有垂

国家一级保护植物——红豆杉

直差异，山地气候特征明显。多年平均气温 16.0 ~ 19.0℃，极端最高气温 38.4℃，极端最低气温 -8℃。1 月平均 4 ~ 8℃，7 月平均 24 ~ 27℃，≥ 10℃ 的年平均积温为 4999.7 ~ 6161.2℃，年无霜期 320 天；多年平均降水量 2151.2 ~ 2277.8mm，降水量最多的年份可达 2894.7 ~ 3425.4mm，是广西水量最多的地区之一。但一年中降水量并不均匀，雨量集中分配在 4 ~ 9 月，占全年降水量的 70%，10 月至翌年 3 月为少雨季节。多年平均日照时数 1379.7 小时，相当于每天 2.8 小时。

元宝山自然保护区内山高谷深、溪河众多，是融水县境内主要河流的发源地。由于局域地势中部略高，顺应地形的变化，河流呈放射状，集水

元宝山冷杉

元宝山山顶的原生灌草丛

面积大于 50km² 的河流主要有拱洞河、黄奈河、泗滩河、白云河、下坎河、民洞河、小细河、培秀河、香粉河等 9 条河流，分别流入贝江和融江，最后汇入柳江；保护区河流流域面积 1522km²，河流总长 373.2km，河网密度（0.25km/km²）略高于全县的河网密度（0.23km/km²），是广西全境河流密度（0.144km/km²）的 1.7 倍。

元宝山自然保护区的地带性土壤为红壤，但由于海拔高差大，土壤垂直分异较明显，保护区内的土壤有山地红壤、山地红黄壤、山地黄壤、山地黄棕壤、山地草甸土五类。山地红壤主要分布于海拔 600m 以下丘陵山地；山地红黄壤是山地红壤向山地黄壤变化的一个过渡性土壤，多分布在

600～800m 的山坡地；山地黄壤是保护区分布最广、面积最大的一类土壤，分布在海拔 800～1500m 的中山山坡；山地黄棕壤分布于海拔 1500～2000m 的区域；山地草甸土主要分布在保护区中山上部山顶或低洼平地。

◎**保护价值**

元宝山自然保护区植物种类丰富，已记录到 207 科 745 属 1862 种，包括 34 种（类）珍稀濒危植物，其中 16 种为国家重点保护植物（国家一级保护植物 3 种，国家二级保护植物 13 种）。保护区植物来源广泛、起源古老，单裸子植物就有 7 科 14 属 23 种，多数还为森林建群种；被子植物中也有不少原始科、属以及孑遗植物，如马尾树科、大

血藤科、伯乐树科的伯乐树属、省沽油科的银鹊树属等。保护区面积仅为 4220.7hm²，海拔不超过 2090m，但是却包括了中亚热带中山森林生态系统各个典型植被类型，实属难得。保护区植物区系具有热带向温带性质过渡的特点，是研究古热带向泛北极植物区系转变以及泛北极区系内的中国—日本向中国—喜马拉雅植物区系过渡的重要地区之一，在植物地理学上有着重要的意义。

元宝山自然保护区主要保护对象元宝山冷杉为本区特有，为国家一级保护植物，属于全球极危物种，1998 年被世界自然保护联盟（IUCN）拟定的"针叶树行动计划"列为全球重点保护针叶树种。另外，保护区还保护着其他 2 种国家一级保护植物、13 种国家二级保

元宝山核心区的针阔混交林

元宝山核心区景观

护植物和其他珍稀濒危野生植物 18 种（类）。动物分布中，保护区保护着 5 种国家一级保护动物和 42 种国家二级保护动物。有 26 种动物列入 I U C N 红色名录（2010 版），其中属全球极危物种有大鲵 1 种，濒危种有棘腹蛙等 9

种，易危种有小棘蛙等 9 种，近危种有尾斑瘰螈等 7 种。有 47 种动物列入濒危野生动物国际贸易公约（CITES），其中列入附录 I 的种类有黑熊等 4 种，列入附录 II 的种类有大鲵等 37 种，列入附录 III 的种类有黄腹鼬等 6 种。

◎功能区划

根据元宝山自然保护区的特色和实际情况，本次规划划分为 3 个功能区：

核心区面积 2019.8hm²，占总面积的 47.8%，以元宝峰、无名峰和蓝坪峰为中心及四周山地，最北端到达 1650m的海拔处；东边经白虎顶山峰、向南依次经过培秀河支流河谷、藤斗山山峰、海拔 1367m 的山峰、元宝峰东侧河谷，最南端到海拔 1450m 处；西边自南向北沿依次经过香粉河各支流河谷，然后沿 1650m 等高线分布。

缓冲区面积 1100.4hm²，占总面积的 26.1%，沿核心区外围分布，高差间隔 100m 左右，并向南过再老岭一直延伸到木棒山山峰。

实验区面积 1100.5hm²，占总面积的 26.1%，为除核心区、缓冲区外的其他面积。

国家二级重点保护动物——细痣疣螈

虎纹蛙

大松鼠

地龟

元宝山冷杉（丁 涛摄）

元宝山冷杉结果时期

元宝山远景

◎科研协作

元宝山自然保护区自建成以来十分重视区内生物多样性保护管理所需进行的研究工作。由于各种因素和条件限制，保护区自身缺乏开展科学研究的能力和条件，与科研单位、大专院校合作或协助在该区进行的科学考察和濒危野生动植物保护研究专项不少。其中2001～2002年协助了研究所牵头开展的融水县主要林区多学科综合考察，元宝山自然保护区也进行了相应考察；2004～2007年协助中国科学院资助广西植物研究所主持，会同多家科研单位及融水林业局、气象局、水文局等对该保护区进行的一次科学考察最为全面系统。为抢救我国特有濒危野生动植物，1996～2008年期间先后多次协助和配合广西植物研究所、广西大学、广西师范大学等及区外的科研单位在该区开展了元宝山冷杉、南方红豆杉、黑熊等许多野生濒危动植物调查及保护生物学、保护生态学研究项目。发表有较多论文，并出版有专著。主要发表的论文有"濒危植物元宝山冷杉的遗传多样性研究"（生物多样性，2004-2）、"濒危植物元宝山冷杉种群生命表分析"（热带亚热带植物学报，2002-2）、"濒危植物元宝山冷杉结实特征与种子繁殖力初探"（植物研究，2001-3）、"濒危植物元宝山冷杉种群结构与分布格局研究"（生态学报，2002-12）、"元宝山冷杉群落主要树木种群间联结关系研究"（生态学报，2000-2）、"元宝山冷杉群落主要木本植物种群生态位分析"（广西师范大学学报，1998-2）、"元宝山冷杉群落特点的研究"（广西植物，2002-5）、"元宝山冷杉濒危原因初探"（农村生态环境，1998-1）、"元宝山冷杉种群结构与动态初步研究"（广西师范大学学报，1998-2）、"元宝山南方红豆杉种群分布格局与动态研究"（应用生态学报，2000-2）、"南方红豆杉群落主要树木种群间联结关系初步研究"（生态学杂志，1999-3）、"元宝山两类森林群落的乔木物种多样性"（应用与环境生物学报，2003-6）、"元宝山南方红豆杉无性系种群结构与动态研究"（应用生态学报，2004-2）、"广西元宝山南方红豆杉群落学特征研究"（广西植物，2000-1）、"广西元宝山植被种子植物区系初步研究"（广西植物，2008-3）、"元宝山中山针阔叶混交林林窗特征及更新研究"（广西科学，2010-4）、"广西元宝山中山针阔叶混交林的群落学特征"（植物资源与环境学报，2011-1）、"广西元宝山自然保护区黑熊春季觅食生境选择分析"（动物学报）等20多篇，公开出版的专著有《生物多样性关键地区－广西元宝山科学考察研究》（广西科学技术出版社，2009）、《濒危植物元宝山冷杉与南方红豆杉种群生态学研究》（科学出版社，2006）2部，至今保护区的科学研究初见成效。

（元宝山自然保护区供稿）

广西 七冲
国家级自然保护区

广西壮族自治区

广西七冲国家级自然保护区位于广西东部的贺州市昭平县境内，北部与桂林市平乐县接壤，南部紧挨桂江，坐落于文竹、昭平2个镇行政区域内，地理坐标东经110°45′52″～110°51′50″，北纬24°12′24″～24°24′09″，保护区南北20.2km，东西9.8km，总面积14336.3hm²，是以保护南岭山地南部典型的原生性常绿阔叶林、分布其间的伯乐树、鳄蜥、熊猴等珍稀濒危野生动植物及其生存环境为主的森林生态系统类型自然保护区。保护区始建于2002年，2014年12月经国务院批准晋升为国家级自然保护区。

◎自然概况

七冲自然保护区地处南岭南延余脉。在地质构造上，山体多为早古生代和中生代广西运动时期形成的砂页岩。目前出露地层主要为寒武纪水口群的上亚群和中亚群、泥盆纪莲花山组的上段和下段。区内海拔90～1251m。

七冲自然保护区属于南亚热带季风型湿润气候，冬暖夏凉，气候温和。年均气温19.7～19.8℃，最冷月1月平均气温10.1℃，最热月7月平均气温27.9℃，严寒天气极少，无霜期310天。年均日照时数为1506h，日照百分率为34%，雨量充沛，年降水量在1800mm以上，且集中在4～6月份。年均蒸发量为1419.9mm，年均相对湿度81%。风向受东北—西南走向的山脉影响，冬季盛吹东北风，夏季盛吹西南风。土壤形成由于特有的生物、气候条件、地形地貌、成土母岩及人类活动的综合影响，分布有山地红壤、山地黄红壤、山地黄

伯乐树植株

壤和少量的紫色土等土壤类型。

七冲自然保护区内水文自成体系，由于降水较多，植被覆盖程度高，汇水条件较好，河流星罗棋布，共有河流43条，主要河流为临江，其支流有古哲冲、临江冲和红石冲。

保护区内河流均属于雨源型河流，河流水量的补充主要以降雨为根本补给来源，其流量的大小随季节交替与雨季起止而发生有规律的变化。夏季东南季风来得早，遇暴雨，河水猛涨，水位急升，暴雨过后，河水消退，水位急降。秋季受台风影响，雨季较长，汛期一般自4月初至10月，长达半年之久。冬、春季水量较小，枯水流量为0.38m²/s。河流全年水量变化起伏较大，但由于境内森林植被茂密，森林面积大，贮蓄水源足，故枯水季节仍能保持一定的常流

临江（王庆林摄）

核心区

高山杜鹃

相互交错

巨苔

性水量。

保护区内共有维管束植物1680种，隶属于195科773属，其中蕨类植物33科71属129种，裸子植物8科9属11种，被子植物154科693属1540种。保护区内有国家重点保护野生植物10种，其中国家一级保护有伯乐树1种，国家二级保护9种，包括桫椤、黑桫椤、红椿、花榈木等。此外保护区内还有比较丰富的兰科植物，如钩状石斛、重唇石斛、广东石豆兰、小片齿唇兰等10属22种。区内野生植物具有起源古老、种类丰富，珍稀濒危物种多等特点。

保护区内水热条件优越、生态系统复杂、有大面积的珍稀濒危野生植物的群落分布，有5个植被型组、8个植被型、26个群系，是我国南部地区森林生态系统类型最完整、现有原生性森林保存

最好、面积较大的区域，也是我国生物多样性保护关键地区之一。

七冲自然保护区地处桂中山地与桂东南岭山脉之间的连接地带，其中广西桂中山地是中国生物多样性保护关键地区之一，而南岭山脉也是中国的生物多样性重要节点之一，保护区处于两者的连接地带上，生物多样性水平较高。经初步考察，保护区内有脊椎动物32目105科360种，其中鱼类4目11科30种；

赤芝

两栖类2目7科31种，占广西两栖动物种数的39.7%；爬行类2目19科64种，占广西爬行类种数的37.9%；鸟类

海南栲樟

观光木果实

沟谷原始林

15目48科188种,占广西鸟类种数的35.1%;兽类9目20科47种,占广西兽类种数148种的31.8%。因此,保护区堪称当地生物多样性保护的重要物种库和基因库。

◎保护价值

七冲自然保护区位于五岭、大瑶山、大桂山和云开大山包围的腹地,为五岭南延余脉与大瑶山汇合的区域,是我国生物多样性保护的关键地带。其主要保护对象是华南地区少有的保存完好的大面积原生性天然林及其生态系统;珍贵稀有野生动植物资源及其生存环境;广西东部地区重要的水源涵养林。

保护区地理位置独特,气候温和,雨量充沛,水热条件较好,受人类活动影响极少,在较大的范围内保持着原生性森林群落。

七冲自然保护区地势呈簸箕状,东、北、南三个方向海拔较高,中部河谷和南部河流入桂江处海拔较低,为引入南部暖湿气流和阻止北部冷空气入侵提供了较好的自然地形条件,沟谷地带的湿热气候,使得南亚热带的季风常绿阔叶林常可伸入低山下缘甚至达低山中部。所以在低山的下缘、沟谷出现了大量的反映南亚热带森林植被特征的群落类型,而在中、低山的中上部地带的森林植被则是以典型的亚热带成分占主导。保护区中以热带植物科的分布占主导地位,温带次之,乔木群落中可见少量板根现象,因此保护区内的植被较同纬度其他区域的植被显示出更多的南亚热带植物区系地理成分的特点,加上地理区位上的连接过渡性,保护区内的植被和动植物区系在该区域内呈现出一定的特有性。

此外,保护区良好的自然隔离条件为区内分布的多种对外部干扰敏感、对自身群落条件要求较高的珍稀濒危物种提供了生存区间。保护区分布有国家重点保护野生植物10多种珍稀濒危植物,是众多国家级和省(自治区)级的重点保护的濒危物种和受威胁物种的重要栖息地和不可多得的避难所。保护区内还有47种野生动物被列入《濒危野生动植物种国际贸易公约》附录;在世界自然保护联盟(IUCN)物种红色名录中,有极度濒危的种类1种,濒危种类7种和易危种类6种。保护区是一个很好的濒危物种的基因库,为研究濒危物种的生物学资料提供了宝贵的科研基地,也为今后野生动物种群的复壮提供了难得的种源基地。

◎功能区划

七冲自然保护区功能区划为核心区、缓冲区、实验区3大功能区。核心区包括3部分:分别是位于保护区北部的上瑶片、西部的横冲片和东南的义牛片。这3片区域与保护区簸箕状地形的高海拔分布区对应,由于山势较陡,道路通行不便,人为活动很少能够到达。东南片的义牛片由于接近保护区主要汇水出口,海拔相对较低,但由于受临江冲、红石冲和汇水河道的

环绕包抄,与周边地域隔离程度高,人为活动影响水平较低,内部森林和动植物资源也得到了较好的保护。保护区核心区总面积4977.2hm²,占保护区总面积的34.7%,无居民点,森林覆盖率为96.3%。

缓冲区主要环绕上述3处核心区分布,分为两片。其中上瑶核心区和横冲核心区距离较近,中间鲜有人为活动,两处核心区由同一片缓冲区环绕包围,称其为西北缓冲区;另一片缓冲区环义牛核心区分布,称其为东南缓冲区。由于东南缓冲区西侧为保护区汇水主要河

蟒蛇

两栖动物

红耳鹎　　　　　　　　黑眉锦蛇　　　　　　　　桫椤　　　　　　　　银带虾脊兰

道，沿河区域为区内居民点进出保护区的交通要道，考虑到人为活动影响，将河道附近划为实验区，两片缓冲区分别位于河谷东、西两侧。保护区缓冲区总面积4058.5hm²，占保护区总面积的28.3%，无居民点，森林覆盖率为95.3%。

实验区位于保护区中部较为平坦的区域，包括河谷和居民点分布区，此外在蓬冲口、桂花、道城、临江一带沿桂江沿岸的较为平坦的区域也有一定面积的耕地和居民点分布，为减少人为活动对保护对象的影响，将居民点间可能连接路径和部分废弃耕地所在区域的大片范围一并划为实验区。

实验区总面积5300.6hm²，占保护区总面积的37.0%，以林地为主，林地面积占实验区总面积的96.1%，其中有林地4696.9hm²，实验区森林覆盖率为88.6%。实验区内有七冲、桂花、大广3个自然村有居民点分布。

◎ 科研协作

七冲自然保护区在成立初期就由广西壮族自治区林业勘测设计院组织了科学考察，并形成了科学考察报告。期间，保护区因其特殊的地理区位和自然资源价值，吸引了广西师范大学生命科学院武正军教授、张玉霞教授前来研究七冲鳄蜥；广西大学动物科学技术学院周放

教授、陆舟研究并发表了《广西昭平县七冲林区发现濒危珍稀动物——鳄蜥》的文章；广西林业科学研究院黄大勇研究员前来调查了七冲的种质资源；广西大学林学院温远光教授、和太平教授赴七冲研究森林资源和野生植物资源；同时，配合森林资源清查、药材资源调查等工作，逐步摸清了保护区本底资源情况，并形成了保护区的科学考察报告，为进一步深入开展科学研究奠定了基础。

（七冲自然保护区供稿）

全景图

海南 大田 国家级自然保护区

　　海南大田国家级自然保护区位于海南岛西南部东方市，地理坐标为东经108°47′～108°49′，北纬19°05′～19°17′，在225公路干线旁，距东方市八所镇12km。保护区面积为1314hm²，是以保护海南坡鹿为主的野生动物类型自然保护区。1976年5月成立大田坡鹿自然保护区，1986年晋升为国家级自然保护区。

◎ 自然概况

　　大田自然保护区属热带气候，全年无明显的四季之分，但旱季和雨季有明显区别。旱季长达7～8个月（11月至翌年5月），较旱年份达9个月之久，年蒸发量达2522mm。雨季短而集中，仅在7～10月份。年降水量1012mm，干旱年份500mm；年平均气温为23～25℃，月平均最高气温29℃（7月），年均日照时数达2628h，本地区是海南岛日照时间长，辐射强，气温高，旱季长，蒸发量最大的地区之一。

　　大田自然保护区属台地平原，海拔

坡鹿调查（一）（苏晓杰摄）

坡鹿调查（二）（姜恩宇摄）

844

坡鹿调查（三）（姜恩宇摄）

坡鹿交配（苏晓杰摄）

在 30 ～ 80m 之间，土壤为海相沉积物上发育的褐色砖红壤和褐色土壤，含有机质含量 0.2% ～ 1%，速效磷 1.3 ～ 13mg/kg，速效钾 15 ～ 45mg/kg，全氮 0.1% ～ 0.4%，pH 值 5.2 ～ 6.5。

大田自然保护区地势平坦开阔，自然条件特殊，形成独特的植物生态群落，生物有较复杂的多样性，植被属较典型的干旱热带稀树灌丛草原，素有"小非洲"之称。据不完全统计，保护区内有维管束植物 450 多种，主要有 5 种植被类型：①低平地热带草原类型：本类型所在地地势平坦开阔，低洼潮湿，植物较旺盛，主要生长有铺地黍、羽芒菊、蛇婆子、香附子等。②砂生灌丛林类型：本类型所在地为低平台地，生境条件优越，植物生长良好，隐蔽度较高，是野生动物的隐藏地。这里常绿植物及藤本植物较多，主要有刺桑、东方闭花木、鹊肾、天门冬、香花藤等。③落叶季雨林类型：此类型为保护后形成的植被，季节性较强，群落结构层次分明，上层为乔木层，主要由厚皮树、白格、黑格等灌木组成，下层为草本层，种类较多，以禾本科为主，如白茅、黄茅等。④人工林类型：在公路附近有少量的人工林，主要树种为窿缘桉。⑤人工草地类型，此类型属人工种植，主要有柱花草 184、相草、黄草等。

大田自然保护区内植物资源丰富，植被状况良好，自然环境幽静，为野生动物的生存栖息创造了适宜的条件，野生动物资源得到有效的保护和发展。除了珍贵的海南坡鹿外，还有野猪、赤鹿、海南兔、大灵猫、小灵猫、原鸡、鹧鸪、褐翅鸦鹃、小鸦鹃、蟒、银环蛇、眼镜蛇等 100 多种野生动物。其中蟒属国家一级保护动物。冬季各类候鸟纷纷飞临保护区内安家落户，大田自然保护区已成为一个名副其实的动物乐园。

◎ 保护价值

大田自然保护区主要以保护濒危物种——海南坡鹿及其生境为主。海南坡鹿是泽鹿的一个亚种，列为国家一级保护野生动物。目前仅见分布于海南省大田保护区及其周边地带。20 世纪 50 年代海南坡鹿曾是一个比较兴旺的家族，数量超过 500 头，在海南岛山地外缘的广大丘陵平野、沿海台地的稀树草原、灌木草地等生境都有坡鹿活动的踪迹。由于人类盲目猎捕及生境不断萎缩，使海南坡鹿的种群数量一度锐减，到

坡鹿调查（四）（苏晓杰摄）

坡鹿放养

坡鹿群（李善元摄）

坡鹿调查（五）（姜恩宇摄）

坡鹿调查（六）（袁喜才摄）

蟒（李善元摄）

坡鹿在野放地生息繁衍（坡鹿仔）（袁喜才摄）

1976 年仅剩 26 头，濒临灭绝境地。为了拯救濒临灭绝的海南坡鹿，保护区积极采取了一系列保护措施。经过 30 年的保护与发展，坡鹿种群数量从原来的 26 头发展到现在的 1600 多头，数量增加了 60 多倍，并正以每年 15.3% 的平均速率增长，其保护成效与大熊猫、朱鹮、扬子鳄相当，被列为我国濒危野生动物保护成效最显著的野生动物之一。

◎ **管理状况**

开展迁地保护工程，扩大坡鹿栖息地是保护区的另一重要举措。在加强就地保护与发展野生坡鹿种群的同时，积极开展迁地保护发展工程，把一批坡鹿迁移到上海、屯昌、琼山、白沙、三亚、文昌和昌江等地进行保护与发展，提高了坡鹿适应各种生活环境的能力，为保持遗传多样性、防止近亲繁殖造成物种衰退奠定基础。同时，保护区积极采取措施，扩大坡鹿栖息地面积，在东方市境内野生坡鹿栖息地面积扩大到 30000hm² 以上，扩散野生坡鹿 500 多头。 （李善元、张法供稿）

坡鹿调查（七）（姜恩宇摄）

海南 霸王岭 国家级自然保护区

海南霸王岭国家级自然保护区位于海南省西南部山区，地跨昌江黎族自治县和白沙黎族自治县，距离昌江县城石碌镇26km、距离海口市214km，与白沙黎族自治县境内的金波农场、青松乡和南开乡接壤。地理坐标为东经109°03′～109°17′，北纬18°57′～19°11′。保护区总面积29980hm²，主要保护热带雨林与海南黑长臂猿等珍稀野生动物。1998年经国务院批晋升为国家级自然保护区。

◎ 自然概况

霸王岭自然保护区内植物成分复杂多样，热带亚热带成分占绝对优势，森林中乔木种类丰富，附生植物和蕨类植物常见。调查表明，霸王岭物种与整个海南物种无大差异，但也分布着如海南油杉、海南翠柏、雅加松、南亚松等保护区特有植物。区内的热带雨林内复层异龄混交，树种组成复杂，林下还有丰富的药用草本植物。保护区内复杂的生境条件成为野生动植物栖息生长的理想场所，保护区内已知有维管束植物220科967属2213种，其中包括蕨类植物

霸王斧头岭（卢刚摄）

36科73属131种，裸子植物5科8属13种，被子植物179科886属2069种；属国家一级保护植物的有海南苏铁、坡垒2种，国家二级保护的植物有蕉木、油丹、海南风吹楠、蝴蝶树、金毛狗、

霸王岭热带雨林云海景观（卢 刚摄）

848

霸王龙山（林爱和摄）

水蕨、苏铁蕨、海南梧桐、海南粗榧、山铜材、半枫荷、华南栲、海南紫荆木、驼峰藤、海南石梓、钩叶藤、药用野生稻等17种。此外，还有菌类17目38科400多种。

霸王岭林区是海南三大天然热带雨林之一，林木资源丰富，古木参天，种类繁多，除丰富的林木资源外，还有种类繁多的药用植物资源如鸡血藤、杜仲、过江龙、黄连藤、雷公藤、野豆蔻、沙仁、沙羌、益智、海南粗榧、七叶一枝花等；以及姿态万千的热带观赏植物资源如鸟巢蕨、万年青、棕竹、鱼尾葵、蒲葵、桃榔、桫椤等；另外还有大量的芳香植物资源。

霸王岭自然保护区内初步调查已知有高等动物28目85科365种，昆虫14目134科2097种，其中国家一级保护动物有海南黑长臂猿、云豹、孔雀雉、巨蜥、海南山鹧鸪、蟒6种，国家二级保护动物有海南水鹿、绿皇鸠、白鹇、原鸡、山皇鸠、虎纹蛙、海南大灵猫、小灵猫、猕猴、穿山甲、黑熊、海南水獭等46种。列入中日候鸟保护协定的有牛背鹭、绿鹭、大白鹭、黄嘴白鹭、松雀鹰、白头鹞、灰鹤等42种鸟

类。列入中澳候鸟保护协定的有彩鹬、金（斑）鸻、金眶鸻、大沙锥、针尾沙锥、矶鹬、白腰雨燕、林鹬、青脚鹬、大白鹭、家燕、白鹡鸰、黄鹡鸰、灰鹡鸰14种鸟类。

这些丰富的动植物资源在我国生物多样性保护特别是热带雨林的保护中占有极其重要的地位。对于其中一些生长周期短、再生能力强、繁殖快、有利用价值的生物资源可以进行利用和开发。

霸王岭自然保护区有独特丰富的景观资源，具有开发生态旅游的潜值：

俄贤岭是海南省最重要的石灰岩分布集中地，该地分布有典型的石灰岩地貌（喀斯特地貌）和石灰岩地质条件下成长的独特的热带原始雨林。位于西干线14km处的北面，它是一座独立的线型山体，东部为头，西部为尾，全长8km。山体平均宽度500m。头部最高海拔1160m，尾部最高海拔140m，且伸入大广坝。山脊因差异分化成了不同深度的锯齿形，构成一些奇峰异石，东部分布着茂密的原始森林，显得柔和清秀，南北两侧绝壁陡峭，显得巍峨壮观，在大广坝水景的映衬下，整座山体就像一条腾飞的巨龙从水中跃起，故当地人

称之为"龙山"。

地下仙宫距离管理局35km，洞穴朝下，共有6层，垂直总深度30m；水平深度约1m，洞厅总面积3万 m^2 左右，约有300多万年的形成历史，洞

长臂猿（陈 庆摄）

长臂猿（姜恩宇摄）

长臂猿（陈 庆摄）

体构造特别，走向险峻，洞穴生物丰富，栖息有 4 种蝙蝠 400 余只，同时还有两根大型水晶柱和由钟乳石形成的"母女对话""仙人梳头""大石笋"等特殊景点，用斯洛文尼亚卢雄布大学 Peter 教授的话说，这是一个有趣的洞穴，可能是海南岛罕见的洞穴，具有极大的生态保护价值和生态旅游开发价值。

陆均松顶级群落是以陆均松为优势树种的植物群落，面积约 20hm²，海拔 1100m，给人的感觉是树龄特别大，特别古老。环境特别幽雅，特别原始，尤其是两棵树龄超过 1000 年的古树，胸径分别为 2.3m 和 2.5m，到此的人都把它作为"树神""树王"来敬仰。

雅加松群落位于雅加干线 18km 南部，距局址 22km，分布在一片陡峭的岩石上，海拔高达 1200m，总面积约 14hm²。雅加松树干圆满通直，非常挺拔，枝叶茂盛且形成扇形偏冠，是唯一分布于雅加大岭的海南特有种。裸露的岩石分化成许多奇峰怪石，在四周山绵起伏和热带林海的映衬下，显得格外娇艳迷人。

野生荔枝群落分布在海拔 600m 处，呈纯林分布，面积 6.6hm²。野生荔枝是热带雨林中的高档用材树种，这种纯林性的群落分布十分罕见，不仅具有极高的保护价值，而且在开花结果的季节，林相非常美丽，颇具观赏性。

白石潭地处海拔 600m，湖面面积 3.7hm²，此处森林类型齐全，植被丰富，景观奇特，有低山雨林的藤蔓，沟谷雨林的珍贵树种。

◎ 保护价值

霸王岭自然保护区的主要保护对象是海南黑长臂猿及其栖息地、热带雨林及其生态系统。海南黑长臂猿列为国家一级保护动物，1999 年中国灵长类专家组起草的《中国灵长类行动纲领》中将其列为中国最濒危灵长类动物之首，仅分布在海南岛部分保护区的热带雨林"孤岛"里，数量及其稀少，具有全球意义的重要保护价值。根据《自然保护区类型与级别划分原则》（GB/T14529—93），霸王岭国家级自然保护区同属于"自然生态系统类别"和"野生生物类别"的野生动物及森林生态系统类型的自然保护区。

◎ 功能区划

霸王岭自然保护区的核心区面积为 10540hm²，占保护区总面积的 31.2%，位于雅加大岭、黑岭、斧头岭一带，是海南黑长臂猿等各种珍贵野生动植物、典型的森林植被类型的主要分布区；缓冲区面积为 8910hm²，占保护区总面积的 29.7%；实验区面积为 10530hm²，占保护区总面积的 35.1%。

◎ 管理状况

1980 年，广东省人民政府以粤办函【1980】199 号文批准建立霸王岭黑长臂猿省级自然保护区，管理机构为霸王岭黑长臂猿自然保护区管理站，1988 年晋升为国家级自然保护区，面积为 6626hm²，机构名称定为"霸王岭国家级自然保护区管理处"。由于不合理的人为活动等多种原因，保护区内热带雨林遭受破坏，适合于海南黑长臂猿生存的空间缩小，栖息地质

霸王岭森林景观

霸王岭雅加松（符尚颖提供）

霸王岭原始森林

雾锁石峰（卢 刚摄）

850

霸王岭自然保护区原始森林全貌（林爱和摄）

长臂猿（姜恩宇摄）

缺乏足够的空间建立新的领域，从而限制了种群的发展。为给海南黑长臂猿创造适宜的生存空间，妥善保护热带雨林资源，2001年由海南省林业局提出申请，海南省人民政府同意向国务院申请将海南霸王岭国家级自然保护区面积扩大至29980hm²，该申请于2003年得到了国务院批准。

为了掌握海南黑长臂猿个体、种群大小、年龄结构、性别比例、发展趋势等各方面信息，尤其是查清海南黑长臂猿生态、生物学的主要因子以及栖息地的动态变化，为制定切实可行的海南黑长臂猿的保护计划以及为其适生环境的恢复、营建、资源保护提供科学依据。2005年在香港嘉道理农场暨植物园的资助下，霸王岭自然保护区建立了南叉河十字路和东二葵叶岗两个野外监测点。

保护区管理局为使海南黑长臂猿及其栖息地得到良好保护，有利于其生存、繁衍和发展，使热带雨林等典型自然资源得到有效保护，濒危物种得到恢复和发展，生物多样性增加为目标，合理布局，加强对保护管理体系建设，结合保护区地理状况，对各站点实行划分区域管理，将责任落实到各站并加强和巩固了保护区的防护网络。

本着不仅依靠保护区的技术力量，而且要吸收各科研院所、大专院校的专家学者积极参与，提高科研水平和技术支持能力的原则，多年来，保护区在资源的保护、交流过程中逐步与一些国内外自然保护机构和科研院所、大专院校以及有关专家、学者建立了联系，并初步形成了对外合作的机制。争取到了国际、国内保护机构、科研、教学机构的经费资助和技术支持，并开展了许多保护、科研、社区工作。

（霸王岭自然保护区供稿）

海南 尖峰岭 国家级自然保护区

海南尖峰岭国家级自然保护区位于海南省西南部，地跨乐东和东方2县（市），北部与东方市接壤，南部与尖峰岭林业局毗邻，西部和东部与乐东县相邻。地理坐标为东经108°44′～109°02′，北纬18°23′～18°52′。保护区总面积20170hm²，属森林生态系统和野生动植物类型自然保护区。主要保护热带森林生态系统及其珍稀动植物。尖峰岭自然保护区在1956年划定为广东省尖峰岭热带雨林禁伐区，面积为1635hm²，1960年成立广东尖峰岭自然保护区，1976年建立广东省尖峰岭热带林自然保护站。1988年海南建省，广东省尖峰岭自然保护区更名为海南省尖峰岭自然保护区，1995年9月14日，尖峰岭自然保护区被中国人与生物圈国家委员会批准纳入中国生物圈保护区网络。2002年经国务院批准晋升为国家级自然保护区。

层林尽染（莫锦华摄）

南天池（莫锦华摄）

◎ 自然概况

尖峰岭山地为海南省霸王岭—尖峰岭山系的南段。自晚白垩纪燕山运动形成霸王岭—尖峰岭花岗岩穹形山地雏形，经第三纪断裂并伴岩浆活动，形成尖峰岭—牛腊岭岩浆岩山地。保护区为中度切割的侵蚀剥蚀穹形山地地貌，区内最高海拔1412.5m，最低海拔85m。地貌特征为西高东低，整个山体大致呈西北—东南走向，海拔1200m以上的山峰，自西北向东南有黑岭（1329m）、独岭（1344.2m）、尖峰岭主峰（1412.5m）等5座。

尖峰岭自然保护区属低纬度地区，处热带北缘，属热带季风气候，全年温热，夏季湿热多雨，冬季稍干凉，偶有阵寒。区内年平均气温19.7℃，≥10℃积温超过9000℃，最冷月平均气温15.1℃，最高月平均气温22.9℃，极端最低气温-2.8℃，极端最高气温为38.1℃；年降水量2265.8mm，最高年份达3051.3mm，最低年份为1470.1mm，但雨量分配极不均匀，多集中在5～10月的湿季，且降雨量随海拔高度升高而增多，海拔较高山地达到3600mm。年平均相对湿度88%，年均日照时数1625h。保护区干湿季明显，但旱季较短，且多雾。保护区内分布有砖红壤、砖黄壤、黄壤、燥红土4个土类，分布最广的土壤是砖黄壤和砖红壤，燥红土偶有分布。保护区的土壤分布特点是：平地土壤与山地土壤形成一个完整的序列，与该地区的地貌变化以及相应的植被及气候垂直带分布完全一致。

海南省有南渡江、昌化江和万泉河三大河流，均发源于海南岛的中部山区。发源于尖峰岭主峰东南向的南巴河是昌化江的一条主要支流。此外还有尖峰岭主峰南面的望楼河，西南面的尖峰河及西北面的感恩河等。尖峰岭保护区河流流程短，河床比降大，暴涨暴跌。在旱季，上源小溪呈干涸状，只有原始森林内的河段常年有水。整个集水区的地面调节功能和地层的蓄水性状均较差。

天池为尖峰岭山谷盆底，海拔806m，水面面积40hm²，蓄水量达200万m³。雾海云天山作黛，月色空明水悠悠。云雾相聚时，登上黑岭、独岭远望，宛如流波溢彩的"天池"，四周青山环绕，林木叠翠，湖光山色，相映成辉。夏无酷暑，冬无严寒，年平均气温19.7℃，是我国热带地区最佳的避暑和休闲度假旅游胜地。

保护区内景观资源也极为丰富。区内古木参天，藤缠蔓绕，珍禽异兽嬉闹林间，尽显热带雨林的古朴、悠远、神奇的魅力。有"空中花园（附生）""大板根""大藤本植物""绞杀""茎花"

尖峰岭空中花园 （江荣先摄）

巨蜥（国家一级保护动物）

等雨林现象，有"鹿树""通天树""异木通婚""独木成林"等奇树异木，有"四海奇观（林海、云海、雾海和大海）""千年睡佛""将军岩""猴峰""卧牛石""龙洞"等景观。

尖峰岭自然保护区在生物地理区划上属印度—马来亚生物地理界，为北部湾—中国热带林相—热带季雨林生物群落类型。尖峰岭保护区动物、昆虫区系属东洋界华南区的海南亚区，植物区系属古热带植物区的印度—马来亚植物亚区的北缘。

◎ 保护价值

尖峰岭自然保护区是我国最早建立的保护区之一，也是对热带森林生态系统结构和功能研究较深入的自然保护区之一。保护区内的热带林类型齐全，植被垂直带谱明显，原始热带森林保存面积较大，目前核心区内的森林仍保持原始状态。

尖峰岭自然保护区自然条件独特，是典型、高度多样化、珍稀、原生的植被生态系统。植被从低海拔到高海拔依次分布着热带半落叶季雨林、热带常绿季雨林、热带北缘沟谷雨林、热带山地雨林和山顶苔藓矮林5个植被类型，其中以热带常绿季雨林和热带山地雨林分布最广，面积最大，保存最完整。

经多年调研，保护区内经鉴定有野

雨林奇观——大藤本植物 （莫锦华摄）

雨林奇观——气生根

雨林奇观——大板根 （莫锦华摄）

坡垒 （国家一级保护植物） （莫锦华摄）

层林尽染 （莫锦华摄）

生维管植物 2258 种，其中国家一级保护植物有坡垒、海南苏铁两种，国家二级保护植物有海南桫椤等 29 种；省级保护植物有乐东木兰等 45 种；海南特有种 239 个。此外，保护区有大型真菌 312 种。

尖峰岭自然保护区有野生脊椎动物 400 种，列为国家重点保护的动物有 45 种，其中国家一级保护动物有海南坡鹿、海南黑长臂猿、云豹、孔雀雉、巨蜥、海南山鹧鸪、蟒 7 种；国家二级保护动物有海南猕猴、穿山甲、黑熊等 38 种。

尖峰岭自然保护区内无脊椎动物资源比较丰富，至目前为止已鉴定的有 2222 种。其中蝴蝶资源特别丰富，达 449 种，比具有"蝴蝶王国"美称的台湾省（388 种）还多 61 种，居中国自然保护区之冠。

尖峰岭自然保护区被确定为具有全球意义的保护生物多样性区。《中国生物多样性行动计划》中，将尖峰岭保护区列为森林生态系统的优先保护区。《中国生物多样性保护综述》中列出中国 40 处 A 级优先保护区域，尖峰岭保护区是其中之一。在世界自然基金会公布的全球 200 佳生态区名单中，尖峰岭自然保护区隶属于中国东南—海南岛湿润森林生态区（编号 23）之下的海南岛南部季雨林生态亚区。

◎ 功能区划

在 2002 年国务院批准的《海南尖峰岭国家级自然保护区总休规划》中，尖峰岭自然保护区的功能区划为：核心区 9932hm²，缓冲区 8357hm²，试验区 1881hm²，分别占保护区总面积的 49.3%、41.4% 和 9.3%。

（尖峰岭自然保护区供稿）

尖峰岭雨林溪流（江荣先摄）

华南五针松群落（张剑锋摄）

海南 五指山 国家级自然保护区

海南五指山自然保护区位于海南省中部，以五指山顶峰为中心的广大山区。区内地势险峻，形成天然阻隔带，最高峰海拔达 1867m。保护区横跨海南省琼中县和五指山市（原通什县）与保亭县相接，地处琼中县西南部与五指山市东北部之间，东、西、北三面与琼中县的红毛镇、长征镇、上安乡以及南面与五指山市的水满乡、保亭县的八村乡交界。地理坐标为东经 109°32′～109°43′，北纬 18°48′～18°59′。保护区总面积 13435.9hm²，属森林生态系统类型自然保护区，主要保护热带雨林及其生物多样性。保护区于 1985 年 11 月经广东省人民政府批准建立，2003 年由国务院批准晋升为国家级自然保护区，

◎ 自然概况

五指山自然保护区以五指山为中心，主峰由西南向东北排列，先疏后密。山体基本是由距今约 1.4 亿～1.7 亿年侵入的花岗岩所组成，在地壳运动及强烈切割作用下，山体中、上部为强烈上升的褶断地貌，保护区地貌类型以山地为主，从中部山体向四周逐级递降，形成一个由山地、丘陵、台地组成的复杂地形地貌体系。

受气候、植被等因子的影响，五指山土壤分布呈明显的垂直带谱。保护区土壤类型主要为山地黄壤和山地赤红壤，另有少量山地灌丛草甸土。土壤性状主要表现为有机质层厚，但土层浅薄，呈强酸性。

五指山自然保护区气候冬暖夏凉，不受寒潮影响，基本反映了热带雨林的气候特点。年平均气温 20.5～23.4℃；年降水量 2444mm，年雨日有 195 天左右，暴雨强度大，土地终年湿润。区内全年日照时数 1600～2000h。年平均陆面蒸发量 700mm，为全省陆面蒸发的低值区。年平均相对湿度约为 90%，是全国湿度较大的地区之一。

五指山自然保护区内山溪水沟呈现网状分布，水资源十分丰富，地表水主要来源于大气降水，地下水则为岩溶蓄水和断裂基岩蓄水。五指山是海南三大江河中的万泉河、昌化江的发源地和分水岭。昌化江发源于五指山空示岭，向西南流经琼中、保亭等 6 市（县），全长 231.6km。万泉河发源于五指山风门岭，向东流经琼中、屯昌等 4 市（县），全长 156.6km。

五指山自然保护区森林资源丰富，植物种类繁多。据不完全统计，五指山

天上人间——五指山顶（陈 庆摄）

远眺云雾中五指山（张剑锋摄）

地区共有野生种子植物 177 科 826 属 1930 种（含变种、亚种及变型），其中裸子植物 7 科 8 属 21 种，双子叶植物 142 科 625 属 1436 种，单子叶植物 28 科 193 属 473 种。另有蕨类植物 216 种，隶属于 31 科 85 属，集中了海南岛绝大部分野生植物物种；由于保护区内山势高耸，地形破碎，小气候多样，因此形成的植被类型多种多样，有热带湿润雨林（含沟谷雨林）、热带山地雨林、热带亚高山矮林、热带山顶灌丛、次生热带雨林、灌丛、草地等植被类型。

五指山自然保护区内优越的地理环境和丰富的植物资源，为各种动物栖息繁育提供了良好的条件。据不完全调查，记录的陆栖脊椎动物有 27 目 75 科 289 种，其中两栖纲 2 目 6 科 28 种、爬行纲 2 目 13 科 56 种、鸟纲 16 目 36 科 159 种、哺乳纲 7 目 20 科 46 种。此外还有鱼类 6 目 18 科 52 属 67 种（亚种），有昆虫 1700 余种。

五指山自然保护区以其独特的热带自然景观、独特的气候条件和独特的民族风情闻名中外，有着不可替代的旅游开发价值。其中地文景观五指山是海南的象征，也是我国的名山之一，最高峰二指海拔 1867m，是海南第一高峰，其五峰耸立，拔地撑天，俯视南海，素有"海南脊梁"之称，终年云雾缭绕，山景变换万千，使五指山亦灵亦幻，扑朔迷离；水文景观有位于五指山第一峰北侧的南涛瀑布，泉水从上千米高处一泻而下，飞流 200 多米，景色壮观；热带雨林景观，在五指山绵绵不断的崇山峻岭上，有着广阔的热带天然林海，具有独特的森林生态系统，孕育出"空中花园""绞杀""老茎生花""板根""独木成林"等热带雨林所独有的现象；人文景观：五指山早在汉魏时期就有大规模的治理记载。近代张之洞、冯子材、孙中山等历史名人对五指山的开发都有描述。冯子材是进入五指山最早期的朝廷高官，他主持修建的全岛"井"字大道，就是以五指山水满峒为轴心开掘完成的。五指山第一峰周边有"仙掌云开""手辟南荒""巨手擎天"等石刻，均为冯子材及部属修通五指山大道后记功勒石，它们与明代海南名贤邱浚的咏五指山的诗一起，成为五指山的历史文化遗迹；此外五指山区的黎族和苗族同胞世世代代生长繁衍于此，赋予该地区独特的民族民俗风情。

空中吊篮——鸟巢蕨（张剑锋摄）

板根——红楝（陈 庆摄）

◎ 保护价值

五指山自然保护区的主要保护对象是热带雨林生物多样性，该区的森林具有典型的热带雨林特征，是我国热带地区面积最大的热带原始森林之一，是我国热带森林分布的最南部，也是世界热带森林分布的北缘，具有森林组成种类复杂、群落结构发育良好、层间植物丰富的特征。由于海南岛是一个独立的海岛，其独特的自然地理环境形成了不少独有的区系成分，构成典型、多样、珍稀、原生的热带原始森林生态系统，这不仅是中国生物资源的瑰宝，也是全世界热带森林非常重要的组成部分，是一个具有国际意义的生态单元，具有特别重要的保护价值。同时五指山自然保护区是海南岛面积最大、原始林面积最大、海拔高差最大、热带植被类型最多、植被垂直带谱最完整、雨林群落最为典型的自然保护区之一，也是生物多样性最为丰富的地区，在我国乃至全球生物多样性保护和生态学研究中具有着重要的地位。海南岛四周环海，是一个独立的地理单元和生态系统，自我调节恢复的

功能较为脆弱，生态环境与资源一旦破坏，难于恢复。保护区内保存的大面积热带雨林和季雨林均具有较强的调节气候、蓄洪防旱、控制水土流失、补充地下水、降解污染、减少自然灾害等多种生态功能。保护区地处以海南省地势最高的五指山为中心的广大山区，具有海南省最典型的热带雨林气候特征，是海南年降水量最大、年平均降雨天数最多的地区，主宰着海南岛的水系形态，是海南几大入海河流的发源地，具有重要的水源涵养功能。总之，五指山保护区是海南最重要的水源涵养区、生态敏感和生态平衡的核心，具有重要的科学研究价值、极高的生态旅游价值。

五指山自然保护区动植物的特点表现为珍稀物种多、海南特有种或特有亚种多。海南五指山自然保护区森林资源丰富，植物种类繁多，保护区维管植物中，国家一级保护的有3种（全部为种子植物）：苏铁科的台湾苏铁、三尖杉科的海南粗榧、龙脑香科的坡垒，国家二级保护的有36种（其中种子植物29种，蕨类植物7种），另有省级保护植物14种。在这些保护物种中的陆均松、

见血封喉、鸡毛松、海南韶子、广东松等在局部地区可形成优势种；而石碌含笑、皱皮油丹、蝴蝶树、海南梧桐、山铜材、琼岛杨、海南韶子、海南紫荆木、琼棕等植物均为海南特有。五指山种子植物中，具有热带性质的属有695属，其中以热带亚洲分布和泛热带分布占优势；具有温带性质的属有81属；中国特有属12属。R/T值（热带属数／温

三趾翠鸟（陈 庆摄）

霓裳蝶（张剑锋摄）

古榕

参天大树——鸡毛松（陈 庆摄）

树抱石——小叶榕（张剑锋摄）

桫椤（苏碧强摄）

独木成林——高山榕（张剑锋摄）

热带沟谷雨林（张剑锋摄）

金石斛（张剑锋摄）

流梳贝母兰（张剑锋摄）

鹿角兰（张剑锋摄）

带属数）= 7.47，表明五指山植物区系的热带性质特征显著。

据最新科考结果表明，本保护区有珍稀动物73种，占该区动物种类的25.3%。国家一级保护动物有巨蜥、海南山鹧鸪、灰孔雀雉、云豹、蟒5种，国家二级保护动物有38种。有39种列入CITES；9种列入IUCN红皮书；43种列入中国濒危动物红皮书。此外，海南黑长臂猿、三线闭壳龟等濒临灭绝的珍稀保护物种在五指山虽然没有正式记录报道，但当地居民反映在五指山地区都有分布。五指山属于东洋界华南区海南岛亚区，289种陆栖脊椎动物中，东洋界区系成分有236种，占81.7%。在东洋界区系成分中有海南岛特有种

石豆毛兰（张剑锋摄）

15种、特有亚种74种，分别占海南岛特有种（19种）和特有亚种（89种）的79%和83%。还有细鳞树蜥、巨蜥、盘尾树鹊、笔尾树鼠等35种局限于热带分布的种类，这些种类都是热带陆栖脊椎动物区系成分的典型代表，说明五指山动物区系的热带特征也很显著。这

虾脊长序兰（张剑锋摄）

里的野生动物种类最为丰富，结构完整，各种小型和大型植食性动物、杂食性动物及小型和大型肉食性动物都有。在这个群落中，巨蜥、蟒、大型猛禽及云豹、黑熊等海南岛大型猛兽的存在，说明整个生态系统至今处于相当良好的状态，而且细鳞树蜥、灰孔雀雉、海南黑长臂猿、海南鼯鼠、笔尾树鼠等众多的热带原始森林指示种的出现，也表明五指山山地雨林热带原始森林的风貌保存良好。

◎ 功能区划

海南五指山自然保护区总面积为13435.9 hm^2，功能区划分核心区、缓冲区、实验区3个部分，其中核心区面积为7290.8 hm^2，缓冲区面积为3895.4 hm^2，实验区面积为2249.7 hm^2。

（五指山自然保护区供稿）

林中孔雀——崖姜蕨（张剑锋摄）

沟谷雨林溪流（张剑锋摄）

海南吊罗山国家级自然保护区

海南吊罗山国家级自然保护区位于海南省东南部，地跨陵水、保亭、琼中3县，周边与陵水县南平农场、保亭县什玲镇、琼中县吊罗山乡、太平农场等5个乡（镇）、农场接壤。地理坐标为东经109°45′05″～109°57′07″、北纬18°40′08″～18°49′19″。保护区总面积18389hm²，属热带森林生态系统类型自然保护区，是我国乃至世界上一处难得的热带动植物宝库，物种多样性极为丰富。1984年经广东省人民政府批准成立"广东白水岭省级自然保护区"。1988年海南建省后，更名为"海南吊罗山省级自然保护区"。2008年经国务院批准晋升为国家级自然保护区。

◎ **自然概况**

吊罗山地区出露的岩性主要为花岗岩和混合花岗岩两大类。花岗岩类主要为黑云母花岗岩；混合花岗岩类主要有斜长角闪岩、片麻状混合花岗岩、细粒花岗质片麻岩、眼球状混合岩、条带状混合岩和细晶质混合花岗岩等。本区位于尖峰—吊罗深大断裂东部，除此之外，区域的周边主要构造，西北部有万宁—马岭背斜，东南部有坑垄断裂。总体来说，吊罗山属中山地貌，海拔高度大多在500m以上，在保护区的边缘有一些低山。

吊罗山自然保护区雨量充沛，年降水量1870～2760mm。雨水流向较集中，南坡主要流入吊罗河、南喜河、大里河等河流，最后汇入陵水河，北坡则主要经乘坡河、牛路岭水库，流入万泉河。吊罗山热带雨林区是陵水河的主要发源地，也是万泉河的发源地之一，对调节该区及其周围的水量平衡、保障其

板根

社会和经济的发展具有重要的意义。由于该区地形复杂，河流落差大，雨水又比较集中，因而水能蕴藏量很大，水力资源丰富。该区热量条件也十分丰富，总辐射量110kcal/cm²，年平均日照时数1676～2150h，占可照时数的38%～49%。全年暖热，年平均气温24.4℃，最冷月份平均气温15.4℃，相对湿度月均80%～85%，多雨月份达90%以上，12月至翌年3月份日较差平均17.6℃。

吊罗山自然保护区成土母岩主要有黑云母花岗岩、花岗斑岩及混合花岗岩类。受上述岩性以及气候、海拔和地理位置等综合条件的影响，区内主要发育有山地黄壤和山地赤红壤2种土壤类型，山地黄壤主要分布在保护区的大吊罗、吊罗后山及三角山一带海拔800m

小妹湖

蓝天映衬的吊罗山

以上的山地中,所处之处海拔较高,云雾多,水热条件好,植被覆盖茂密,花岗岩较易风化,风化壳相对较厚。山地赤红壤主要分布在保护区边缘的南喜、白水及小妹湖一带海拔 700m 以下的低山地带,成土母岩主要为黑云母花岗岩,风化壳很厚。

吊罗山自然保护区内动植物资源极为丰富,森林层次众多,植物类型多样,种类繁多。据科学考察,目前已记录有维管植物 239 科 959 属 2116 种,其中裸子植物 12 种、被子植物 1891 种、蕨类植物 213 种,250 多种兰花。有脊椎动物 360 种,其中兽类 46 种、鸟类 166 种、爬行类 72 种、两栖类 33 种、鱼类 43 种。国家一级保护植物有坡垒、海南苏铁、台湾苏铁 3 种;国家二级保护植物有与恐龙同时代的活

化石桫椤、蝴蝶树、青皮、野荔枝、罗汉松和当年曾被用作天安门城楼、人民大会堂修缮材料而被称作"中央材"的陆均松等 29 种。国家一级保护动物有海南黑长臂猿、云豹、海南山鹧鸪、灰孔雀雉、圆鼻巨蜥、蟒蛇等 6 种;国家二级保护动物有猕猴、黑熊、水獭、大灵猫、水鹿、穿山甲、白鹇、银胸丝冠鸟、三线闭壳龟、花鳗等 40 种。大量的昆虫栖息其中,仅蝴蝶就有近 400 种。吊罗山区还是一个盛产中药材的宝库,尤以南药闻名,如槟榔、益智、沉香、粗榧、巴戟、灵芝、金银花、鸡血藤等较具经济价值的南药品种,有较广泛的分布,被誉为"植物的宝库""动物的乐园"。

吊罗山自然保护区内拥有热带雨林六大植物奇观(空中花篮、高板根、

巨根抱石、古藤缠树、老茎生花、独木成林)和高质量的森林生态环境;有湖光山色、峰峦叠嶂、飞瀑溪潭、巨树古木、奇花异草、岩洞怪石等众多集原生性、科考性、多样性、趣味性为一体的高品位的森林景观资源。有十步一景、百步一瀑的"百瀑雨林"的美称;园中瀑布百余个,海南第一瀑落差达 350m 的枫果树瀑布群分布其中;还富有传奇色彩的吊罗山传说、锣文化、剿匪文化和英勇壮烈的海南苗王及苗王寨的人文历史,为美丽神奇的吊罗山平添几分人文底蕴。

◎ 保护价值

吊罗山自然保护区的主要保护对象是具有北热带特点的热带雨林为主的森林生态系统,以及保护区内分布的珍稀

金福门

空中花篮

鹿　树

枫果树瀑布

石猴观瀑

托南日瀑布

沟谷雨林景观

桫椤群落

苏铁奇观

濒危野生动植物、热带雨林生物多样性和区内丰富的景观资源和旅游资源。无论从地理位置、气候条件还是植被组成上看，吊罗山自然保护区所具有的典型性和代表性都是其他热带雨林分布区的各种保护区无法比拟的。是一个集生物多样性保护、科学研究、宣传教育、生态旅游和资源可持续利用为一体的综合型自然保护区。

◎ 科研协作

1997 年以来，吊罗山自然保护区协助香港嘉道理农场华南生物多样性调查队、中国科学院植物研究所、南京大学、海南大学等进行有关调查。2000年开始，保护区与华南濒危动物研究所、华南热带农业大学、海南师范大学、华南师范大学等科研院校合作，又专门进行了保护区动植物资源摸底调查，初步摸清了保护区资源现状，编制了《海南吊罗山自然保护区综合科学考察报告》，出版了《海南吊罗山生物多样性及其保护》，并与吊罗山国家森林公园合作建设了科普中心。

（吊罗山自然保护区供稿）

吊罗山雨林

　　海南鹦哥岭国家级自然保护区位于海南岛中南部，地跨白沙、琼中、五指山、乐东和昌江5市（县），周边分布南开、元门、什运、毛阳、番阳、万冲、王下等7个乡（镇）范围。地理坐标为东经109°11′27″～109°34′06″，北纬18°49′30″～19°08′41″。保护区总面积为50464hm²，其中核心区面积18869.4hm²，占37.4%；缓冲区面积13814.0hm²，占27.4%；实验区面积17780.6hm²，占35.2%，主要保护对象包括热带雨林生态系统、南渡江和昌化江源头的水源涵养林。根据《自然保护区类型与级别划分原则》（GB/T14529-93），鹦哥岭自然保护区属自然生态系统类别中的森林生态系统类型自然保护区。2014年12月经国务院批准晋升为国家级自然保护区。

◎ 自然环境

　　鹦哥岭自然保护区地形以山地为主，西部属于变质岩、花岗岩山地丘陵区，中东部属于海南岛中部红层地貌区。前者岩石风化强烈，由于流水切割，山体破碎，沟谷纵横；后者多形成陡坎断崖，一般山坡坡度都达40°～50°以上，土层瘦薄，河谷深窄。保护区内最高峰为鹦哥岭，海拔1812m，是海南第二高峰，其次为马或岭，海拔1546m，东面鹦哥嘴海拔1483m，在保护区西南角额眉山西侧的南龙河最低海拔为170m，保护区内相对高差1642m。

　　鹦哥岭自然保护区属热带海洋性季风气候，海拔400m以下具有典型的热带气候，生长典型的热带雨林，800～1500m之间为温凉湿润带，1400m以

山地雨林（鹦哥岭树蛙栖息地）（姜恩宇摄）

上的山顶温度低、湿度大、云雾重、风力强、坡度陡、土层薄、树木矮形、树干弯曲、树枝附有苔藓。鹦哥岭是海南岛第一大河流南渡江和第二大河流昌化江的分水岭和主要发源地，区内山溪水沟呈现羽状分布，水资源十分丰富。

　　保护区内冲沟较为发育，地形切割相对较强烈，以河谷深切，多呈狭谷形态，河流纵坡较陡峻，水流湍急，河道较狭窄，急滩、跌水较多。地表水主要来源于大气降水，地下水则为岩溶蓄水和断裂基岩蓄水。区内溪流具有河短坡陡、水急、落差集中、河道弯曲、集水面积小，以及洪峰高、历时短、洪水涨率大，最大流量与最小流量比值高等特点。

　　鹦哥岭为黎母岭山脉的主体，是海

马或岭（李国诚摄）

鹦哥嘴（王合升摄）

南第二高峰，受气候、植被等因子的影响，鹦哥岭土壤分布呈现明显的垂直带谱。土壤类型主要为山地黄壤和山地赤红壤、砖红壤，另有少量山地灌丛草甸土。

根据《中国植物志》《中国植被区系》的中国植被分类系统，将鹦哥岭自然保护区自然植被划分为热性针叶林、雨林、季雨林、灌丛和灌草丛4类植被型，热性常绿针叶林、湿润雨林、山地雨林、季节雨林、落叶季雨林、半常绿季雨林、灌草丛7类植被亚型，33类群系。

保护区内的人工植被主要是人工林，面积为5602.10hm²，占保护区总面积的11%，此外还有少量的农田。

鹦哥岭自然保护区共记录到野生维管束植物224科963属2017种，包括2个新种，中国新记录种7种、海南新记录科1科、海南新记录属10属、海南新记录种45种。其中国家一级保护植物4种、国家二级保植物25种、CITES附录的物种达到了147种。另外有145种和14种分别被列入中国物种红色名录及IUCN红色名录的不同受威胁等级。中国特有属和特有种分别为8属532种，其中海南特有属和特有种分别为2属175种。

鹦哥岭自然保护区共记录到脊椎动物5纲35目109科328属481种，其中有1种为新种、海南新记录属3属、海南新记录种27种。其中国家一级保护动物5种、国家二级保护动物49种，有2种和39种分别列入濒危物种国际贸易公约附录I和II，这些物种受到国家法律和国际公约管制；分别有57种和31种被中国物种红色名录和IUCN红色名录评价易危或以上等级的物种，而受到国内外专家的关注。

在鹦哥岭调查的少数几个昆虫类群就记录到各种昆虫109科1508种，其中海南特有种26种，中国新记录属13个、中国新记录种17个、海南新记录属44个、海南新记录种117个。至今已发表科学新属2个、新种17个。国家一级保护物种金斑喙凤蝶和国家二级保护物种鞘翅目的阳彩臂金龟以及白尾野螅、黄蓝扇山螅、丽拟丝螅3个物种符合IUCN蜻蜓专家组的优先保护准则。有41种蝴蝶被中国红色物种名录评价为不同的濒危等级；10种蝴蝶被中国珍稀昆虫收录。另外，中华鲎蜉和海南巨黾都是极为珍稀的水生昆虫。

鹦哥岭自然保护区内景观资源丰富，独特的地貌和森林景观，吸引了众多的游人。保护区内自然景观瑰丽多彩，区内青山叠翠，碧水淙淙，峰峭谷幽，鸟语花香。海拔1000m以上的山峰有91座，伴有溪流缠绕其间，在峭崖处有瀑布飞落，在深谷中有幽幽神潭，著名的自然景观有鹦哥嘴、琼崖纵队司令部、红新瀑布、南开河等。区内溪流卵石河滩，清澈见底，游鱼可数。保存完好且原生性较强的热带雨林季雨林，不仅森林群落类型多样，而且植物种类十分丰富、生长形态各异，有空中花篮、绞杀、老茎生花、板根、滴水叶尖、独木成林等热带雨林生物奇观，既有"史前遗老"桫椤，又有海南省特有的各种珍稀树种。绿树成荫，花果满山，可谓草经冬而不枯，花非春仍怒放。

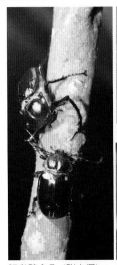

鹦哥岭树蛙（李国诚摄）　　纯蓝仙鹟（卢刚摄）

阳彩臂金龟（张杰摄）　棱皮树蛙属一种（李国诚摄）　绯胸鹦鹉（廖高峰摄）

锯缘摄龟（李小岗摄）　　　　　水鹿（红外相机拍摄）

◎ 保护价值

鹦哥岭自然保护区地理环境独特，地形条件复杂多变，具有典型代表性的热性常绿针叶林、湿润雨林、山地雨林、季节雨林、落叶季雨林、半常绿季雨林、灌草丛等天然植被类型。同时，保护区又是珍稀濒危野生动植物的重点分布地，自然环境和自然资源具有重要的保护价值。保护区的热带雨林是具有极高生态效益的森林生态系统，是世界同纬度地区森林植被的典型代表，在生物进化史上具有特殊的地位和作用。

依据中国林业科学研究院尖峰岭生态定位站观测资料，计算鹦哥岭生态环境服务功能总价值为$1.631×10^8$元／年。

（1）固定大气CO_2作用。据测定，$1hm^2$的热带原始林，每年可从大气中净固定CO_2量为$1.366t/hm^2$。按照治理1t工业CO_2平均需人民币250元计算，鹦哥岭森林固定C的价值为$1.257×10^7$元／年。

（2）释放O_2效益计算。据光合作用方程式，森林生产1t干物质可释放O_2平均为1408kg。海南岛原始林平均干物质净生产量为$6.9213t/hm^2$年，按原始林面积和O_2的平均生产价为0.12元／kg（为医用氧气的批发价的16%），则原始林释放O_2的效益可达$6.218×10^6$元／年。

（3）凋落物的改良土壤效益。原始林的凋落物年产量为$9.177t/hm^2$。原始林凋落物N、P、K的平均含量为1.035%、0.035%、0.356%。原始林的土壤改良效益为$1.526×10^7$元／年。

（4）固土保肥效益。根据尖峰岭热带林生态系统定位研究站的研究结果，计算出原始林的固土效益评价值为$2.759×10^6$元／年。原始林保肥效益评价值为$5.518×10^6$元／年。

（5）蓄水量及其调蓄效益。有森林的林地类似一座天然的水库，可储蓄大量的降水量。根据尖峰岭定位站的多年观测资料，原始林和无林地的蓄水效益分别为$4.969×10^7$元／年和$4.169×10^5$元／年。鹦哥岭原始林调蓄水源的价值为$3.975×10^7$元／年。

（6）改善气候环境与生态旅游效益。热带森林在改善气候环境、促进森林生态旅游方面的作用是非常显著的。热带森林已成为海南岛三大特色旅游（热带滨海、黎族苗族风情、热带雨林及其珍稀动植物景观）之一。2007年，全岛的旅游收入达$1.7×10^{10}$元，若按热带雨林生态旅游对全岛总旅游产值的贡献率按5%计算，则鹦哥岭天然林（占全岛原始森林面积的4.3%）有关的生态旅游收益为$3.09×10^7$元／年。

◎ 科研协作

（1）鹦哥岭树蛙种群生态学研究。鹦哥岭树蛙是在2007年发表的新种，

伯乐树（卢刚摄）　　　　轮叶三棱栎果实　　　　轮叶三棱栎

球 兰（卢刚摄）　　　　　　七指蕨（董仕勇摄）

2011年申请国家林业局专项资金，在10个季节性水潭设置了50个人工巢穴，对其种群生态学、繁殖生态学等进行了系统研究，已在动物学、四川动物等科学期刊上发表《鹦哥岭自然保护区鹦哥岭树蛙种群分布及数量调查》等论文。同时开展了广西疣斑树蛙、长臂蟾蜍等两栖动物调查。

（2）红外线照相机兽类监测。2009年开始，嘉道理中国保育资助，引进红外线照相机野外监测设备及技术，在番阳、高峰、南开等地区重点调查兽类、雉类等珍稀濒危动物。监测到水鹿、黄猄、椰子猫、海南山鹧鸪、白鹇等珍稀野生动物，并研究了其栖息地的选择及种群分布等情况，得到了其生境因子数据，为后续保护机制的建立提供了科学依据。

（3）越冬斑蝶跟踪调查。自2009年，保护区监测到斑蝶群集越冬行为，几年来，已掌握斑蝶越冬稳定地点3个，持续在南班、毛组、牙胡等越冬地监测斑蝶活动，并采集部分斑蝶标本。邀请专家在越冬地点开展标记工作，监测斑蝶越冬状况，对于斑蝶新的越冬点进行记录，同时记录其种群组成、数量等信息，从而进一步跟踪斑蝶迁飞路线。

（4）三趾翠鸟繁殖生态学研究。监测队员在万冲片区监测三趾翠鸟的栖息地、数量、繁殖及巢址等信息，并参加"第十二届全国鸟类学术研讨会暨第十届海峡两岸鸟类学术研讨会"，报告了三趾翠鸟繁殖的生态学观察，成为全国鸟类学术研讨会史上第一个以护林员身份作报告的人。

（5）人工养殖蟒蛇野外放归试验。2014年在鹦哥嘴分站，联合东北林业大学及海南东盛弘蟒蛇科技有限公司合作开展了人工养殖蟒蛇野放试验；通过芯片跟踪蟒蛇，观察其活动路线、生活习性等信息。

（6）乡土树种项目野外调查。联合海南省林科所申请海南省科技厅资助项目，对坡垒、海南油杉、青皮等30种珍贵乡土树种进行了其种质资源的调查、收集、保存，为海南乡土树种资源利用与开发奠定基础，在野外开展种群调查，保存了种子资源，在南开片区成立乡土树种保存基地，联合元门中心学校建立校园乡土树种树木园。

（7）鹦哥岭大型真菌调查。在鹦哥嘴主峰及马或岭，与海南医学院合作开展大型真菌野外调查，为提高毒蘑菇的识别能力及防止发生误食中毒，保障管护人员及社区居民的人身安全，编辑出版了《鹦哥岭及周边地区毒蘑菇手册》1000册。

（8）开展GEF监测项目。参加海南在番阳、南开、高峰同时进行每月一次的海南山鹧鸪、中华鹧鸪的监测调查，整理各片区的调查数据，汇总上报。

（9）极小种群项目。由国家林业局项目资助，对海南风吹楠、海南油杉、坡垒、乐东拟单性木兰、昌江石斛等极小种群物种进行监测与调查，建立种群数据库，对部分物种建立样方长期监测。

（10）疫源疫病监测。鹦哥岭自然保护区疫源疫病监测站承担了保护区及周边的野生动物疫源疫病监测工作，成立了疫源疫病监测小组，开展了野生动物疫源疫病监测工作，并安排专人每天在网上上报。每年冬春季节，加大监测力度，确保第一时间掌握野生动物动态。

（王合升供稿）

海南东寨港国家级自然保护区位于海南省东北部，处于海口市和文昌市的交界处，位于海口市行政管辖区域内，周边与文昌市的罗豆农场和海口市的三江农场、三江镇、演丰镇交界。地理坐标为东经110°32′～110°37′，北纬19°51′～20°1′。保护区总面积3337.6hm²，其中红树林面积1578.2hm²，滩涂面积1759.4hm²，属湿地生态系统类型自然保护区。

◎ 自然概况

东寨港呈不规则的长条形，近南北方向展布。长轴最大长度16km，短轴最大长度8km，最宽处8km，是海南琼州岛最大的港湾，面积近100km²，也是最年轻港湾，形成时间不超过400年。明万历三十三年（1605年）7月13日午夜，发生琼州大地震，导致琼北东部海岸大面积下沉，形成今日的东寨港湾。

东寨港自然保护区内主要土壤类型为海湾泥滩沼泽土，pH值3.5～7.5，大多在5.0以下。表现为高水分、高盐分，富含大量的硫化氢，缺乏氧气，植物残体多处于半分解状态。

东寨港自然保护区为热带季风区海洋性气候。春季湿暖，夏季高温多雨，秋季多台风暴雨，冬季湿冷。年平均气温为23.3～23.8℃。最热月为7月，月平均气温28.4℃，极端最高气温38.9℃；最冷月为1月，月平均气温17.1℃，极端最低气温2.6℃。海水含氯度指数最高为3.44%，最低为0.93%；东寨港海岸河口的不同地段，由于受河水和海潮的相互影响，随着从海湾

秋茄

河口逐渐向河内地深入，盐度数值相应下降。

本区的潮型为不规则的半日潮。据保护区设点观测，平均低潮位为1.19m，平均高潮位2.09m，平均潮位为1.61m，最高潮位2.61m，最低潮位0.48m，最大潮差2.13m，平均潮差为0.89m。

本区的天然植被主要为红树林，属于东方群系。红树林面积1578.2hm²，有红树植物17科33种，其中真红树植物9科22种，半红树植物8科11种。

东寨港自然保护区内有鸟类185种，其中珍稀濒危、属国家二级保护的鸟类有褐翅鸦鹃、小鸦鹃、黄嘴白鹭、黑脸琵鹭、白琵鹭、黑嘴鸥等13种。

保护区内现记录有海南巨松鼠、海南水獭、犬蝠等兽类8种，其中海南水

红海榄

868

红树林群落

獭为国家二级保护动物。两栖动物主要有斑腿树蛙、变色树蜥和泽蛙等；爬行动物以蛇类为主，其中蟒为国家一级保护动物，还有金环蛇、眼镜蛇等。

保护区内的昆虫以蝶类较具特色，有6科27种。另有鱼类记录103种，其中大多具有较高经济价值，如鳗鲡、石斑鱼、鲈鲷鱼等。还有大型底栖动物92种，主要有沙蚕、泥蚶、牡蛎、蛤、螺、对虾、螃蟹等，具有较高的经济价值。

东寨港保护区内的红树林生长良好，丛林茂密。涨潮时分，红树林的树干被潮水淹没，只露出翠绿的树冠随波荡漾，成为壮观的"海上森林"。退潮时是欣赏红树林根系的好时机，红树林发达的根系裸露出来，树种不同，根系形态各异，像笔一样树立的指状根、像

蛇一样蜿蜒的蛇状根、红海榄的支柱根像鸡笼罩，木榄的膝状根一坨一坨地堆集着，形态各异。

大量水生动物，如青蟹、斑节对虾、沙虫等，在红树林间繁殖、取食，在树根上、滩涂间迂回出没。这些生物又为鸟类提供了食物，使保护区成为鸟类的天堂。乘船游荡在海洋森林间，会看到白鹭优美地从水面掠过，红脚鹬在滩涂上蹦跳，漂亮的翠鸟在岸边停息。

东寨港是琼州大地震的遗迹，原为一片陆地，其间仅有几条小河沟，1605年发生地震，导致琼北东部海岸大面积下沉，相传沉陷村庄72个。在大退潮后，部分地方仍可看到遗存的房基、水井、春臼、牌坊、石桥等，形成"海底村庄"，与保护区内的海底森林相映成趣。

◎ 保护价值

东寨港自然保护区的主要保护对象有：沿海红树林生态系统；以水禽为代表的珍稀濒危物种；区内生物多样性。其保护价值表现在以下几点：

（1）生物多样性丰富。海南岛是热带和亚热带过渡气候，是我国为数不多的适宜红树林生长的地方，东寨港自然保护区也是我国所有红树林类型的自然保护区中资源最丰富的保护区。保护区内有天然红树植物17种，从南部的清澜港和孟加拉国引进9种，此外还有半红树植物和红树林伴生植物40种。红树林资源丰富，具有较高的生物多样性。

东寨港自然保护区也是我国南部红

红脚鹬

角果木

红榄李

树林分布区动物多样性很高的湿地之一。在鸟类的非繁殖期、越冬季节和迁徙过境期间，保护区共记录鸟类159种，其中包括黑嘴鸥、黑脸琵鹭和黄嘴白鹭3种国际濒危鸟类，具有很高的保护价值。此外，该地区还有多种鱼类以及众多的海洋无脊椎动物；作为南海沿岸的典型岸段，该地区还有许多亟待揭示的潮间带底栖动物种类，生物多样性极为丰富。

（2）自然性强。在亚洲地区，很少有湿地可以称作是真正"自然的"，由于多个世纪以来人类活动的影响，已经改变了大多数的栖息地和生境，东寨港也一样，尽管该地区属红树林自然生态系统，但也受到了多种人为活动的干扰。保护区自1980年成立以来，对当地红树林资源采取了有效的保护，今天，保护区内红树林长势良好，树种组成和林龄结构情况反映了该区域红树林的自然面貌，是亚洲区域内为数不多的自然水平较高的湿地。

（3）稀有性高。在过去的50年间，中国南部的红树林几乎有80%遭到了围垦和破坏，东寨港的红树林生态系统

是目前国内现存稀少的红树林湿地，在东寨港红树林内存活的水椰、红榄李、拟海桑和海南海桑等物种具有国家物种保存的重要意义。

在东寨港发现的黑嘴鸥、黑脸琵鹭和黄嘴白鹭3种国际濒危鸟类，深受世人关注，种群数量都非常少，且仍呈不断下降的趋势。黑脸琵鹭在1995年发现了6只，1996年发现了4只，1997年发现了3只，已处于非常濒危的状态了。对黑嘴鸥和黄嘴白鹭没有确切的调查数据，但数量同样非常稀少。这3种国际濒危鸟类在保护区内的发现，也进一步证明了保护区的保护价值。

（4）脆弱性较大。红树林和潮间带滩涂生态系统处于陆地生态系统和海洋生态系统的交界面，属于界面生态系统，具较大的脆弱性，如果遭受较为剧烈的环境因素变化和人为破坏，整个生态系统很难恢复。目前对保护区的红树林与潮间带滩涂生态系统产生影响的因素很多，如台风、海潮等自然因子，污染物排放、滩涂围垦和过渡捕捞等人为活动，已经对保护区内的红树林生态系统产生了较大的压力，整个系统比较脆

弱，亟待保护。

（5）代表性强。东寨港位于海南岛的东北部，西北邻近北部湾，北面为雷州半岛，处于中国红树林的热带性和亚热带性过渡区，区系成分既有嗜热性种类，又有亚热带种类。种类分布上既有海南南部的种类，也有广西、广东的种类，同时该保护区也是中国红树林分布中面积最大、种类最多、保存最完整的一块，代表中国红树林分布的最高水平，具有极高的代表性。

（6）科研价值高。长期以来，东寨港一直是我国海洋学家和植物学家进行红树林生态系统研究的主要区域，过去的10年间出版了包括土壤、植物形态学和系统发生学、生态系统功能和管

玉蕊的花

理、红树林恢复和造林、生物多样性和生态旅游潜力等方面的许多研究成果。随着保护工作的深化，保护区内优越的资源也吸引着越来越多的国际友人和科研机构前来开展工作。

◎ 功能区划

东寨港自然保护区功能区划为核心区、缓冲区和实验区，其中将塔市片和三江片的中心部分划为核心区。塔市片是红树林的集中分布区，三江片为水禽的主要栖息觅食地，两片核心区总面积1635hm²。缓冲区包括核心区外围至陆地的区域，与核心区分布对应，也包括三江和塔市两片，总面积1167.1hm²。缓冲区界限以外部分为实验区，包括演丰镇至三江的红树林区域，根据管理要求进一步划分为生态旅游小区、科学试验小区、多种经营小区、红树林植物园小区和苗圃小区，总面积535.5hm²。

◎ 管理状况

东寨港自然保护区保护工作的重点集中在严格禁止开发红树林活动及非法盗猎野生鸟类的行为。对于砍树、采集食物、捕猎鸟类等行为进行严厉打击，较好地抑制了违法现象的发生。保护区开展的资源恢复工作成绩显著。在保护区建立之初，天然红树林的面积受人为破坏影响严重，经过一段时间的人工恢复后，面积增加，且生长状况有了大幅好转。红海榄、秋茄、木榄、白骨壤等群落由保护初期的树高约0.1m、郁闭度0.6、叶色浅绿的状态，发展成为高2m、郁闭度0.8以上、叶色深绿发亮，一派生机勃勃的景象。水椰由建保护区初期高约0.7m的黄绿色的纤弱植株，发展成今天高3m左右、叶片深绿粗壮、果实饱满的健康植株。

保护区建成以来，对科研监测工作给予了高度重视，开展了多项相关研究，主要包括以下几点：

（1）对保护区内的红树林资源进行详细调查。掌握了本保护区红树林的分布情况，并建立了固定样地，进行长期监测。

（2）开展鸟类监测工作。自2004年以来每月进行鸟类观察统计。

（3）与华南植物研究所、厦门大学、中国林业科学院热带林业研究所、北京大学等单位合作开展了海桑北移试验、红树林生物量生产力研究、红树林主要树种营造林试验、红树林药用价值等研究。

（4）依靠保护区自身的科技力量，年年坚持在低、中、高潮带进行选种营林，17年间造林285hm²，保存251hm²。通过造林试验，掌握了红树林造林要点，筛选出适合低潮带造林的无瓣海桑、海桑、杯萼海桑、秋茄、白骨壤等先锋树种。

从1981年起，东寨港自然保护区先后从海南省的文昌、陵水、三亚等地采回木果楝、海桑、杯萼海桑、海南海桑、卵叶海桑、拟海桑的种子及红榄李、瓶花木幼苗，从孟加拉国引入无瓣海桑进行试种，丰富了本区红树林植物园的树种与红树林群落，还建立了红树林标本园。

据不完全统计，保护区共接待日本、澳大利亚、泰国、美国、芬兰、荷兰、马来西亚等国家的专家学者300多人次，对外交流合作工作有效开展。

（黄仲琪供稿）

东寨港景观